普通高等院校机电工程类系列教材

# 工程材料


主　编　曹　芳　饶伟锋

副主编　孙志平　王晓丽　姜少宁

参　编　郭　宁　高　嵩



清華大学出版社

北　京

## 内容简介

为了适应21世纪高等教育教学改革形势发展的需要，培养学生的理论结合实际和创新能力，本书以工程材料为重点，着重介绍了金属材料及热处理的基础知识、常用的非金属材料，并介绍了机械零件选材与失效分析及工程材料在生产中的应用。全书共分为4篇、13章，主要内容包括工程材料的性能，金属与合金的晶体结构，金属与合金的结晶，钢的热处理，金属的塑性加工，钢，铸铁，有色金属及其合金，高分子材料、陶瓷材料及复合材料，新型及特种用途材料，机械零件的失效与选材，工程材料应用实例、实验。

本书可以作为普通高等院校机械类或与机械类相关专业的教学用书及对应专业成人高等教育的教学用书，也可以作为一般从事机械、船舶、车辆、动力、电力等装置设计、制造及质量控制方面的工程技术人员的参考用书。



**图书在版编目(CIP)数据**

工程材料/曹芳，饶伟锋主编. —北京：清华大学出版社，2022.12
普通高等院校机电工程类系列教材
ISBN 978-7-302-62379-3

Ⅰ. ①工… Ⅱ. ①曹… ②饶… Ⅲ. ①工程材料—高等学校—教材 Ⅳ. ①TB3

中国版本图书馆CIP数据核字(2022)第253782号

**责任编辑**：冯 昕 苗庆波
**封面设计**：傅瑞学
**责任校对**：欧 洋
**责任印制**：宋 林

**出版发行**：清华大学出版社
**网 址**：http://www.tup.com.cn，http://www.wqbook.com
**地 址**：北京清华大学学研大厦A座 **邮 编**：100084
**社 总 机**：010-83470000 **邮 购**：010-62786544
**投稿与读者服务**：010-62776969，c-service@tup.tsinghua.edu.cn
**质量反馈**：010-62772015，zhiliang@tup.tsinghua.edu.cn
**印 装 者**：北京嘉实印刷有限公司
**经 销**：全国新华书店
**开 本**：185mm×260mm **印 张**：18.5 **字 数**：449千字
**版 次**：2022年12月第1版 **印 次**：2022年12月第1次印刷
**定 价**：56.00元

产品编号：099223-01

# 前　言

为了适应21世纪高等教育教学改革形势发展的需要，我国高等教育的人才培养模式正在逐步改变，改革的重点是加强大学生的工程实践创新能力培养，努力形成理论知识、实践能力和创新思维并重的综合培养方式。为了达到这个目的，齐鲁工业大学（山东省科学院）的广大教师身体力行积极参加教学研究和改革，在改革中发现问题、提出问题，再通过研究和实践解决问题。本书就是编者结合大工程背景下机械制造学科的快速发展趋势与高等教育的改革现状，以国家教育部本科课程改革指南为指导，以强化系统性、引导启发性、加强实践性、提升创新力为目标编写而成，是编者教学改革成果的总结和结晶。

本书理论与实践密切结合，内容广泛新颖，除了介绍工程材料和热处理的基础知识，还增加了工程材料应用的相关知识，引进了相关企业的先进工程案例，将理论与实践相结合，在兼顾知识完整性和系统性的基础上进行结构重组，形成了目标明确、主线突出、分层实践的“基础理论-加工工艺-常用工程材料-工程应用”知识框架，引入材料学研究热点内容，追踪融入本学科进展，使教材内容具备良好的科学性、前沿性和实用性。对知识点配有数字化资源，读者可扫码观看。

在文字处理上，对各种知识点进行必要的理论叙述，文字简练，条理清楚，图文并茂，内容详细生动。对于每一个重要的知识点，书中采用问答或重点标注的方式予以提示，以加强学生的关注度和提示记忆要点。每一章最后对本章的重点内容进行了总结，还附有相应的习题与思考题，以便学生复习与巩固所学知识。本书可以作为普通高等院校机械类或与机械类相关专业的教学用书及对应专业成人高等教育的教学用书，也可以作为一般从事机械、船舶、车辆、动力、电力等装置设计、制造及质量控制方面的工程技术人员的参考用书。

本书由曹芳、饶伟锋担任主编，孙志平、王晓丽、姜少宁担任副主编，郭宁、高嵩参与编写。本书由齐鲁工业大学教材建设基金资助。

尽管编者为本书付出了大量的心血和努力，但仍难免存在疏漏和欠妥之处，敬请广大读者批评指正。

编　者

2022年9月

# 目　录

## 第2篇　加工工艺篇

# 第3篇　工程材料篇

## 第4篇 选材及应用篇

# 绪　论

20 世纪 70 年代人们把信息、材料和能源誉为当代文明的三大支柱。20 世纪 80 年代以高技术群为代表的新技术革命又把新材料、信息技术和生物技术并列为新技术革命的重要标志。这主要就是因为材料与国民经济建设、国防建设和人民生活密切相关。不断开发和使用材料的能力是任何一个社会发展的基础之一，先进的材料和工艺方法已经成为改善人类生活质量，提高工业生产率及促进经济进步的基本要求，材料也成为处理诸如环境污染、自然资源不断减少及价格膨胀等一些紧迫问题的工具。

材料是人类用于制造物品、器件、构件、机器或其他产品的物质。自从人类一出现就开始使用材料，材料的历史与人类的历史一样久远。人类为了生存和生产，总是不断地探索、寻找制造生产工具的材料，材料是人类进化的标志之一。在人类历史中，技术上的重大突破都是与新材料的发展及加工相联系的，任何工程技术都离不开材料的设计和制造工艺。例如，没有高温、高强度的结构材料，就不可能有今天的航空工业和宇航工业；没有半导体材料的工业化生产，就不可能有目前的计算机技术；没有低消耗的光导纤维，也就没有现代的光纤通信。一种新材料的出现，必将支持和促进当时文明的发展和技术的进步，从而把人类社会和物质文明推向一个新的阶段。在人类文明的进程中，根据人类使用的材料，划分出旧石器时代、新石器时代、青铜器时代和铁器时代。当今，人类正跨入人工合成材料和复合材料的新时代。

初识材料

## 0.1　中华民族对材料发展的重大贡献

在人类发展史上，我们的祖先有过辉煌的成就，对材料的发展作出了重大贡献。二三百万年前，最先使用的工具是石器，他们用坚硬的容易纵裂成薄片的燧石和石英石等天然材料制成石刀、石斧和石锄。到了新石器时代（公元前 6000 年至公元前 5000 年），中华民族的祖先们用黏土（主要成分为 $SiO_2$，$Al_2O_3$）烧制成陶器，东汉时期又发明了瓷器，并于公元 9 世纪传到非洲东部和阿拉伯国家，公元 13 世纪传到日本，公元 15 世纪传到欧洲。瓷器成为中国文化的象征，对世界文明产生了极大的影响。早在 4000 年前，我们的祖先已经开始使用天然存在的红铜，自夏朝起我国开始了青铜的冶炼，到殷、西周时期已发展到很高的水平，形成了灿烂的青铜文化。当时青铜主要用于制造各种工具、食器和兵器。在河南省安阳市出土的重达 875 kg 的司母戊鼎（见图 0-1），其器型高大厚重，花纹精巧，造型精美，工艺高超，因其鼎内部铸有“司母戊”三字而得名，是商朝青铜器的代表作，也是目前世界上发现的最大的青铜器；湖北江陵楚墓中发现的埋藏了 2000 多年的越王勾践的宝剑（见图 0-2），锋芒犀利，寒光闪闪，出土时插在漆木鞘里，保存如新，至今尤能断发，经分析测定，剑脊含锡低（10%），韧性好而不易折断，刃部含锡高（20%），刚而锋利，直到近代其他国家才掌握了这种复合金属制造技术，这些都说明我国当时已具备高超的冶炼技术和艺术造诣。公元前 7 世纪至公元前 6 世纪的春秋战国时期，我国开始大量使用铁器，白口铸铁、麻口铸铁和可锻铸铁相继出现，比欧洲国家早 1800 多年，如河北省武安市出土的战国期间的铁锹，经金相检验证明，该材料就是先进的可锻铸铁；从兴隆战国铁器遗址中发掘出的浇铸农具用的铁模，说明冶铸技术已由泥砂造型水平进入铁模铸造的高级阶段。到了西汉时期，炼铁技术有很大的提高，采用煤作为炼铁的燃料，比欧洲早 1700 多年，在河南省巩县汉代冶铁遗址中，发掘出了 20 多座冶铁炉和锻炉，炉型庞大，结构复杂，并有鼓风装置和铸造坑，生产规模壮观。

图 0-1 司母戊鼎

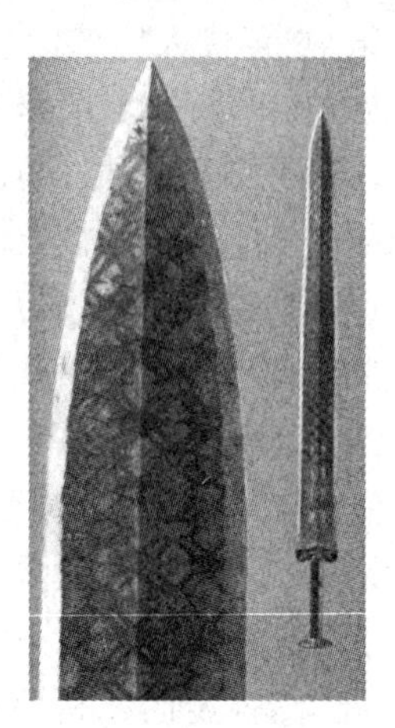

图 0-2 越王勾践宝剑

许多史书和出土文物证明，早在 2000 多年以前，我国就开始采用热处理技术来提高钢铁材料的性能。西汉《史记 · 天官书》中有“水与火合为淬”一说，正确地说出了钢铁加热、水冷的淬火热处理工艺要点；《汉书 · 王褒传》中记载有“巧冶铸干将之朴，清水淬其锋”的制剑技术，热处理技术已具有相当高的水平；明代科学家宋应星在《天工开物》一书中对钢铁的退火、淬火、渗碳工艺，以及冶铁、铸钟、锻铁、焊接等多种金属成形及改性方法和日用品的生产经验进行了详细论述，并附有 123 幅工艺流程插图，是世界上有关金属加工工艺最早的科学论著之一。

历史充分说明，我们勤劳智慧的祖先在材料的创造和使用上有着辉煌的成就，为人类文明、世界进步作出了巨大贡献。

新中国成立后，我国在工农业生产迅速发展的同时，作为物质基础的材料工业也得到了高速发展，取得了举世瞩目的成就。1949 年，全国钢产量只有 15.8 万 t，不到世界钢产量的千分之一。1996 年，我国钢产量首次超过 1 亿 t，成为世界第一产钢大国。2008 年，我国粗钢产量突破 5 亿 t，占全球产量的近 40%。2005 年，我国结束了净进口钢的历史。20 世纪 90 年代以来，国家又相继提出重点加强能源原材料等基础产业，振兴机械、电子、汽车等支柱产业，加快振兴装备制造业的战略构想。目前，我国钢铁产业规模快速扩大，产品品种优化，质量明显改善；技术装备水平大幅提升，装备国产化率显著提高，中国钢铁业在世界钢铁业已具有举足轻重的地位。有色金属产量实现了持续增长，2008 年，我国 10 种有色金属产量为 2519 万 t，连续 7 年居世界第一。我国是世界最大的稀土资源生产、应用和出口国，在国际市场上处于支配和主导地位，我国稀土矿产品产量 12.5 万 t，冶炼分离产品、稀土永磁材料、发光材料、储氢材料均居世界第一位。

近年来，我国在新材料和材料加工新工艺的研究工作中取得了卓有成效的重大成果。

CPU 等芯片的研发取得了突破，高性能计算机和服务器的开发获得了成功，工业产品质量总体水平跃上了一个新台阶，机械工业主要产品中有 35%～40%的产品质量已经接近或达到国际先进水平，基础元器件和高新技术产品与国际先进水平的差距不断缩小。载人航天、月球探测工程取得了伟大成就，2003 年我国第一艘载人飞船“神舟五号”成功发射，2007 年我国首颗探月卫星“嫦娥一号”成功发射，航天航空事业的迅速发展带动了钛合金、铝合金、镍合金、高温陶瓷、复合材料等航空航天材料的发展。这些成果的产生都是与材料科学及工程技术的支持分不开的。

总之，随着近代科学技术的发展，对工程材料的要求也越来越高，机械技术人员需要掌握材料科学的基本理论和基本知识，研究和发明新的材料和新的工艺，合理使用各种工程材料，来提高我国机械工业中材料的利用率和机械产品的质量。

## 0.2　工程材料的分类

### 0.2.1　根据材料的物理化学属性分类

根据材料的物理化学属性来分类，工程材料可以分为金属材料、高分子材料、陶瓷材料和复合材料。

**1. 金属材料**

由于金属材料不仅来源丰富，还具有优良的使用性能和工艺性能，因此它是目前应用最广泛的工程材料。金属材料又可以分为如下两类：

(1) 黑色金属。黑色金属是指铁和以铁为基的合金材料，即钢铁材料，包括铸铁、碳钢和合金钢。

(2) 有色金属。有色金属是指除黑色金属以外的所有金属及其合金材料，包括轻有色金属(如铝、镁等)、重有色金属(如铜、铅等)、稀有金属及稀土等。

**2. 高分子材料**

高分子材料是以高分子化合物为主要组分的材料。机械工程中使用的高分子材料主要是人工合成的有机高分子聚合物。高分子材料分类方法很多，按用途分为工程塑料、橡胶、合成纤维、胶黏剂、涂料等。

**3. 陶瓷材料**

陶瓷是天然或合成化合物经过成形和高温烧结制成的一类无机非金属材料。陶瓷材料按照原料不同可以分为普通陶瓷(即传统的硅酸盐陶瓷，如玻璃、水泥、陶瓷及耐火材料等)和特种陶瓷(即新型陶瓷，除了 $SiO_2$ 之外的其他氧化物、碳化物、氮化物等材料)两种。

**4. 复合材料**

复合材料是把两种或两种以上不同性质或不同结构的材料以微观或宏观的形式组合在一起而形成的材料，其性能优于它的组成材料。复合材料是一种新型的、具有很大发展前途的工程材料，现代航空发动机燃烧室温度最高的材料就是通过粉末冶金法制备的氧化物粒子弥散强化的镍基合金复合材料，很多高级游艇、赛艇及体育器械等是由碳纤维复合材料制成的，它们具有质量小、弹性好、强度高等优点。

"嫦娥五号"探测器2020年12月1日成功在月球着陆，这是中国进行外空探索的历史性一步。"嫦娥五号"上携带了一面真正的国旗，质量仅为12g，而这面国旗需要在1s内完成展示动作。为了完成这项任务，科研团队在选材上花费的时间就超过了一年，挑选出二三十种纤维材料，然后通过一系列物理试验，最终决定采用一种新型复合材料，既能满足强度的要求，又能满足染色性能的要求，还能保证国旗卷起时在±150℃的温差环境下不会粘连在一起。这是五星红旗第一次在月球表面进行动态展示，为这轮寄托了古往今来人们无数情思的明月添上了一抹令人骄傲的中国红。

### 0.2.2 根据性能要求分类

根据性能要求来分类，工程材料可以分为结构材料与功能材料。

(1) 结构材料。结构材料是以力学性能为基础，用于制造受力构件所用的材料。当然，结构材料对物理或化学性能也有一定的要求，如光泽、热导率、抗辐照、抗腐蚀、抗氧化等。

(2) 功能材料。功能材料主要是利用物质独特的物理、化学性质或生物功能等而形成的一类材料。

一种材料往往既是结构材料又是功能材料，如铁、铜、铝等。

### 0.2.3 根据材料使用时间分类

根据材料使用时间来分类，工程材料可分为传统材料与新型材料。

(1) 传统材料。传统材料是指那些已经成熟且在工业中已批量生产并大量应用的材料，如钢铁、水泥、塑料等。这类材料由于其用量大、产值高、涉及面广，又是很多支柱产业的基础，所以又称为基础材料。

(2) 新型材料(先进材料)。新型材料是指那些正在发展的且具有优异性能和应用前景的一类材料。

新型材料与传统材料之间并没有明显的界限。传统材料通过采用新技术，提高技术含量，提高性能，大幅增加附加值也有可能成为新型材料；新型材料在经过长期生产与应用之后也会成为传统材料。传统材料是发展新材料和高新技术的基础，而新型材料又往往能推动传统材料进一步发展。

# 第 1 篇　基本理论篇

# 第1章　工程材料的性能

## 1.1　金属材料的力学性能

【小小疑问】各种各样的材料那么多，用的时候怎么选取？到底能不能用，有什么依据？

【问题解答】选用的依据是性能！选用的首要原则是满足使用性能。

在机械制造中，一般机械零件是在常温、常压下使用。但有一些机械零件要在高温、高压和腐蚀介质中使用，如化工机械、石油机械和锅炉中的容器、管道等。生产者往往需要根据零件的不同使用要求采用不同性能的材料。

工程材料的常用性能可分为两类：使用性能和工艺性能。使用性能是指机械零件在正常工作情况下，能保证安全、可靠工作所应具备的性能，包括材料的力学性能和物理、化学性能等。工艺性能是指机械零件在冷、热加工制造过程中应具备的性能，它包括铸造性能、锻造性能、焊接性能、热处理性能及切削加工性能等。使用性能决定了材料的使用范围和寿命，对绝大多数工程材料来讲，其力学性能是最重要的使用性能。

力学性能是金属材料在各种形式的力的作用下所表现出来的特性，显示了材料抵抗外力的能力，即金属抵抗外加载荷引起变形和断裂的能力。

金属材料的力学性能是在实验室中利用不同的试验方法来确定的。常用的力学性能有强度、塑性、刚度、弹性、硬度、冲击韧性、断裂韧度、耐磨性和疲劳强度等。

### 1.1.1　静载时金属材料的力学性能

静载时的力学性能

单向静拉伸试验是工业上应用最广泛的金属力学性能试验方法之一。通过对标准的光滑圆柱试样进行拉伸试验可以测定金属材料的最基本力学性能，如强度、刚度、弹性和塑性。GB/T 228.1—2021《金属材料　拉伸试验　第1部分：室温试验方法》中规定了金属材料的强度和塑性拉伸试验的测定方法与要求。

拉伸力-伸长曲线(简称拉伸曲线)是拉伸试验中记录力对伸长量的关系曲线。低碳钢的单向静载拉伸曲线如图1-1所示。由图可见，低碳钢试样在拉伸过程中，可以分为弹性变形、塑性变形和断裂三个阶段。$OE$ 段为弹性变形阶段，即去掉外力后，变形立即恢复，这种变形称为弹性变形；当载荷超过 $E$ 点载荷后，试样将进一步伸长，但此时若去除载荷，弹性变形消失，而另一部分变形被保留，即试样不能恢复到原来的尺寸，这种不能恢复的变形称为塑性变形或永久变形；随后，拉伸曲线出现了水平的或锯齿形的线段，这表明在载荷基本不变的情况下,试样在继续变形,这种现象称为“屈服”,$F_{eH}$ 是曲线首次下降前的最大力,$F_{eL}$ 是试样屈服时不计初始瞬时效应时的最小力;$C$ 点之后,外力增加不多,试样明显伸长,这表明试样开始产生大量塑性变形,$CM$ 段为大量塑性变形阶段;当载荷继续增加到某一最大值 $F_M$ 时,试样的局部截面积缩小,即产生缩颈现象,$MK$ 段称为缩颈阶段,而试样的承载能力也逐渐降低,当达到拉伸曲线上的 $K$ 点时,试样随即断裂,$F_K$ 为试样断裂时的载荷。

由拉伸曲线可见,断裂时试样总伸长 $Of$ 中,$gf$ 是弹性变形,$Og$ 是塑性变形,其中,$Oh$ 是试样产生缩颈前的均匀变形,$hg$ 是颈部的集中变形。

材料的断裂通常有两种方式:韧性断裂和脆性断裂。低碳钢断裂前会产生明显的塑性变形,发生的断裂称为韧性断裂,其断口一般有细小凸凹,呈纤维状,灰暗无光。而某些脆性材料(如铸铁等)在尚未产生明显的塑性变形时已经断裂,不仅没有屈服现象,也不会产生缩颈现象,这种断裂称为脆性断裂,脆性断裂可沿晶界发生,也可穿过晶粒发生,按断口形貌区分,前者称为沿晶断裂,断口凸凹不全,呈颗粒状,后者称为穿晶断裂,断口比较平坦。脆性断裂往往没有预兆就会发生,常导致灾难性事故,故危害性极大。

拉伸曲线上的力和伸长量不仅与试样的材料性能有关,还与试样的尺寸有关。为了消除试样尺寸的影响,将图 1-1 拉伸力-伸长曲线的纵、横坐标分别用拉伸试样的原始截面积 $S_0$ 和引伸计标距 $L_e$ 相除,即纵坐标以应力 $R$($R$=拉伸力 $F$/试样原始截面积 $S_0$)表示,横坐标以延伸率 $e$($e$=延伸 $\Delta L_e$/引伸计标距 $L_e$)表示,则得到应力-延伸率曲线,即 $R$-$e$ 曲线(见图 1-2)。因均为以一相应常数相除,故曲线形状相似。根据 $R$-$e$ 曲线便可建立金属材料在静拉伸条件下的力学性能指标。

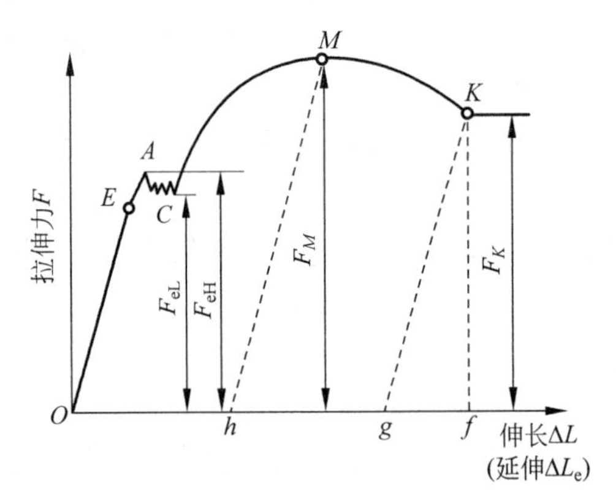


图 1-1 低碳钢的单向静载拉伸曲线

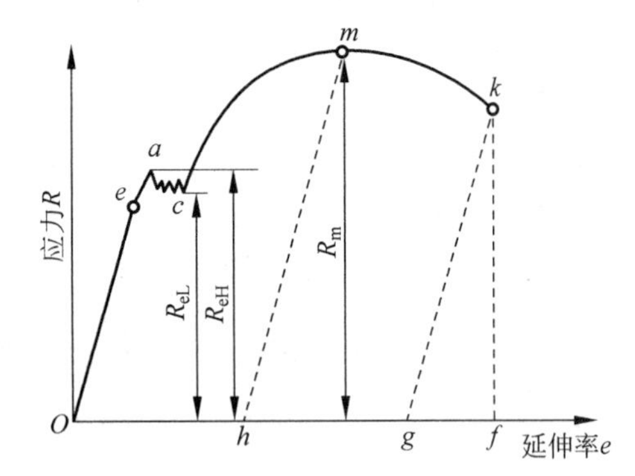


图 1-2 低碳钢的应力-延伸率曲线

**1. 强度**

强度是指材料在静载荷作用下抵抗产生塑性变形或断裂的能力。根据载荷的不同,可分为抗拉强度、抗压强度、抗弯强度和抗剪强度等。当承受拉力时,强度特性指标主要是屈服强度和抗拉强度。

1) 屈服强度

随着载荷的增大,拉伸曲线出现屈服阶段(见图 1-1),在应力-延伸率曲线(见图 1-2)上分为上屈服强度和下屈服强度。

试样发生屈服而力首次下降前的最高应力称为上屈服强度，用 $R_{eH}$ 表示，单位为MPa，即

$$R_{eH}=F_{eH}/S_o \tag{1-1}$$

式中，$F_{eH}$ 为试验时在拉伸曲线图上读取的曲线首次下降前的最大力，N；$S_o$ 为试样原始截面积，$mm^2$。

试样在屈服期间，不计初始瞬时效应（见图1-3）时的最低应力称为下屈服强度，用 $R_{eL}$ 表示，单位为MPa，即

$$R_{eL}=F_{eL}/S_o \tag{1-2}$$

式中，$F_{eL}$ 为在拉伸曲线图上试样屈服时，不计初始瞬时效应时的最小力，N。

显然，用应力表示的上屈服强度和下屈服强度就是表征材料对微量塑性变形的抗力，并且用下屈服强度 $R_{eL}$ 作为材料屈服强度，因为正常试验条件下，测定 $R_{eL}$ 的再现性较好。

对于无明显屈服现象的材料（如高碳钢和某些经热处理后的钢等），无法确定其屈服强度，可采用规定塑性延伸强度 $R_p$ 表示，它是指试样在加载过程中，在塑性延伸率等于规定的引伸计标距 $L_e$ 百分率时对应的应力，如图1-4所示，$e_p$ 为规定的塑性延伸率，使用的符号应附下脚标说明所规定的塑性延伸率，如 $R_{p0.2}$ 表示规定塑性延伸率为0.2%时对应的应力值。

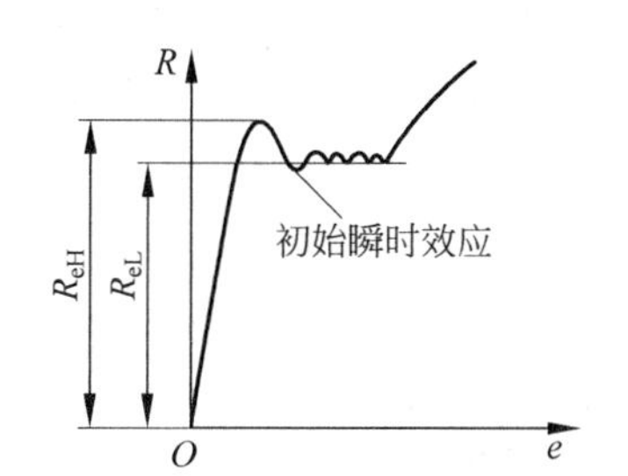


图1-3　低碳钢的上屈服强度和下屈服强度

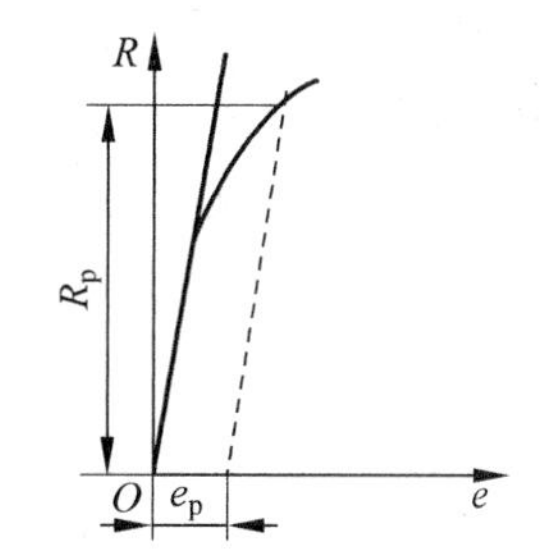


图1-4　规定的塑性延伸强度

机械零部件或构件在使用过程中一般不允许发生塑性变形，否则会引起零件精度的降低或影响与其他零件的相对配合而造成失效，所以屈服强度是零件设计时的主要依据，也是评定材料强度的重要指标之一。

2）抗拉强度

抗拉强度是材料在破断前所能承受的最大应力值，用 $R_m$ 表示，单位为MPa，即

$$R_m=F_m/S_o \tag{1-3}$$

式中，$F_m$ 为试样在破断前所承受的最大力，N。

抗拉强度表示塑性材料抵抗大量均匀塑性变形的能力。抗拉强度是零件设计时的重要依据，也是评定金属材料强度的重要指标之一。对于脆性材料，由于拉伸时没有明显的屈服现象，此时一般用抗拉强度指标作为设计依据。

**2. 塑性**

塑性是指金属材料在静载荷作用下产生塑性变形而不被破坏的能力。断后伸长率和断面收缩率是表示金属材料塑性好坏的指标。

1）断后伸长率

断后伸长率是指试样拉断后标距增长量与原始标距长度之比，用 $A$ 表示，即

$$A=(L_u-L_o)/L_o\times 100\% \tag{1-4}$$

式中，$L_u$ 为试样断裂后的标距长度，mm；$L_o$ 为试样原始的标距长度，mm。

断后伸长率的数值和试样标距长度有关，随标距的增加而减小，因此，为了使同一金属材料制成的不同尺寸的拉伸试样得到相同的断后伸长率值，要求 $\frac{L_o}{\sqrt{S_o}}=K$（常数），通常 $K$ 取 5.65 或 11.3（在特殊情况下，$K$ 也可以取 2.82、4.52 或 9.04），即对于圆柱形拉伸试样，相应的尺寸有短比例试样（$L_o=5d_0$）和长比例试样（$L_o=10d_0$）（$d_0$ 是试样圆截面的直径），求得的断后伸长率分别以符号 $A$ 和 $A_{11.3}$ 表示。对于非比例试样符号 $A$ 应附下脚标，说明使用的原始标距，以 mm 计，如 $A_{80mm}$ 表示原始标距为 80mm 的断后伸长率。

2）断面收缩率

断面收缩率是指试样拉断处横截面积的缩减量与原始横截面积之比，用 $Z$ 表示，即

$$Z=(S_o-S_u)/S_o\times 100\% \tag{1-5}$$

式中，$S_u$ 为试样断裂处的最小横截面积，$mm^2$。

材料的断后伸长率 $A$ 和断面收缩率 $Z$ 的数值越大，则表示材料的塑性越好。虽然塑性指标通常不直接用于工程设计计算，但任何零件都要求材料具有一定的塑性。因为零件在使用过程中，偶然过载时，由于能发生一定的塑性变形而不至于突然断裂。同时，塑性变形还有缓和应力集中、削减应力峰的作用，在一定程度上保证了零件的工作安全。此外，材料的塑性对要求进行冷塑性变形加工的工件有着重要作用，各种成形加工（如锻压、轧制、冷冲压等）都要求材料具有一定的塑性。

**超塑性金属材料**

超塑性金属材料是指伸长率大于 300% 的金属材料。它是 1920 年德国材料专家罗森汉在研究锌-铝-铜合金时发现的。超塑性是在特定条件下的一种奇特现象，超塑性金属材料能像软糖一样伸长 10 倍、20 倍，甚至上百倍，既不出现缩颈，也不会断裂。最常用的铝、镍、铜、铁、钛合金，它们的伸长率在 200%～6000%。如碳钢和不锈钢在 150%～800%，铝锌合金为 1000%，纯铝高达 6000%。

超塑性材料加工具有很大的实用价值。难变形的合金因超塑性变成了软糖状，从而可以像玻璃和塑料一样，用吹塑和可挤压加工的方法制造零件，从而大大节省了能源和设备。超塑性材料制造零件的另一个优点是可以一次成型，省掉了机械加工、铆焊等工序，达到了节约原材料和降低成本的目的。据专家展望，未来超塑性材料将在航天、汽车、车厢制造等行业中广泛采用。

**3. 刚度和弹性**

1）弹性模量

刚度是金属材料重要的力学性能之一。工程上弹性模量被称为材料的刚度，表征金属材料对弹性变形的抗力，在应力-应变曲线上，弹性模量就是试样在弹性变形阶段线段的斜率，即引起单位弹性变形时所需的应力，用 $E$ 表示，单位为 MPa。弹性模量值越大，则在相

同应力下产生的弹性变形就越小。对于在弹性状态下进行工作的机械零件，对其刚度都有一定的要求。弹性模量主要取决于各种材料本身的性质，热处理、微合金化及塑性变形等对它的影响很小。

材料的刚度与机器零件或构件的刚度不同，后者除了与材料的刚度有关，还与其截面形状、尺寸及载荷作用的方式有关，如可以通过改变零件的结构形式或增加零件的横截面积来提高其刚度。一些机件或构件常常要依据刚度进行选材或设计，精密机床和压力机等对主轴、床身和工作台都有刚度要求，以保证加工精度；内燃机、离心机和压气机等的主要构件（如曲轴）也要求有足够的刚度，以免工作时产生过大振动。

2）弹性比功

材料产生完全弹性变形时所能承受的最大应力值称为弹性极限，因工程上很难准确测出弹性极限强度值，因此国家标准中已将其删除。现在，弹簧钢热处理后的力学性能技术要求，在国家标准中规定用下屈服强度（$R_{eL}$）或规定塑性延伸强度（$R_p$）表示。因此，弹性极限和屈服强度的概念是一致的，都表示材料对微量塑性变形的抗力，而且也都是对组织敏感的力学性能指标。

弹性比功又称弹性比能、应变比能，表示金属材料吸收弹性变形功的能力，用 $W_e$ 表示。一般用金属开始塑性变形前单位体积吸收的最大弹性变形功表示。金属拉伸时的弹性比功用图1-2所示的应力-延伸率曲线上弹性变形阶段下的面积表示。

弹性比功 $W_e$ 为最大弹性应力和最大弹性应变的乘积的一半，由于弹性应力和弹性应变之间存在胡克定律关系，因此弹性比功就取决于弹性极限（下屈服强度）和弹性模量，即

$$W_e = \frac{1}{2}\frac{R_{eL}^2}{E} \tag{1-6}$$

式中，$R_{eL}$ 为下屈服强度，MPa；$E$ 为弹性模量，MPa。

弹簧是典型的弹性元件，主要起到减振和储能驱动的作用，要求材料具有较高的弹性比功和良好的弹性。机械工业中，弹簧常用各种弹簧钢制造，由于弹性模量 $E$ 对组织不敏感，因此只能通过合金化、热处理和冷塑性变形等方法来提高材料的弹性极限强度，从而提高其弹性比功，满足各种钢制弹簧的技术性能要求。

**4. 硬度**

硬度

硬度是材料受压时抵抗局部塑性变形的能力，是衡量金属材料软硬程度的指标。硬度试验设备简单，操作方便、迅速，同时又能敏感地反映出金属材料的化学成分和组织结构的差异，因而被广泛用于检查金属材料的性能、热加工工艺的质量或研究金属组织结构的变化。硬度试验特别是压入法硬度试验，在生产及科学研究中得到了广泛应用。在产品设计图纸的技术条件中，硬度是一项主要技术指标。

测定硬度的方法很多，生产中应用较多的有布氏硬度、洛氏硬度和维氏硬度等试验方法。

1）布氏硬度

布氏硬度是在布氏硬度计（见图1-5）上完成的。其试验的原理是用一只直径为 $D$ 的淬火钢球（或硬质合金球），在规定载荷 $F$ 的作用下压入被测试材料的表面，如图1-6所示，经规定保持时间 $t$ 后，卸除载荷，材料表面将残留压痕，测量钢球（或硬质合金球）在被测试材料表面上所形成的压痕直径 $d$，由此计算出压痕面积 $A$，布氏硬度值（HB）就是试验力 $F$ 除

以压痕面积 $A$ 所得的商，其计算公式为

$$HB = F/A \tag{1-7}$$

用淬火钢球做压头时，测得的布氏硬度用符号 HBS 表示，用硬质合金做压头时，测得的布氏硬度用符号 HBW 表示。通常，布氏硬度值只写明硬度的数值而不标出单位。实际应用中，一般根据测量的 $d$ 值从相关表中直接查出布氏硬度值。

布氏硬度试验法因为压痕面积较大，故能反映出较大范围内被测试材料的平均硬度，试验结果较精确，特别是对于组织比较粗大且不均匀的材料(如铸铁、轴承合金等)的硬度测试更是有其优势。布氏硬度的测量一般用于黑色金属、有色金属入厂或出厂的原材料检验，也可测一般退火、正火和调质后试样的硬度。

图 1-5　布氏硬度计

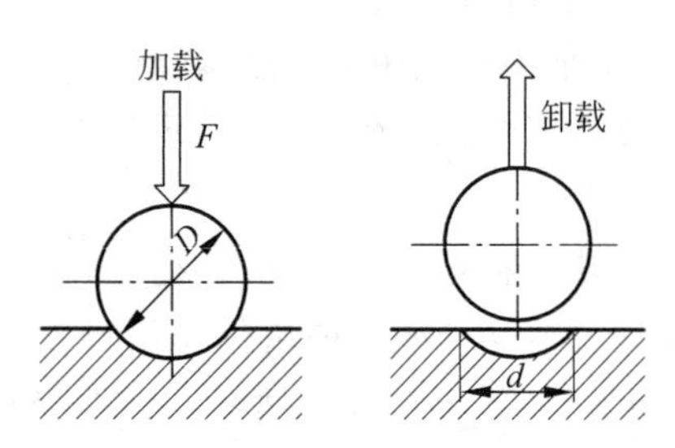


图 1-6　布氏硬度试验原理示意图

2）洛氏硬度

洛氏硬度试验是目前工厂中广泛应用的试验方法，在洛氏硬度计(见图 1-7)上完成。洛氏硬度试验是以一个顶角为 120°的金刚石圆锥体或一定直径的钢球为压头，在规定载荷作用下压入被测试材料表面，通过测定压头压入的深度来确定其硬度值。

图 1-8 所示是金刚石圆锥压头的洛氏硬度试验原理。为了保证压头与试样表面接触良好，试验时先加一个初始试验力，使圆锥体压头到图中 1—1 的位置，在试样表面得一个压痕，压头压入深度为 $h_1$，此时测量压痕深度的指针在表盘上指向零。然后，加上主试验力，使圆锥体压头到图中 2—2 的位置，在总试验力(初始试验力＋主试验力)作用下压头的压入深度为 $h_2$，其中包括弹性变形和塑性变形，表盘上的指针以逆时针方向转动到相应的刻度位

图 1-7　洛氏硬度计

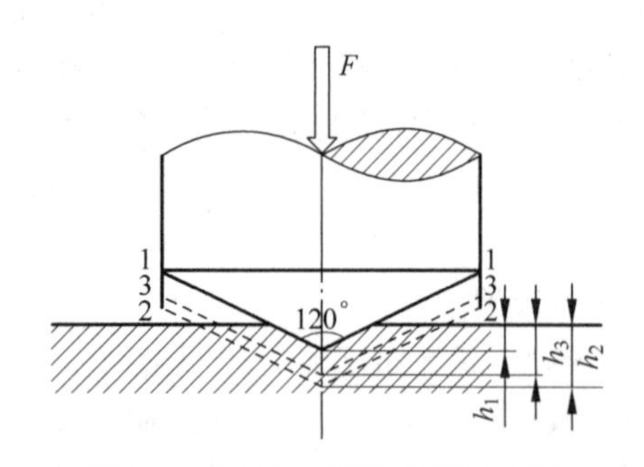


图 1-8　洛氏硬度试验原理示意图

置；当将主试验力卸除后，总变形中的弹性变形恢复，压头回升一段距离到图中 3—3 的位置，这时，压头实际压入试样的深度为 $h_3$。由于主试验力载荷所引起的塑性变形而使压头压入的深度为 $h=h_3-h_1$，指针顺时针方向转动停止时所指的数值就是洛氏硬度值。

为了能用同一个硬度计测定不同软、硬或厚、薄试样的硬度，采用了由不同的压头和试验力组合成 15 种不同的洛氏硬度标尺。用不同标尺测定的洛氏硬度符号在 HR 后面加标尺字母表示。字母由 A、B、C、...按顺序直至 H、K 共 9 个，故洛氏硬度标尺有 9 种，其中常用 HRA、HRB、HRC 三种标尺。洛氏硬度表示方法：硬度值、符号 HR、标尺字母。例如，60HRC 表示用 C 标尺测得的洛氏硬度值为 60。

洛氏硬度试验法的优点是操作迅速简便，硬度值可以直接读出，压痕较小，可在工件表面或较薄的材料上进行试验。同时，采用不同的标尺可测出各种软硬不同、厚薄不一的试样的硬度，因而广泛用于热处理质量的检验。

3) 维氏硬度

维氏硬度是在维氏硬度计(见图 1-9)上完成的。维氏硬度的试验原理基本上与布氏硬度试验法相同，也是根据压痕单位面积所承受的试验力计算硬度值。所不同的是维氏硬度试验的压头不是球体，而是用一个相对面间夹角为 136°的金刚石正四棱锥体压头，压头在试验力 $F$ 的作用下将试样表面压出一个四方锥形的压痕，如图 1-10 所示，然后再测量压痕投影两对角线的平均长度 $d$，计算出压痕的表面积 $A$，以压痕表面积上的平均压力($F/A$)作为被测材料的硬度值，称为维氏硬度，记作 HV。

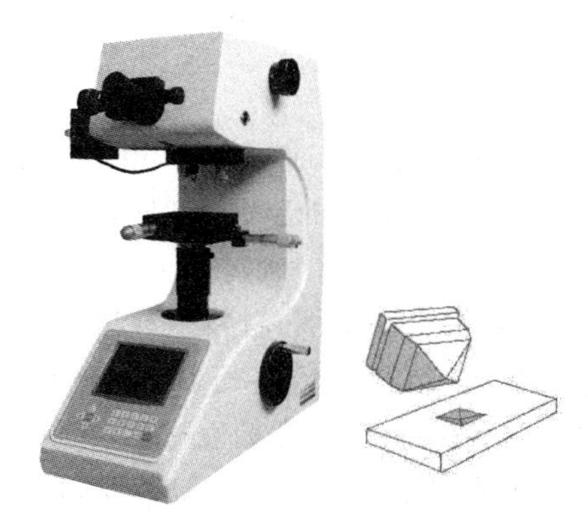

图 1-9　维氏硬度计

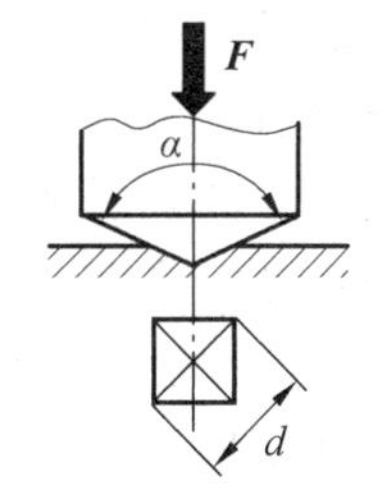


图 1-10　维氏硬度试验原理示意

维氏硬度的单位为 $kgf/mm^2$(1kgf=9.8N)，但通常不标出。维氏硬度表示方法：硬度值、符号 HV、试验力、试验力保持时间(10～15s 不标注)。例如，640HV30 表示在试验力为 30kgf 下保持 10～15s 测得的维氏硬度值为 640。

维氏硬度试验法试验时所加载荷小，压入深度浅，适于测试零件表面淬硬层及化学热处理的表面层(如渗碳层、渗氮层等)。同时，试验时载荷可以任意选择，可以测定从极软到极硬的各种材料的硬度值。

## 1.1.2　其他载荷作用下金属材料的力学性能

其他力学性能

### 1. 冲击韧性

许多机器零件和工具在工作过程中往往受到冲击载荷的作用，如汽车发动机的活塞销与连杆、变速箱中的轴及齿轮、锻锤的锤杆等。由于冲击载荷的加荷速度高，作用时间短，材料在受冲击时应力分布与变形不均匀，脆化倾向性增大，所以对承受冲击载荷的零件，除了要求具有足够的静载荷强度，还要求材料必须具有足够抵抗冲击载荷的能力。材料抵抗冲击载荷作用而不破坏的能力称为冲击韧性，常用标准试样的冲击吸收能量 $K$（原标准为冲击吸收功 $A_k$）表示。

评定材料抵抗冲击载荷能力的试验称为冲击试验。试验在摆锤式冲击试验机上进行，如图 1-11 所示。将样品水平放在试验机的支座上，缺口位于冲击相背的方向，然后将具有一定质量 $m$ 的摆锤举至一定高度 $H_1$，使其获得一定的位能 $mgH_1$，释放摆锤冲断试样，摆锤的剩余能量为 $mgH_2$，则摆锤冲断试样失去的位能为 $mgH_1-mgH_2$，这就是试样变形和断裂所消耗的能量，称为冲击吸收能量，以 $K$ 表示，单位为 J。

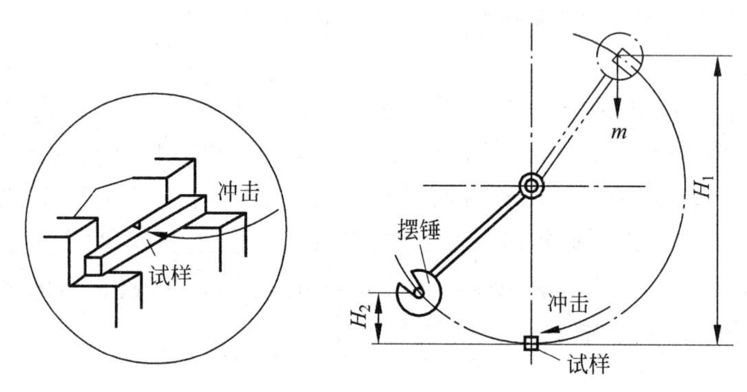


图 1-11 冲击试验原理

冲断时，在试样横截面的单位面积上所消耗的功称为冲击韧度，用符号 $a_K$ 表示。使用不同类型的试样（U 形缺口或 V 形缺口）进行试验时，其冲击吸收能量分别记为 $K_U$ 或 $K_V$，冲击韧度则分别为 $a_{KU}$ 或 $a_{KV}$。

冲击吸收能量 $K$ 或冲击韧度 $a_K$ 代表了在指定温度下，材料在缺口和冲击载荷共同作用下脆化的趋势及其程度，是一个对成分、组织、结构极敏感的参数。一般把冲击韧度值 $a_K$ 低的材料称为脆性材料，把冲击韧度值 $a_K$ 高的材料称为韧性材料。脆性材料在断裂前无明显的塑性变形，断口较平整，呈结晶状或瓷状，有金属光泽；韧性材料在断裂前有明显的塑性变形，断口呈纤维状，无光泽。

1912 年 4 月 14 日深夜，英国制造的号称永不沉没的泰坦尼克号游轮首航即沉没于大西洋海底，发生了令世人震惊的大海难，使 1523 人遇难。海难发生 100 多年来，人类并未停止探究泰坦尼克号沉没之谜。

1985 年以前，人们普遍认为，驾驶人员玩忽职守、船体设计不合理是泰坦尼克号沉没的主要原因。然而，伴随着美国海洋探险家巴拉德从 3000 多米深海打捞上了船体残骸，真相也一起浮出了水面。材料专家通过对打捞上来的残骸检测，发现建造泰坦尼克号的钢材含硫量非常高，韧性差。当船体左弦撞击冰山时，韧性差的六层隔舱钢板瞬间脆裂，海水大量涌入，导致船体迅速沉没。

实际上，在冲击载荷下工作的机械零件很少是受大能量一次冲击而破坏的，往往是经受小能量的多次冲击,因冲击损伤的积累引起裂纹扩展而造成断裂。

**2. 断裂韧度**

生产中一些高强度、超高强度钢的机件,中低强度钢的大型、重型机件,如火箭壳体、大型转子、船舶、桥梁等经常在屈服应力以下发生低应力脆性断裂。断裂前无明显的塑性变形,属于突然断裂,所以危害性极大。

在实际使用的材料中,常常存在一定的缺陷,如夹杂物、气孔、微裂纹等,这些缺陷都可看成裂纹。一般裂纹分为穿透裂纹、表面裂纹和深埋裂纹三种。裂纹在外力作用下的扩展方式可分为Ⅰ型(张开型)、Ⅱ型(滑移型)、Ⅲ型(剪刀型)三种基本类型,如图1-12所示。通过力学分析和推导,提出了一个描述裂纹附近应力场的力学参数——应力场强度因子$K$。三种裂纹扩展类型分别用$K_{\mathrm{I}}$、$K_{\mathrm{II}}$、$K_{\mathrm{III}}$表示。当外加载荷或裂纹的长度不断增加时,$K_{\mathrm{I}}$值也不断增大,当$K_{\mathrm{I}}$值增大到某一临界值时,裂纹便会失去稳定而迅速扩展,这个临界的$K_{\mathrm{I}}$值记为$K_{\mathrm{I}_{\mathrm{C}}}$,这就是材料的断裂韧度,其单位为$\mathrm{MPa}\cdot\mathrm{m}^{\frac{1}{2}}$。在外力作用下,断裂韧度用来表示这些裂纹扩展的难易程度,它反映了材料抵抗裂纹失稳扩展的能力,是材料的一个新的力学性能指标。

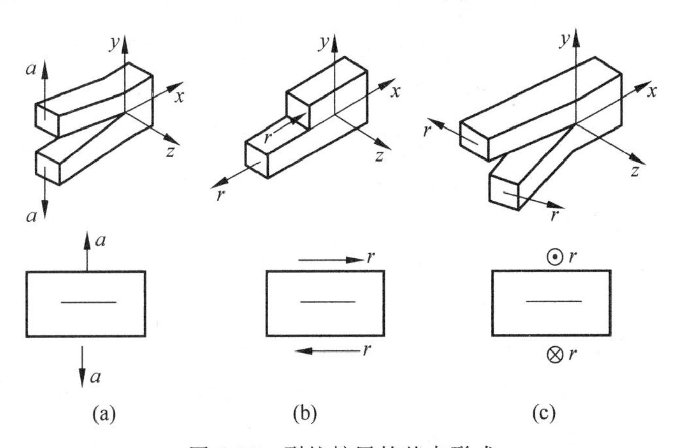


图1-12　裂纹扩展的基本形式

(a) Ⅰ型(张开型); (b) Ⅱ型(滑移型); (c) Ⅲ型(剪刀型)

当$K_{\mathrm{I}}<K_{\mathrm{I}_{\mathrm{C}}}$时,裂纹不扩展或扩展很慢,不发生脆断;当$K_{\mathrm{I}}>K_{\mathrm{I}_{\mathrm{C}}}$时,裂纹失稳扩展,发生脆性断裂;当$K_{\mathrm{I}}=K_{\mathrm{I}_{\mathrm{C}}}$时,处于临界状态。因此,$K_{\mathrm{I}}=K_{\mathrm{I}_{\mathrm{C}}}$就是材料断裂的判据。$K_{\mathrm{I}_{\mathrm{C}}}$可以通过实验测定,它是材料本身的特性,取决于材料的成分、组织状态。

**3. 磨损**

任何一部机器在运转时,各机件之间总要发生相对运动,而两个相互接触的机件表面有相对运动时就会产生摩擦,有摩擦就必然有磨损产生。磨损是降低机器和工具效率、精确度甚至报废的原因,也是造成金属材料损耗和能源消耗的重要原因。

按磨损机理和条件的不同,通常将磨损分为黏着磨损、磨粒磨损和腐蚀磨损三大基本类型。

1) 黏着磨损

黏着磨损又称咬合磨损,是指在滑动摩擦条件下,当摩擦副相对滑动速度较小(小于1m/s)时,由于缺乏润滑油,摩擦副表面无氧化膜,且单位法向载荷很大,以致接触应力超过实际接触点处的屈服强度而产生的一种磨损。

2）磨粒磨损

磨粒磨损是指当摩擦副一方表面存在坚硬的细微突起，或者接触面之间存在着硬质粒子时所产生的一种磨损。其主要特征是摩擦面上有明显犁皱形成的沟槽。

3）腐蚀磨损

在摩擦过程中，摩擦副之间或摩擦副表面与环境介质发生化学或电化学反应形成腐蚀产物，腐蚀产物的形成与脱落引起腐蚀磨损。腐蚀磨损因常与摩擦面之间的机械磨损（黏着磨损或磨粒磨损）共存，故又称为腐蚀机械磨损。其宏观特征是在摩擦表面上沿滑动方向呈匀细磨痕，其磨损产物为红褐色的三氧化二铁或黑色的四氧化三铁。

磨损是造成材料损耗的主要原因，也是零件的主要失效形式之一。尽管影响磨损过程的因素很多，但材料的磨损主要发生于材料表面的变形与断裂过程。因此，提高摩擦副表面的强度、硬度和韧性是提高材料耐磨性的有效措施。

**4. 疲劳**

工程中有许多零件，如发动机曲轴、齿轮、弹簧和滚动轴承等都是在变动载荷下工作的。变动载荷是指载荷大小甚至方向均随时间变化的载荷，是引起疲劳破坏的外力，它在单位面积上的平均值为变动应力。根据变动载荷的作用方式不同，零件承受的应力可以分为交变应力与重复应力两种。零件在这种交变应力或重复应力的长期作用下，由于累积损伤，在工作应力低于其屈服强度的情况下会发生断裂，这种现象称为疲劳断裂。

疲劳有很多分类方法，最基本的分类方法是按断裂寿命和应力高低不同分类，可分为高周疲劳和低周疲劳。高周疲劳断裂寿命较长，断裂应力水平较低，也称为低应力疲劳，一般常见的疲劳均属于此类；低周疲劳断裂寿命较短，断裂应力水平较高，往往有塑性应变出现，也称为高应力疲劳或应变疲劳。

大量试验证明，材料所受的交变或重复应力水平（$S$）与疲劳寿命（$N$）之间有一定的曲线关系，该曲线称为疲劳曲线，即 $S$-$N$ 曲线。由疲劳曲线可以测定材料的疲劳抗力指标。一般来说，当循环应力小于某一数值时，循环周次可以达到很大甚至无限大而试样不发生疲劳断裂，这就是试样不发生疲劳断裂的最大循环应力，该应力值称为疲劳极限，并用 $\sigma_{-1}$ 表示光滑试样的对称弯曲疲劳极限。疲劳极限是保证机件疲劳寿命的重要性能指标，是评定材料、制订工艺和疲劳设计的依据。

零件的疲劳抗力与选用材料的本性有关，此外，还可以通过改变结构和加工条件来提高疲劳抗力。改善零件的结构形状，提高零件表面的加工质量，尽可能减少各种热处理缺陷（如脱碳、氧化、淬火裂纹等），采用化学热处理、表面淬火、表面喷丸和表面滚压等强化处理，都能显著提高零件的疲劳抗力。

### 1.1.3　金属材料的高、低温力学性能

**1. 高温性能**

在高压蒸汽锅炉、汽轮机、柴油机、航空发动机等设备中，很多机件长期在高温下服役。材料在长时间的恒温、恒应力作用下，发生缓慢塑性变形的现象称为蠕变，它是高温金属力学行为的一个重要特征。蠕变的一般规律是温度越高，工作应力越大，蠕变变形的发展越快，产生断裂前的工作时间就越短。由于这种高温蠕变变形导致的断裂称为蠕变断裂。金

属的蠕变变形主要通过位错滑移、原子扩散等机理进行，与温度及应力的变化有关。

由于金属在长时间高温载荷下会产生蠕变现象，对于在高温下工作、依靠原始弹性变形获得工作应力的机件，如高温管道内用的螺栓等就可能随着时间的延长，在总变形量不变的前提下，由弹性变形变为塑性变形，从而使工作应力降低，以致失效。这种在温度及初始应力一定时，材料中的应力随着时间的增加而减小的现象称为应力松弛。这种现象可看成应力不断降低条件下的蠕变过程，是蠕变的另一种表现形式。

**2. 低温性能**

实践证明，随着温度的下降，多数材料会出现脆性增加的现象，严重时甚至发生脆断，这一现象称为冷脆现象。冷脆现象表现为材料的屈服强度急剧增加，而塑性($A$、$Z$)和冲击吸收能量($K$)急剧减小，试样的断口由韧性断口过渡为脆性断口。通常，可通过材料的冲击吸收能量与温度的变化关系来确定材料的韧、脆状态转化。当温度降低至某一值时，冲击吸收能量会急剧减小，使材料呈脆性状态。材料由韧性状态转变为脆性状态的温度 $T_t$ 称为冷脆转变温度，也称韧脆转变温度。冷脆转变温度的高低是材料的质量指标之一，冷脆转变温度越低，材料的低温冲击性能就越好。

低温脆性是压力容器、桥梁和船舶结构及在低温下服役的机件(高寒地区的石油、天然气输送管线等)的一项非常重要的指标。历史上就曾经发生过多起由低温脆性导致的断裂事故，造成了很大的损失。

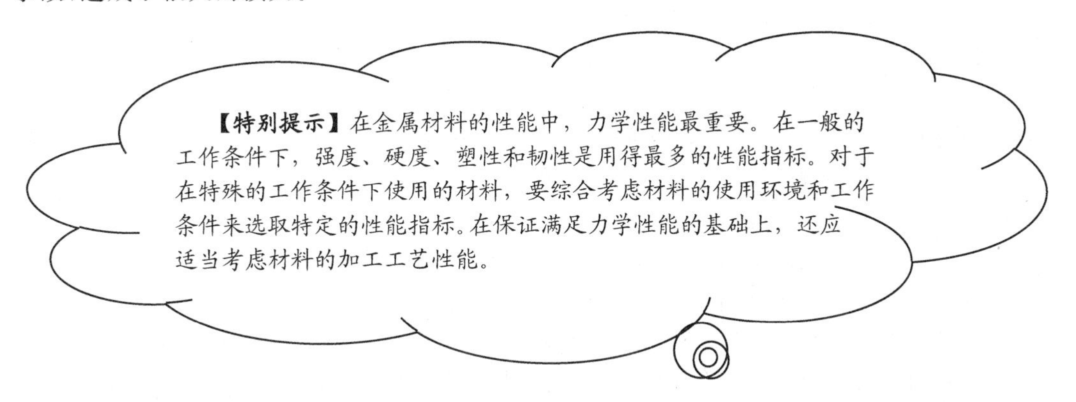


## 1.2　材料的物理、化学及工艺性能

### 1.2.1　材料的物理性能

物理性能是指材料的密度、熔点、热膨胀性、磁性、导热性与导电性等。

**1. 密度**

材料的密度是指单位体积中材料的质量。一般将密度小于 $5\times10^3\text{kg/m}^3$ 的金属称为轻金属，密度大于 $5\times10^3\text{kg/m}^3$ 的金属称为重金属。材料的抗拉强度 $R_m$ 与密度 $\rho$ 之比称为比强度；材料的弹性模量 $E$ 与密度 $\rho$ 之比称为比弹性模量。这两者也是考虑某些零件材料性能的重要指标。如密度大的材料将增加零件的质量，并降低零件单位质量的强度，即降低比强度。

**2. 熔点**

熔点是指材料的熔化温度。金属都有固定的熔点。陶瓷的熔点一般显著高于金属及合金的熔点，而高分子材料一般不是完全晶体，没有固定的熔点。合金的熔点取决于它的化学成分，是金属与合金冶炼、铸造和焊接等的重要工艺参数。熔点高的金属称为难熔金属（如W、Mo、V等），可以用来制造耐高温零件，在燃气轮机、航空航天等领域有广泛的应用。熔点低的金属称为易熔金属（如Sn、Pb等），可以用来制造保险丝、防火安全阀等零件。

**3. 热膨胀性**

材料的热膨胀性通常用线膨胀系数表示，陶瓷的线膨胀系数最低，金属次之，高分子材料最高。对于精密仪器或机器的零件，线膨胀系数是一项非常重要的性能指标。在异种金属焊接中，常因材料的热膨胀性相差过大而使焊件变形或破坏。

**4. 磁性**

材料能导磁的性能称为磁性。磁性材料可分为软磁性材料和硬磁性材料，前者是指容易磁化、导磁性良好，但外磁场去掉后，磁性基本消失的磁性材料（如电工用的纯铁、硅钢片等）；后者是指去磁后仍保持磁场，磁性不易消失的磁性材料（如淬火的钴钢、稀土钴等）。许多金属（如Fe、Ni、Co等）均具有较高的磁性，但也有许多金属（如Al、Cu、Pb等）是无磁性的。非金属材料一般无磁性。

**5. 导热性**

材料的导热性用热导率（亦称导热系数）$\lambda$ 来表示。材料的热导率越大，导热性越好。一般来说，金属越纯，其导热能力越大。金属及合金的热导率远高于非金属材料。

导热性好的材料其散热性也好，可用来制造热交换器等传热设备的零部件。而导热性差的材料如高合金钢，在锻造或热处理时，加热和冷却速度过快会引起零件表面和内部之间大的温差，从而产生不同的膨胀，形成过大的热应力，使材料发生变形或开裂。

**6. 导电性**

材料的导电性一般用电阻率表示。通常金属的电阻率随温度的升高而增加，而非金属材料与此相反。金属一般具有良好的导电性。导电性与导热性一样，是随合金成分的复杂化而降低的，因而纯金属的导电性一般比合金好。高分子材料一般是绝缘体，但有的高分子复合材料也有良好的导电性。陶瓷材料虽然也是良好的绝缘体，但某些特殊成分的陶瓷却是具有一定导电性的半导体。

### 1.2.2 材料的化学性能

化学性能是指材料在室温或高温时抵抗各种介质化学侵蚀的能力。通常，将材料因化学侵蚀而损坏的现象称为腐蚀。非金属材料的耐腐蚀性远高于金属材料，金属的腐蚀既容易造成一些隐蔽性和突发性的严重事故，也损失了大量的金属材料。金属腐蚀主要有化学腐蚀和电化学腐蚀两种。金属的腐蚀绝大多数是由电化学腐蚀引起的。为了提高金属的耐腐蚀能力，原则上应保证以下三点：一是尽可能使金属保持均匀的单相组织，即无电极电位差；二是尽量减小两极之间的电极电位差，并提高阴极的电极电位，以减缓腐蚀速度；三是尽量不与电解质溶液接触，减小甚至隔断腐蚀电流。

### 1.2.3 材料的工艺性能

工艺性能是指材料在制造机械零件和工具的过程中，采用某种加工方法制成成品的难易程度,包括铸造性能、锻造性能、焊接性能、热处理性能及切削加工性能等。材料工艺性能的好坏,会直接影响制造零件的工艺方法、质量及制造成本。

铸造性能是指浇注铸件时,金属及合金易于成型并获得优质铸件的性能。流动性好、收缩率小、偏析倾向小则表示铸造性能好。在金属材料中,铸铁与青铜的铸造性较好。工程塑料在一些成型工艺方法中也要求有好的流动性和小的收缩率。

锻造性能一般用材料的可锻性来衡量。可锻性是指材料是否易于进行压力加工的性能。可锻性的好坏主要以材料的塑性及变形抗力来衡量。一般钢的可锻性良好,而铸铁则不能进行压力加工。热塑性塑料可经挤压和压塑成型。

焊接性能一般用材料的可焊性来衡量。可焊性是指材料是否易于焊接在一起并能保证焊缝质量的性能。可焊性的好坏一般用焊接处出现各种缺陷的倾向来衡量。低碳钢具有优良的可焊性,而铸铁和铝合金的可焊性就很差。某些工程塑料也有良好的可焊性,但与金属的焊接机制及工艺方法有所不同。

切削加工性能是指材料在切削加工时的难易程度。它与材料的种类、成分、硬度、韧性、导热性及内部组织状态等许多因素有关。切削加工性好的材料切削容易,对刀具的磨损小,加工出的表面也比较光洁。就材料种类而言,铸铁、铜合金、铝合金及一般碳钢的切削加工性能较好。非金属材料与金属材料的切削加工工艺要求不同。

对于钢而言,热处理工艺性能是非常重要的性能,这将在第4章中讨论。

## 1.3　材料的结合方式及键性

材料结合方式及测试

**【小小疑问】**为什么金属是好的导电体而陶瓷和塑料通常是好的绝缘体?为什么橡胶可以随外力的作用而明显伸长金属却相当刚硬?为什么钢能够承受相当大的冲击载荷而陶瓷在相当小的冲击载荷下就能破断?

**【问题解答】**这些都是因为化学键!原子通过键的形成而结合在一起,形成的键具有不同的特性。键的特性决定了物理、力学及化学方面的特性,因此化学键对物质的性质有重大的影响!

### 1.3.1　材料的结合方式

物质都是由原子组成的,原子又是由电子、质子和中子构成的。在邻近的原子和原子群之间存在着力的作用,这种相邻原子(或分子、离子)间强烈的相互作用称为化学键。物质的化学键主要有离子键、共价键、金属键和分子键。

**1. 离子键**

当两种电负性相差较大的原子(如碱金属元素与卤族元素的原子)相互靠近时,电负性小的原子失去电子成为正离子,电负性大的原子获得电子而成为负离子,两种离子由静电引力结合在一起形成离子键。这种键涉及由正电性原子向负电性原子的电子转移。原子间的高电负性差值有利于离子键的形成。活泼金属如钾、钠、钙等跟活泼非金属如氯、溴等化合

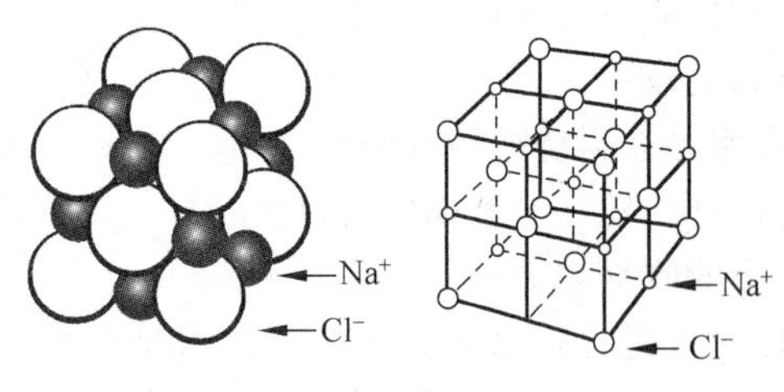

图 1-13　NaCl 晶体结构

时，都能形成离子键。离子键的特点是无方向性和无饱和性。离子键很强，故以离子键形成的材料有较高的熔点，固体状态时不导电，熔融状态时才导电。若离子间发生相对位移，电平衡就会被破坏，离子键也被破坏，从而形成脆性材料。日常生活中的食盐（学名“氯化钠”，分子式 NaCl）是由钠离子（$Na^+$）与氯离子（$Cl^-$）组成的，如图 1-13 所示。

**2. 共价键**

当两个相同原子或者性质相差不大的原子相互靠近时，原子间借共用电子对所产生的力而结合，这种由共用电子对形成的化学键称为共价键。形成这种键的原子间不会产生电子转移。在外力作用下，原子一旦发生位移，共价键就会被破坏，形成脆性材料。为使电子运动产生电流，必须破坏共价键，就需要加高温、高压，因此共价键形成的材料具有很好的绝缘性。共价键存在于ⅣA、ⅤA、ⅥA 族中大多数元素或电负性相差不大的原子间，如金刚石、单晶硅、SiC 等。金刚石中碳原子间的共价键非常牢固，其熔点高达 3750℃，是自然界中最坚硬的固体。

**3. 金属键**

绝大多数金属元素是以金属键结合的。由金属正离子和自由电子之间相互作用而结合的键称为金属键。根据金属键的结合特点可以解释金属材料的特有性能。在外力作用下，金属发生塑性变形，晶体中的原子发生相对位移后，金属键的结合仍然保持，因此金属表现出良好的塑性；金属中的自由电子在外电场作用下，会沿着电场方向做定向运动形成电流，从而显示出良好的导电性；金属中的正离子是以某一个固定位置为中心做热运动的，因此对自由电子的流通就有阻碍作用，这就是金属具有电阻的原因。随着温度的升高，正离子的振幅增大，对自由电子的阻碍作用也加大，即金属的电阻是随着温度的升高而增大的，具有正的电阻温度系数。由于自由电子的运动和正离子的振动都可以传递热能，因而金属具有良好的导热性。因为金属晶体中的自由电子能够吸收可见光的能量跃迁到高能级，故金属具有不透明性；而当电子重新回到原来的低能级时，所吸收的可见光能量就以电磁波的形式辐射出来，在宏观上就表现为金属的光泽。

**4. 分子键**

分子键又称为范德瓦耳斯键，是最弱的一种结合键。由于原子各自内部的电子不均匀分布产生的较弱的静电引力，称为范德瓦耳斯力。由这种分子力结合起来的键称为分子键。分子晶体因其结合键能很低，所以熔点很低。金属与合金中这种键不多，聚合物通常链内是共价键，而链与链之间是范德瓦耳斯键。

### 1.3.2　工程材料的键性

在实际的工程材料中，原子（或离子、分子）间相互作用的性质，只有少数是这四种键性的极端情况，大多数是这四种键性的过渡。如图 1-14 所示，如果以四种键为顶点绘制一个四面体，把工程材料的结合键范围示意在四面体上，就可以从四面体上根据键性估计出材料的性能。

(1) 金属材料。金属材料的结合键主要是金属键,也有共价键(如灰锡)和离子键(如金属间化合物 $Mg_3Sb_2$)。

(2) 陶瓷材料。陶瓷材料的结合键是离子键和共价键,大部分材料以离子键为主。所以陶瓷材料有高的熔点和很高的硬度,但脆性较大。

(3) 高分子材料。高分子材料又称为聚合物,它的结合键是共价键和分子键。由于高分子材料的分子很大,所以分子间的作用力也很大,因而也具有很好的力学性能。

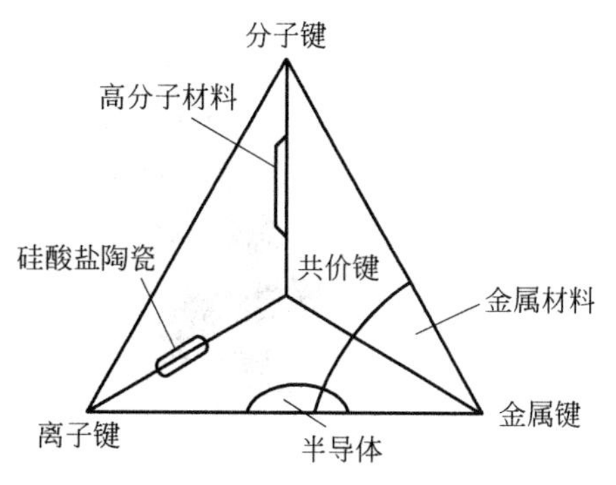


图 1-14　工程材料的键性

## 1.4　材料测试分析技术

工程材料的微观形态、晶体结构和微区化学成分等微观结构对材料的物理、化学和力学性能有着重要影响。因此,材料微观结构和缺陷及其与性能之间关系的研究一直是材料学科实验研究的主要内容。从 20 世纪 30 年代开始,一系列物质表面分析的探测和显微镜技术相继出现并日臻完善,为表面研究提供了良好的实验条件,其基本原理是用一个探束(光子或原子、电子、离子等)或探针(机械加电场)去探测样品表面,并在两者相互作用时,从样品表面发射或散射电子、离子、光子及中性粒子(原子或分子)等。检测这些粒子的能量、质荷比、束流强度等,就可得到样品表面的各种信息。

随着科学技术的进步,用于材料性能检测、微观结构和化学成分分析的实验方法和检测手段不断丰富,新型仪器设备不断出现,种类繁多,不同的实验方法和仪器可以获得不同方面的结构和成分信息,这为材料的测试分析工作提供了强有力的物质支撑。

### 1.4.1　显微镜

显微镜是人类认识宏观世界和微观世界必不可少的重要工具,利用显微镜,人们可以看见单个原子(直径小于 $10^{-10}$m)。发明的第一种显微镜是光学显微镜(optical microscope, OM),如图 1-15 所示。光学显微镜的诞生和使用促进了电子显微镜和扫描探针显微镜的发明和应用,从而使人们能够看到用肉眼所不能看到的物质内部微观结构,甚至是原子图像。光学显微镜使用可见光做照明源,用玻璃透镜来聚焦光和放大图像。光学分辨本领受光的波长所限制,光学显微镜的极限分辨本领约为 200nm,小于 200nm 的物体的观测必须使用其他波长小于光波长的照明源。

电子显微镜(electron microscope, EM)是利用电磁场偏折、聚焦电子及电子与物质作用产生散射的原理来研究物质构造及微细结构的精密仪器,如图 1-16 所示。近年来,由于电子光学理论及其应用发展迅速,此项定义已嫌狭窄,故重新定义其为一种利用电子与物质作用所产生之信号来鉴定微区域晶体结构(crystal structure, CS)、微细组织(microstructure, MS)、化学成分(chemical composition, CC)、化学键结(chemical bonding, CB)和电子分布情况(electronic structure, ES)的电子光学装置。

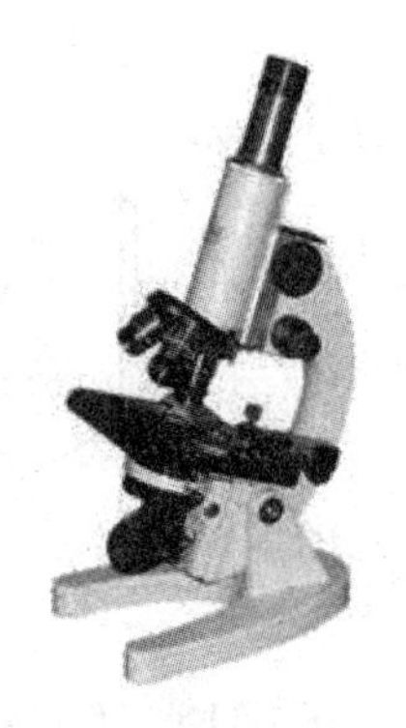

图 1-15 光学显微镜

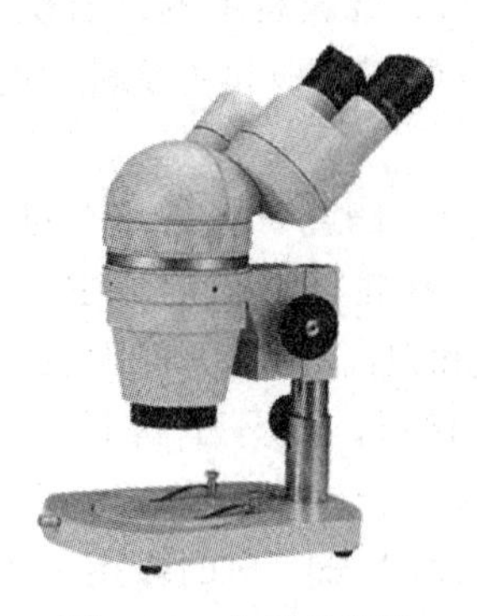

图 1-16 电子显微镜

与光学显微镜相比，电子显微镜使用高能量的加速电子代替光做照明源，用电磁透镜代替了光学透镜并使用荧光屏将肉眼不可见的电子束成像。电子的波长是光波长的 1/100～1/10，可以分辨的物体大小是光学显微镜所能分辨的最小物体的 1/1000。下面介绍两种典型的电子显微镜。

**1. 透射电子显微镜**

透射电子显微镜(transmission electron microscope，TEM)是一种能够以原子尺度的分辨能力，同时提供物理分析和化学分析所需全部功能的仪器，如图 1-17 所示。它因电子束穿透样品后，再用电子透镜成像放大而得名。特别是选区电子衍射技术的应用，使得微区形貌与微区晶体结构分析结合起来，再配以能谱或波谱进行微区成分分析，可以得到全面的信息。

透射电子显微镜可以直接获得一个样本的投影。通过改变物镜的透镜系统，可以直接放大物镜焦点的像，由此可以获得电子衍射像，使用这个像可以分析样本的晶体结构。在这种电子显微镜中，图像细节的对比度是由样品的原子对电子束的散射形成的。由于电子需要穿过样本，因此样本必须非常薄。

**2. 扫描电子显微镜**

扫描电子显微镜(scanning electron microscope，SEM)原理的提出与发展，约与 TEM 同时，但直到 1964 年，第一部商售 SEM 才问世。扫描电子显微镜的电子束不穿过样品，仅以电子束尽量聚焦在样本的一小块地方，然后一行一行地扫描样本。入射的电子导致样本表面被激发出次级电子。显微镜观察的是每个点散射出来的电子，放在样品旁的闪烁晶体接收这些次级电子，通过放大后调制显像管的电子束强度，从而改变显像管荧光屏上的亮度。扫描电子显微镜如图 1-18 所示，其图像为立体形象，反映了标本的表面结构。由于 SEM 为研究物体表面结构及成分的利器，解释试样成像及制作试样较容易，此外还有许多其他优点，故被广泛地应用于材料、化学、生物、医学、冶金、半导体制造、微电路检查等各个研究领域和工业部门。

扫描电子显微镜(SEM)有较高的分辨力(3.5nm)，可清晰地显示粗糙样品的表面形貌，并以多种方式给出微区成分等信息，用来观察断口表面的微观形态，分析研究断裂的原因和机理，以及其他方面的应用。

图 1-17　透射电子显微镜

图 1-18　扫描电子显微镜

近几年，随着计算机、信息数字化技术的发展及其在扫描电子显微镜上的应用，扫描电子显微镜的各种性能发生了新的飞跃，操作更加快捷，使用更加方便，是科学研究及工业生产等许多领域应用最为广泛的显微分析仪器之一。

### 1.4.2　电子探针

电子探针 X 射线显微分析仪简称电子探针（electron probe X-ray micro-analyzer，EPMA），是在电子光学和 X 射线光谱原理的基础上发展起来的一种微区成分分析仪器，如图 1-19 所示。它可以对微米数量级侧向和深度范围内的材料微区进行相当灵敏和精确的化学成分分析，基本上解决了鉴定元素分布不均匀的困难。

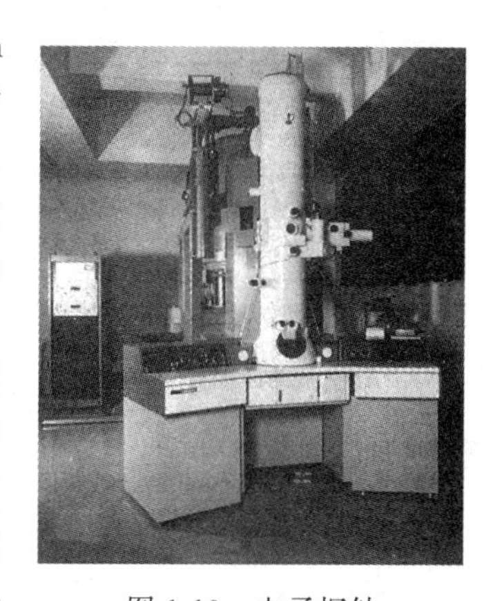

图 1-19　电子探针

电子探针的镜筒部分与扫描电子显微镜相同，所不同的是电子探针有一套检测特征 X 射线的系统——X 射线谱仪。配有检测特征 X 射线特征波长的谱仪称为电子探针波谱仪（wavelength dispersive spectrometer，WDS），配有检测特征 X 射线特征能量的谱仪称为电子探针能谱仪（energy dispersive spectrometer，EDS）。

电子探针可对试样进行微小区域成分分析。除 H、He、Li、Be 等几个较轻的元素外，还有 U 元素以后的元素都可进行定性和定量分析。电子探针利用经过加速和聚焦的极窄的电子束为探针，激发试样中某一微小区域，使其发出特征 X 射线，测定该 X 射线的波长和强度，即可对该微区的元素作定性或定量分析。将扫描电子显微镜和电子探针结合，在显微镜下把观察到的显微组织和元素成分联系起来，解决材料显微不均匀性的问题，成为研究亚微观结构的有力工具。

### 1.4.3　X 射线衍射分析

X 射线衍射分析（X-ray diffraction，XRD），是利用晶体形成的 X 射线衍射，对物质进行内部原子在空间分布状况的结构分析方法。X 射线衍射对于 20 世纪的科学起着奠基石的作用，它的发展推动了固体科学的发展，并使人们对化学键有了更多的了解。X 射线衍射仪如图 1-20 所示。

将具有一定波长的 X 射线照射到结晶性物质上时，X 射线因在结晶内遇到规则排列的原子或离子而发生散射，散射的 X 射线在某些方向上相位得到加强，从而显示与结晶结构相对应的特有的衍射现象。X 射线衍射方法具有不损伤样品、无污染、快捷、测量精度高、能得到有关晶体完整性的大量信息等优点。

X 射线衍射学除了用来研究晶体的微观结构，已发展成为应用极广的一门实用科学。在物理、化学、材料、冶金、机械、地质、化工、纺织、食品、医药等各个领域无不使用 X 射线衍射分析法。X 射线衍射分析法在材料科学与工程方面的贡献尤为显著，成为近代材料微观结构与缺陷分析必不可少的重要手段之一。

图 1-20　X 射线衍射仪

### 1.4.4　热分析

热分析(thermal analysis，TA)是指在程序控制温度条件下，测量物质的物理性质随温度变化的函数关系的技术。热分析技术的基础是物质在加热或冷却过程中，随着其物理状态或化学状态的变化，通常伴随有相应的热力学性质或其他性质(如质量、力学性质、电阻等)变化，因而通过对某些性质(参数)的测定可以分析研究物质的物理变化或化学变化过程。热分析仪如图 1-21 所示。

图 1-21　热分析仪

DSC(differential scanning calorimeter，DSC)热分析法，又称为差示扫描量热法，是 20 世纪 60 年代以后研制出的一种热分析方法。它是在程序控制温度下，测量输入试样和参比物的功率差与温度的关系。差示扫描量热仪记录到的曲线称为 DSC 曲线。

根据测量方法的不同，DSC 热分析法又分为两种类型：功率补偿型 DSC 和热流型 DSC。它以样品吸热或放热的速率，即热流率 $dH/dt$(单位 mJ/s)为纵坐标，以温度 $T$ 或时间 $t$ 为横坐标，可以测定多种热力学和动力学参数，例如比热容、反应热、转变热、相图、反应速率、结晶速率、高聚物结晶度、样品纯度等。该方法的使用温度范围宽(−175～725℃)、分辨率高、试样用量少，适用于无机物、有机化合物及药物分析。

每一种分析方法或检测技术都是针对特定研究内容的，并有一定的适用范围和局限性。因此，在材料的检测分析中必须根据具体问题的研究内容和研究目的选择合适的方法和手段来进行研究，必要时要采用多种手段进行综合分析来确定影响材料性能的各种因素。在此基础上才有可能采取相应的措施来改善材料的性能。

## 本 章 小 结

本章主要介绍了工程材料的性能。金属材料在各种形式的力的作用下所表现出的特性称为力学性能，包括强度、塑性、刚度、弹性、硬度、冲击韧性、断裂韧度、耐磨性和疲劳强度等。金属材料力学性能的主要指标见表 1-1。同时，必须了解材料的主要物理化学性能及工艺性能，以及材料的结合方式及主要测试分析方法和手段。

**表1-1 金属材料力学性能的主要指标**

| 名称 | | 物理意义 | 符号 | 应用 |
|---|---|---|---|---|
| 强度 | 上屈服强度 | 试样发生屈服而力首次下降前的最高应力 | $R_{eH}$ | 机器零件和结构设计时使用的指标 |
| | 下屈服强度 | 试样在屈服期间,不计初始瞬时效应时的最低应力 | $R_{eL}$ | |
| | 抗拉强度 | 材料在破断前所能承受的最大应力值 | $R_m$ | 涉及结构的安全性能时需考虑的指标 |
| 塑性 | 断后伸长率 | 试样拉断后标距增长量与原始标距长度之比 | $A$ | 对材料进行塑性加工时考虑的指标 |
| | 断面收缩率 | 试样拉断处横截面积的缩减量与原始横截面积之比 | $Z$ | 对材料进行塑性加工时考虑的指标 |
| 弹性和刚度 | 弹性模量 | 材料在弹性状态下的应力与应变的比值 | $E$ | 弹性模量越大,材料的刚度越大,材料抵抗弹性变形的能力就越强 |
| | 弹性比功 | 金属材料吸收弹性变形功的能力 | $W_e$ | 弹性元件需考虑的指标 |
| 硬度 | 布氏硬度 | 用一直径为 $D$ 的淬火钢球在规定载荷 $F$ 的作用下压入被测试材料的表面,经规定保持时间 $t$ 后,卸除载荷,测量钢球(或硬质合金球)在被测试材料表面上所形成的压痕直径计算出的硬度值 | HB | 用于黑色金属、有色金属的入厂或出厂原材料检验,也可测一般退火、正火和调质后试样的硬度 |
| | 洛氏硬度 | 以一个顶角为 120°的金刚石圆锥体或一定直径的钢球为压头,在规定载荷作用下压入被测试材料表面,通过测定压头压入的深度来确定其硬度值 | HRA、HRB、HRC | 操作迅速简便,其硬度值可以直接读出,压痕较小,可在工件表面或较薄的材料上进行试验 |
| | 维氏硬度 | 用一个相对面间夹角为 136°的金刚石正四棱锥体压头在试验力 $F$ 作用下将试样表面压出一个四方锥形的压痕,根据压痕单位面积所承受的试验力计算硬度值 | HV | 适于测试零件表面淬硬层及化学热处理的表面层(如渗碳层、渗氮层等),可以测定从极软到极硬的各种材料的硬度值 |
| 冲击韧性 | 冲击韧度 | 材料抵抗冲击载荷作用的能力 | $K$ | 在设计承受冲击和振动的工件时的设计指标 |

组成物质整体的质点(原子、分子或离子)间的相互作用力,称为化学键。由于质点相互作用时,其吸引和排斥情况的不同,形成了不同类型的化学键,主要有离子键、共价键、金属键和分子键。化学键对物质的性质有重大影响。在实际的工程材料中,原子(或离子、分子)间相互作用的性质,只有少数是这四种键性的极端情况,大多数是这四种键性的过渡。

## 习题与思考题

**1. 填空题**

(1) 拉伸试验时,试样拉断前承受的最大应力称为材料的________,材料的洛氏硬度用________符号表示。

(2) 设计刚度好的零件,应根据________指标来选择材料。

(3) 在低碳钢拉伸应力-延伸率图中,$R$-$e$ 曲线上对应的最大应用值称为________。

(4) 材料开始发生塑性变形的应力值叫作材料的________。

(5) 测量淬火钢及某些表面硬化件的硬度时,一般应用________。

(6) 材料的工艺性是指________性、________性、________性、________性和________性。

(7) 材料常用的塑性指标有________和________两种,其中用________表示塑性更接近材料的真实变形。

(8) 材料的刚度与________有关。

**2. 判断题**

(1) $R_m$ 代表金属的抗拉强度指标。 (　　)

(2) 材料的 $E$ 值越大,其塑性越差。 (　　)

(3) 材料的抗拉强度与布氏硬度之间近似地呈一直线关系。 (　　)

(4) 各种硬度值之间可以互换。 (　　)

(5) 材料硬度越低,其切削加工性能就越好。 (　　)

(6) 所有金属材料在拉伸试验时都会出现显著的屈服现象。 (　　)

**3. 简答题**

(1) 什么是材料的力学性能?它包括哪些主要力学性能指标?

(2) 什么是塑性?塑性好的材料在生产中有哪些实际意义?

(3) 简述布氏硬度、洛氏硬度和维氏硬度的测试原理。

(4) 下列几种工件应该采用何种硬度试验法测定其硬度?

① 锉刀; ② 黄铜轴套;

③ 供应状态的各种碳钢钢材; ④ 硬质合金刀片;

⑤ 耐磨工件的表面硬化层。

(5) 设计刚度强的零件,应根据何种指标选择材料?材料的弹性模量 $E$ 越大,材料的塑性越差。这种说法是否正确?为什么?

(6) 反映材料受冲击载荷的性能指标是什么?不同条件下测得的这种指标能否进行比较?怎样应用这种性能指标?

(7) 疲劳破坏是怎样形成的?提高零件疲劳寿命的方法有哪些?

(8) 断裂韧性是表示材料何种性能的指标?为什么在设计中考虑这种指标?

(9) 以金属键、离子键、共价键及分子键结合的材料其性能有何特点?

(10) 金属具有哪些特性?请用金属键结合的特点予以说明。

(11) 陶瓷材料的主要键型有哪些?各有什么特点?

(12) 电子显微镜与光学显微镜有什么区别?

(13) 什么是电子探针?有何特点?

# 第 2 章　金属与合金的晶体结构

## 2.1　金属的理想晶体结构

理想晶体结构

### 2.1.1　晶体和非晶体

根据原子(或分子)的聚集状态,将固态物质分为两大类：晶体和非晶体。晶体是原子(或分子)在三维空间进行有规律的周期性重复排列所形成的物质；而在非晶体中,原子(或分子)是在三维空间无规则地堆积在一起的。自然界中,绝大多数固态金属和合金是晶体,而只有少数物质如普通玻璃、沥青、石蜡等是非晶体。

晶体与非晶体的原子(或分子)排列方式不同,导致其性能上存在较大差异。首先,晶体具有固定的熔点,而非晶体则没有。熔点是晶体物质的结晶状态与非结晶状态互相转变的临界温度。对于晶体而言,其熔点是一个恒定值,如铁的熔点为 1538℃,铜的熔点为 1083℃,铝的熔点为 660℃。固态非晶体则是液体冷却时,尚未转变为晶体就凝固了,它实质上是一种过冷的液体结构,往往称为玻璃体,故液-固之间的转变温度不固定。其次,晶体的某些物理性能和力学性能在不同方向上具有不同的数值,即表现出晶体的各向异性；而非晶体物质在各个方向上的原子聚集密度大致相同,因此表现出各向同性。晶体的这种“各向异性”的特点是它区别于非晶体的重要标志之一。晶体的各向异性在其化学性能、物理性能和力学性能等方面同样会表现出来,即不论在弹性模量、破断抗力、屈服强度或电阻率、磁导率、线胀系数,以及在酸中的溶解速度等许多方面都会表现出来,并在工业上得到了应用。

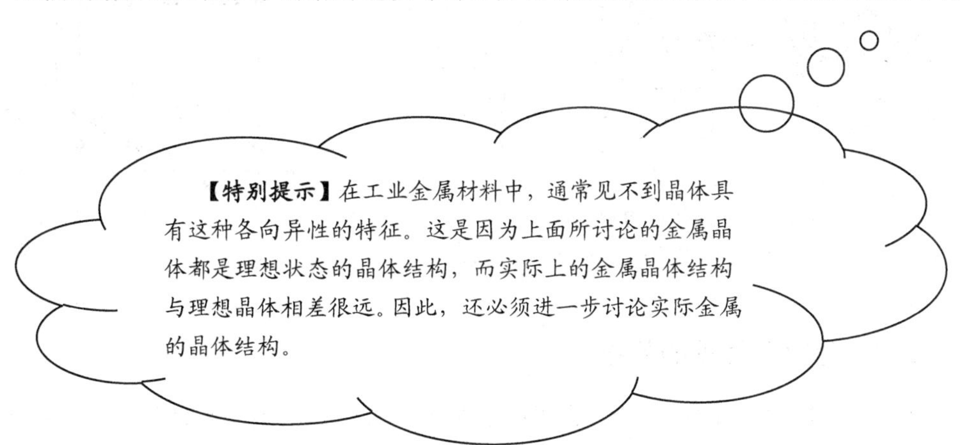


应当指出,物质在不同条件下,既可形成晶体结构,又可形成非晶体结构,晶体和非晶体在一定条件下是可以互相转化的,如玻璃在高温长时间加热条件下可以转变为晶态玻璃,如图 2-1 所示。

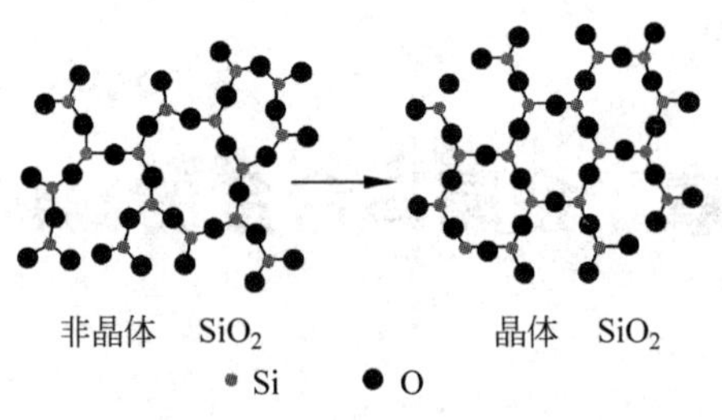


图 2-1 非晶体和晶体的转化

## 2.1.2 晶格、晶胞与晶格常数

晶体中的原子是周期性有规则排列的，如图 2-2(a)所示。为了便于理解和描述晶体中原子排列的情况，可以近似地把晶体中的原子看成固定不动的刚性小球，并用一些假想的几何线条把晶体中各原子的中心连接起来，构成一个空间格架。各原子的中心就处在格架的各个结点上，这种抽象的、用于描述原子在晶体中排列形式的几何空间格架，简称晶格，如图 2-2(b)所示。为了便于分析晶体中原子排列的规律，通常取出晶格中一个最小的几何单元来描述晶体构造，它能够完全反映出晶格的特征，这个组成晶格的最基本的几何单元就称为晶胞，如图 2-2(c)所示。实际上，整个晶格就是由许多大小、形状和位向相同的晶胞在空间重复堆积而成的。

晶胞的几何特征可以用晶胞的三条棱边长 $a$、$b$、$c$ 和三条棱边之间的夹角 $\alpha$、$\beta$、$\gamma$ 六个参数来描述，如图 2-3 所示。晶胞的棱边长度 $a$、$b$、$c$ 为晶格常数。因晶格形式和晶格常数的不同，不同元素组成的金属晶体表现出不同的物理、化学和力学性能。

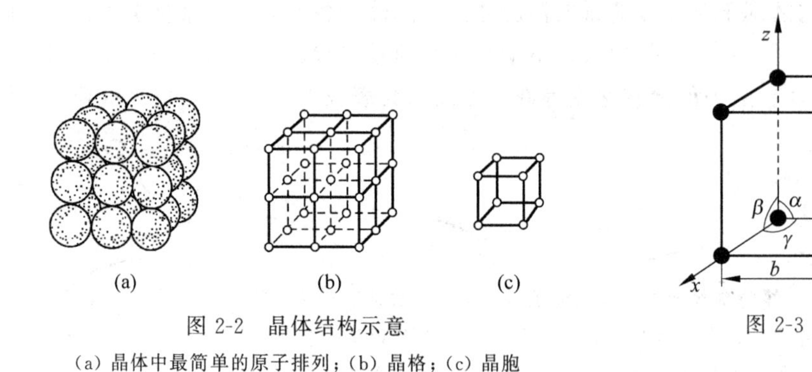


图 2-2 晶体结构示意

(a) 晶体中最简单的原子排列；(b) 晶格；(c) 晶胞

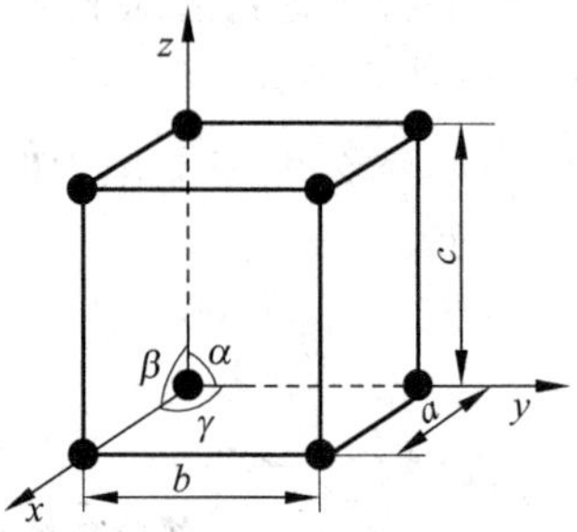

图 2-3 晶格常数

## 2.1.3 金属中常见的晶格

在工业上常用的金属中，除了少数具有复杂的晶体结构外，绝大多数金属具有比较简单的晶体结构，其中最常见的金属晶体结构(晶格类型)有体心立方晶格(bcc)、面心立方晶格(fcc)和密排六方晶格(hcp)三种类型。

### 1. 体心立方晶格

体心立方晶格的晶胞如图 2-4(a)所示。它是一个立方体($a=b=c$，$\alpha=\beta=\gamma=90°$)，在立方体的八个顶角上和立方体中心各有一个原子。具有体心立方晶格的金属有铬、钨、钼、钒和 912℃以下的铁等。

1）晶胞原子数

晶胞角上的原子为相邻的八个晶胞所共有，每个晶胞实际上只占有 1/8 个原子，而中心的原子为该晶胞所独有。因此晶胞中实际原子数为 8×1/8+1=2。

2）原子半径

晶胞中相距最近的两个原子中心之间距离的一半称为原子半径。体心立方晶格中原子相距最近的方向是体对角线，因此原子半径与晶格常数 $a$ 之间的关系为

$$r=\frac{\sqrt{3}}{4}a \tag{2-1}$$

3）致密度

致密度是指晶胞中所包含的原子所占体积与该晶胞体积之比。致密度越大，原子排列紧密程度越大。体心立方晶胞的致密度为

$$\frac{2\text{ 个原子体积}}{\text{晶胞体积}}=\frac{\frac{4}{3}\pi r^3\times 2}{a^3}=\frac{\frac{4}{3}\pi\left(\frac{\sqrt{3}}{4}a\right)^3\times 2}{a^3}=\frac{\sqrt{3}}{8}\pi\approx 0.68=68\%$$

表明在体心立方晶格中，有 68%的体积被原子所占据，其余为空隙。

**2. 面心立方晶格**

面心立方晶格的晶胞如图 2-4(b)所示。它同样是一个立方体($a=b=c$，$\alpha=\beta=\gamma=90°$)，在立方体的八个顶角上和立方体六个面的中心各有一个原子。具有面心立方晶格的金属有铝、铜、镍、铅、金、银和 912～1394℃的铁等。

1）晶胞原子数

晶胞角上的原子为相邻的八个晶胞所共有，每个晶胞实际上只占有 1/8 个原子，而每个面中心的原子为两个晶胞所共有，每个晶胞实际上占有 1/2 个原子。因此，面心立方晶胞中的原子数为 8×1/8+6×1/2=4。

2）原子半径

面心立方晶格原子半径与晶格常数 $a$ 之间的关系为

$$r=\frac{\sqrt{2}}{4}a \tag{2-2}$$

3）致密度

在面心立方晶格中，有 0.74(74%)的体积被原子占据，其余为空隙。

**3. 密排六方晶格**

密排六方晶格的晶胞如图 2-4(c)所示。它是一个正六棱柱体(底面上两相邻底边之间的夹角为 120°，两相邻侧面的棱线与底面之间的夹角为 90°)，由六个呈长方形的侧面和两个呈正六边形的底面所组成，在上下正六边形面的顶角上和面的中心各有一个原子，在正六棱柱体中间还有三个原子。具有密排六方晶格的金属有镁、锌、铍、镉等。

1）晶胞原子数

晶胞角上的原子为相邻的六个晶胞所共有，上下底面中心的原子为两个晶胞所共有，晶胞中三个原子为该晶胞所独有。因此，密排六方晶胞中的原子数为 12×1/6+2×1/2+3=6。

2）原子半径

密排六方晶格原子半径与晶格常数 $a$ 之间的关系为

$$r=\frac{1}{2}a \tag{2-3}$$

3）致密度

在密排六方晶格中，有0.74(74％)的体积被原子占据，其余为空隙。

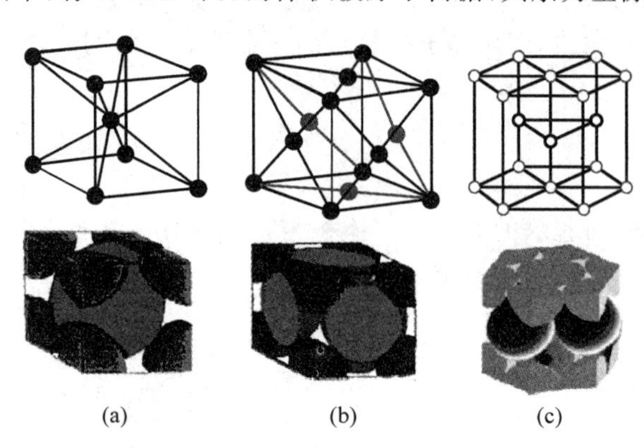

(a)　(b)　(c)

图2-4　典型的晶胞

(a) 体心立方晶胞；(b) 面心立方晶胞；(c) 密排六方晶胞

**原子球博物馆**

原子球博物馆是比利时布鲁塞尔为1958年万国博览会建造的，原子球博物馆由9个巨大的金属圆球组成，每个圆球象征一个原子，圆球与连接圆球的粗大钢管构成一个立方体图案，其中8个圆球位于立方体的8个顶角，另一个圆球位于立方体的中心。立方体的大小相当于放大了1650亿倍的纯铁晶体结构——体心立方晶格。

原子球博物馆由著名工程师昂德雷·瓦特凯思设计，希望通过这一巨大的建筑表达微小的原子概念，并展示人类和平利用原子的前景。

## 2.1.4　晶面和晶向

在晶格中通过晶体中原子中心的平面叫晶面，其是由一系列原子组成的平面，而晶面又是由一行行的原子列组成的，晶格中各原子列的位向称为晶向。晶面和晶向可分别用晶面指数和晶向指数来表达。

**1. 晶面指数**

以图2-5中的晶面 $ABA'B'$ 为例，确定晶面指数的方法为：

(1) 设定空间坐标系。沿晶胞的互相垂直的三条棱边设坐标轴 $X$、$Y$、$Z$，坐标轴的原点 $O$ 应位于待定晶面的外面，以免出现零截距。

(2) 求出截距。以晶格常数 $a$ 为长度单位，写出待定晶面在三条坐标轴上的截距：$1\infty\infty$。

(3) 取倒数。将上述截距值取倒数为100。取倒数的目的是为了避免晶面指数出现$\infty$。

(4) 化整数。如取倒数后有分数，则按比例化为最小的简单整数。此例化为最小整数为 100。

(5) 列括号。将上述所得的各整数依次列入圆括号“( )”内，便得晶面指数。因此，晶面 $ABA'B'$ 的晶面指数即为(100)。

同样可得晶面 $ACC'A'$ 和 $ACD'$ 的晶面指数分别为(110)和(111)。

**2. 晶向指数**

以图 2-6 中的晶向 $OA$ 为例，确定晶向指数的方法为：

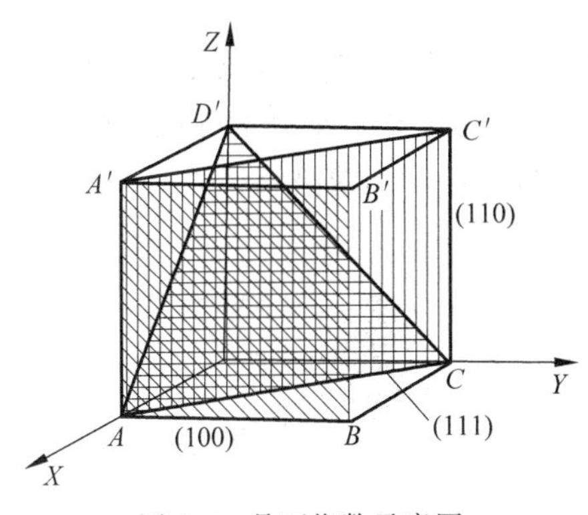


图 2-5　晶面指数示意图

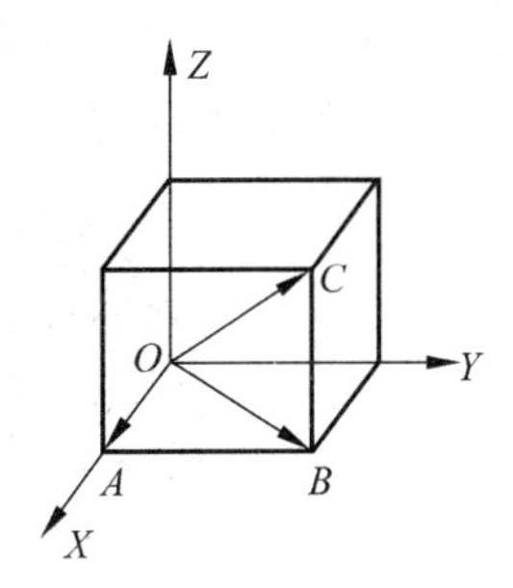


图 2-6　晶向指数示意图

(1) 设定空间坐标系。在晶格中设坐标轴 $X$、$Y$、$Z$，坐标轴的原点 $O$ 应位于待定晶向的一个结点上。

(2) 求出坐标值。求出该晶向上另一结点 $A$ 的空间坐标值为 100。

(3) 化整数。将坐标值按比例化为最小的简单整数。此例化为最小整数为 100。

(4) 列括号。将上述所得的各整数依次列入方括号“[　]”内，便得晶向指数。因此，晶向 $OA$ 的晶向指数为[100]。

同样可得晶向 $OB$ 和 $OC$ 的晶向指数分别为[110]和[111]。

**3. 密排面和密排方向**

在相同的晶格中，不同晶面和不同晶向上的原子排列方式和排列密度均不相同，原子间的相互作用也就不同，因此不同晶面和晶向就显示不同的力学性能和理化性能，这就是晶体具有各向异性的原因。

在体心立方晶格中，原子密度最大的晶面为{110}，称为密排面，原子密度最大的晶向为〈111〉，称为密排方向。在面心立方晶格中，密排面为{111}，密排方向为〈110〉。

**【学习小结】**哦，明白了，所有金属都是晶体，内部原子都是有规律排列的，那就是说我们见到的金子里面的原子都是按照面心立方排列的了！

**【特别提示】**我们实际使用的金属虽然内部原子是有规律排列的，但是仍存在一些缺陷。

## 2.2 金属的实际晶体结构

实际工程中使用的金属材料,是由很多小的单晶体组成的。每个外形不规则的颗粒状单晶体称为晶粒,许多晶粒组成多晶体。晶粒与晶粒之间的交界称为晶界,如图 2-7(a)所示。晶粒内部是由位向差很小的称为镶嵌块的小晶块所组成的,称为亚晶粒,亚晶粒的交界称为亚晶界,如图 2-7(b)所示。

实际上,在晶粒内部某些局部区域,原子的排列往往会受到干扰而被破坏,不能呈现理想的规则排列,通常把这种区域称为晶体缺陷。晶体缺陷对金属的性能影响很大。根据晶体缺陷的几何形态特征,可以将其分为点缺陷、线缺陷和面缺陷三种类型。

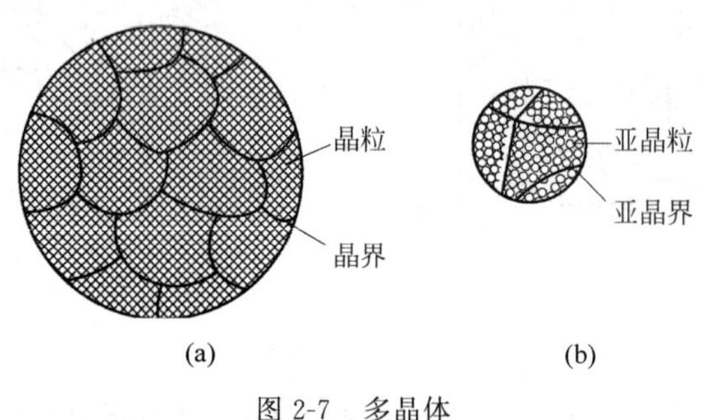


图 2-7 多晶体

(a) 晶粒与晶界;(b) 亚晶粒与亚晶界

### 2.2.1 点缺陷——空位和间隙原子

在实际晶体结构中,晶格的某些结点并未被原子占据,这种空着的位置称为空位。同时,有可能在个别晶格间隙中出现了多余的原子,这种没有占有正常晶格的位置,而是出现在晶格间隙之间的原子称为间隙原子。晶体中的空位和间隙原子如图 2-8 所示。

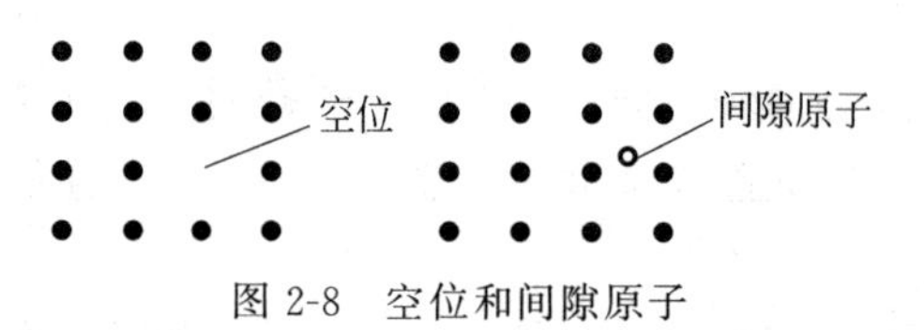


图 2-8 空位和间隙原子

在空位和间隙原子附近,由于原子间作用力的平衡被破坏,使周围原子发生靠拢或撑开而产生晶格畸变。晶格畸变将使晶体性能发生改变,使金属的强度、硬度、电阻增加,塑性下降。

### 2.2.2 线缺陷——位错

在晶体中有一列或若干列原子发生了有规律的错排现象,称为位错。位错有许多类型,常见的一种是刃型位错,它是晶体的一部分相对另一部分出现一个多余的原子面的现象,如图 2-9 所示。半原子面在上面的称为正刃型位错,半原子面在下面的称为负刃型位错。

金属中位错的数量很多，位错密度的变化及位错在晶体内的运动都会对金属的性能、塑性变形及组织转变等产生重要的影响。金属强度与位错密度的关系如图 2-10 所示，金属处于退火状态时的强度最低，随着位错密度的增加或降低，都能提高金属的强度。冷变形加工后的金属由于位错密度增加，故提高了强度(即加工硬化)。

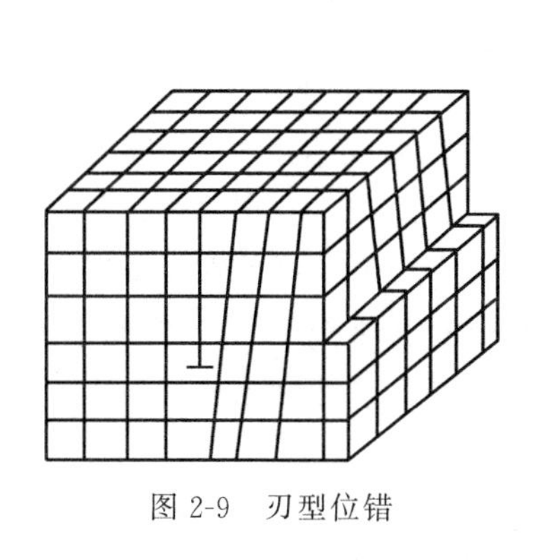

图 2-9　刃型位错

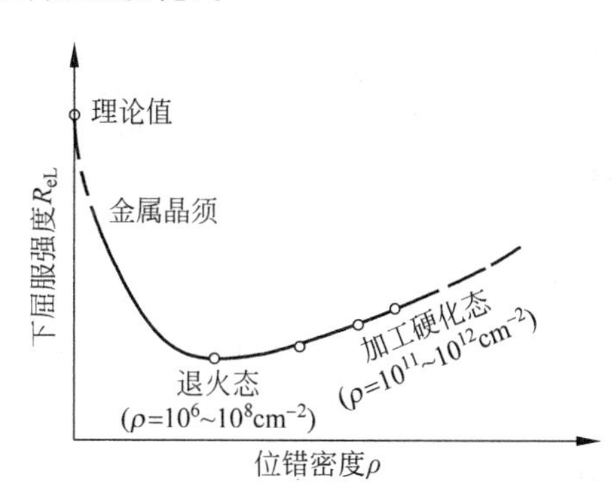


图 2-10　金属强度与位错密度的关系

## 2.2.3　面缺陷——晶界和亚晶界

面缺陷是在两个方向的尺寸很大，第三个方向的尺寸很小而呈面状的缺陷，金属多晶体中存在的晶界和亚晶界属于面缺陷。

**1. 晶界**

晶界处实际上是原子排列逐渐从一种位向过渡到另一种位向的过渡层。晶粒越细小，晶界越多，它对塑性变形的阻碍作用就越大，金属的强度、硬度也就越高。

**2. 亚晶界**

亚晶界实际上是由一系列刃型位错所组成的小角度晶界，如图 2-11 所示。亚晶界作用与晶界相似，对金属强度也有着重要影响，亚晶界越多，强度也越高。

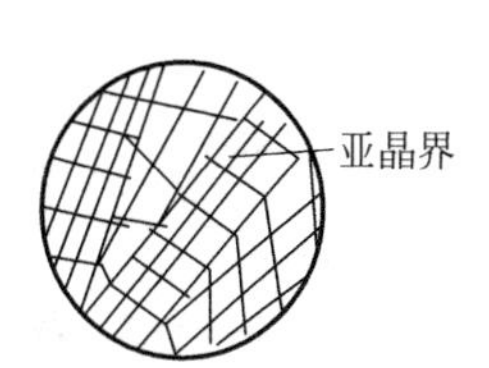


图 2-11　亚晶界示意图

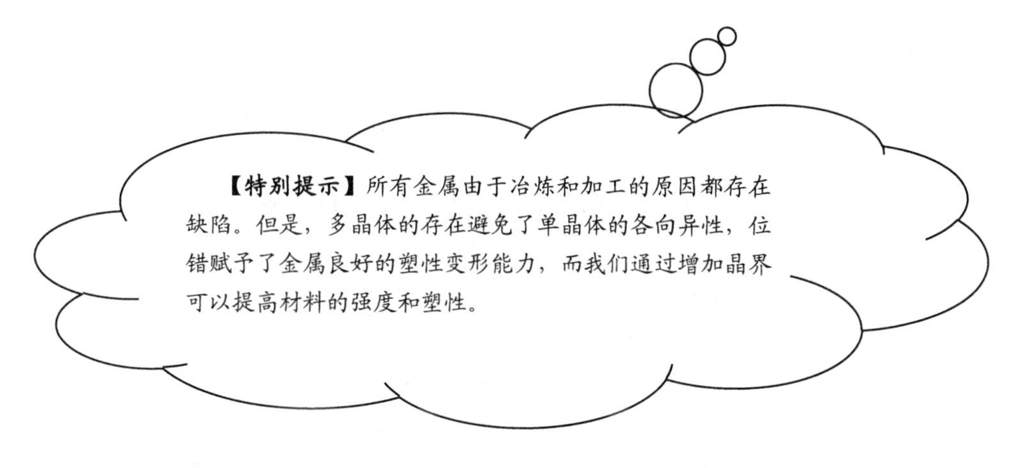

合金晶体结构

## 2.3 合金的晶体结构

### 2.3.1 基本概念

**1. 合金**

合金是由两种或两种以上的金属元素或金属元素与非金属元素组成的具有金属特性的物质,如碳钢和铸铁是由铁和碳为主要元素经熔炼而成的合金,黄铜是由铜和锌两种元素组成的合金。

和纯金属相比,合金种类繁多,成本低廉,更主要的是合金所达到的性能不仅在强度、硬度和耐磨性等力学性能方面比纯金属高许多,而且在电、磁、化学稳定性等物理、化学方面的性能也毫不逊色。因此,从古至今人们在生产和使用着各种各样的合金材料。

**2. 组元**

组成合金的最基本的、独立的物质称为组元。大多数情况下是金属或非金属元素,但在研究范围内既不发生分解也不发生任何化学反应的稳定的化合物也可称为组元。根据组成的合金组元数目多少,合金可以分为二元合金、三元合金和多元合金。也可以按照所含元素的名称命名,例如碳钢和铸铁又称铁碳合金,黄铜又称铜锌合金。

**3. 相**

合金中具有同一化学成分且结构相同,并有界面与其他部分分开的均匀部分称为相。如纯金属在熔点以上是液相,结晶过程中液相和固相共存,结晶完毕是单一的固相。合金结晶后也由晶粒构成,若合金是由成分、结构相同的同一种晶粒构成的,各晶粒之间虽有界面分开,但仍属同一种相,若合金是由成分、结构不相同的几种晶粒构成的,则它们将分属于几种不同的相。

合金的性能一般是由组成合金的各种相的成分、结构、形态、性能和各相的组织情况决定的。固态合金的相按其晶格结构的基本属性可分为固溶体和金属化合物两大类。

### 2.3.2 合金的相结构

**1. 固溶体**

合金在固态下,组元间仍能互相溶解而形成的均匀相称为固溶体。形成固溶体后,晶格保持不变的组元称为溶剂,晶格消失的组元称为溶质。固溶体的晶格类型与溶剂组元相同。固溶体可分为以下两类。

(1) 置换固溶体。当溶质原子代替一部分溶剂原子而占据着溶剂晶格中的某些结点位置时,所形成的固溶体称为置换固溶体,如图 2-12(a)所示。在金属材料的相结构中,形成置换固溶体的例子也不少,如某种不锈钢中,铬和镍原子代替部分铁原子,而占据了 γ-Fe 晶格某些结点的位置,形成了置换固溶体。

在置换固溶体中,溶质在溶剂中的溶解度主要取决于两者原子直径的差别、它们在周期表中的相互位置和晶格类型。一般来说,溶质原子和溶剂原子直径差别越小,则溶解度越大;两者在周期表中的位置越靠近,则溶解度也越大。如果上述条件能很好地满足,而且溶质与溶剂的晶格类型也相同,则这些组元往往能无限互相溶解,即可以任何比例形成置换固溶体,这种固溶体称为无限固溶体，如铁和铬、铜和镍便能形成无限固溶体。反之，若不能很好地满足上述条件，则溶质在溶剂中的溶解度是有限度的，只能形成有限固溶体，如铜和锌、铜和锡都能形成有限固溶体。有限固溶体的溶解度还与温度有密切关系，一般温度越高，溶解度越大。

当形成置换固溶体时，由于溶质原子与溶剂原子的直径不可能完全相同，因此，也会造成固溶体晶格常数的变化和晶格的畸变，如图 2-13(a)所示。

(2) 间隙固溶体。若溶质原子在溶剂晶格中并不占据结点的位置，而是处于各结点间的空隙中，则这种形式的固溶体称为间隙固溶体，如图 2-12(b)所示。

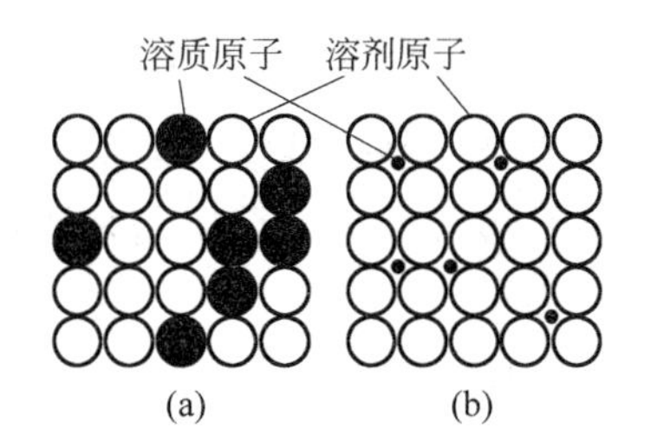


图 2-12　固溶体的类型

(a) 置换固溶体；(b) 间隙固溶体

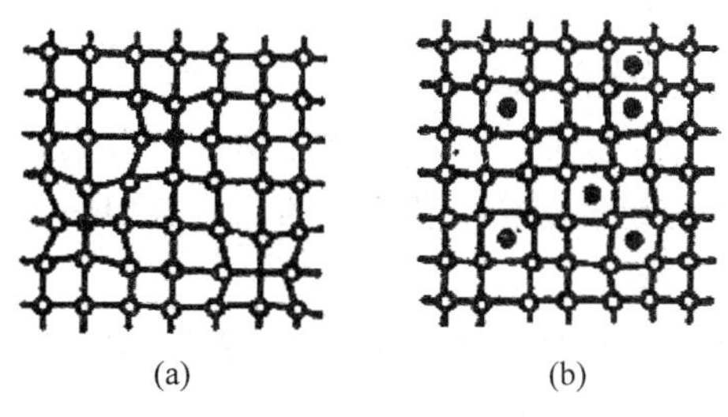


图 2-13　固溶体中的晶格畸变示意图

(a) 置换固溶体；(b) 间隙固溶体

在金属材料的相结构中，形成间隙固溶体的例子很多，如碳钢中的碳原子溶入 α-Fe 晶格空隙中形成的间隙固溶体，称为铁素体；碳原子溶入 γ-Fe 晶格空隙中形成的间隙固溶体，称为奥氏体。

由于溶剂晶格的空隙有一定的限度，随着溶质原子的溶入，溶剂晶格将发生畸变，如图 2-13(b)所示。溶入的溶质原子越多，所引起的畸变就越大。当晶格畸变量超过一定数值时，溶剂的晶格就会变得不稳定，于是溶质原子就不能继续溶解，所以间隙固溶体的溶质在溶剂中的溶解度是有一定限度的，这种固溶体称为有限固溶体。

虽然固溶体仍保持着溶剂的晶格类型，但由于形成固溶体的溶质原子和溶剂原子的尺寸和性质不同，由于溶质原子的溶入，使溶剂晶格发生了畸变。原子尺寸差别越大，则所形成的固溶体的晶格畸变就越严重。晶格畸变增加位错运动的阻力使金属的滑移变形更加困难，从而提高了合金的强度和硬度。这种通过溶入某种溶质元素引起的晶格畸变，导致固溶体的变形抗力增大，使金属的强度和硬度升高的现象称为固溶强化。固溶强化是提高金属材料力学性能的重要途径之一。

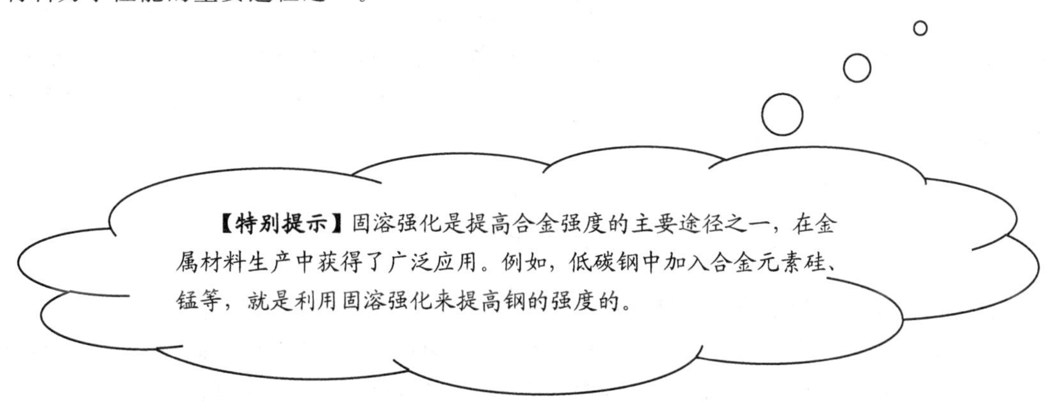

实践证明，当溶质的质量分数适当时，固溶体不仅有着较纯金属高的强度和硬度，而塑性和韧性只是略有降低。例如，纯铜的抗拉强度为 220MPa，布氏硬度为 40HB，断面收缩率为 70%。当加入 1% 的镍形成单相固溶体后，其强度升高到 390MPa，布氏硬度升高到 70HB，而断面收缩率仍有 50%。所以固溶体的综合力学性能很好，常常作为结构合金的基体相。

在物理性能方面，随着溶质原子浓度的增加，固溶体的电阻率下降，电阻升高，电阻温度系数减小。因此，工业上应用的精密电阻或电热材料，如铁铬铝电阻丝等广泛采用单相固溶体合金。

**2. 金属化合物**

金属化合物是两组元相互作用化合形成的新相，具有复杂的晶体结构。金属化合物的晶格类型与组成化合物各组元的晶格类型完全不同，性能差别也很大，最常见的是铁和碳的化合物，例如 $Fe_3C$。

根据其形成条件及结构特点，金属化合物主要分为以下几类：

1）正常价化合物

严格遵守化合价规律的化合物称正常价化合物。它们由元素周期表中相距较远、电负性相差较大的两种元素组成，可用确定的化学式表示。例如，大多数金属和ⅣA 族、Ⅴ族、ⅥA 族元素生成诸如 MgSi、MgSb、MgSn、CuSe、ZnS、AlP 及 β-SiC 等，都是正常价化合物，其特点是硬度高、脆性大。

2）电子化合物

不遵守化合价规律但符合一定电子浓度（化合物中价电子数与原子数之比）的化合物叫作电子化合物。一定电子浓度的化合物相应有确定的晶体结构，并且还可溶解其他组元，形成以电子化合物为基的固溶体。生成这种合金相时，元素的每个原子所贡献的价电子数一定，Au、Ag、Cu 为 1 个，Be、Mg、Zn 为 2 个，Al 为 3 个，Fe、Ni 为 0 个。

电子化合物主要以金属键结合，具有明显的金属特性，可以导电。它们的熔点和硬度较高，塑性较差，在许多有色金属中为重要的强化相。

3）间隙化合物

由过渡族金属元素与碳、氮、氢、硼等原子半径较小的非金属元素形成的化合物为间隙化合物。尺寸较大的过渡族元素原子占据晶格的结点位置，尺寸较小的非金属原子则有规则地嵌入晶格间隙之中。

当金属化合物呈细小颗粒均匀分布在固溶体基体上时，将使合金的强度、硬度和耐磨性明显提高，这种现象称为弥散强化。弥散强化是各类合金钢及非铁金属的重要强化方法。因此，金属化合物在合金中常作为强化相存在，它是许多合金钢、有色金属和硬质合金的重要组成相。

## 2.4 合金的组织

合金的组织是指肉眼或借助显微镜所观察到的合金的相组成及相的数量、形态、大小、分布特征。组织可以由一种相组成，也可以由多种相组成，合金的组织不同，其性能也不相同。黄铜是两种不同成分（质量分数）的铜锌合金，其显微组织如图 2-14 所示。

只由一种相组成的组织称为单相组织，如 $w_{Zn}=30\%$ 的黄铜(见图 2-14(a))是由 α 相组成的单相组织，称为单相黄铜。双相组织由两种相组成，如 $w_{Zn}=38\%$ 的黄铜(见图 2-14(b))是双相组织，由 α 相和 β 相组成，称为双相黄铜。多相组织是由三种或三种以上的相组成的组织。例如 Pb-Sn-Bi 三元合金的共晶组织是由多边形的 β、Sn、Bi 三种相组成的多相组织。

单相多晶体材料的强度往往很低，因此，工程中更多应用的是两相或两相以上的晶体材料，各个相具有不同的晶体结构和成分。

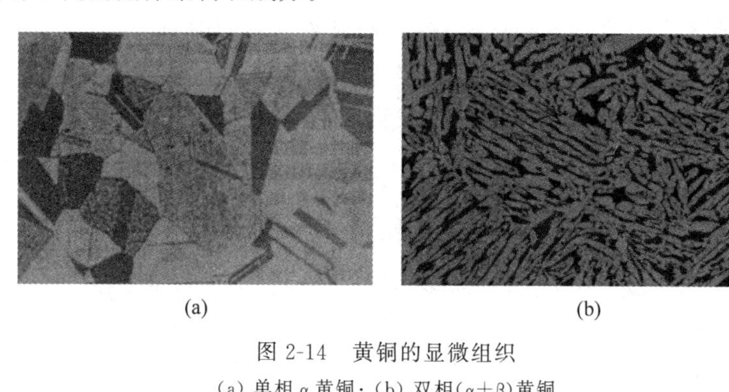

(a) (b)

图 2-14 黄铜的显微组织

(a) 单相 α 黄铜；(b) 双相(α+β)黄铜

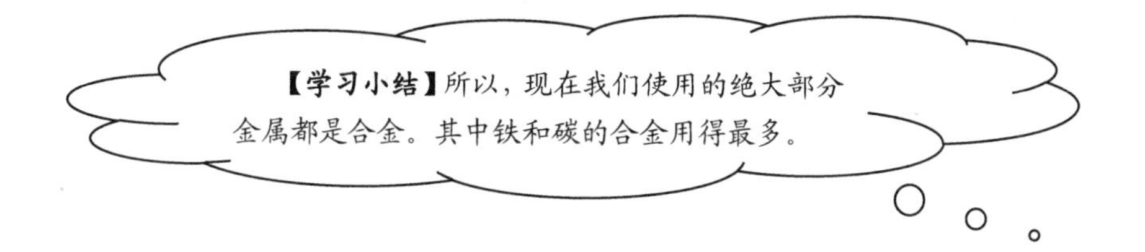


## 本 章 小 结

晶体是原子(或分子)在三维空间进行有规律的周期性重复排列所形成的物质，最常见的金属晶体结构(晶格类型)有体心立方晶格(bcc)、面心立方晶格(fcc)和密排六方晶格(hcp)三种类型。而实际上，在晶粒内部某些局部区域存在晶体缺陷，它对金属的性能影响很大，根据晶体缺陷的几何形态特征，可以将其分为点缺陷、线缺陷和面缺陷三种类型。合金是由两种或两种以上的金属元素或金属元素与非金属元素组成的具有金属特性的物质，工业生产中使用的金属材料主要为合金，固态合金的相结构可分为固溶体和金属化合物两大类。

## 习题与思考题

**1. 填空题**

(1) 晶体与非晶体的最根本区别是________。

(2) 金属典型的晶体结构有________晶格、________晶格和________晶格三种。

(3) 金属晶体中常见的点缺陷是________，线缺陷是________，面缺陷是________。

(4) 合金有两类基本相：固溶体和________，固溶体可分为间隙固溶体和________固溶体。

(5) 固溶体的强度和硬度比溶剂的强度和硬度________。

**2. 判断题**

(1) 金属单晶体内不同方向上原子的密度是相同的。　　(　　)

(2) 物质从液体状态转变为固体状态的过程称为结晶。　　(　　)

(3) 由于存在缺陷,金属材料内部原子的排列是无规律的。　　(　　)

(4) 晶体中存在的缺陷总是对金属的力学性能造成不利影响。　　(　　)

(5) 一般来说,金属中固溶体的塑性较好,而金属化合物的硬度比较高。　　(　　)

(6) 晶体和非晶体是不同的两种物质,它们是不可转化的。　　(　　)

**3. 简答题**

(1) 什么是晶体和晶体结构?

(2) 简述实际金属晶体和理想晶体在结构与性能上的主要差异。

(3) 为什么单晶体具有各向异性,而多晶体在一般情况下不显示各向异性?

(4) 简述固溶体和金属间化合物在晶体结构与力学性能方面的区别。

(5) 固溶体可分为哪几种类型? 形成固溶体对合金有何影响?

(6) 金属间化合物有哪几种类型? 它们在钢中起什么作用?

(7) 分别说明金属材料固溶强化、弥散强化的机理。

(8) 什么是晶体缺陷? 可分为哪几类? 分别对晶体的性能有哪些影响?

# 第 2 篇　加工工艺篇

# 第3章 金属与合金的结晶

物质从液态到固态的转变过程称为凝固,如果凝固后的固体是晶体,则称之为结晶。金属在固态下通常都是晶体,因此金属从液态经冷却转变为固态的过程称为金属的结晶。从微观上看,其实质是原子从不规则排列状态(液态)逐步过渡到规则排列状态(晶体状态)的过程。

## 3.1 纯金属的结晶

纯金属的结晶

### 3.1.1 纯金属的冷却曲线

纯金属的结晶温度是固定的,所以纯金属的结晶过程是在恒温(结晶温度)下进行的。其结晶温度可以用热分析法测定。将纯金属的液态金属放在坩埚中极其缓慢地冷却,在冷却过程中记录温度随时间变化的数据,绘制出温度-时间曲线,即为纯金属的冷却曲线,如图3-1所示。

当纯金属液体开始结晶时,释放出的结晶潜热补偿了冷却时向外界散失的热量,因此冷却曲线中出现水平台阶,所对应的温度即为纯金属的结晶温度。

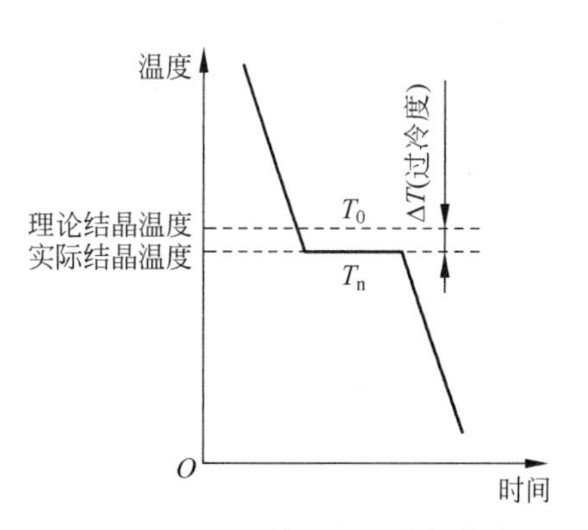

图3-1 纯金属结晶时的冷却曲线

纯金属液体在无限缓慢的冷却条件下结晶的温度称为理论结晶温度,用 $T_0$ 表示。在此温度下,液体与晶体处于动平衡状态,液体的结晶速度与晶体的熔化速度相等,结晶过程并不能有效进行。在实际生产中,金属结晶时的冷却速度是比较快的,液态金属将在理论结晶温度以下某一温度 $T_n$ 才开始结晶。金属的实际结晶温度 $T_n$ 低于理论结晶温度 $T_0$ 的现象,称为过冷现象。理论结晶温度与实际结晶温度之差称为过冷度 $\Delta T$,即过冷度 $\Delta T = T_0 - T_n$。

实际上,金属总是在过冷的情况下结晶的,过冷是金属结晶的必要条件。但同一金属结晶时的“过冷度”不是一个恒定值,它与冷却速度有关。结晶时冷却速度越大,过冷度就越大,即金属的实际结晶温度就越低。

### 3.1.2 纯金属的结晶过程

纯金属结晶过程的实质是液态金属原子由无序向固态规则排列过渡的过程,这一过程是在冷却曲线平台所对应的温度和时间内进行的,不是在一瞬间完成的,是不断形成晶核和晶核不断长大的过程,如图3-2所示。

从微观的角度看,液态金属中的原子并不是完全杂乱无序的,而是存在许多有序排列的

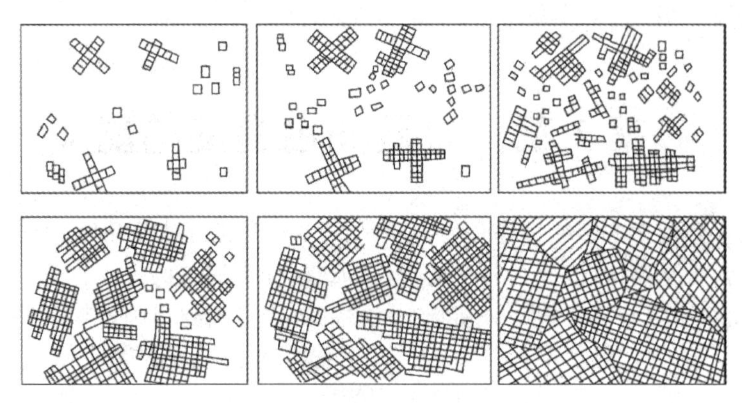

图 3-2　金属结晶过程示意

小原子团,时聚时散,称为晶胚。当温度高于 $T_0$ 时,这些晶胚并不能长大。但是,当结晶温度低于 $T_0$ 时,在过冷的情况下,经过一段孕育期,达到一定尺寸的晶胚开始长大,成为稳定的结晶核心,称为晶核。随着温度的继续降低,已形成的晶核向各个方向不断成长。同时,液态金属中又会不断地产生新的晶核并不断成长,不断形核,不断长大,两者同时进行。晶核逐渐长大至液态金属全部消失晶核彼此相互接触为止。每个晶核最终长大成为一个晶粒,两个晶粒接触后便形成晶界。

液态纯金属的形核方式有两种:自发形核(从液态金属中直接产生,原子呈规则排列的结晶核心)和非自发形核(液态金属依附在一些未溶颗粒表面形成的核心)。实际生产条件下,液态金属中总是不可避免地存在杂质,以此为核心的非自发形核所需能量较小,比自发形核容易。因此,在实际生产条件下,金属的结晶以非自发形核为主。

液态纯金属晶核的长大方式也有两种:平面长大(垂直于最密面的长大速度慢,其他方向的长大速度快)和树枝状长大(在晶核尖角处优先生长)。因此,一般纯金属是由许多晶核长成的外形不规则的晶粒和晶界组成的多晶体。

### 3.1.3　晶粒大小

结晶后的金属是由许多晶粒组成的多晶体,其晶粒大小对金属的力学性能、物理性能及化学性能有重要的影响。在常温下,单位体积内的晶粒数目越多,晶粒越细小,金属的强度和硬度就越高,塑性和韧性也越好。在工程上可以通过细化金属晶粒大小来提高金属的机械性能。利用细化晶粒来提高材料强度的方法称为细晶强化。

晶粒的大小称为晶粒度。金属的结晶过程由晶核形成和晶核不断长大两个基本过程组成。晶粒度与形核率($N$)、晶核生长速率($G$)两个因素有关。结晶过程中,单位体积的金属结晶后晶粒的数目 $Z$ 与结晶时的形核率 $N$ 和晶核生长速率 $G$ 之间存在着以下关系:

$$Z \propto \sqrt{\frac{N}{G}} \tag{3-1}$$

当晶核生长速率($G$)一定时,晶核形核率($N$)越大,晶粒数目就越多,即晶粒越细;当形核率一定时,生长速率越大,晶粒数目就越少,即晶粒越粗。因此,要控制金属结晶后晶粒的大小,必须控制晶核形核率 $N$ 与生长速率 $G$ 这两个因素。其主要途径有如下三种:

(1) 增加过冷度。在一般液态金属可以达到的过冷范围内结晶时,形核率 $N$ 和晶核生长速率 $G$ 都随过冷度的增加而增大,如图 3-3 所示。由图可见,在实际生产中,液态金属能达到的过冷范围内,形核率 $N$ 的增长比晶核生长速率 $G$ 的增长要快。因此,过冷度越大,$N$ 和 $G$ 的比值也越大,单位体积中的晶粒数目就越多,使晶粒细化。

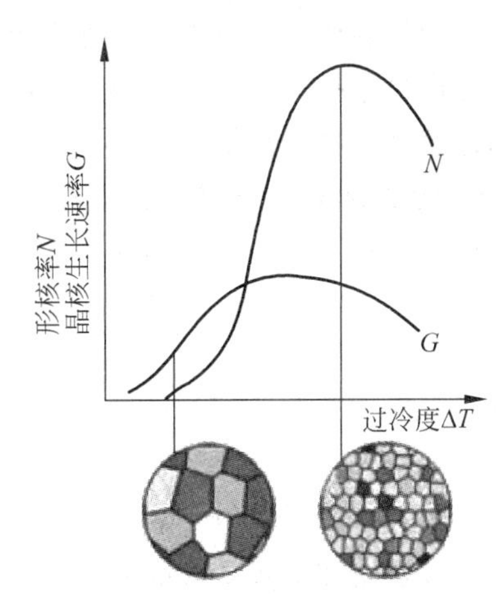


图 3-3　形核率、晶核生长速率与过冷度的关系

(2) 变质处理。在液态金属结晶前,加入一些细小的变质剂,可增加金属结晶时的非自发晶核并降低晶核生长速率 $G$,这种细化晶粒的方法,称为变质处理。此法广泛应用于工业生产中。

(3) 附加振动。金属结晶时,对液态金属附加机械振动、超声波振动、电磁振动等措施,促使液态金属在铸模中运动加速,造成枝晶破碎,可以使已成长的晶粒因破碎而细化,达到晶粒细化的目的。

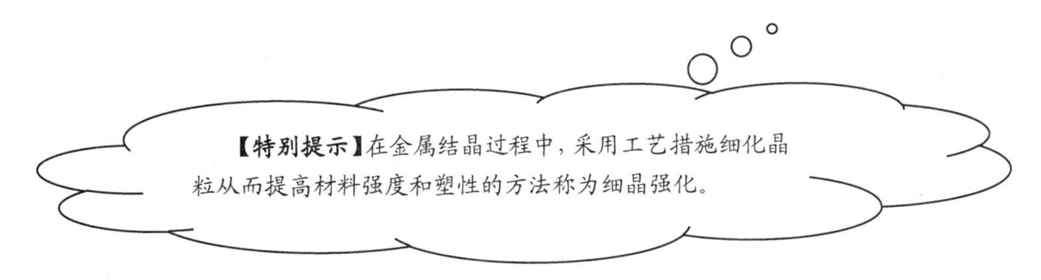


### 3.1.4　金属的同素异构转变

许多金属在固态下只有一种晶体结构,如铝、铜、银等金属在固态时无论温度高低,均为面心立方晶格;钨、钼、钒等金属则为体心立方晶格。这些金属结晶时具有如图 3-1 所示的冷却曲线。但有些金属在固态下存在两种或两种以上的晶格形式,如铁、钴、钛等。这类金属在冷却或加热过程中,其晶格形式会发生变化。金属在固态下随温度的改变,由一种晶格转变为另一种晶格的现象,称为同素异构转变。图 3-4 为纯铁在结晶时的冷却曲线。

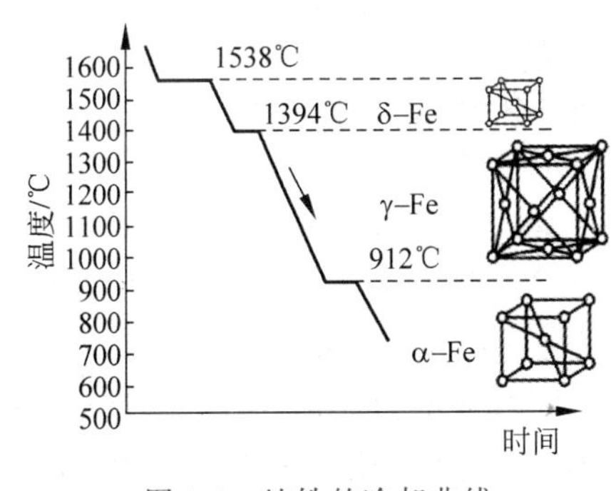


图 3-4　纯铁的冷却曲线

液态纯铁在 1538℃进行结晶,得到具有体心立方晶格的 δ-Fe;继续冷却到 1394℃时发生同素异构转变,成为面心立方晶格的 γ-Fe;再冷却到 912℃时又发生一次同素异构转变,成为体心立方晶格的 α-Fe,即

$$\delta\text{-Fe} \xleftrightarrow{1394℃} \gamma\text{-Fe} \xleftrightarrow{912℃} \alpha\text{-Fe}$$

(体心立方晶格)　(面心立方晶格)　(体心立方晶格)

由同素异构转变所得到的不同晶格的晶体称为同素异构体。δ-Fe、γ-Fe、α-Fe 均是纯铁的同素异构体。

金属的同素异构转变与液态金属的结晶过程相似,故称为二次结晶或重结晶。在发生同素异构转变时金属也有过冷现象，也会放出潜热，并具有固定的转变温度。新同素异构体的形成也包括形核和长大两个过程。同素异构转变是在固态下进行的，因此转变需要较大的过冷度。由于晶格的变化导致金属的体积发生变化，转变时会产生较大的内应力，例如，γ-Fe 转变为 α-Fe 时，铁的体积会膨胀约 1%。它可引起钢淬火时产生应力，严重时会导致工件变形和开裂。但适当提高冷却速度，可以细化同素异构转变后的晶粒，从而提高金属的力学性能。

合金的结晶

## 3.2 合金的结晶

绝大多数工业用的金属材料是合金。由于合金成分中包含有两个以上的组元，因此其结晶过程比纯金属复杂得多，但它和纯金属遵循着相同的结晶基本规律，也是在过冷的条件下形成晶核与晶核长大的过程。但是，纯金属的结晶过程是在恒温下进行的，而合金的结晶不一定在恒温下进行；纯金属在结晶过程中只有一个液相和一个固相，而合金结晶过程中，在不同的温度范围内存有不同数量的相，并且各相的成分有时也可以变化。为了研究合金结晶过程的特点及合金组织的变化规律，必须应用合金相图这一重要工具。

合金相图又称为合金平衡图，它表示在平衡状态下，合金的组成相和温度、成分之间关系的图解，是表示不同成分的合金在不同温度时具有何种相结构（或组织状态）的图形。由于相图是在极端缓慢的加热和冷却条件下建立的，相图上的组织是接近平衡条件下所获得的产物（称为平衡组织）。研究相图不但对了解合金在缓慢冷却条件下的组织变化十分重要，而且对不同冷却速度下的组织变化也能作出一定的判断。在生产中，相图可作为制定铸造、锻造、焊接和热处理等热加工工艺的重要依据。相图中，有二元相图、三元相图和多元相图，作为相图基础和应用最广的是二元相图，下面主要介绍二元相图。

### 3.2.1 二元合金相图的基本知识

#### 1. 二元合金相图的表示方法

纯金属的结晶可以用一条表示温度的纵坐标，把其在不同温度下的组织状态表示出来。图 3-1 为纯金属的冷却曲线，其中纵坐标表示温度，$T_0$ 在温度坐标轴上的投影即为此种金属的相变温度（称为相变点）。相变点以上表示纯金属处于液相，相变点以下表示其处于固相。因此，纯金属的相图，只要用一条温度纵坐标轴就能表示。

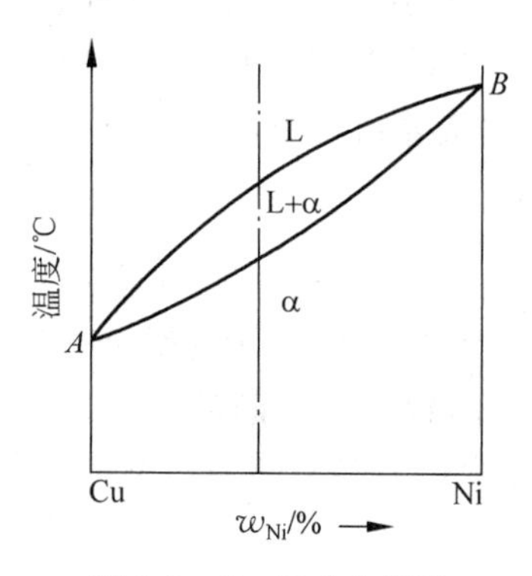


图 3-5 Cu-Ni 合金相图

二元合金组成相的变化不仅与温度有关，还与合金成分有关，因此二元合金相图需要两个坐标轴，以纵坐标表示温度，横坐标表示成分。图 3-5 为 Cu-Ni 合金相图，L 表示液相区，α 表示固相区，L+α 表示液固两相区。横坐标从左到右表示合金成分的变化，即 Ni 的含量（质量分数）由 0% 向 100%逐渐增大，而 Cu 的含量相应地由 100%向 0%逐渐减小。在横坐标上任何一点都代表一种成分的合金。通过成分坐标上的任一点所作的垂线称为合金线，合金线上不同的点表示该成分合金在某一温度下的相组成。因此，相图上任意一点都代表某一成分的合金在某一温度时的相组成(或显微组织)。

**2. 二元合金相图的测定方法**

二元合金相图是用实验方法建立的。实验的依据是,合金的组织结构变化势必引起合金性质(如硬度、磁性、电阻、比热容、热效应等)的变化,这样就可以把不同成分合金的临界点(组织转变的温度)测定出来。其中最基本、最常用的是热分析法。

用热分析法建立二元相图的步骤:

(1) 使用热分析法测定合金相图,如图 3-6 所示。配制一系列成分不同的 Cu-Ni 合金,即 100%Cu, 70%Cu+30%Ni, 50%Cu+50%Ni, 30%Cu+70%Ni, 100%Ni。

(2) 熔化上述合金,缓慢冷却,测定合金的冷却曲线和相变点,如图 3-6(a)所示。

(3) 建立以温度为纵坐标的坐标图,把相变点标入坐标图。

(4) 连接各个相同意义的相变点,所得的线称为相界线,这样就得到 Cu-Ni 合金相图,如图 3-6(b)所示。

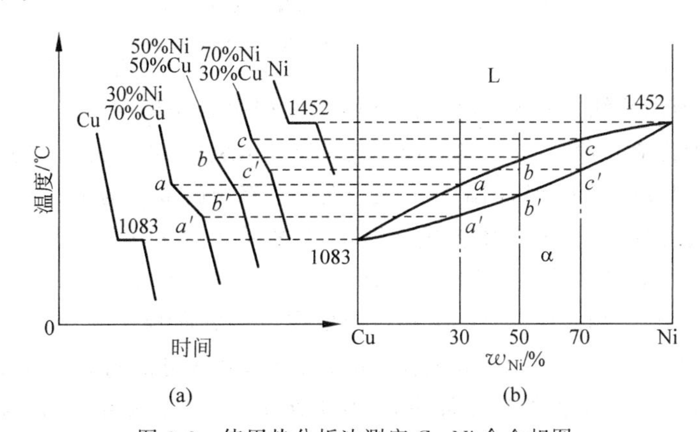


图 3-6　使用热分析法测定 Cu-Ni 合金相图
(a) 各成分 Cu-Ni 合金的冷却曲线; (b) Cu-Ni 合金相图

由上述测定相图的方法可知,配制的合金数目越多,所用金属的纯度越高,热分析时冷却速度越缓慢,则所测定的合金相图就越精确。

## 3.2.2　二元匀晶相图

凡是在二元合金系中,两组元在液态和固态下以任何比例均可相互溶解,即在固态下能形成无限固溶体时,其相图属于匀晶相图,例如,Cu-Ni、Fe-Cr、Au-Ag 等合金系都属于这类相图,下面以 Cu-Ni 合金相图为例,对匀晶相图进行分析,如图 3-7 所示。

**1. 相图分析**

图 3-7(a)为 Cu-Ni 合金相图。图中 $t_A=1083$℃为纯铜的熔点(或结晶温度),$t_B=1455$℃为纯镍的熔点(或结晶温度)。图 3-7(a)中只有两条曲线,其中曲线 $t_A \mathrm{L} t_B$ 称为液相线,是各种成分的 Cu-Ni 合金在冷却时开始结晶或加热时结束熔化温度的连接线;曲线 $t_A \alpha t_B$ 称为固相线,是合金在冷却时结晶终了或加热时开始熔化温度的连接线。可见,液相线以上全为液相区;固相线以下全为固相区;液相线与固相线之间为液、固两相区。

**2. 合金的结晶过程**

图 3-7(a)中所示的虚线表示合金Ⅰ,现以合金Ⅰ为例,讨论合金的结晶过程。当合金自

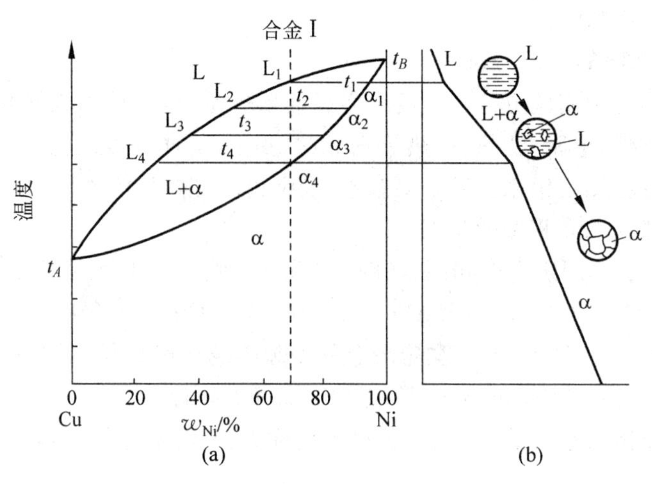


图 3-7　Cu-Ni 合金相图及结晶过程分析

(a) Cu-Ni 合金相图；(b) Cu-Ni 合金冷却曲线

高温液态缓慢冷至液相线上的 $t_1$ 温度时，开始从液相中结晶出固溶体 α，此时 α 的成分为 $\alpha_1$(即含镍量高于合金的含镍量)。随着温度的下降，固溶体 α 的量逐渐增多，剩余的液相 L 量逐渐减少。当温度冷至 $t_2$ 时，固溶体的成分为 $\alpha_2$，液相的成分为 $L_2$(即含镍量低于合金的含镍量)；当温度冷至 $t_3$ 时，固溶体成分为 $\alpha_3$，液相成分为 $L_3$；当温度冷至 $t_4$ 时，最后一滴成分为 $L_4$ 的液相也转变为固溶体，而完成结晶，此时固溶体成分又回到合金的成分 $\alpha_4$。可见，在结晶过程中，液相的成分是沿液相线向低镍量的方向变化，固溶体的成分是沿固相线由高镍量向低镍量变化。液相和固相在结晶过程中，其成分之所以能在不断的变化中逐步一致化，是由于在十分缓慢的冷却条件下，不同成分的液相与液相、液相与固相，以及先后析出的固相与固相之间原子进行充分扩散的结果。

**3. 枝晶偏析**

由上述可知，只有结晶过程是在充分缓慢冷却的条件下，才能得到成分均匀的 α 固溶体。但在实际生产中，由于冷却速度不是那么缓慢，致使扩散过程落后于结晶过程，所以就在一个晶粒中，造成先结晶晶轴(枝干)成分和后结晶晶轴(分枝)成分的差异，这种现象称为枝晶偏析(也称为晶内偏析)。

枝晶偏析会降低合金的力学性能和加工工艺性能。因此，在生产上常把有枝晶偏析的合金加热到高温，并经长时间保温，使原子充分扩散，以达到成分均匀化的目的，这种热处理方法称为均匀化退火。

二元共晶相图

### 3.2.3　二元共晶相图

凡是二元合金系中两组元在液态能完全互溶，而在固态互相有限溶解，并发生共晶转变的相图，称为共晶相图。Pb-Sn、Pb-Sb、Al-Si、Ag-Cu 等合金系都属于这类相图。下面以 Pb-Sn 合金相图为例，对共晶相图进行分析。

**1. 相图分析**

图 3-8 所示为 Pb-Sn 合金相图。图中有 α、β、L 三种相，其中 α 是以 Pb 为溶剂，以 Sn 为溶质的有限固溶体；β 是以 Sn 为溶剂，以 Pb 为溶质的有限固溶体。

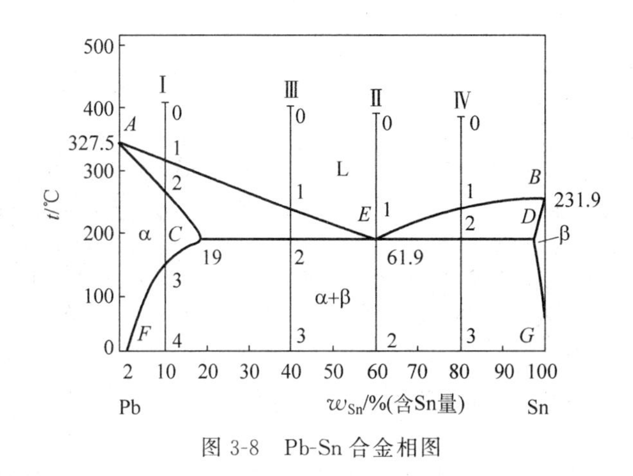


图 3-8　Pb-Sn 合金相图

图中共包含有 α、β、L 三个单相区，还有 L＋α、L＋β、α＋β 三个两相区。根据液相和固相的存在区域可知，*AEB* 为液相线，*ACEDB* 为固相线，*A* 为 Pb 的熔点，*B* 为 Sn 的熔点。

图中在 183℃有一条水平线 *CED*，此线为共晶反应线。在此温度，质量分数为 *E* 的 L 相同时结晶出质量分数为 *C* 的 α 相和质量分数为 *D* 的 β 相，即 L→α＋β，这种反应称为共晶反应，反应所得的两相混合物称为共晶组织。由图可见，凡是成分在 *C* 和 *D* 之间的合金，在结晶过程中，都要于此温度产生共晶反应。

图中 *CF* 线和 *DG* 线分别为 α 固溶体和 β 固溶体的固溶线，也就是各自的饱和浓度线，其固溶浓度随温度的降低而减小。

**2. 合金的结晶过程**

1）合金Ⅰ（点 *F*、*C* 之间的合金）的结晶过程

图 3-9 为合金Ⅰ的冷却曲线及结晶过程示意。由图可见，合金Ⅰ在缓冷到点 3 温度以前，完全是按照匀晶相图反应进行的，开始结晶出来的 α 称为初晶。匀晶反应完成后，在点 2、3 之间，合金为均匀的 α 单相组织。当温度降到点 3 时，碰到 α 固溶线 *CF*，α 中固溶的 Sn 的含量已达到饱和。随着温度的下降，由于 α 的浓度已处于过饱和状态，于是便从 α 中不断析出细粒状 β 相，为了区别于从液相中结晶出的 β 固溶体，现把从固相中析出的 β 固溶体称为次生 β，以 $\beta_{II}$ 表示。因此合金Ⅰ的室温组织为 $\alpha+\beta_{II}$。

2）合金Ⅱ（点 *E* 的合金）的结晶过程

图 3-8 中的点 *E* 是共晶点，故成分为点 *E* 的合金也称为共晶合金，其冷却曲线及结晶过程如图 3-10 所示。当合金缓冷至点 1 也就是共晶温度时，在恒温下，成分为 *E* 的液相 L 产生共晶反应，同时析出成分为 *C* 的 α 及成分为 *D* 的 β 两相，反应终了时，获得 α＋β 的共晶组织。共晶反应完成后，在合金温度继续下降过程中，由于 α 的固溶度和 β 的固溶度沿 *CF* 线和 *DG* 线不断变化，所以要从 α 中析出 $\beta_{II}$，从 β 中析出 $\alpha_{II}$。由于从共晶体中析出的次生相常与共晶体中的同类相混在一起，在显微镜下很难分辨，而且次生相的析出量又较少，一般可不予考虑。因此合金Ⅱ在结晶过程中的反应为共晶反应＋二次析出，其室温组织为 α＋β。

3）合金Ⅲ（点 *C*、*E* 之间的合金）的结晶过程

合金Ⅲ的成分在点 *C*、*E* 之间，称为亚共晶合金。其冷却曲线及结晶过程如图 3-11 所示。当合金缓冷到点 1 时，开始结晶出 α 固溶体，温度在点 1、2 之间为匀晶反应过程。随着

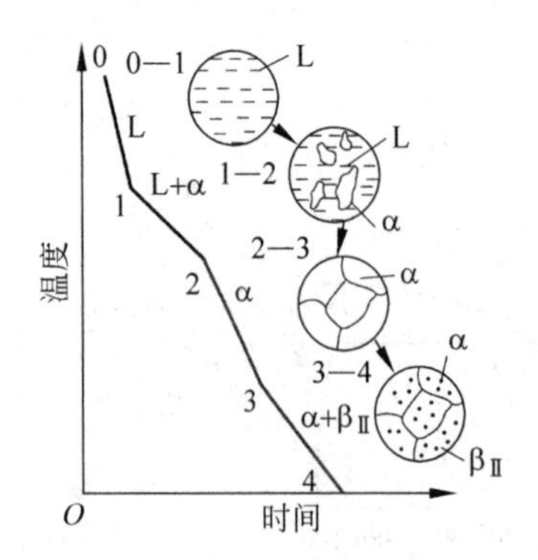


图 3-9　合金Ⅰ的冷却曲线及结晶过程示意图

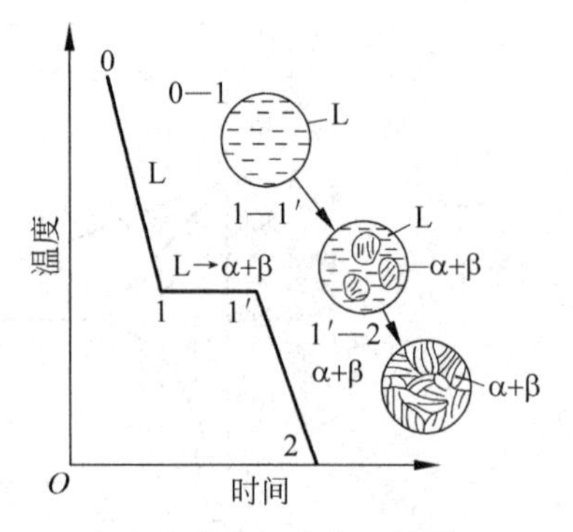


图 3-10　合金Ⅱ的冷却曲线及结晶过程示意图

温度的下降，固相 α 的成分沿 $AC$ 线向 $C$ 点变化，液相 L 的成分沿 $AE$ 线向 $E$ 点变化。当温度降到点 2 即共晶温度时，液相 L 具有共晶成分，于是便发生共晶反应。共晶转变后，随着温度的下降，α 相的成分沿 $CF$ 线改变，此时匀晶和共晶中的 α 固溶体都要析出 $\beta_{\text{Ⅱ}}$，所以其室温组织为 $\alpha+(\alpha+\beta)+\beta_{\text{Ⅱ}}$。

4）合金Ⅳ（点 $E$、$D$ 之间的合金）的结晶过程

合金Ⅳ的成分大于共晶成分，称为过共晶合金。图 3-12 所示为其冷却曲线和结晶过程。由图可见，合金Ⅳ的结晶过程与合金Ⅲ很相似，所不同的是匀晶反应的初晶为 β，次生晶为 $\alpha_{\text{Ⅱ}}$，所以其室温组织为 $\beta+(\alpha+\beta)+\alpha_{\text{Ⅱ}}$。

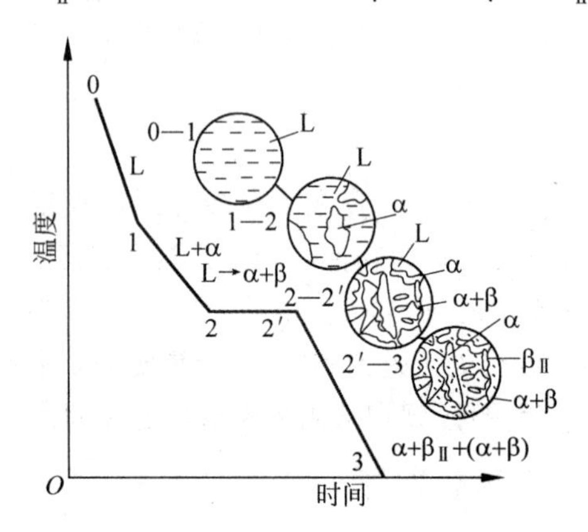


图 3-11　合金Ⅲ的冷却曲线及结晶过程示意图

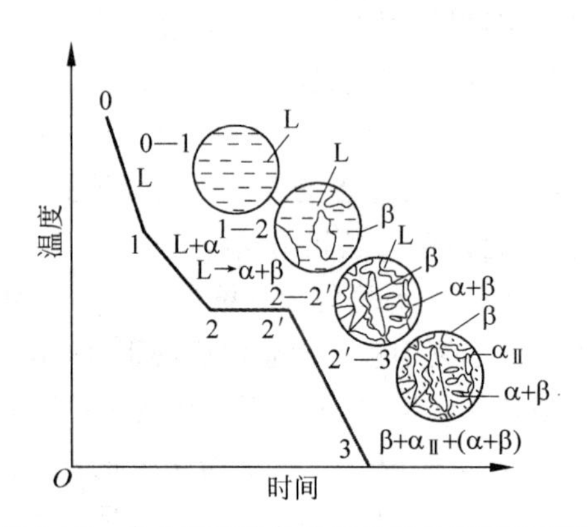


图 3-12　合金Ⅳ的冷却曲线及结晶过程示意图

**3. 合金的相组分与组织组分**

综合上述，从相的角度来说，Pb-Sn 合金结晶的产物只有 α 和 β 两相。α 和 β 称为相组成物。按相组分填写的 Pb-Sn 合金相图各区域见图 3-13，这样填写的合金组织与显微镜看到的金相组织是一致的，所以这样填写更为明确具体。

上述各合金结晶所得 α、β、$\alpha_{\text{Ⅱ}}$、$\beta_{\text{Ⅱ}}$ 及共晶（α＋β），在显微镜下可以看到各具有一定的组织特征，它们都称为组织组成物。

## 3.2.4　合金性能与相图的关系

合金的各项性能取决于合金的成分和组织，可见，相图与合金性能之间存在着一定的联

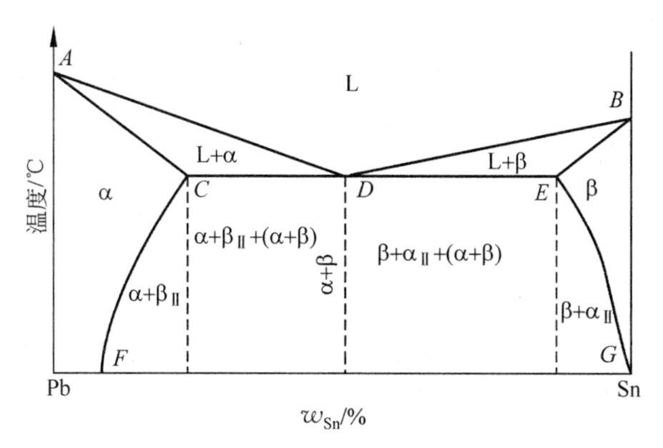


图 3-13　按相组分填写的 Pb-Sn 合金相图

系。掌握了相图与性能的联系规律，便可以大致判断不同成分合金的性能特点，并可作为选用和配制合金的依据。

**1. 单相固溶体合金**

匀晶相图是形成单相固溶体合金的相图。已知溶质溶入溶剂后，要产生晶格畸变，从而引起合金的固溶强化，并使合金中自由电子的运动阻力增加，故固溶体合金的强度和电阻都高于作为溶剂的纯金属。而且随着溶质溶入量的增加，由于晶格畸变增大，致使固溶体合金的强度、硬度和电导率与合金成分间呈曲线关系变化，如图 3-14 所示。

固溶体合金的铸造性能与合金成分间的关系，如图 3-15 所示。由图可见，合金相图中液相线与固相线之间的垂直距离与水平距离越大，合金的铸造性能就越差。这是因为液相线与固相线的水平距离越大，产生的偏析越严重；液相线与固相线之间的垂直距离越大，形成树枝状晶体的倾向就越大，这种细长易断的树枝状晶体阻碍液体在铸型内流动，致使合金的流动性变差，容易产生分散缩孔而使铸件组织疏松，性能变坏。

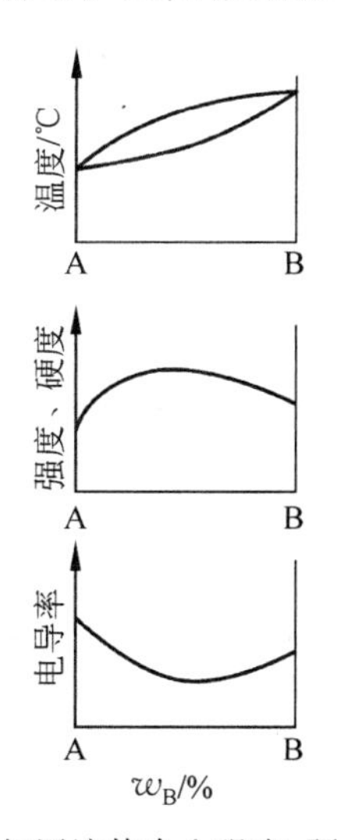


图 3-14　单相固溶体合金强度、硬度及电导率与合金成分间的关系

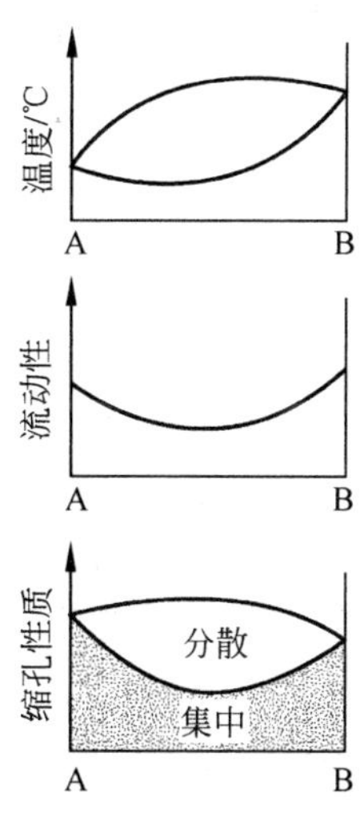


图 3-15　单相固溶体合金铸造性能与合金成分间的关系

**2. 两相混合物合金**

在共晶相图中,结晶后形成两相组织的合金称为两相混合物合金,其力学性能与物理性能处在两相性能之间,并与合金成分呈直线关系。合金强度、硬度及电导率与相图之间的关系如图 3-16 所示。若各相的分散度很大,即晶粒很细时,则直线规律将被破坏。例如,共晶成分的合金在组织细化后,如图 3-16 中的虚线所示,几项性能都显著提高。

两相混合物合金的铸造性能与合金成分之间的关系如图 3-17 所示。由图可见,合金的铸造性能也取决于合金结晶区间的大小。就铸造性能来说,共晶合金最好。因为它在恒温下进行结晶,同时熔点又最低,具有较好的流动性,在结晶时易形成集中缩孔,铸件的致密性好,所以在其他条件许可的情况下,铸造用金属材料应尽可能选用共晶成分附近的合金。

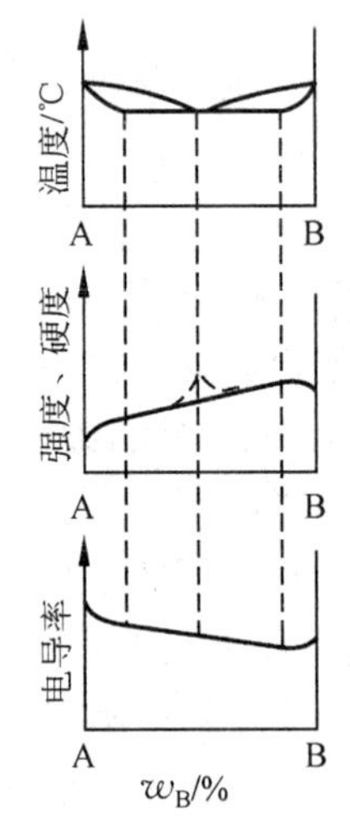


图 3-16　两相混合物合金强度、硬度及电导率与相图之间的关系

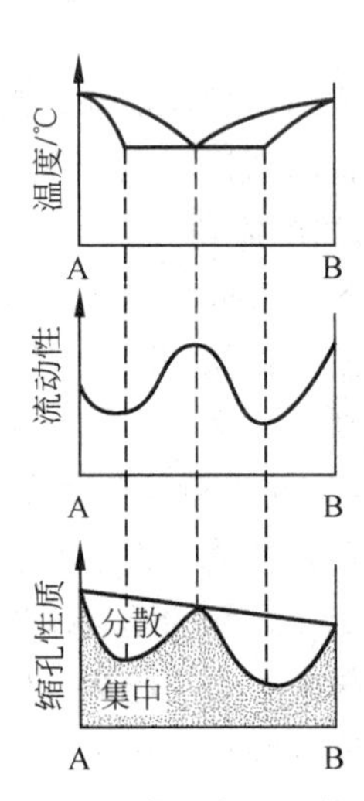


图 3-17　两相混合物合金的铸造性能与合金成分之间的关系

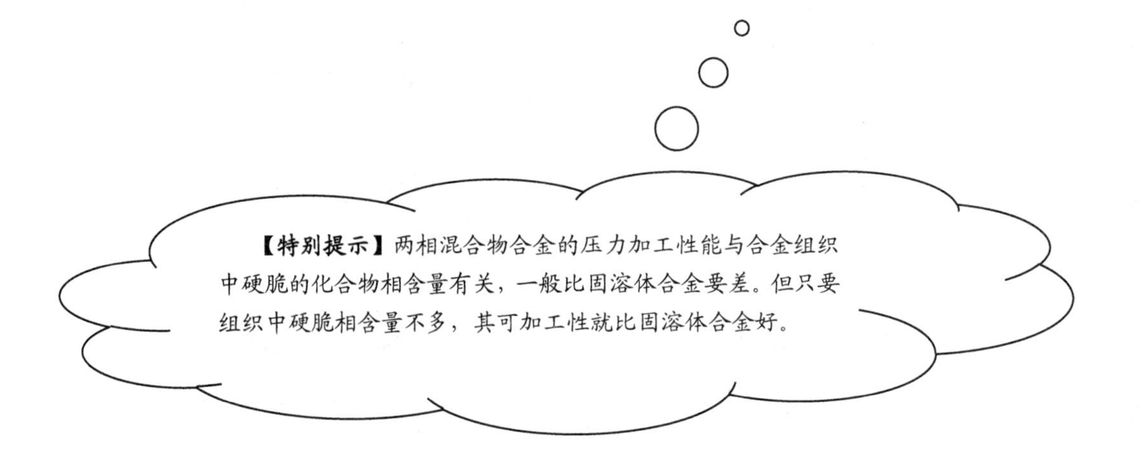

# 3.3　铁碳合金相图

铁碳合金相图

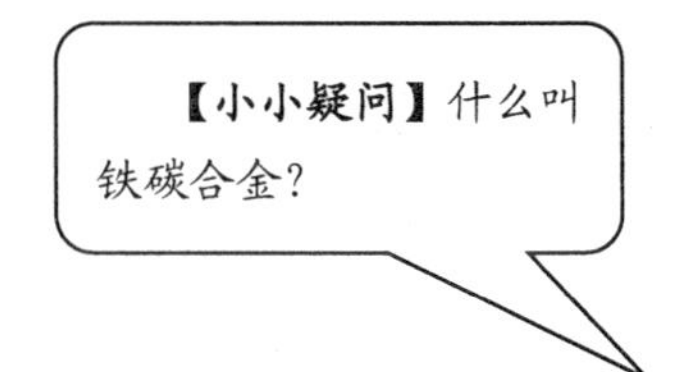


【定义解释】碳钢和铸铁是现代工业中应用范围最广的金属材料，它们都是以铁和碳为基本组元的合金，通常称为铁碳合金。

普通碳钢和铸铁均属铁碳合金范畴，合金钢和合金铸铁实际上是有意加入合金元素的铁碳合金。为了熟悉钢铁材料的组织和性能，以便在生产中合理使用，首先必须研究铁碳合金相图。

铸铁的含碳量最高不超过5%，再高就变得很脆，而无实用价值。所以作为铁碳合金二元相图，左侧的组元为Fe，右侧的组元为$Fe_3C$(即碳含量为6.69%)，已经足够了。因此铁碳合金相图实际上是Fe-$Fe_3C$相图。

## 3.3.1　铁碳合金的基本相

Fe和$Fe_3C$是组成Fe-$Fe_3C$相图的两个基本组元。由于铁和碳之间的相互作用不同，铁碳合金固态下的相结构也会形成固溶体和金属化合物两类。属于固溶体相的是铁素体与奥氏体，属于金属化合物相的是渗碳体。

**1. 铁素体**

纯铁在912℃以下为具有体心立方晶格的α-Fe。碳溶于α-Fe中的间隙固溶体称为铁素体，以符号F表示。它具有良好的塑性和韧性，但强度和硬度不高。

铁素体的显微组织与纯铁相同，呈明亮的多边形晶粒组织。在770℃以下具有铁磁性，在770℃以上则失去铁磁性。

**2. 奥氏体**

碳溶于γ-Fe中的间隙固溶体称为奥氏体，以符号A表示。奥氏体的力学性能与溶碳量和晶粒大小有关，其硬度较低而塑性较高，易于锻压成形。它存在于727℃以上的高温范围内，为非铁磁性相。

**3. 渗碳体**

渗碳体的分子式为$Fe_3C$，它是一种具有复杂晶格的间隙化合物，硬度很高(950～1050HV)，而塑性和韧性几乎为零，脆性极大。

渗碳体在钢和铸铁中与其他相共存时呈片状、球状、网状或板状。渗碳体是碳钢中主要的强化相，它的形态与分布对钢的性能有很大影响。同时，$Fe_3C$在一定条件下会发生分解，形成石墨状的自由碳。

## 3.3.2　铁-渗碳体相图分析

如上所述，铁碳合金相图只研究Fe-$Fe_3C$部分，这一部分相图如图3-18所示。

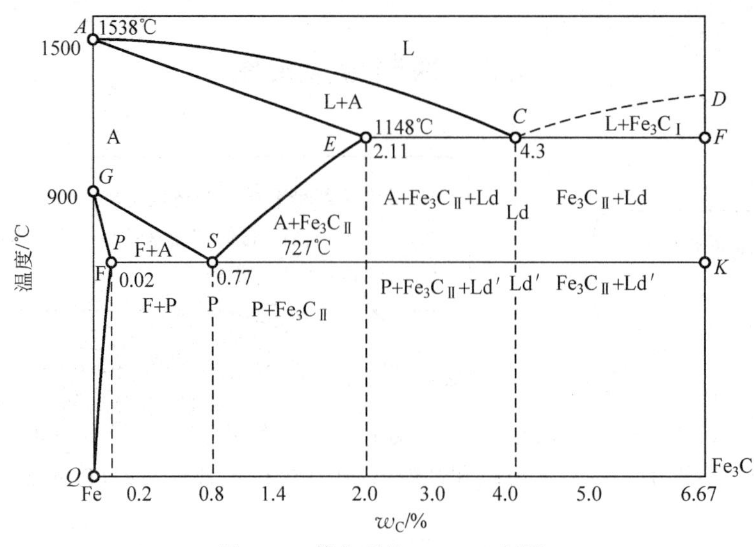


图 3-18 简化后的 Fe-$Fe_3C$ 相图

**1. 相图中各点分析**

*A* 点为纯铁的熔点，*D* 点为渗碳体的熔点，*E* 点为在 1148℃时碳在γ-Fe 中的最大溶解度(碳含量 2.11%)。钢和生铁即以 *E* 点为分界，凡是含碳量小于 2.11%的铁碳合金都称为钢，碳含量大于 2.11%的铁碳合金称为生铁。

*C* 点为共晶点。这一点上的液态合金会发生共晶转变，液相在恒温下，同时结晶出由奥氏体和渗碳体组成的细密的混合物(共晶体)。其表达式为

$$L_C \xleftrightarrow{1148℃} A_E + Fe_3C$$

共晶转变后所获得的共晶体($A+Fe_3C$)称为莱氏体，用符号 Ld 表示。

*P* 点为在 727℃时碳在 α-Fe 中的最大溶解度(含碳量为 0.0218%)。

*S* 点为共析点。这一点上的奥氏体在恒温下会同时析出铁素体和渗碳体的细密混合物。这种由一定成分的固相，在一定温度下，同时析出成分不同的两种固相的转变，称为共析转变。其表达式为

$$A_S \xleftrightarrow{727℃} F_P + Fe_3C$$

共析转变所获得的细密混合物($F+Fe_3C$)称为珠光体，用符号 P 表示。珠光体的性能介于两组成相性能之间。

**2. 相图中各线分析**

*AC*、*CD* 为液相线，液态合金冷却到 *AC* 线温度时，开始结晶出奥氏体；*AE*、*ECF* 为固相线，其中 *AE* 线为奥氏体结晶终了线，*ECF* 线为共晶线，液态合金冷却到共晶线温度时，将发生共晶转变而生成莱氏体。

*ES* 线为碳在奥氏体中的固溶线，可见碳在奥氏体中的最大溶解度是 *E* 点，随着温度的降低，溶解度减小，在 727℃时只能溶解 0.77%的碳，所以含碳量大于 0.77%的铁碳合金自 1148℃冷至 727℃时，其过剩的碳将以渗碳体的形式从奥氏体中析出。为了与自液态合金中直接结晶出的一次渗碳体($Fe_3C_Ⅰ$)区别，通常将奥氏体中析出的渗碳体称为二次渗碳体($Fe_3C_Ⅱ$)。

$GS$ 线为冷却时由奥氏体转变为铁素体的开始线，或者说，是加热时铁素体转变为奥氏体的终了线；$GP$ 线为冷却时奥氏体转变成铁素体的终了线，或者说是加热时铁素体转变成奥氏体的开始线。

$PSK$ 线称为共析线。奥氏体冷却到共析温度（727℃）时，将发生共析转变而生成珠光体。因此，在 1148℃至 727℃之间的莱氏体是由奥氏体与渗碳体组成的混合物。在 727℃以下的莱氏体则是珠光体与渗碳体组成的混合物，称为变态莱氏体，用符号 Ld′表示，它是一种硬脆组织。

$PQ$ 线为碳在铁素体中的固溶线，碳在铁素体中的最大溶解度发生在 $P$ 点，随着温度的降低，溶解度减小，室温下，铁素体中的溶碳量几乎为零。因此，在由 727℃冷却到室温的过程中，铁素体中过剩的碳将以渗碳体的形式析出，称为三次渗碳体（$Fe_3C_{Ⅲ}$）。

**3. 相图中铁碳合金的分类**

在 $Fe\text{-}Fe_3C$ 相图中，不同成分的铁碳合金具有不同的显微组织和性能，通常根据相图中的 $P$ 点和 $E$ 点，可将铁碳合金分为工业纯铁、钢和白口铸铁三大类，见图 3-19。

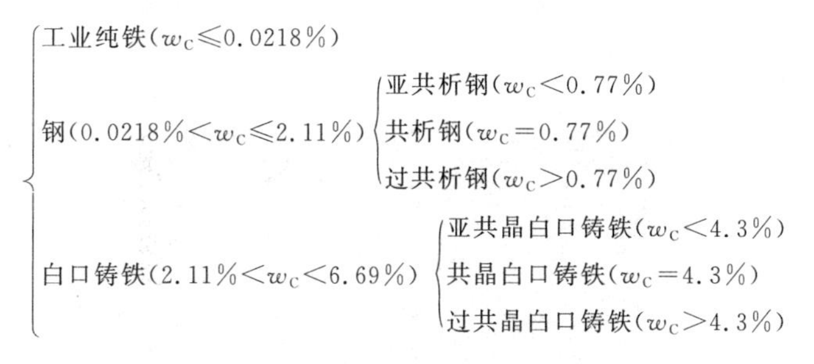


图 3-19　铁碳合金分类

## 3.3.3　典型铁碳合金的结晶过程及其组织

典型铁碳合金的结晶

为了进一步认识 $Fe\text{-}Fe_3C$ 相图，现以上述几种典型的铁碳合金为例分析其结晶过程和室温下的显微组织。

**1. 共析钢**

如图 3-20 所示，合金在点 1 温度以上为液体，当缓慢冷却到点 1 温度时，开始从液体中结晶出奥氏体，直到点 2 温度结晶完毕。在点 2—3 之间为单一的奥氏体。继续缓慢冷却到点 3(即 $S$ 点)时，奥氏体发生共析反应，转变成珠光体。在点 3 以下，珠光体基本上不发生变化，共析钢的室温组织为珠光体，其显微组织如图 3-21 所示。

**2. 亚共析钢**

图 3-22 为亚共析钢结晶过程分析示意图。合金温度在点 4 以上的组织的转变过程与共析钢相同。当温度降到点 4 时，奥氏体中开始析出铁素体。随着温度继续降低，铁素体的析出量不断增加，奥氏体中的含碳量沿 $GS$ 线增加。当温度降到点 5 时，剩余奥氏体含碳量达到 0.77%，进行共析反应，转变为珠光体。当温度在 5 点以下时，合金组织基本不发生变化。亚共析钢的室温组织由珠光体和铁素体组成。当含碳量不同时，组织中的铁素体和珠光体的相对量不同。随着合金中含碳量的减少，组织中铁素体的量增加，而珠光体的量减少。

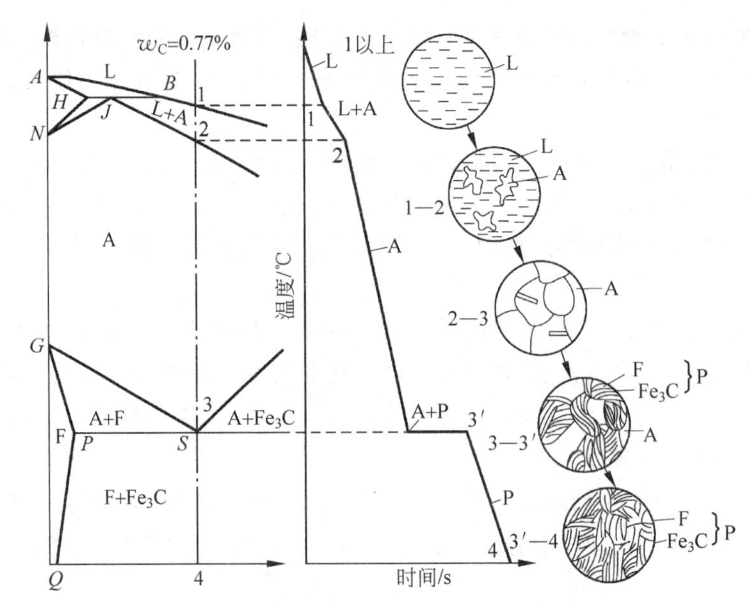


图 3-20　共析钢结晶过程分析示意图

图 3-21　共析钢的显微组织

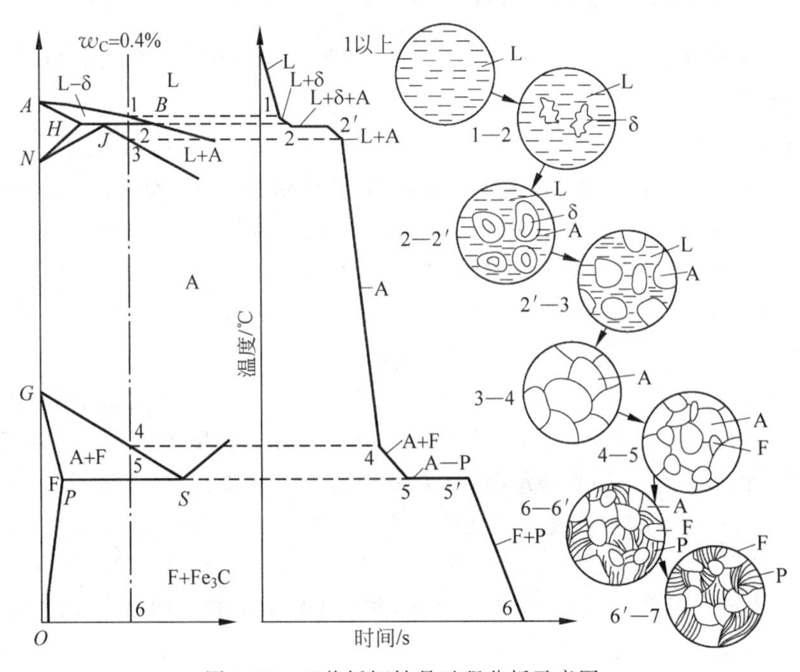


图 3-22　亚共析钢结晶过程分析示意图

图 3-23 为含碳量 0.45％的碳钢即亚共析钢在室温时的显微组织，其中黑色的是珠光体，白色的是铁素体。

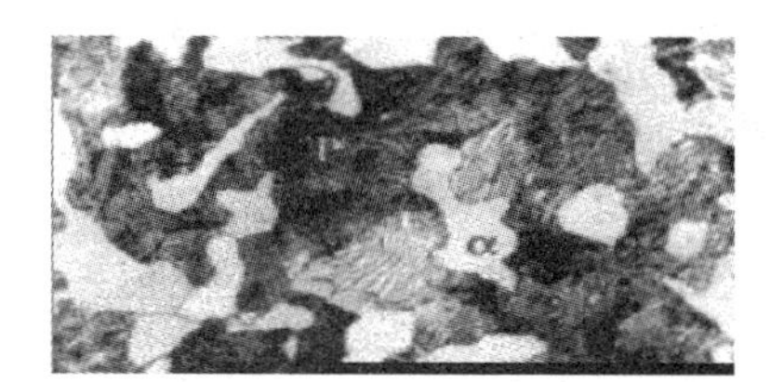


图 3-23　亚共析钢在室温时的显微组织

### 3. 过共析钢

图 3-24 为过共析钢结晶过程分析示意图。过共析钢的结晶过程与亚共析钢的主要区别是，当温度降到点 3 时，奥氏体中析出的不是铁素体，而是二次渗碳体。过共析钢的室温组织由珠光体和二次渗碳体组成。随着合金中含碳量的增加，组织中二次渗碳体的量增加，珠光体的量减少。图 3-25 是含碳量为 1.4％的碳钢即过共析钢在室温时的显微组织，其中，黑色的是珠光体，在其边界上呈白亮色网状分布的是二次渗碳体。

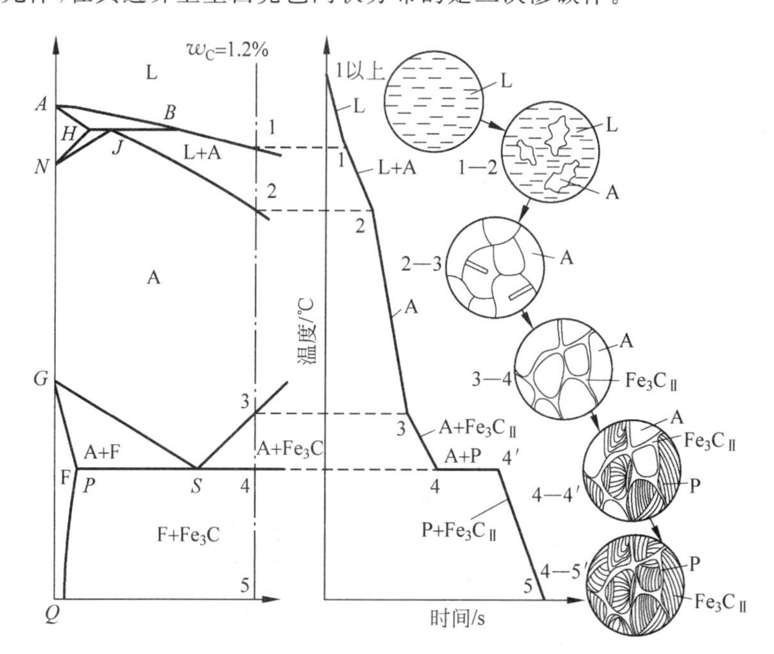


图 3-24　过共析钢结晶过程分析示意图

图 3-25　过共析钢在室温时的显微组织

**4. 共晶白口铸铁**

图 3-26 为共晶白口铸铁的结晶过程。当液态合金缓慢冷却到点 1(即点 $C$)时，发生共晶反应，转变成莱氏体。这时莱氏体由奥氏体和渗碳体组成。莱氏体在冷却过程中，由于其中奥氏体的含碳量沿 $ES$ 线减少，不断析出二次渗碳体。冷却到点 2 时，奥氏体中的含碳量达到 0.77%，发生共析反应，转变成珠光体，即莱氏体转变成变态莱氏体。冷却到点 2 以下，变态莱氏体基本不发生变化。共晶白口铸铁的室温组织为变态莱氏体，其显微组织如图 3-27 所示。

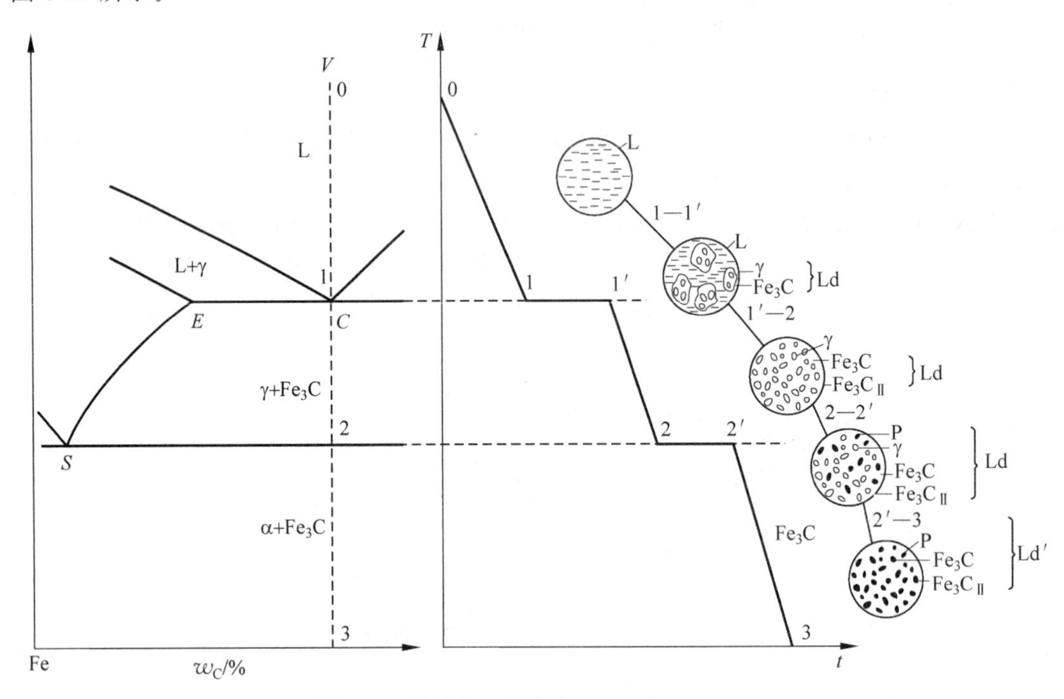


图 3-26　共晶白口铸铁结晶过程分析示意图

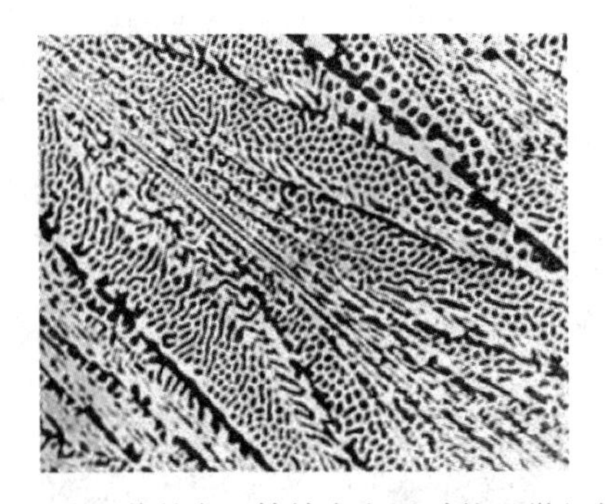

图 3-27　共晶白口铸铁在室温时的显微组织

**5. 亚共晶白口铸铁**

图 3-28 为亚共晶白口铸铁的结晶过程。当亚共晶白口铸铁冷却到点 1 的温度时，液相中开始结晶出初晶奥氏体，随着温度的下降，奥氏体不断增加，而剩余液相量逐渐减少。当冷却到点 2 的温度时，剩余液相发生共晶转变而形成莱氏体。在点 2 到点 3 间冷却时，初晶

奥氏体与共晶奥氏体中均不断析出二次渗碳体。到点 3 的温度时，发生共析转变而形成珠光体，因此亚共晶白口铸铁的室温组织为珠光体、二次渗碳体和变态莱氏体，如图 3-29 所示。

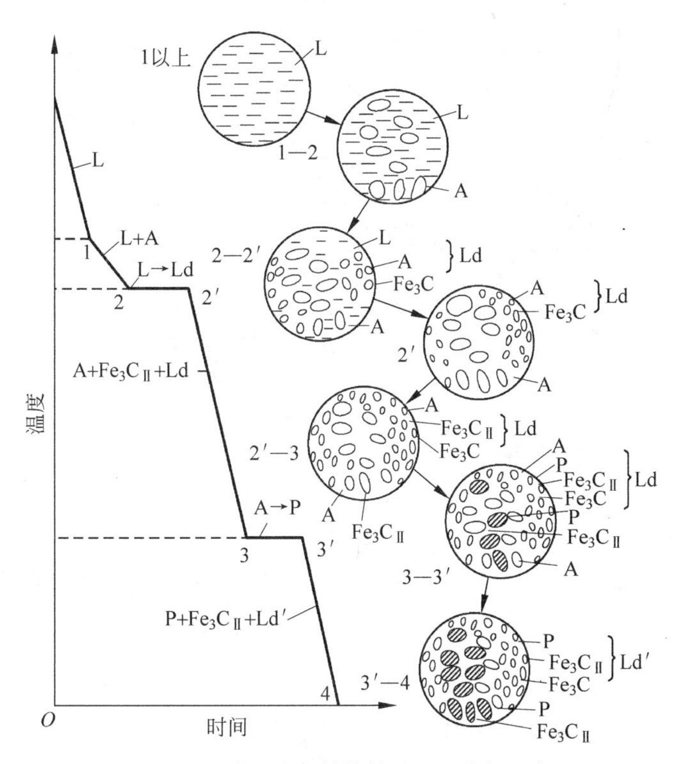


图 3-28　亚共晶白口铸铁结晶过程分析示意图

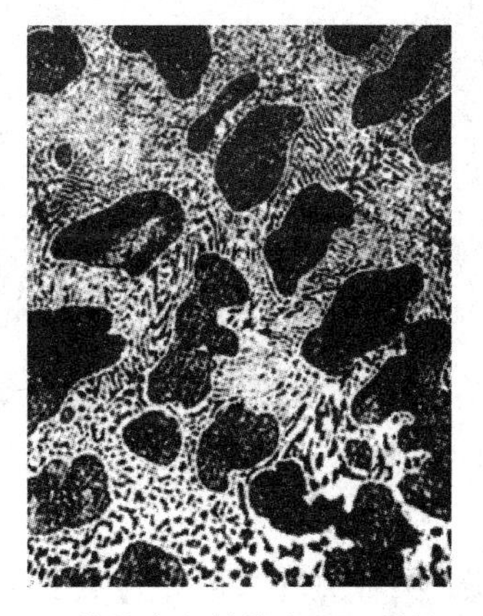

图 3-29　亚共晶白口铸铁在室温时的显微组织

**6. 过共晶白口铸铁**

图 3-30 为过共晶白口铸铁的结晶过程。当过共晶白口铸铁冷却到点 1 的温度时，液相中开始结晶出一次渗碳体，当冷却到点 2 的温度时，液相的含碳量正好为共晶成分，剩余的液相发生共晶转变而形成莱氏体。在点 2 和点 3 之间冷却时，奥氏体中同样要析出二次渗碳体，且在点 3 的温度时，奥氏体发生共析转变形成珠光体。因此共晶白口铸铁的室温组织

为一次渗碳体和变态莱氏体,如图 3-31 所示。图中亮白色板条状的为一次渗碳体,基体为变态莱氏体。

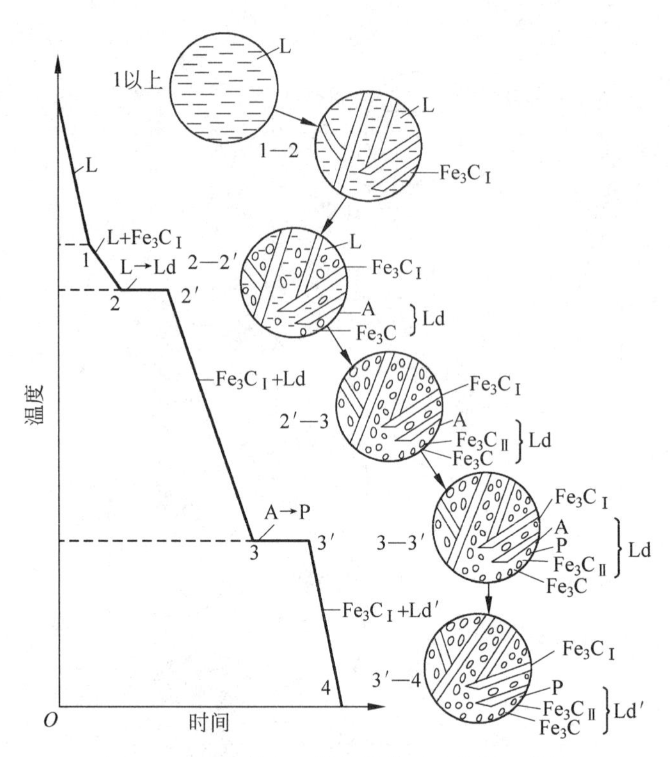


图 3-30 过共晶白口铸铁结晶过程分析示意图

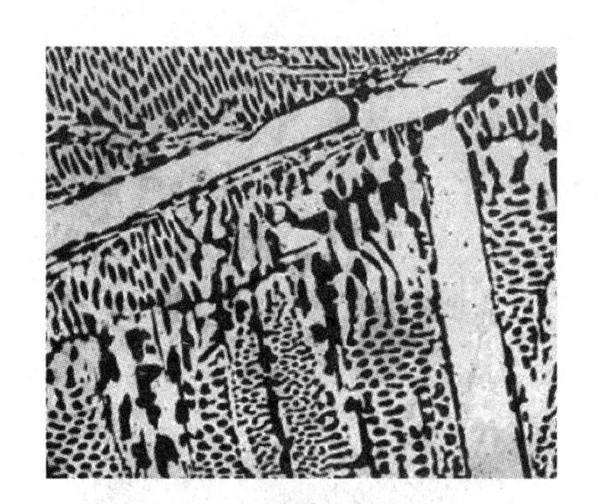

图 3-31 过共晶白口铸铁在室温时的显微组织

### 3.3.4 铁碳合金的成分、组织和性能间的关系

**1. 含碳量与平衡组织间的关系**

从上面的分析结果可以看出,对于不同种类的铁碳合金,其室温组织是不同的。含碳量与铁碳合金缓冷后的组织成分及相组分间的定量关系如图 3-32 所示。

铁碳合金中含碳量增加时,不仅组织中渗碳体的相对含量增加,而且渗碳体的大小、形态和分布也随之发生变化。渗碳体由层状分布在铁素体基体内(如珠光体),改变为网状分布在晶界上(如二次渗碳体),最后形成莱氏体时,渗碳体又作为基体出现。这就是不同成分的铁碳合金具有不同的组织，进而决定了它们具有不同性能的原因。

**2. 含碳量与力学性能之间的关系**

在铁碳合金中，渗碳体一般可以认为是一种强化相，所以渗碳体含量越多，分布越均匀，材料的硬度和强度越高，塑性和韧性越低；但当渗碳体分布在晶界或作为基体时，则材料的塑性和韧性大为下降，且强度也随之降低，这就是过共析钢和白口铸铁脆性高的原因。

图 3-33 所示为含碳量对碳钢力学性能的影响。由图可见，当钢中碳含量小于 0.9%时，随着钢中含碳量的增加，钢的强度、硬度呈直线上升，而塑性、韧性不断降低；当钢中碳含量大于 0.9%时，因出现网状二次渗碳体，不仅使钢的塑性、韧性进一步降低，强度也明显下降。

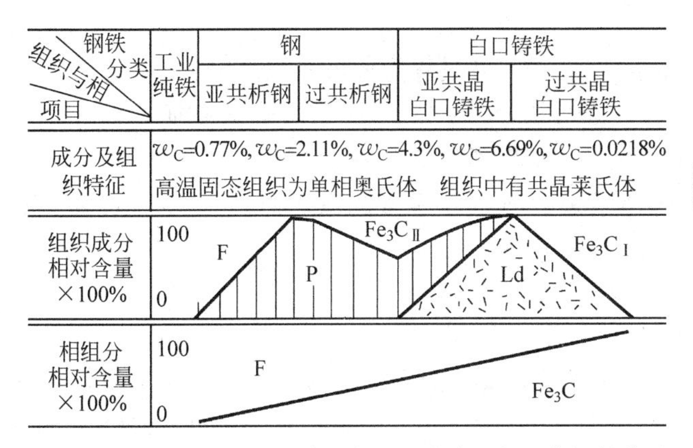


图 3-32　铁碳合金中的含碳量与组织成分及相组分间的关系

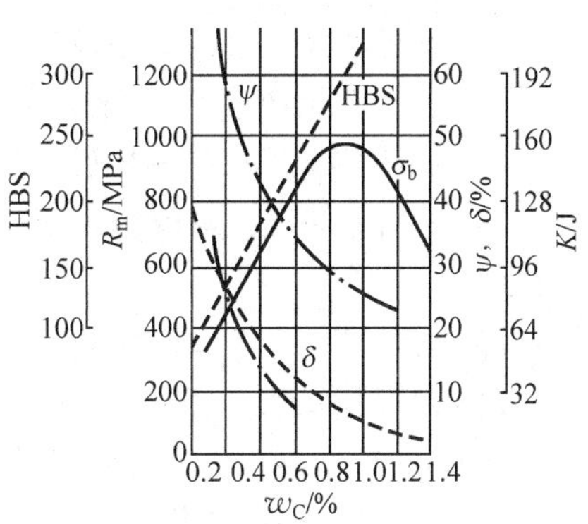


图 3-33　含碳量对碳钢力学性能的影响

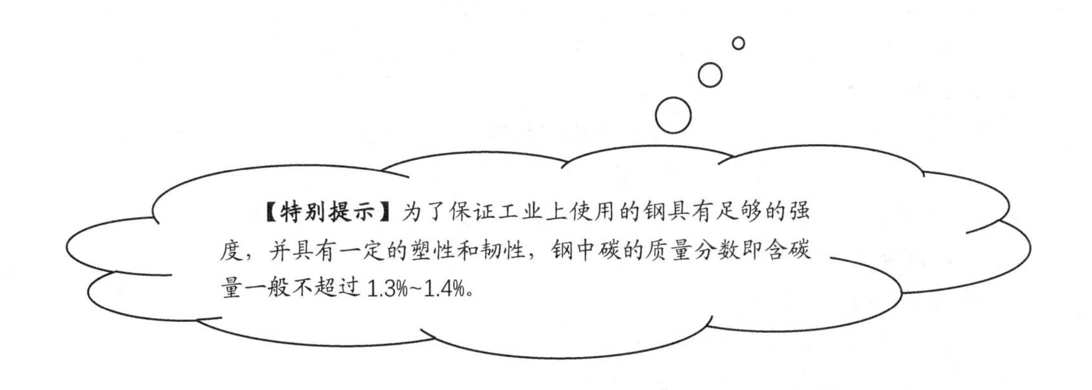


## 本章小结

纯金属的结晶是恒温结晶，它是不断形成晶核和晶核不断成长的过程，可以通过三条途径控制金属结晶后晶粒的大小，从而达到细化晶粒的目的。

合金的结晶过程比纯金属复杂得多，为了研究合金结晶过程的特点及合金组织的变化规律，必须应用合金相图这一重要工具。根据合金相图，不仅可以看到不同成分的合金在室温下的平衡组织，还可以了解它从高温液态以极缓慢的冷却速度冷却至室温所经历的各种相变过程，同时相图还能预测其性能的变化规律。所以相图已成为研究合金中各种组织形成和变化规律的重要工具。

铁碳合金相图是表示在极缓慢冷却(或加热)条件下,不同成分的铁碳合金在不同温度下所具有的组织或状态的一种图形。从中可以了解到碳钢和铸铁的成分(含碳量)、组织和性能之间的关系,它不仅是选择材料和判定有关热加工工艺的依据,还是钢和铸铁热处理的理论基础。

## 习题与思考题

**1. 填空题**

(1) 根据铁碳相图,45 钢从高温冷却到低温的转变过程中,在 727℃将发生________反应,反应式为________。

(2) 液体金属在过冷的条件下会发生________,其过程为形核和________。

(3) 在工业生产条件下,金属结晶时冷速越快,$N/G$ 值________,晶粒越细。

(4) 固溶体出现枝晶偏析后,可用________加以消除。

(5) 一合金发生共晶反应,液相 L 生成共晶体 $\alpha+\beta$。共晶反应式为________,共晶反应的特点是________。

(6) 一块纯铁在 912℃时发生 $\alpha$-Fe→$\gamma$-Fe 转变时,体积将________。

(7) 过冷度是指________,其表示符号为________。

(8) 在铁素体、奥氏体、渗碳体、珠光体和莱氏体中,属于合金基本相的是________________,属于机械混合物的是________________,只能存在于温度 727℃以上的组织是________________。

(9) 在铁碳合金相图上,共析线是________线,共晶线是________线。

(10) 铁素体为________晶格,奥氏体为________晶格,渗碳体为________晶格。

**2. 简答题**

(1) 金属结晶的基本规律是什么?晶核的形核率和生长速率受到哪些因素影响?

(2) 在铸造生产中,采取哪些措施控制晶粒大小,以改善铸件的性能?

(3) 在其他条件相同的情况下,试比较在下列铸造条件下,铸件晶粒的大小:

① 金属模浇注与砂模浇注;

② 铸成薄件与铸成厚件;

③ 浇注时采用振动与不采用振动。

(4) 什么是同素异构转变及同素异构体?

(5) 什么是共析转变和共晶转变?以铁碳合金中的钢为例,画出室温下得到的组织。

(6) 二元匀晶相图、共晶相图与合金的力学性能、物理性能和工艺性能存在什么关系?

(7) 为什么铸造合金常选用接近共晶成分的合金?为什么要进行压力加工的合金常选用单相固溶体成分的合金?

(8) 已知组元 A(熔点 700℃)与 B(熔点 600℃)在液态无限互溶;在固态 400℃时,A 溶于 B 中的最大溶解度为 20%,室温时为 10%,而 B 不溶于 A;在 400℃时,含 30%B 的液态合金发生共晶反应,现要求:

① 绘制 A-B 合金相图,并标注各区域的相组成物和组织成分;

② 分析 15%A、50%A、80%A 合金的结晶过程,并确定室温下相组成物及组织成分的

相对含量；

③ 绘制出合金的力学性能与相图的关系曲线。

(9) 随着碳含量的增加，钢的组织和性能有什么变化？

(10) 如图 3-34 所示为铁碳合金相图，根据该图

① 分别写出 $C$ 点和 $S$ 点发生的转变及其表达式；

② 分析含碳量分别为 0.4%、0.8%和 1.2%的钢的结晶过程；

③ 分别画出 45 钢、T8 钢和 T12 钢的室温平衡组织。

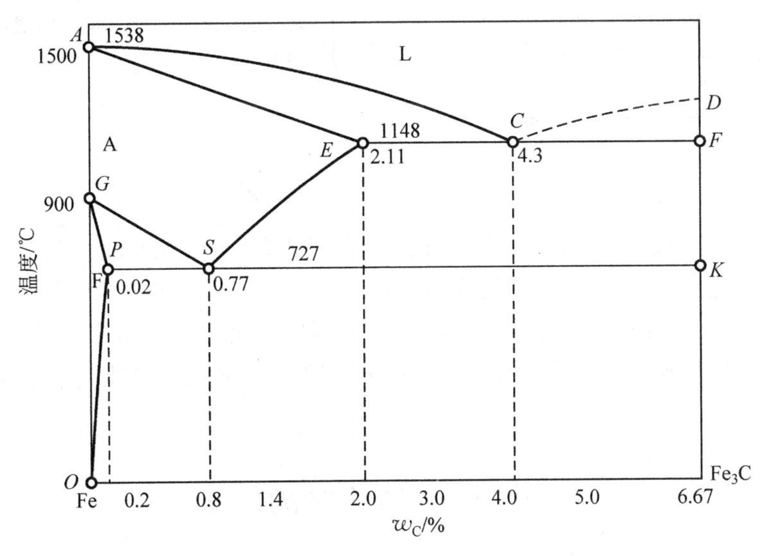


图 3-34　铁碳合金相图

# 第4章　钢的热处理

**【小小疑问】**为什么重要的机器零件都要进行热处理？

**【问题解答】**热处理可神奇了！通过热处理，可以获得我们想要的性能！

热处理是指将固态金属或合金进行加热、保温和冷却，以改变其组织获得预期性能的一种加工工艺。钢能否够通过热处理改善其性能取决于钢在不同的加热和冷却过程中的组织结构是否发生变化。根据加热和冷却方法的不同，常用的热处理方法分为普通热处理和表面热处理，普通热处理主要包括退火、正火、淬火及回火，表面热处理主要包括表面淬火和化学热处理。

钢在加热时的转变

## 4.1　钢在加热时的转变

### 4.1.1　转变温度

钢在平衡加热或冷却条件下的相变由 $Fe\text{-}Fe_3C$ 相图表示。在工业生产中，热处理的加热或冷却速度通常远离平衡条件，因此实际相变温度与平衡相变温度之间有一定的差异，即加热时相变温度偏高，而冷却时温度偏低，加热或冷却速度越大，其偏差也越大。通常将这种偏差程度称为过热度或过冷度。与 $Fe\text{-}Fe_3C$ 相图平衡相变温度相对应，碳钢实际加热时的相变温度分别用 $Ac_1$、$Ac_3$、$Ac_{cm}$ 表示，而冷却时分别用 $Ar_1$、$Ar_3$、$Ar_{cm}$ 表示，如图 4-1 所示。

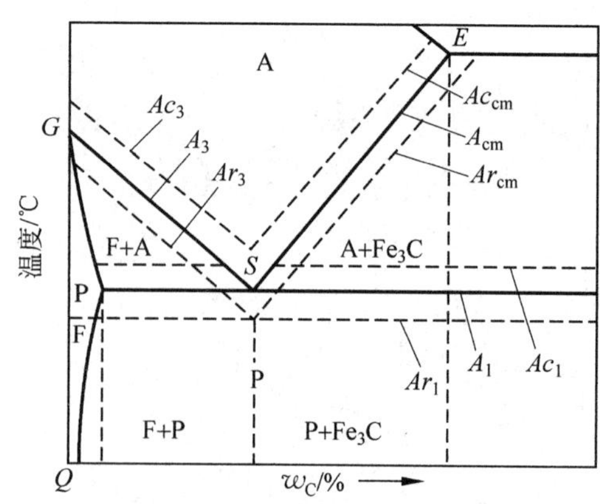


图 4-1　实际加热或冷却条件下的相变临界温度

### 4.1.2　奥氏体的形成过程

钢加热至相变温度以上转变为奥氏体的过程称为钢的奥氏体化。共析钢室温下的珠光体组织加热到 $Ac_1$ 以上时转变成单一奥氏体组织。奥氏体化的转变过程遵循形核和长大的基本规律，由四个基本步骤完成，如图 4-2 所示。

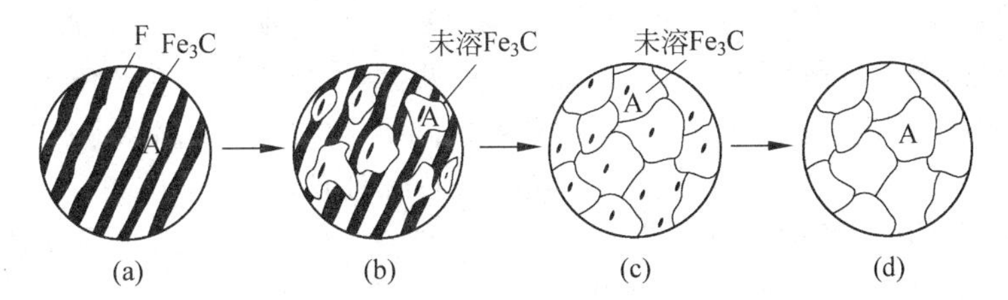


图 4-2　共析钢的奥氏体形成过程示意图

(a) A 形核；(b) A 长大；(c) 残余 $Fe_3C$ 溶解；(d) A 均匀化

(1) 奥氏体晶核的形成。奥氏体的晶核通常优先在铁素体与渗碳体的相界处形成，这是因为在相界面上成分不均匀，且晶格畸变较大，这种浓度和结构起伏为奥氏体形核提供了有利条件。

(2) 奥氏体晶核的长大。奥氏体形核后，由于它一侧与渗碳体相接，碳的浓度较高，另一侧与铁素体相接，碳的浓度较低，因此，奥氏体晶核的长大过程必须依靠铁、碳原子的扩散，使新相奥氏体向铁素体和渗碳体两侧推移，即通过溶解的渗碳体和晶格改组的铁素体转变成奥氏体而使晶核长大。

(3) 残余奥氏体溶解。在奥氏体晶核长大的过程中，由于渗碳体溶解提供的碳原子远多于相同体积的铁素体转变成奥氏体所需要的碳量，因此，铁素体先于渗碳体消失；即使奥氏体全部形成之后，仍会有一些未溶解的渗碳体存在。它们需要继续保温，逐渐溶解，直至全部溶入。

(4) 奥氏体成分均匀化。在渗碳体完全溶解后，奥氏体中碳浓度的分布并不均匀，原来是渗碳体的地方含碳量较高，而原来是铁素体的地方含碳量较低，通过延长保温时间，使碳原子充分扩散，可以获得成分均匀的奥氏体。

亚共析或过共析碳钢的奥氏体化过程与共析钢的奥氏体化过程基本相同。当加热温度超过 $Ac_3$ 或 $Ac_{cm}$ 并保温足够的时间后，亚共析或过共析碳钢的先共析相向奥氏体转变或溶解，获得单相奥氏体组织，实现完全奥氏体化。

### 4.1.3　奥氏体晶粒的长大及其控制

当珠光体向奥氏体转变刚刚结束时，奥氏体的晶粒十分细小，这时的晶粒大小称为起始晶粒度。此后伴随着残余渗碳体的溶解和奥氏体成分的均匀化，奥氏体晶粒将长大。其长大到奥氏体化过程完结时得到的奥氏体晶粒的大小称为实际晶粒度。显然，奥氏体的实际晶粒度是由实际的加热温度和保温时间决定的。在实际生产中，如果钢件热处理加热时得到细小的奥氏体晶粒，冷却后就可获得细小的室温组织，从而具有优良的综合力学性能，因此，奥氏体的实际晶粒度直接影响钢热处理后的组织与性能。

不同成分的钢在加热时，奥氏体晶粒的长大倾向会有很大的不同。为了方便比较，规定把钢加热到 930℃±10℃、保温 8h 后冷却测定的晶粒度称为本质晶粒度。如果冶炼时用铝脱氧，使之形成 AlN 微粒，或加入 Nb、V、Ti 等元素，使之形成难溶的碳氮化物微粒，由于这些第二相微粒能阻止奥氏体晶粒长大，因此在一定温度下晶粒不易长大，只有当温度超过一定值时，第二相微粒溶入奥氏体后，奥氏体才突然长大，如图 4-3 曲线 1 所示，该温度称为奥氏体晶粒粗化温度。如果冶炼时用硅铁、锰铁脱氧的钢，或不含有阻止晶粒长大的第二相微粒的钢，随温度升高，奥氏体晶粒不断长大，如图 4-3 曲线 2 所示，这种随加热温度升高，奥氏体晶粒迅速长大的钢，称为本质粗晶粒钢，其晶粒度等级为 1～4 级；曲线 1 所示的钢则为本质细晶粒钢，晶粒度等级为 5～8 级。由此可见，本质晶粒度不是晶粒大小的实际度量，在概念上与起始晶粒度和实际晶粒度完全不同。但在相同的具体加热条件下，奥氏体的实际晶粒度则取决于钢材的本质晶粒度。对需要进行热处理的工件，因奥氏体晶粒粗化温度一般都高于常用的热处理加热温度范围（800～930℃），因此本质细晶粒钢能保证获得较细小的奥氏体实际晶粒，是生产中常用的钢种。

奥氏体起始晶粒形成以后，其实际晶粒大小主要取决于升温或保温过程中奥氏体晶粒的长大倾向。图 4-4 表示加热温度和保温时间对奥氏体晶粒大小的影响。加热温度越高，保温时间越长，晶粒长大速度越快，奥氏体晶粒也就越粗大。加热温度对奥氏体晶粒长大的作用比保温时间更大。因此，从热处理的角度控制奥氏体晶粒尺寸，就必须防止加热温度过高；但对于快速加热而导致的奥氏体形成温度过高，只要限制保温时间，同样可以获得细小的奥氏体晶粒。生产中采用的高频感应加热、激光加热就是无须保温而获得细化奥氏体晶粒的快速加热方法。

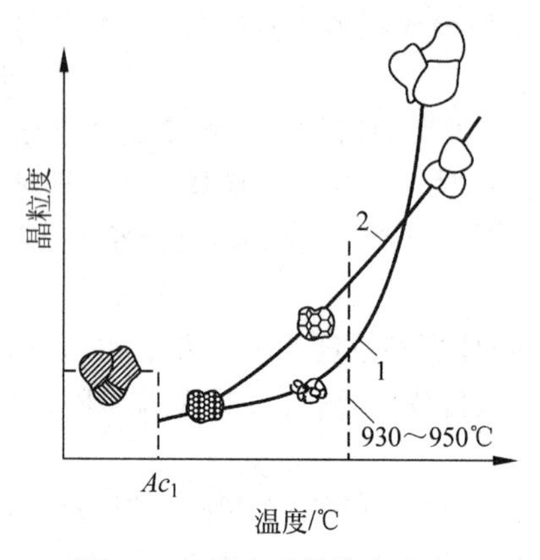


图 4-3　钢的本质晶粒度示意图

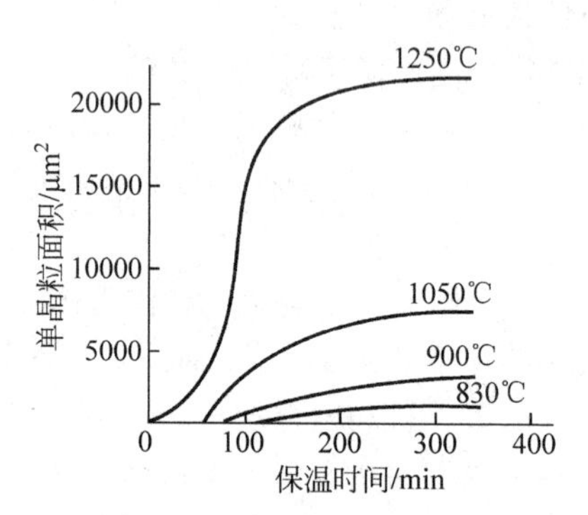


图 4-4　加热温度和保温时间对奥氏体晶粒大小的影响（钢的成分中 $w_C=0.48\%$，$w_{Mn}=0.82\%$）

钢在冷却时的转变

## 4.2　钢在冷却时的转变

### 4.2.1　等温冷却转变

钢的常温性能不仅与加热时获得的奥氏体晶粒大小、化学成分的均匀程度有关，还取决于奥氏体冷却转变后的最终组织。因而，冷却是热处理的重要工序，钢在不同的过冷度下可转变为不同的组织。在热处理生产中，钢在奥氏体化之后，通常有两种冷却方式：一种是等温冷却，如图 4-5 中的曲线 1 所示，即将奥氏体状态的钢迅速冷却到临界点以下某一温度保温,转变在恒温下进行,然后冷却下来;另一种是连续冷却,如图 4-5 中的曲线 2 所示,即将钢从高温奥氏体状态一直连续冷却到室温,转变发生在不断降温的过程中。

**1. 过冷奥氏体等温转变曲线**

钢的过冷奥氏体等温冷却转变曲线称为 TTT(time-temperature-transformation)曲线,因其形状与字母“C”相似,故又称为 C 曲线。

图 4-6 为共析钢过冷奥氏体等温转变曲线。在曲线中,左边的为转变开始线,右边的为转变终了线。把奥氏体过冷到 230℃以下将发生马氏体转变,这一温度称为马氏体转变开始温度或上马氏体点,用“$M_s$”表示;随着温度的降低,马氏体量越来越多,马氏体转变终了温度或下马氏体点,用“$M_f$”表示。$A_1 \sim M_s$ 之间及转变开始线以左的区域为过冷奥氏体区;转变终了线以右、$M_f$ 点以下为转变产物区,而转变开始线与转变终了线之间为转变过渡区。

转变开始线与纵坐标轴之间的距离称为孕育期。C 曲线“鼻尖”处的孕育期最短,过冷奥氏体最不稳定。对碳钢,鼻尖处的温度一般为 550℃。

图 4-6 中,P 为珠光体,S 为索氏体,T 为屈氏体,B 为贝氏体,M 为马氏体。

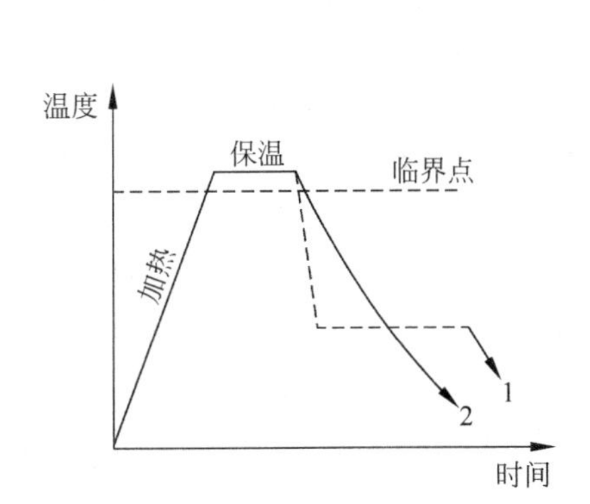


1—等温冷却;2—连续冷却。

图 4-5　钢的两种冷却方式示意图

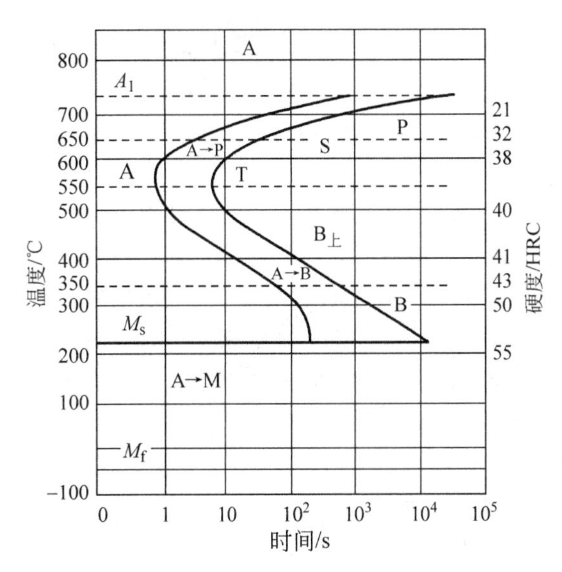


图 4-6　共析钢过冷奥氏体等温转变曲线

当奥氏体过冷到临界点 $A_1$ 以下时,就变成不稳定的奥氏体。随过冷度不同,过冷奥氏体将发生三种转变,$A_1 \sim 550$℃范围内为高温转变区,称为珠光体(P)转变;550℃$\sim M_s$ 范围内为中温转变区,称为贝氏体(B)转变;$M_s \sim -50$℃范围内为低温转变区,称为马氏体(M)转变。现以共析钢等温转变为例,分别对三种类型的转变进行讨论。

1) 珠光体转变

过冷奥氏体在 $A_1$ 至 550℃温度范围内,将转变为珠光体类型的组织。珠光体是铁素体和渗碳体片层相间的组织,其形貌特征如图 4-7(a)所示。由该图可见渗碳体呈片层状分布在铁素体基体上,且转变温度越低,层间距越小,通常按片层间距依次减小可分为珠光体(P)、索氏体(S)和屈氏体(T)三种组织。珠光体除片层状形态外,还有粒(球)状珠光体,如

图 4-7(b)所示。

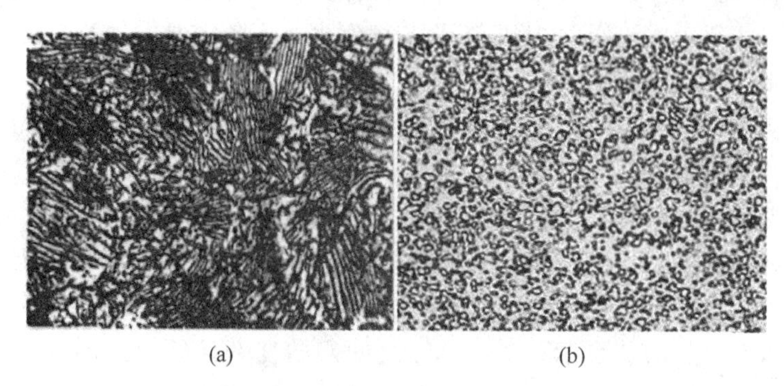

图 4-7　珠光体的组织形态(500×)

(a) 含碳量 0.8%的钢(片层状)；(b) T12 钢(球状)

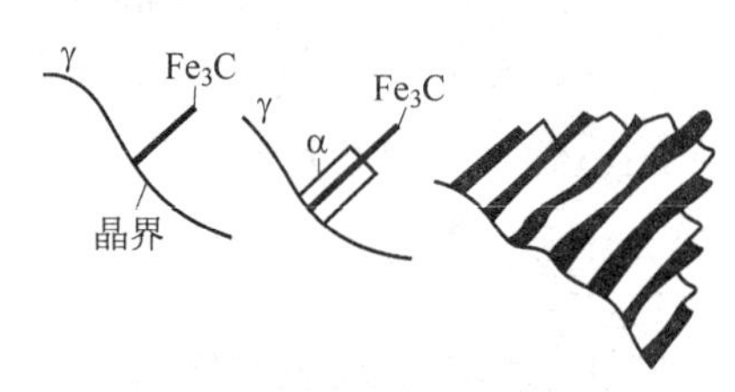


图 4-8　珠光体转变过程示意图

奥氏体向珠光体转变也是形核和长大的过程，如图 4-8 所示。当奥氏体过冷到 $A_1$ 以下时，首先在奥氏体晶界上产生渗碳体晶核，并依靠周围的奥氏体不断供应碳原子而长大。伴随这一过程，渗碳体周围的奥氏体含碳量降低，为铁素体形核创造了条件，同样溶碳能力低($w_C$<0.028%)的铁素体片的形成又将过剩的碳排挤到相邻的奥氏体中，这又促使在铁素体两侧形成新的渗碳体片。铁素体和渗碳体如此交替形核并长大形成一个片层相间且大致平行的珠光体领域。当与其他部位形成的各个珠光体领域相遇并占有整个奥氏体时，珠光体转变结束，得到片层状珠光体。转变温度较低，即过冷度越大，片层间距越小。如图 4-6 所示，在 $A_1$～650℃范围内形成的珠光体，因过冷度小，片层间距越大，它在放大 400 倍以上的光学金相显微镜下，就能分辨片层状形态，如图 4-9(a)所示；在 600～650℃范围内，形成片层间距较小的细片状珠光体，称为细珠光体或索氏体(S)，它只能在高倍光学金相显微镜下才能分辨清片层形态，如图 4-9(b)所示；在 550～660℃范围内形成的片层间距极小的珠光体，称为极细珠光体或屈氏体(T)，它只有在放大几千倍以上的电子显微镜下才能分辨清片层形态，如图 4-9(c)所示。

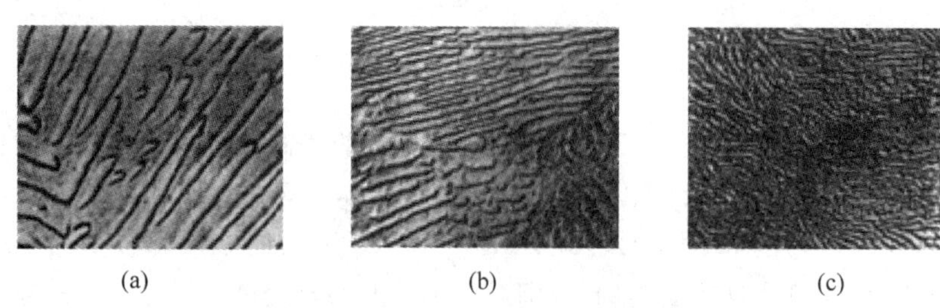

图 4-9　珠光体、索氏体、屈氏体的组织形态

(a) 珠光体(3800×)；(b) 索氏体(8000×)；(c)屈氏体(8000×)

珠光体转变是一种高温扩散型转变，即铁、碳原子均能进行扩散。

珠光体的组织形态不同，其力学性能有所差异。片层状珠光体的性能主要取决于片层间距，珠光体片层间距减小，相界面增多，塑性变形抗力增大，故强度和硬度升高。同时由于渗碳体片变薄，易随同铁素体一起变形而不脆断，所以塑性和韧性也逐渐变好。在工业生产上，珠光体作为可使用的组织形态，例如绳用钢丝、琴丝和某些弹簧钢丝就是通过使高碳钢获得索氏体组织，再经深度冷拔处理而成为具有高强度的材料。

球状珠光体一般是过共析钢经过球化退火得到的组织，因渗碳体由片状变为球状，通常作为切削加工的组织，硬度低，对刀具的磨损小，提高了切削加工性能。

2）贝氏体转变

过冷奥氏体在550℃～$M_s$（马氏体转变开始温度）温度范围等温将转变成贝氏体类型的组织。贝氏体是由含碳过饱和的铁素体和渗碳体（或碳化物）组成的非片层状组织。根据贝氏体的组织形态，可将其分为上贝氏体（$B_{上}$，呈羽毛状）和下贝氏体（$B_{下}$，呈针状），如图4-10所示。此外，在一些低碳、中碳合金钢中还发现一种粒状贝氏体，其形成温度一般在上贝氏体形成温度以上。其组织特征是在大块状或针状铁素体内分布着一些颗粒状小岛，这些小岛在高温时为富碳奥氏体区，冷却过程中可以转变成珠光体、马氏体，也可能以残余奥氏体的形式保留下来。

当过冷奥氏体处在350～550℃上贝氏体转变温度范围时，首先在其晶界或晶内贫碳区形成含碳过饱和的铁素体，此时碳原子由铁素体向奥氏体的扩散不能充分进行。在奥氏体晶界上形成相互平行的铁素体板条的同时，由于碳在铁素体中的扩散速度大于在奥氏体中的扩散速度，故当铁素体板条间奥氏体的碳浓度富集到一定程度时便沉淀出渗碳体，从而得到在铁素体板条间析出断续渗碳体的羽毛状上贝氏体，图4-10(a)为上贝氏体形成过程示意。

当奥氏体转变温度更低（350℃～$M_s$）时，碳在奥氏体中的扩散更加困难，但碳在铁素体中的扩散仍可进行。因而使碳原子只能在铁素体内的某些特定晶面上偏聚，进而沉淀出ε碳化物，得到针状的下贝氏体，如图4-10(b)所示。

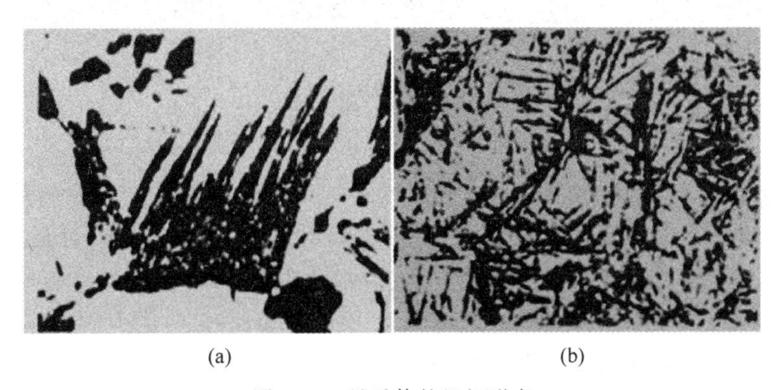

(a) (b)

图4-10 贝氏体的组织形态

(a) 上贝氏体(1300×)；(b) 下贝氏体(500×)

贝氏体转变是一种中温半扩散型转变，即铁原子不能扩散，只有碳原子扩散的转变。

贝氏体的力学性能主要取决于铁素体条（片）的粗细，铁素体中碳的过饱和度和渗碳体（或ε碳化物）的大小、形状与分布。随着贝氏体形成温度的降低，铁素体条（片）变细，渗碳体（或ε碳化物）颗粒减小，弥散度增大。因而，上贝氏体强度小，塑性变形抗力低；而下贝氏体则具有较高的强度、硬度（见图4-11）与耐磨性，同时塑性和韧性良好。生产中，下贝氏体是一种具有应用价值的组织。

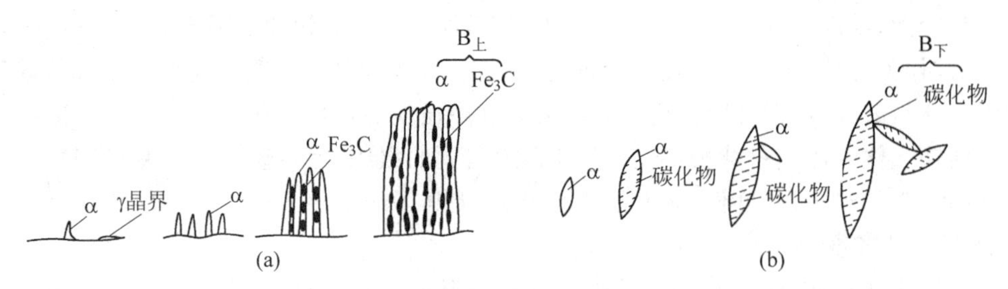


图 4-11　贝氏体形成过程示意图

3）马氏体转变

当奥氏体以大于该钢的马氏体临界冷却转变速度过冷到 $M_s$ 以下温度时，将发生马氏体类型组织的转变。由于没有铁、碳原子的扩散，只发生γ-Fe→α-Fe 的晶格改组，所以马氏体(M)是碳在 α-Fe 中的过饱和固溶体。钢中马氏体组织的形态主要有针状和板条状两种基本类型，其相貌特征如图 4-12 所示。马氏体的形态主要取决于其含碳量。当其含碳量低于 0.2%时，为单一板条(位错)马氏体；含碳量高于 1.0%时，几乎全部为针状(孪晶)马氏体；含碳量介于两者之间时，马氏体为板条和针状的混合组织。

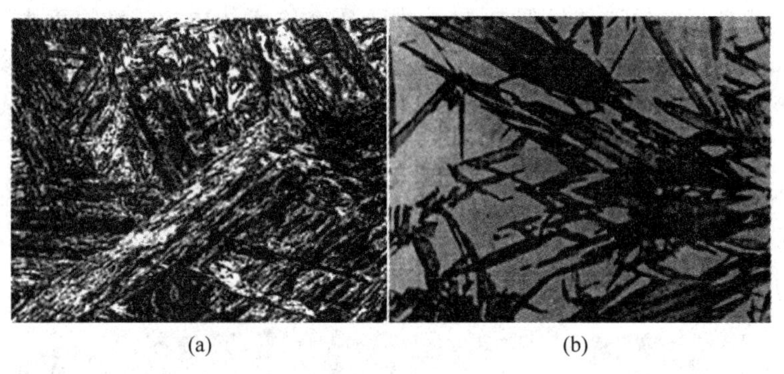

(a)　　(b)

图 4-12　马氏体的组织形态(500×)

(a) 板条马氏体；(b) 针状马氏体

马氏体转变是低温无扩散型转变。奥氏体向马氏体转变不完全，即含碳量越高，未转变的奥氏体量越多。钢中的残余奥氏体量增多，会降低钢的硬度。因此，对要求高精度的工件，冷却到室温后，需再放到温度在 0℃以下的冷却介质中冷却，消除残余奥氏体，达到增加硬度，耐磨性与稳定尺寸的目的，这种处理称为“冷处理”。马氏体的力学性能由其含碳量决定。过饱和的碳原子会使晶格产生畸变，形成固溶强化，因此随着马氏体含碳量的增加，其强度和硬度也随之增加，如图 4-13 所示。马氏体是同一含碳量的组织中强度、硬度最高的。马氏体的塑性和韧性会随着含碳量的增高而急剧降低，因此，对于低碳(位错)马氏体，还同时具有良好的塑性和韧性；对于高碳(孪晶)马氏体，因其组织中存在微裂纹而使韧性变差。马氏体是钢最有效的强化组织，但不可直接使用，生产中须经过回火处理。

**2. 亚共析钢、共析钢和过共析钢 C 曲线比较**

亚共析钢、共析钢和过共析钢的 C 曲线比较如图 4-14 所示，可以看出，它们都具有过冷奥氏体转变开始线与转变终了线，在正常加热条件下，亚共析钢 C 曲线随含碳量增加向右

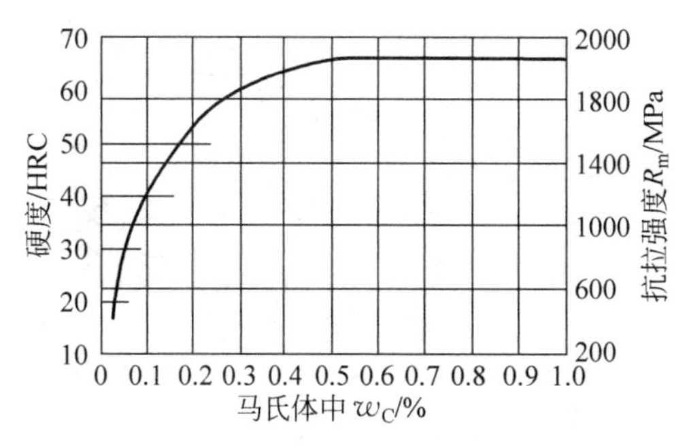


图 4-13　马氏体硬度、强度和含碳量关系

移，过共析钢 C 曲线随含碳量增加向左移，因此在碳钢中以共析钢 C 曲线最靠右，其鼻尖离纵坐标最远，即共析钢的过冷奥氏体最为稳定。在亚共析钢和过共析钢的 C 曲线的左上方，还各多出一条先共析相的析出线，这是由于在过冷奥氏体转变为珠光体之前，亚共析钢要先析出铁素体（A→F），过共析钢要先析出渗碳体（A→$Fe_3C$）。

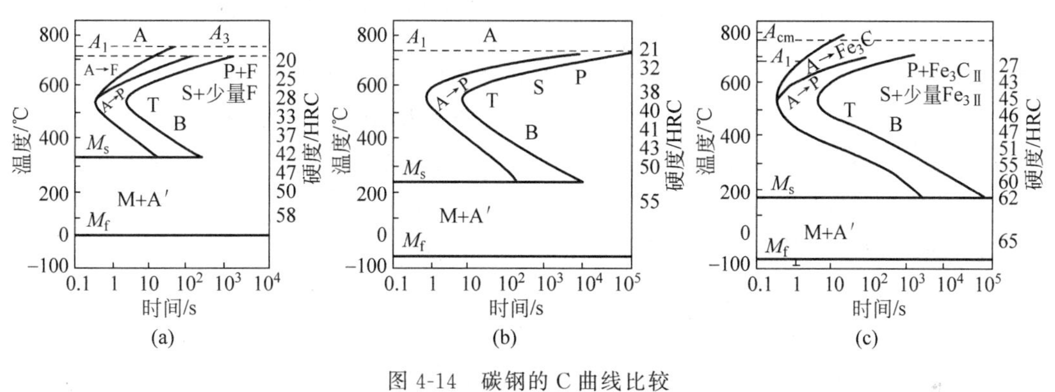


图 4-14　碳钢的 C 曲线比较

(a) 亚共析钢；(b) 共析钢；(c) 过共析钢

## 4.2.2　连续冷却转变

奥氏体连续冷却转变曲线称为 CCT（continuous-cooling-transformation）曲线，共析钢的 CCT 曲线如图 4-15 所示。可以看出，连续冷却转变曲线位于等温转变曲线的右下方，没有贝氏体转变区，在珠光体转变区之下多了一条转变中止线 $K$。当连续冷却曲线遇到转变中止线时，过冷奥氏体中止向珠光体转变，余下的奥氏体一直保持到 $M_s$ 以下转变为马氏体。图中 $V_K$ 为连续冷却曲线的临界冷却速度，即获得全部马氏体组织时的最小冷却速度，$V'_K$ 为等温冷却曲线的临界冷却速度，C 曲线越靠右，$V_K$ 越小，过冷奥氏体越稳定。

在实际生产中，过冷奥氏体的转变在很多情况下都是在连续冷却下进行的，因此探讨连续冷却时的转变规律，对热处理工艺及选材具有重要的实际意义。由于过冷奥氏体连续冷却转变曲线测定比较困难，有些使用广泛的钢种的连续冷却转变曲线至今尚未被测出，而等温转变曲线比较容易测得，各种钢的等温转变曲线均已被测出，因此目前生产技术中，还常应用过冷奥氏体等温转变曲线定性地、近似地分析奥氏体在连续冷却中的转变，方法是将连续冷却曲线绘在 C 曲线上，依照其与 C 曲线交点的位置来说明最终转变产物。图 4-14 中，当以速度 $V_1$（炉冷）进行缓慢冷却时，过冷奥氏体转变为珠光体；以速度 $V_2$（空冷）进行较快

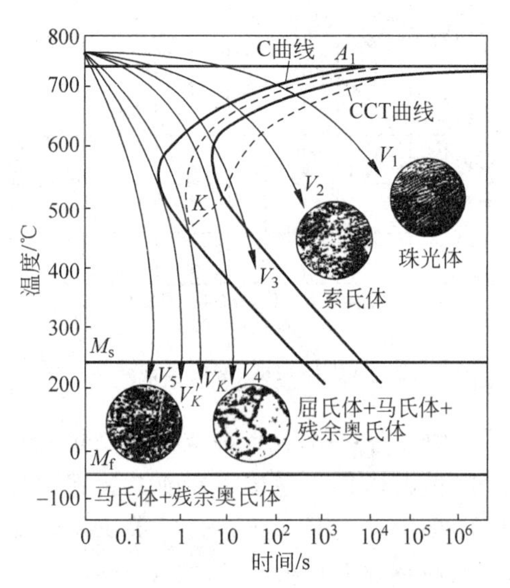


图 4-15 应用等温转变曲线分析奥氏体在连续冷却中的转变

冷却时,过冷奥氏体转变为索氏体;以速度 $V_4$(油冷)进行冷却时,过冷奥氏体先有一部分转变为屈氏体,剩余的奥氏体在冷却到 $M_s$ 以下时转变为马氏体,其室温组织为屈氏体＋马氏体＋残余奥氏体;当以速度 $V_5$(水冷)进行冷却时,其冷却速度大于 $V_K$,过冷奥氏体在 $M_s$ 以下直接转变为马氏体,其室温组织为马氏体＋残余奥氏体。

过共析钢 CCT 曲线同样无贝氏体转变区,但比共析钢 CCT 曲线多一个 A→$Fe_3C$ 转变区,亚共析钢 CCT 曲线有贝氏体转变区,但比共析钢 CCT 曲线多一个 A→F 转变区。

必须指出,用等温转变曲线来估计连续冷却转变过程,仍然不精确,在实际热处理生产中,应尽量查找奥氏体连续冷却曲线解决连续冷却问题,但当只有等温转变曲线时,可将连续冷却曲线叠画在等温转变曲线上,来近似判断得到的组织。

## 4.3 钢的普通热处理

钢的普通热处理是指对工件整体或局部改性以满足性能要求的处理工艺,主要包括退火、正火、淬火及回火。在生产中,常把热处理分为预备热处理和最终热处理两类。为了消除前道工序造成的某些缺陷,或为随后的切削加工和最终热处理作好准备的热处理,称为预备热处理,退火或正火就属于这一类;为使工件满足使用性能要求的热处理,称为最终热处理,其中包括淬火与回火等。

退火和正火

### 4.3.1 退火与正火

退火和正火热处理工艺主要用于铸、锻、焊毛坯的预备热处理,也可用于性能要求不高的工件的最终热处理。

退火或正火的主要目的为:

(1) 调整钢件硬度,利于随后的切削加工。经过适当退火或正火处理后,一般钢件的硬度在 160～230HBW,这是最适于切削加工的硬度。

（2）消除残余应力，以稳定钢件尺寸，并防止其变形和开裂。

（3）使钢件的化学成分均匀，细化晶粒，改善组织，提高钢的力学性能和工艺性能。

（4）为最终热处理（淬火、回火）做好组织上的准备。

**1. 退火**

退火是将工件加热到适当的温度，保温一定时间，然后缓慢冷却（随炉冷却或埋在砂里冷却）从而获得接近平衡状态组织的热处理工艺。

根据钢的成分及退火目的不同，退火分为完全退火、等温退火、扩散退火、球化退火、再结晶退火和去应力退火等。各种退火的加热温度范围如图 4-16 所示。

1）完全退火

完全退火是将亚共析碳钢加热到 $Ac_3$ 以上 30～50℃，保温一定时间，随炉冷却至 600℃以下出炉空冷，获得接近平衡的铁素体和珠光体组织的工艺。45 钢的完全退火组织如图 4-17 所示。完全退火的目的是细化晶粒，消除内应力及组织缺陷，降低硬度，为随后的切削加工和淬火做好组织准备。其主要适用于亚共析成分的碳钢、合金结构钢的铸、锻、焊件及热轧型材，过共析钢不采用该方法。

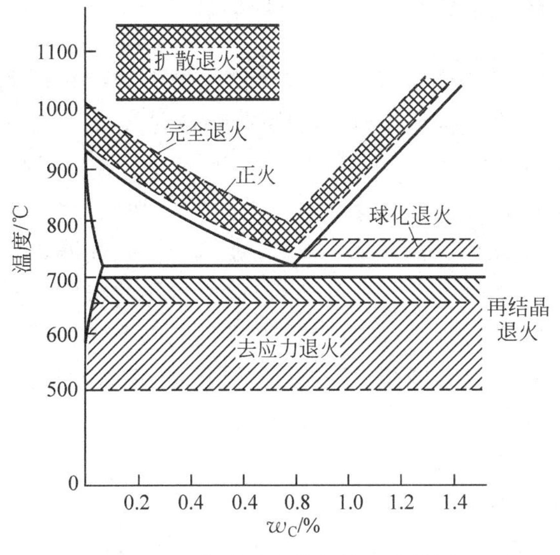


图 4-16　各种退火的加热温度范围

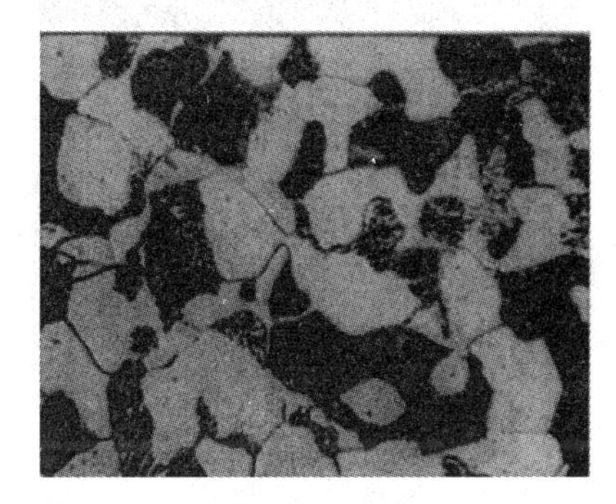

图 4-17　45 钢完全退火组织（500×）

2）等温退火

等温退火是将亚共析碳钢加热到 $Ac_3$ 以上 30～50℃，共析钢和过共析钢加热到 $Ac_1$ 以上 30～50℃，保温后以较快速度冷却到珠光体转变温度区间的某一温度，等温一定时间，待相变完成后出炉空冷。等温退火可有效缩短退火时间，提高生产率，而且是在等温条件下完成转变，能够获得均匀的组织和性能。高速钢等温退火与普通退火工艺对比如图 4-18 所示，可见等温退火所需时间比普通退火大为缩短。

3）球化退火

球化退火是使钢中的碳化物球化，获得球状珠光体的退火工艺，适用于共析或过共析成分的碳钢和合金钢。过共析钢经热轧锻造后，组织中会出现层状珠光体和二次渗碳体网，使得钢的硬度增加，切削加工性变坏，而且在淬火时，易产生变形和开裂。将工件加热到 $Ac_1$

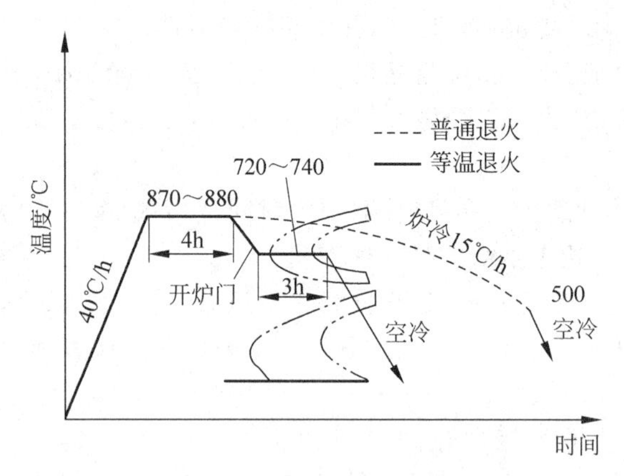


图 4-18　高速钢等温退火与普通退火工艺比较

以上 30～50℃，保温一定时间，炉冷至 600℃以下出炉空冷，或者在 $Ar_1$ 以下约 20℃进行较长时间等温，使未溶的碳化物粒子和局部高碳区形成碳化物核心而促进碳化物球化，即成为弥散分布在铁素体基体上的球状珠光体组织，从而降低硬度，改善切削加工性，并为淬火做好组织准备。

炉冷通过 $Ar_1$ 时冷却速度应足够缓慢。若钢的原始组织中渗碳体呈网状分布在珠光体晶界时(见图 4-19)，应采用正火将其消除后，再进行球化退火，以免降低球化效果。

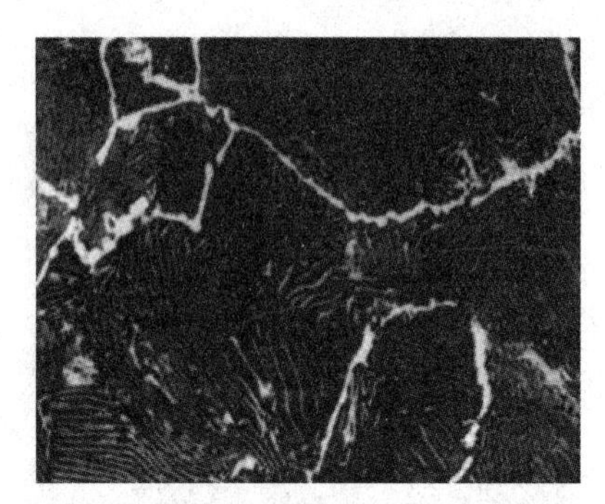

图 4-19　含碳量为 1.22%的钢中的网状 $Fe_3C$(500×)

4) 扩散退火

扩散退火是将工件在高温下长时间加热，使钢中的成分充分扩散以达到均匀化的工艺。扩散退火可以消除铸造时产生的枝晶偏析，但所得到的组织严重过热，必须再进行一次完全退火或正火以消除过热缺陷。扩散退火周期长，工件烧损严重，能耗高，因而主要用于质量要求高的优质合金钢的铸锭和铸件。

5) 去应力退火

去应力退火工艺是将工件加热至 $Ac_1$ 以下某一温度(碳钢一般在 500～600℃)，不改变工件的组织，保温后随炉冷却至 200℃出炉空冷。其主要目的是消除铸、锻、焊件的残余应力。

6) 再结晶退火

再结晶退火是将冷变形后的金属加热到再结晶温度以上保持适当的时间，空冷至室温，使变形晶粒重新结晶转变为均匀等轴晶粒而非相变的热处理工艺。钢经冷冲、冷轧或冷拉后，会产生加工硬化现象，使钢的强度、硬度升高，塑性、韧性下降，切削加工性能和成形性能变差。经过再结晶退火，可消除加工硬化，使钢的力学性能恢复到冷变形前的状态。

再结晶退火既可以作为钢材或其他合金多道冷变形之间的中间退火，也可以作为冷变形钢材或其他合金成品的最终热处理。

**2. 正火**

正火是将工件加热到 $Ac_3$(亚共析钢)或 $Ac_{cm}$(过共析钢)以上 30～50℃，保温后在空气中冷却，得到索氏体组织的热处理工艺。对于含碳量为 0.6%～1.4%的钢，正火组织中不出现先共析相，即获得完全的索氏体（伪共析珠光体）；对于含碳量小于 0.6%的钢，正火后除了索氏体外，还有少量的铁素体。与完全退火相比，正火冷却速度快，得到的索氏体组织较为细小，强度、硬度有所提高。

正火既可作为预备热处理，为低、中碳钢的机械加工提供适宜的硬度，同时又可细化晶粒、消除应力，为最终热处理提供合适的组织。正火还可以作为最终热处理，为某些受力较小、性能要求不高的中碳钢结构零件提供合适的力学性能。对大型工件及形状复杂或截面变化剧烈的工件，在淬火中有开裂危险时，可用正火代替淬火、回火处理。

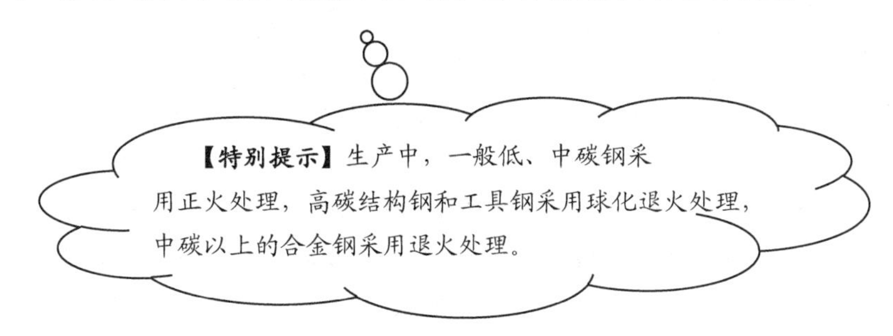


### 4.3.2　淬火与回火

淬火与回火

钢的淬火与回火是热处理工艺中最重要，也是应用最多的工序。淬火可以显著提高工件的强度和硬度，为了消除淬火时的残余内应力，得到不同强度、硬度和韧性的配合，须进行不同温度的回火。因此，淬火和回火是不可分割且紧密衔接在一起的两种热处理工艺。作为各种机械零件及工模具的最终热处理，淬火、回火是赋予其使用性能的关键性工序，也是工件热处理强化的重要手段之一。

**1. 淬火**

淬火是将工件加热到 $Ac_3$（亚共析钢）或 $Ac_1$（共析、过共析钢）以上 30～50℃，保温后以大于临界冷却速度冷却得到马氏体（或下贝氏体）组织的工艺。

由于各类工具和零件的工作条件不同，所以要求的性能差别很大。淬火马氏体在不同回火温度下可获得不同的组织，从而使钢具有不同的力学性能，以满足各类工具或零件的使用要求，所以一般淬火后必须回火。淬火是为回火做好组织准备，而回火则决定了工件热处理后的最终组织和性能。

1）淬火加热温度

钢的化学成分是决定其淬火加热温度的最主要因素，因此碳钢的淬火加热温度可根据铁碳相图来选择。其淬火加热温度原则上为：

亚共析钢　　$Ac_3 + 30 \sim 50℃$

共析钢　　$Ac_1 + 30 \sim 50℃$

过共析钢　　$Ac_1 + 30 \sim 50℃$

2）淬火加热时间

一般工件淬火加热升温和保温所需的时间常合在一起计算，统称为加热时间。

工件的加热时间与钢的成分、原始组织、工件形状和尺寸、加热介质、装炉方式、炉温等许多因素有关，因此要确切计算加热时间是比较复杂的。目前生产中常根据工件的有效厚度，用经验公式确定加热时间：

$$t = \alpha D \tag{4-1}$$

式中，$t$ 为加热时间，min；$\alpha$ 为加热系数，min/mm；$D$ 为工件有效厚度，mm。

加热系数 $\alpha$ 表示工件单位有效厚度所需的加热时间，其大小主要与钢的化学成分、工件尺寸和加热介质有关。

3）淬火的冷却介质及方法

冷却是淬火工艺的重要环节，冷却介质是控制工件冷却速度、保证淬火质量的重要因素。介质的冷却能力越大，钢的冷却速度越快，越容易超过钢的临界淬火速度，得到的淬硬层深度也越深。但冷却速度过快，淬火应力增大，会引起工件变形或开裂的倾向增大。

由共析钢的过冷奥氏体等温转变图可以看出，为了获得马氏体组织，冷却过程并不需要全程快速冷却，关键应在 C 曲线“鼻尖”附近，即在 500～650℃的温度范围内要快速冷却，而在 C 曲线“鼻尖”上部和下部的过冷奥氏体稳定，为了减少淬火冷却过程中因工件截面内外温差引起的热应力，其冷却速度应缓慢，特别是在 $M_s$ 以下的冷却速度更应该缓慢。同时因马氏体转变将使工件的体积胀大，如果冷却速度较大，则工件截面上的内外温差增大，会使马氏体转变不能同时进行，进而产生相变应力，冷却速度越大，相变应力也越大，越容易引起工件的变形与开裂。淬火介质的理想冷却速度如图 4-20 所示。

常用的淬火介质主要有水、盐水或碱水溶液及各种矿物油。其中，水的冷却能力强，但低温冷却能力太大，只适用于形状简单的碳钢件淬火。油在低温区冷却能力较理想，但在高温区冷却能力太小，一般适用于合金钢和小尺寸的碳钢件淬火。熔盐作为淬火介质称为盐浴，冷却能力在水和油之间，用于形状复杂件的分级淬火和等温淬火。

虽然它们的冷却能力各不相同，但将其组合使用，便可得到若干种淬火方法，如图 4-21 所示。

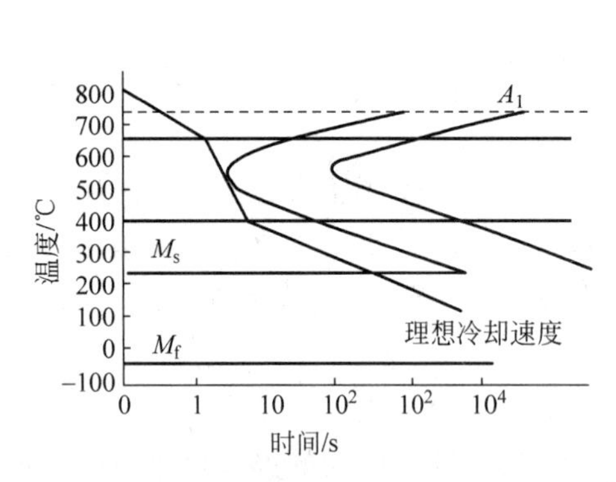


图 4-20　淬火介质的理想冷却速度

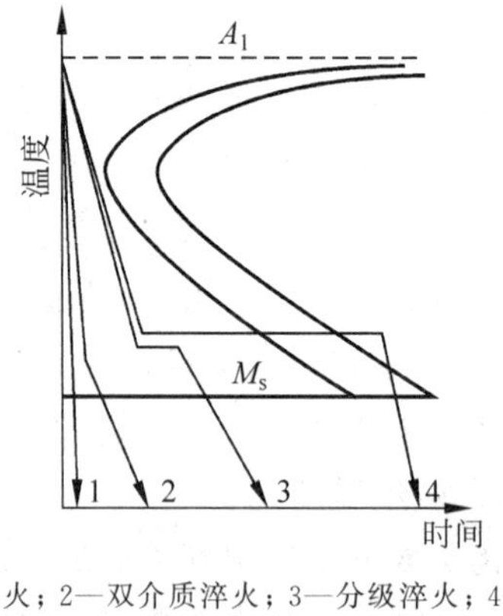

1—单介质淬火；2—双介质淬火；3—分级淬火；4—等温淬火。

图 4-21　不同的淬火方法示意图

（1）单介质淬火。将奥氏体状态的工件放入一种淬火介质中一直冷却到室温的淬火方法（见图 4-21 中的曲线 1）称为单介质淬火。通常碳钢采用水淬，合金钢宜采用油淬。其优点是操作简单，应用广泛。但水淬变形开裂倾向大，油淬冷速小，大件淬不透。

（2）双介质淬火。将奥氏体化工件先在冷却能力强的介质中冷却至接近 $M_s$ 点时，再迅速转移到冷却能力较弱的介质中冷却，直至完成马氏体转变的淬火方法（见图 4-21 中的曲线2)称为双介质淬火。例如,先水淬后油淬,或先油淬再空冷等。此方法充分利用了两种介质的优点,获得了较理想的冷却条件,主要用于形状复杂的高碳钢工件及大型合金钢工件。其缺点是操作复杂,在第一种介质中的停留时间不宜掌握。

(3) 分级淬火。将奥氏体化工件淬入温度略高于 $M_s$ 点的盐浴或碱浴炉中保温,待其内外温度均匀后取出空冷至室温,完成马氏体转变的淬火方法(见图4-21中的曲线3)称为分级淬火。由于分级淬火时,工件内部温度均匀,组织转变几乎同时进行,因而淬火内应力、变形及开裂倾向降低。受浴炉冷速和等温时间的限制,大截面工件因难以达到临界淬火冷速,故仅适用于尺寸较小的工件,如刀具、量具和变形要求小的精密零件等。

若"分级"温度略低于 $M_s$ 点,此时冷速较快,等温时有一部分奥氏体转变成马氏体,当工件取出空冷时,未转变的奥氏体继续发生马氏体转变,故此方法适用于较大工件的淬火。

(4) 等温淬火。将奥氏体化后的工件淬入温度略高于 $M_s$ 点的盐浴或碱浴中,等温保持足够长时间,出炉空冷,使之发生下贝氏体转变的淬火方法(见图4-21中的曲线4)称为等温淬火。等温淬火大大降低了工件的内应力,减少了变形,适用于处理形状复杂和精度要求高的小件,如弹簧、螺栓、小齿轮、轴等。其缺点是生产周期长,生产效率低。

**中国古代的热处理技术**

随着百炼技术的萌芽,西汉时代的钢材热处理技术也得到进一步提高。中山靖王刘胜的佩剑和错金书刀不仅经过了淬火,还使用了刃部局部淬火技术,分析表明,刀的刃部坚硬而背部较柔韧,这样的刀,刚柔结合,锋利而不脆。《汉书》中所说的:"及至巧冶铸干将之朴,清水焠其锋。"正好与上述刘胜佩剑相印证。

**2. 回火**

回火是将淬火工件加热到 $A_1$ 以下的某一温度,保温一定时间,以适当方式冷却至室温的热处理工艺。

1) 回火的目的

(1) 获得所需要的组织和性能。随着回火温度的升高,可依次获得不同组织,它们具有不同的性能特征,从而满足不同工件的使用性能要求。

(2) 稳定工件尺寸。淬火马氏体和残余奥氏体都是不稳定的组织,它们会自发向稳定组织转变,引起工件形状和尺寸的改变,回火可以使淬火组织转变为稳定组织,保证工件在使用过程中,不再发生形状和尺寸的改变。

(3) 减少或消除淬火内应力。降低淬火钢的脆性,防止工件变形和开裂。

对于未经淬火的钢,回火是没有意义的,而淬火钢不经回火一般也不能直接使用,为避免淬火件在放置过程发生变形或开裂,钢件经淬火后应及时进行回火。

2) 回火转变

在回火过程中,淬火组织将发生一系列转变。

(1) 马氏体分解(<200℃)

马氏体是碳在 α-Fe 中的过饱和固溶体,在100~200℃回火时,马氏体中的碳以同碳化物的形式析出而发生分解,过饱和度有所下降的 α 固溶体与 η 碳化物组成的组织,称为回火马氏体,用 $M_回$ 表示。由于回火马氏体中,α 固溶体仍然是过饱和固溶体,而且 η 碳化物极为细小，弥散度极高，并与 α 固溶体保持共格关系（即两相界面上的原子恰好位于两相晶格的共同结点上），因此在<200℃回火时，钢的硬度并不降低，但由于 η 碳化物的析出，晶格畸变降低，淬火内应力有所减小。

（2）残余奥氏体的转变（200～300℃）

在 200～300℃回火时，根据 C 曲线，残余奥氏体转变为下贝氏体，在这个温度范围内，钢的硬度并没有明显降低，但淬火应力进一步减小。

（3）碳化物的转变（250～450℃）

在 250℃以上回火时，η 碳化物随温度的升高转变为稳定的渗碳体（$Fe_3C$）。到 350℃左右时，马氏体中的含碳量基本上降到铁素体的平衡成分，钢的硬度降低，淬火应力基本消除。回火马氏体转变为在保持马氏体形态的铁素体基体上分布着极其细小的渗碳体颗粒，这种组织称为回火屈氏体，用 $T_{回}$ 表示。

（4）渗碳体长大和铁素体的再结晶（450～700℃）

随着回火温度的升高，渗碳体球化成细粒状，并逐渐聚集长大，回火温度越高，渗碳体颗粒也越大。同时，铁素体开始发生回复和再结晶，由之前马氏体的板条状或片状形态变为多边形晶粒。这种由颗粒状渗碳体与再结晶多边形铁素体组成的组织称为回火索氏体，用 $S_{回}$ 表示。

3）回火种类及应用

根据工件性能要求不同，回火温度亦不同。一般回火分为低温、中温和高温回火。

（1）低温回火（150～250℃）

低温回火所得组织为回火马氏体（见图 4-22）。低温回火的目的是降低淬火内应力和脆性，并保持淬火钢的高硬度（58～64HRC）和耐磨性。主要用来处理工具、模具、轴承，渗碳件及表面淬火件等。低温回火钢大部分是淬火高碳钢和高碳合金钢，其使用状态下的组织为回火马氏体和弥散分布的粒状碳化物以及少量残余奥氏体。对于淬火低碳钢，低温回火后，内应力降低，具有较高的强韧性，使用状态下的组织为回火马氏体。

（2）中温回火（350～500℃）

马氏体经中温回火后，所得组织为回火屈氏体。此时，铁素体尚未发生再结晶，仍保持马氏体针状（见图 4-23）。这种组织具有较高的弹性极限和屈服极限，并有一定的韧性。硬度一般为 35～45HRC。主要用来处理各种弹簧及热锻模具。

（3）高温回火（500～650℃）

高温回火所得组织为回火索氏体（见图 4-24）。这种组织具有良好的综合力学性能，即强度较高，且塑性、韧性较好，硬度为 25～35HRC。一般将淬火加高温回火称为调质处理。调质作为最终处理广泛用于重要的结构件，如连杆、轴、齿轮等；还可作为一些精密工件，如量具、模具等的预先热处理。

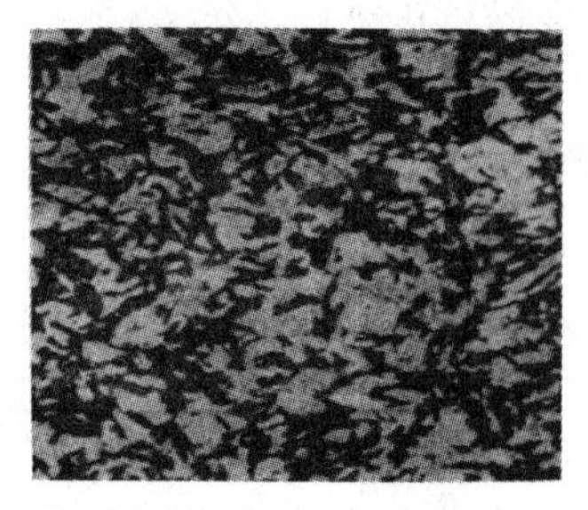

图 4-22　回火马氏体（400×）

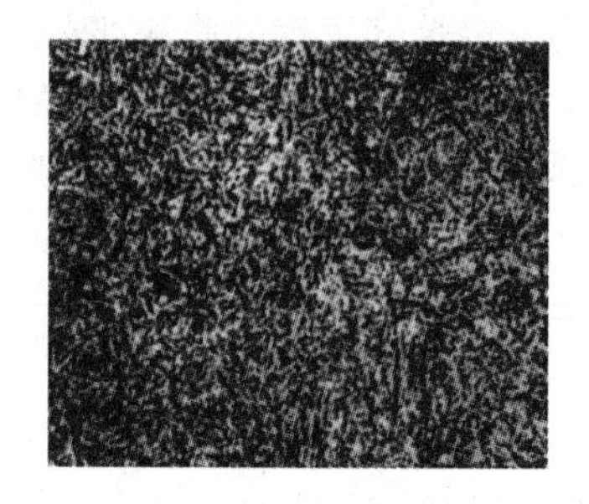

图 4-23　回火屈氏体（400×）

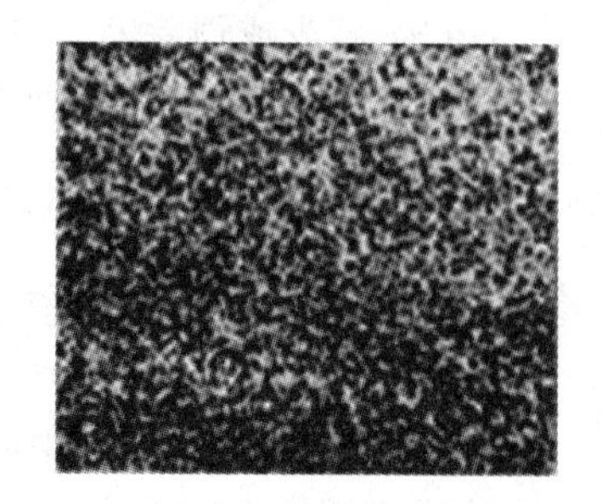

图 4-24　回火索氏体（400×）

4）回火脆性

回火时的组织变化引起力学性能的变化，随着回火温度的升高，钢的强度、硬度下降，塑性、韧性提高。图4-25为淬火钢硬度随回火温度的变化，可以看出，在200℃以下回火时，由于马氏体中碳化物的弥散析出，钢的硬度并没有下降，高碳钢硬度甚至略有提高；在200～300℃回火时，由于高碳钢中的残余奥氏体转变为回火马氏体，硬度再次升高；在300℃以上回火时，由于渗碳体粗化，马氏体转变为铁素体，硬度直线下降。

但是，淬火钢在回火时，其韧性并不总是表现为上升。某些温度范围内的回火，反而出现冲击韧性显著下降的现象，称为回火脆性。图4-26为Ni-Cr钢的冲击韧性随回火温度的变化。可以看到，淬火钢在250～350℃范围内回火时出现脆性，称为低温(或第一类)回火脆性。几乎所有的淬火钢都不同程度地出现这类回火脆性，目前，尚无有效办法解决，是不可逆的，所以一般避免在此温度范围回火。淬火钢在500～650℃范围内回火后缓冷时出现脆性，称为高温(第二类)回火脆性。含有Cr、Ni、Si、Mn等合金元素的淬火钢回火后缓慢冷却，便出现高温回火脆性，一般认为这类回火脆性与上述元素促进P、Mn、S、Si等杂质元素在原奥氏体晶界上偏聚有关，若快速冷却，则脆化现象消失或受到限制，另外，在钢中加入合金元素W或Mo也可有效抑制这类回火脆性的产生，这种方法更适用于大截面的零部件。第二类回火脆性将在第6章中进一步讨论。

因此，对于工件回火后的冷却方式，一般采用空冷；对于一些重要的机器零件和工模具，为了防止重新产生内应力、变形和开裂，常采用炉冷；对于有高温回火脆性的工件，需要进行油冷或水冷。

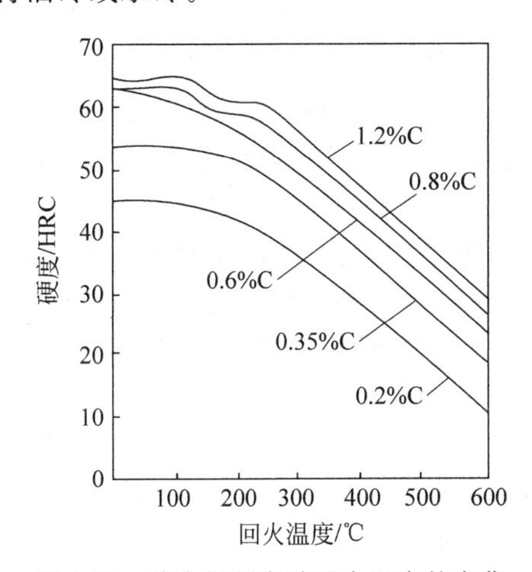


图4-25 淬火钢硬度随回火温度的变化

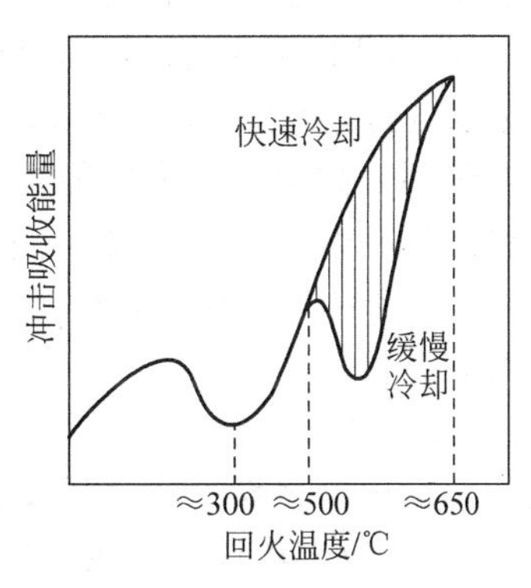


图4-26 Ni-Cr钢的冲击韧度随回火温度的变化

## 4.3.3 钢的淬透性和淬硬性

**1. 概念**

钢的淬透性是指钢在淬火时所能得到的淬硬层深度(马氏体组织占50%处)的能力，它是钢材本身固有的属性。

淬火时，工件截面上各处的冷却速度是不同的。若以圆棒试样为例，淬火冷却时，其表面冷却速度最大，越到中心冷却速度越小，如图4-27(a)所示，表层部分冷却速度大于该钢的马氏体临界冷却速度，淬火后获得马氏体组织。在距表面某一深处的冷却速度开始小于该钢的马氏体临界冷却速度，则淬火后将有非马氏体组织出现，如图 4-27(b)所示，这时工件就未被渗透。

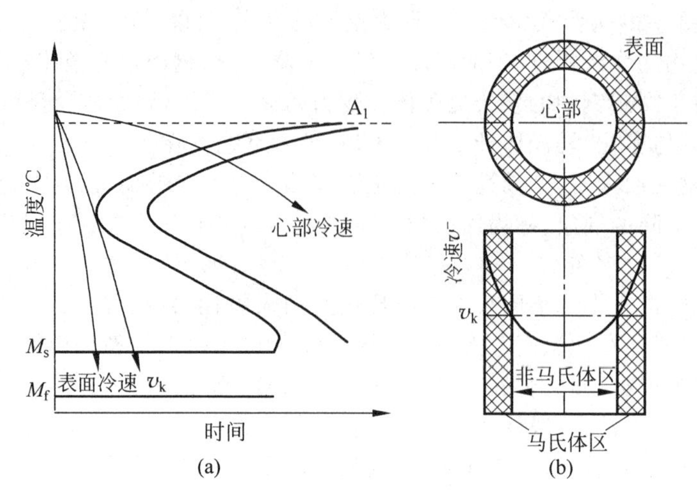


图 4-27　冷却速度与工件淬硬深度的关系

(a) 工件截面上不同的冷却速度；(b) 淬硬区与未淬硬区示意图

淬透性是钢的重要的热处理性能。淬透性对钢的力学性能影响很大，主要表现在两个方面：一是能使大截面零件淬透，淬透性好的钢，即使零件的尺寸较大，也能完全淬透，可获得理想的力学性能；淬透性差的钢则不能完全淬透，截面上的组织和性能分布不均匀，越靠近心部，力学性能越差；二是淬透性好的钢可用冷却能力弱的介质淬火，以减少零件的变形与开裂。因此，钢的淬透性对提高大截面零件的力学性能，发挥钢材的潜力具有重要意义。但在选材时，不能因此选用淬透性好的钢材，而是应该根据具体工件的受力情况、工作条件及其失效原因来确定其对钢材淬透性的要求，然后进行合理选材，这将在第 11 章进一步介绍。

钢的淬硬性是指钢在淬火后能达到最高硬度的能力，它主要取决于马氏体的含碳量。钢的淬透性和淬硬性是两种完全不同的概念，切勿混淆。淬透性好的钢，其淬硬性不一定高，如低碳合金钢的淬透性相当好，但它的淬硬性不高；再如高碳工具钢的淬透性较差，但它的淬硬性很高。

**2. 影响因素**

钢的淬透性由其临界冷却速度决定，临界冷却速度越小，奥氏体越稳定，则钢的淬透性越好。因此，凡是影响奥氏体稳定性的因素，均影响钢的淬透性。

1）含碳量

对于碳钢，碳的含量影响钢的临界冷却速度。亚共析钢随着含碳量的减少，临界冷却速度增大，淬透性降低。过共析钢随着含碳量的增加，临界冷却速度增大，淬透性降低。在碳钢中，共析钢的临界冷却速度最小，其淬透性最好。

2）合金元素

除钴以外，其余合金元素溶于奥氏体后，降低临界冷却速度，使 C 曲线右移，提高了钢的淬透性，因此合金钢往往比碳钢的淬透性要好。

3）奥氏体化温度

提高奥氏体化温度将使奥氏体晶粒长大，成分均匀，可减少珠光体的生核率，降低钢的临界冷却速度，增加其淬透性。

### 3. 淬透性的测定与表示方法

淬透性可用"末端淬火法"来测定(见 GB/T 225—2006《钢淬透性的末端淬火试验方法》),如图 4-28 所示。

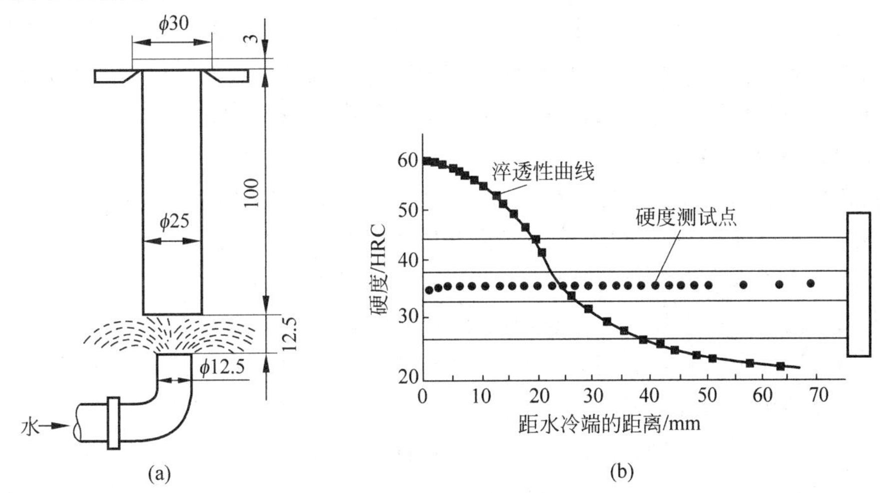


图 4-28　末端淬火试验法

(a) 端淬试验装置示意图;(b) 淬透性曲线

将试样加热至规定的淬火温度后,置于支架上,然后从试样末端喷水冷却,如图 4-28(a)所示。由于试样末端冷却最快,越往上冷却得越慢,因此,沿试样长度方向便能测出各种冷却速度下的不同组织与硬度。若从喷水冷却的末端起,每隔一定距离测一硬度点,则最后绘制成如图 4-28(b)所示的被测试钢种的淬透性曲线。

根据 GB/T 225—2006 中的规定,钢的淬透性值用 J××-*d* 表示,其中 J 表示末端淬火试验,*d* 表示距淬火末端的距离,××为该处测得的硬度值(HRC)。例如,J35-15 表示距淬火末端 15mm 处的试样具有 35HRC 的硬度值。

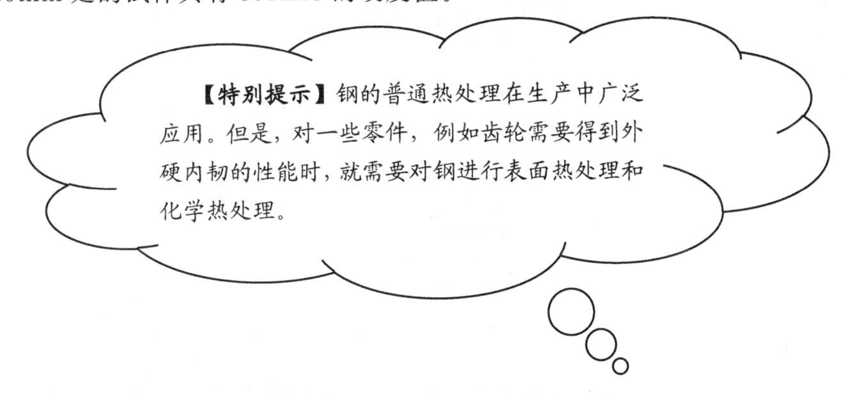


## 4.4　钢的表面热处理

生产中,许多零件诸如齿轮、凸轮、曲轴及各种轴类等在工作时,承受摩擦、扭转、弯曲等交变载荷和冲击载荷的作用,其表面不仅比心部承受更高的应力,而且不断被磨损。为了兼顾零件表面和心部两种不同性能的要求,生产中广泛采用表面热处理的方法。表面热处理主要包括表面淬火和化学热处理。

## 4.4.1　表面淬火

表面淬火是将工件表面快速加热到淬火温度，然后迅速冷却，仅使表层获得马氏体组织的处理方法。其实质是通过工件表面发生相变（成分不变）改变表层组织，其心部仍保持处理前的组织状态，从而改变钢的整体性能。按照加热方式可将表面淬火分为感应加热、火焰加热、电接触加热、电解液加热及激光加热等工艺，其中常用的是前两种。

**1. 感应加热表面淬火**

感应加热表面淬火是利用电磁感应原理，在工件表面产生密度很高的感应电流，并使之迅速加热至奥氏体状态，随后快速冷却获得马氏体组织的淬火方法，如图 4-29 所示。

当感应器中通入一定频率的交变电流时，所产生的交变磁场使放入感应器内的工件感生出巨大的涡流。感应电流在工件表层的密度最大，而在心部的密度几乎为零，这种现象称为集肤效应。感应加热就是利用集肤效应，依靠电流的热效应使工件表层被迅速加热到淬火温度。感应圈用紫铜管绕成，内通冷却水，当工件表面达到相变温度时，立即喷水或浸水冷却，使工件表层淬硬。根据所用电流频率的不同，感应加热可分为三类，即高频感应加热、中频感应加热和工频感应加热。表 4-1 给出了它们的频率范围、淬硬层深度及其应用。

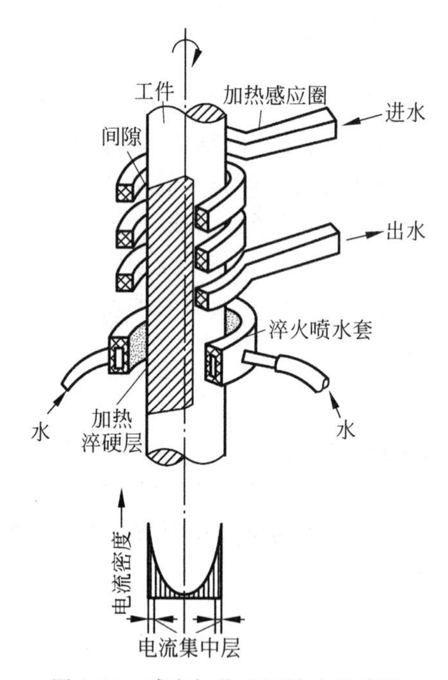


图 4-29　感应加热表面淬火示意图

**表 4-1　感应加热表面淬火的分类及其应用**

| 类　　别 | 频率范围/kHz | 淬硬层深度/mm | 应 用 举 例 |
|---|---|---|---|
| 高频感应加热 | $2\times10^5\sim3\times10^5$ | 0.5～2 | 在摩擦条件下工作的零件，如小齿轮、小轴 |
| 中频感应加热 | $10^3\sim10^4$ | 2～8 | 承受扭矩、压力载荷的零件，如曲轴、大齿轮等 |
| 工频感应加热 | 50 | 10～15 | 承受扭矩、压力载荷的大型零件，如冷轧辊等 |

工件表面淬火后应进行低温回火以降低残余应力和脆性，并保持表面高的硬度和耐磨性。回火方式有炉中回火和自回火。炉中回火温度一般为 150～180℃，时间为 1～2h。自回火则是控制喷射冷却时间，约冷至 200℃停止喷水，利用工件内部余热使表面进行回火。因此，表面淬火工件使用状态下的表层组织为回火马氏体。

为了保证工件表面淬火后的表面硬度及心部的强度和韧性，一般选用中碳钢(40 钢、45 钢、50 钢)、中碳合金钢(40Cr 钢、40MnB 钢等)及铸铁材料。含碳量过高，不利于心部的塑性和韧性；含碳量过低，则会降低表层硬度及耐磨性。其表面淬火前的原始组织应为调质态(组织→回火索氏体)或正火态(组织→铁素体＋索氏体)。对心部性能要求不高时，一般可采用正火替代调质作为预先热处理。

与普通淬火相比，感应加热表面淬火的优点在于：热能集中于工件表面层，加热速度快，加热时间短，表面氧化、脱碳轻微；表面硬度高出 2～3HRC，耐磨性好，疲劳强度高；淬硬层深度易于控制，淬火操作也易于实现机械化和自动化，可用于大批量生产。但也存在某些局限性：对一些形状复杂的零件，感应加热淬火难以保证所有的淬火面能够获得均匀的表面淬硬层，零件的尖角棱边处容易过热，而且设备的成本较高。

**2. 火焰加热表面淬火**

火焰加热表面淬火是采用乙炔-氧等火焰直接加热工件表面，并随即喷水冷却，以获得表层马氏体组织的淬火方法，如图 4-30 所示。其淬硬层深度一般为 2～8mm，适用于中碳钢和中碳合金钢。

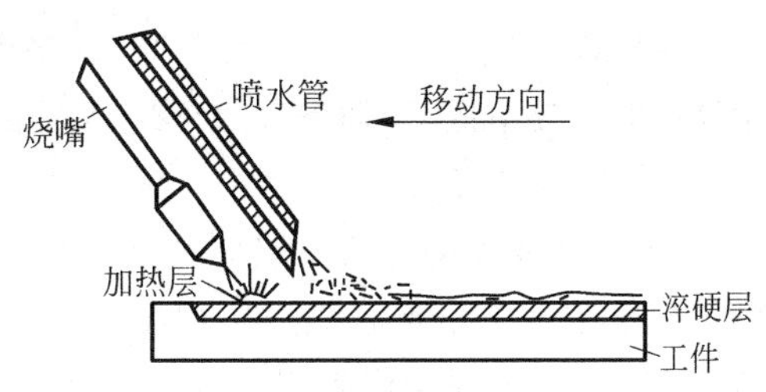

图 4-30　火焰加热表面淬火示意图

与感应加热表面淬火相比，火焰加热表面淬火具有设备简单、成本低，且灵活方便等优点，但生产率低，易使零件表面过热，淬火质量难以控制，适用于单件、小批量生产及大型零件的表面淬火。

### 4.4.2　化学热处理

化学热处理

表面淬火尽管能改善钢表层的硬度和耐磨性，但受钢化学成分的限制，难以进一步提高其性能。而对钢进行化学热处理，不仅可以改变表层组织，同时通过改变表层化学成分还能大幅提高其表层性能。

钢的化学热处理是将工件置于特殊的介质中加热和保温，使介质中的活性原子渗入工件表层，改变其化学成分、组织和性能的热处理工艺。化学热处理由以下三个基本过程组成：

(1) 介质(渗剂)分解，即由介质中的化合物分子发生分解释放出活性原子的过程，例如：

$$CH_4 \longrightarrow 2H_2 + [C]$$

$$2NH_3 \longrightarrow 3H_2 + 2[N]$$

(2) 表面吸收，即活性原子向钢的固溶体中溶解或与钢中的某些元素形成化合物的过程。

(3) 原子扩散，即溶入元素的原子在浓度梯度的作用下由表及里扩散，形成一定厚度扩散层的过程。

上述基本过程受温度的影响很大。温度越高,过程进行得越快,扩散层越厚。但温度过高会引起奥氏体粗化,使钢变脆。所以化学热处理在选定合适的渗剂之后,重要的是确定加热温度,而渗层厚度主要由保温时间控制。

根据渗入元素的不同,化学热处理可分为渗碳、渗氮(氮化)、碳氮共渗、渗硼、渗铬、渗铝等。

**1. 渗碳**

渗碳是将低碳钢工件放入渗碳介质中,在900～950℃加热保温,使活性碳原子渗入其表面并获得高碳渗层的工艺方法。通过渗碳及随后的淬火和低温回火,可使零件表面具有高的硬度、耐磨性和抗疲劳性能,而心部具有一定的强度和良好的韧性,提高了零件承受磨损、弯曲应力和冲击载荷作用的能力。渗碳用钢多为低碳钢和低碳合金钢。根据渗剂的不同,渗碳的方法分为固体渗碳法、液体渗碳法和气体渗碳法三种,其中以气体渗碳应用最为广泛。

1) 固体渗碳法

将工件埋在固体渗碳剂(由主渗剂木炭粒和催渗剂 $BaCO_3$ 或 $Na_2CO_3$ 组成)中,装箱密封,加热到渗碳温度后保温,获得渗碳层的方法,称为固体渗碳法,如图4-31所示。

固体渗碳法的优点是操作简单,无须专门设备,适宜单件或小批量生产。缺点是渗碳速度慢,生产效率低,劳动条件差,渗碳后不易直接淬火。

2) 气体渗碳法

将工件放入密封的渗碳炉内,加热到渗碳温度,向炉内滴入易分解的有机液体(如煤油、苯、甲醇等),或直接通入渗碳气体(如煤气、石油液化气等),使其在高温下分解产生大量的活性碳原子,碳原子渗入工件表面而获得渗碳层的方法,称为气体渗碳法,如图4-32所示。

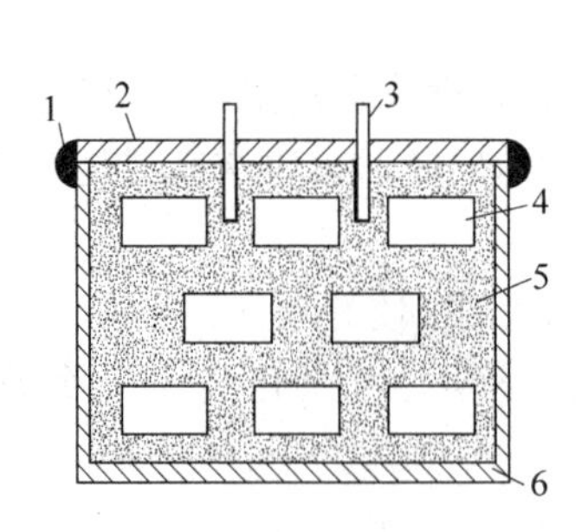


1—泥封；2—盖；3—试棒；4—零件；5—渗碳剂；6—渗碳。

图4-31　固体渗碳装箱示意图

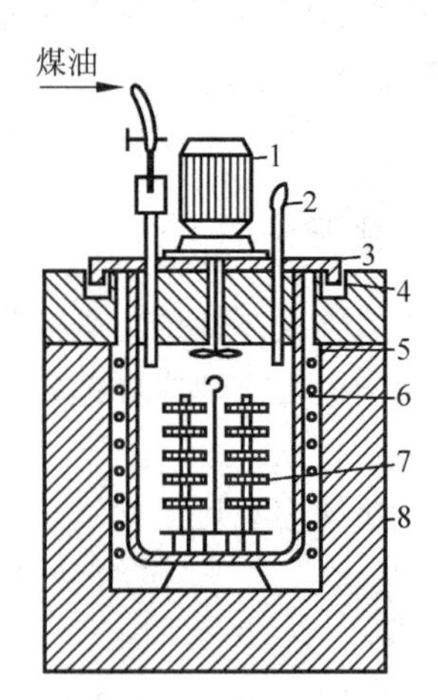


1—风扇电动机；2—废气火焰；3—炉盖；4—砂封；5—电阻丝；6—耐热罐；7—工件；8—炉体。

图4-32　气体渗碳法示意图

气体渗碳法的优点是生产效率高,产品质量好,劳动强度低,便于直接淬火。缺点是碳量及渗层深度不易精确控制,电力消耗大等。

为实现气体渗碳的可控性，近年来发展了滴注式可控气氛渗碳，即向高温炉中同时滴入两种有机液体：一种液体（如甲醇）产生的气体碳势（在一定温度下，炉内气氛中的碳向钢件表面渗入至与表面脱碳达到平衡时，钢的含碳量即为炉内碳势）较低，作为稀释气体；另一种液体（如乙酸乙酯）产生的气体碳势较高，作为富化气。通过改变两种液体的滴入比例，利用露点仪或红外分析仪控制碳势，使零件表面的含碳量控制在要求的范围内。此外，从气体发生炉中直接向渗碳炉中通入具有一定成分的可控气氛，利用 $CO_2$ 红外线分析仪调节炉内碳势，也能精确控制零件表面要求的含碳量，从而获得高质量的渗碳件。

低碳钢或低碳合金钢渗碳后，其渗层中的含碳量不均匀，表层含碳量最高，达到过共析成分；然后由表及里含碳量逐渐降低，其成分从共析过渡到亚共析，直至心部原始含碳量。一般来说，渗层表面的最佳含碳量为 0.85%～1.05%，低温回火后的硬度为 58～64HRC。含碳量过高，则渗层变脆，容易剥落；含碳量过低，则达不到表面高硬度、高耐磨性的要求。渗碳层的厚度应根据工件的工作条件及具体尺寸来确定。渗层太薄，易引起表层疲劳剥落，太厚则耐冲击载荷的能力降低。对于机器零件，渗碳层的厚度通常为 0.5～2mm。工件在渗碳后缓冷过程中，其渗层组织依次为珠光体＋网状二次渗碳体、珠光体、铁素体＋珠光体及心部的原始组织，如图 4-33 所示。

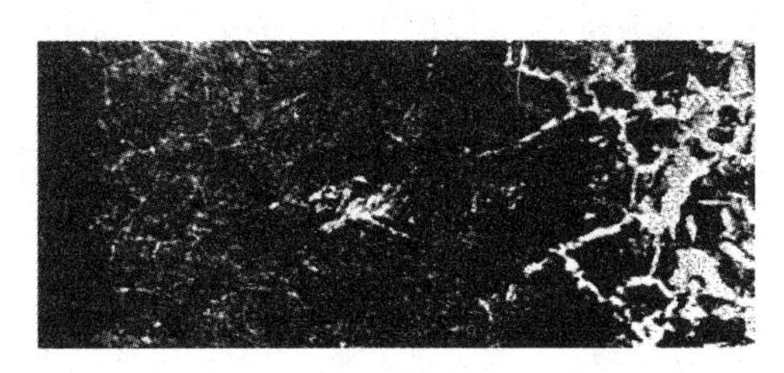

图 4-33　低碳钢渗碳缓冷后的组织（100×）

为了充分发挥渗碳层的作用，使零件表面获得高的硬度和高的耐磨性，心部保持足够的强度和韧性，零件在渗碳后，必须进行淬火加低温回火处理。其方法主要有两种：一种是预冷直接淬火法；另一种是一次淬火法。

1）预冷直接淬火法

预冷直接淬火法是指将工件自渗碳温度预冷到略高于心部 $Ar_3$ 的温度后立即淬火，然后在 180～200℃进行低温回火，其热处理工艺曲线如图 4-34 所示。预冷的目的是减少工件与淬火介质之间的温差，以减小淬火应力和变形；此外，预冷温度 $Ar_3$ 恰好使过共析成分的表层处在 $Ac_1 \sim Ac_{cm}$，于是表层有一些碳化物析出，这些游离的碳化物质点不仅有利于钢的耐磨性，还会降低奥氏体中的含碳量，减少淬火后的残余奥氏体含量，从而提高表层硬度。对于工件心部来说，预冷到略高于 $Ar_3$，可避免心部出现铁素体。但由于渗碳温度高，加热时间长，因而奥氏体晶粒粗大。这种淬火方法只适用于本质细晶粒钢或性能要求不高的零件。

渗碳后热处理的组织表层为回火马氏体加部分二次渗碳体及少量残余的奥氏体；心部淬透时为低碳回火马氏体，未淬透时为铁素体加索氏体。

2）一次淬火法

一次淬火法是指将工件从渗碳温度直接空冷后，再重新加热淬火。淬火温度的选择视性能要求而定，对于要求心部有较高强度和较好韧性的零件，淬火温度应略高于心部的

$Ac_3$,如图4-35所示。这样可以细化晶粒,使心部不出现游离铁素体,表层不出现未溶渗碳体。

经低温回火后,工件表层组织为回火马氏体加少量残余奥氏体,心部在淬透的情况下为低碳回火马氏体。而对于要求表层有较高耐磨性的工件,淬火温度应选在$Ac_1$～$Ac_3$,心部存在一定的游离铁素体,表层有一些未溶的渗碳体,经淬火和低温回火后,表层组织为回火马氏体加细粒状渗碳体及少量残余的奥氏体,心部淬透时为低碳回火马氏体加铁素体。一次淬火法适用于固体渗碳件,以及本质粗晶粒钢渗碳后不能直接淬火的零件。

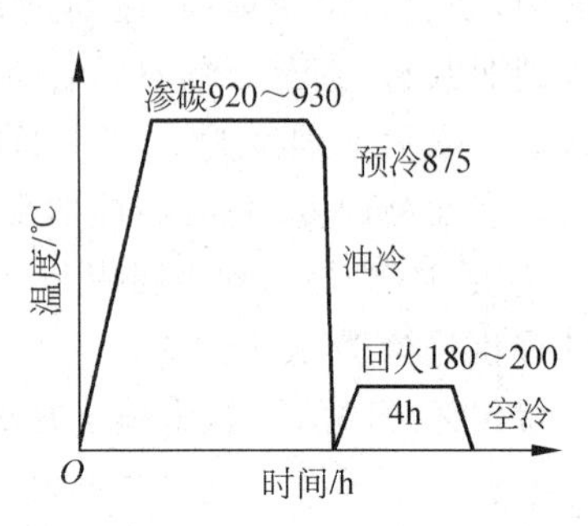


图4-34　预冷直接淬火法工艺曲线

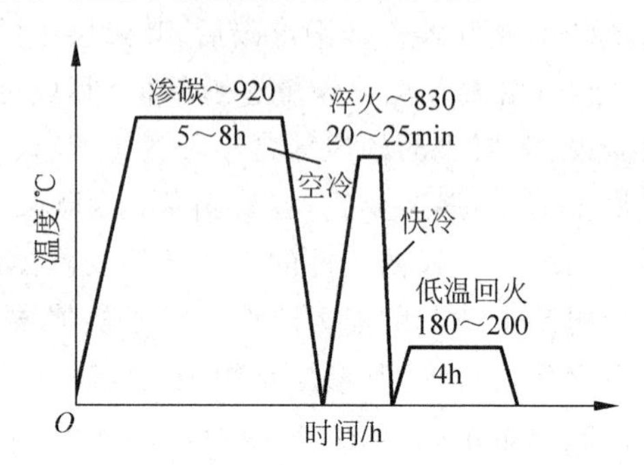


图4-35　一次淬火法工艺曲线

在工业生产中,渗碳主要用于需要同时承受严重磨损和较大冲击载荷的零件,例如各种齿轮、凸轮、套筒、活塞、轴类等。

**2. 渗氮(氮化)**

渗氮俗称氮化,是指在一定温度下将工件表面渗入氮元素形成富氮硬化层的热处理工艺。与渗碳相比,钢件渗氮后具有更高的表面硬度和耐磨性,钢件的表面硬度高达950～1200HV,相当于65～72HRC。这种高硬度和高耐磨性可在560～600℃保持而不降低,故氮化件具有很好的热稳定性。由于氮化层体积胀大,可在表层形成较大的残余压应力,因此可以获得比渗碳更高的疲劳强度、抗咬合性能和低的缺口敏感性。此外,渗氮后由于钢件表面形成了致密的氮化物薄膜,可提高其抗腐蚀性能;由于渗氮温度较低,且氮化后钢件无须热处理,因而渗氮件变形小。

目前广泛采用的渗氮工艺是气体氮化,即将氨气通入密封的渗氮罐中,在氮化温度下,氨气分解产生大量的活性氮原子($2NH_3 \rightarrow 3H_2 + 2[N]$),氮原子被钢件表面吸收,形成含氮的α-Fe固溶体,当渗入的氮原子量超过α-Fe的溶解度时,便形成氮化物$Fe_4N$和$Fe_2N$。这类氮化物不稳定,加热时易于分解并聚集粗化,使氮化层的硬度很快下降,因而氮化不适用于碳钢。

为了克服这一缺点,氮化钢中常加入Al、Cr、Mo、W、V等合金元素,它们的氮化物AlN、CrN、MoN等在高温下稳定,并能在钢中均匀分布,使钢的热硬性提高。常用的氮化钢有35CrAlA、38CrMoAlA、38CrWVAlA等。此外,零件氮化后,一般不进行热处理。因此,为保证工件心部的强韧性,渗氮前必须进行调质处理,获得回火索氏体组织。

由于氮化温度(500～600℃)不高,氮原子在钢中的扩散速度很慢,所以氮化时间长,且氮化层较薄。若要获得0.4～0.6mm厚的氮化层,则须氮化60h以上。因此,氮化工艺周期长、成本高,仅用于耐磨性和精度要求高的零件或要求抗热、抗蚀的耐磨件,如发动机的气缸、排气阀、精密机床丝杠、镗床主轴等。

**3. 碳氮共渗**

碳氮共渗是指向工件表面同时渗入碳和氮原子的热处理工艺。其主要目的是提高工件的表面硬度、耐磨性和疲劳极限。

碳氮共渗方法主要有气体碳氮共渗和液体碳氮共渗两种。目前生产中应用较广的有高温气体碳氮共渗和低温气体碳氮共渗。

1）高温气体碳氮共渗

高温气体碳氮共渗与渗碳一样，将工件放入密封炉内，加热到共渗温度，向炉内滴入煤油，使其热分解出渗碳气体，同时向炉内通以渗氮所需的氨气，经保温后，工件表面即可获得一定深度的共渗层。高温气体碳氮共渗主要是渗碳，但氨气的渗入使碳的浓度很快提高，从而使共渗温度降低和时间缩短。碳氮共渗温度为830～850℃，保温1～2h后，共渗层达到0.2～0.5mm。

2）低温气体碳氮共渗

低温气体碳氮共渗的实质是以渗氮为主的共渗工艺，因此又称为气体氮碳共渗。将工件放入温度为560～570℃，含有活性氮、碳原子的气氛中进行低温氮、碳共渗，活性氮、碳原子被工件表面吸收，通过扩散深入工件表层，从而获得以氮为主的氮碳共渗层。

碳氮共渗后采取直接淬火再低温回火的热处理工艺可得到含氮马氏体，因为碳氮共渗温度较低，且不发生晶粒长大，一般可采取直接淬火。碳氮共渗工艺与渗碳相比，具有时间短、生产效率高、表面硬度高、变形小等优点，但共渗层较薄，主要用于形状复杂、要求变形小的小型耐磨零件。

## 4.5 钢的表面改性技术

表面改性技术主要是指赋予材料（或零件、元器件）表面以特定的物理、化学性能的表面工程技术。按照工艺特点不同，表面改性技术可以分为表面组织转化技术、表面涂镀技术和表面合金化（包括掺杂）技术三大类。

**1. 表面组织转化技术**

表面组织转化技术不改变材料的表面成分，只是通过改变表面组织的结构特征或应力状况来改变材料性能，如激光淬火和退火技术，以及感应加热淬火技术、喷丸、滚压等表面加工硬化技术等。

**2. 表面涂镀技术**

表面涂镀技术主要是利用外加涂层或镀层的性能使基材表面性能优化，基材不参与或者很少参与涂层反应，对涂层成分贡献很小。典型的表面涂镀技术包括气相沉积技术（如物理气相沉积和化学气相沉积）、化学溶液沉积法（如电镀、化学镀、电刷镀）、化学转化膜技术（如磷化、阳极氧化、金属表面彩色化技术、溶胶-凝胶法）、各种现代涂装技术、热喷涂和喷焊技术、堆焊技术等。由于表面涂镀技术可以根据零件或元器件的用途方便地选择或设计表面材料的成分，控制表面性能，因此其应用很广。

**3. 表面合金化和掺杂技术**

表面合金化和掺杂技术主要是利用外来材料与基材相混合，形成成分不同于基材也不同于添加材料的表面合金化层，如热扩渗技术（如前面介绍的化学热处理）、离子注入技术、激光表面合金化技术等。当添加的元素为微量时，称为掺杂，如在用微电子技术器件制作的单晶硅片中热扩渗硼、磷，可以大幅改变基材的导电性并形成晶体二极管、三极管等。

### 4.5.1 激光加热表面淬火

激光加热表面淬火技术是利用聚焦后的激光束照射到钢铁材料表面，使其温度迅速升高至相变点以上，在激光移开后，依靠仍处于低温的内层材料的快速导热作用，而不是使用淬火介质，将表层快速冷却到马氏体相变点以下，从而获得淬硬层。

激光加热表面淬火技术的原理与感应加热淬火、火焰加热淬火技术类似，只是其所使用的能量密度更高，加热速度更快，不需要介质，工件变形小，加热层深度和加热轨迹易于控制，易于实现自动化，因此，在很多工业领域中正逐步取代感应加热淬火和化学热处理等传统工艺。激光淬火可以使工件表层 0.1～1.0mm 范围内的组织结构和性能发生变化。

在激光淬火前，需进行预处理，包括两个方面：一方面是表面组织准备，即通过调质处理等手段使工件表层组织细化，以保证激光淬火后组织与性能均匀、稳定；另一方面是表面"黑化"处理。激光淬火大都采用 $CO_2$ 和 YAG 激光器，而大多数金属表面对波长 10.6$\mu$m 的 $CO_2$ 激光的反射率高达 90%以上，严重影响了激光处理的热效率。因此，在激光处理前，必须对工件表面进行涂层或其他预处理。常用的预处理方法有磷化、黑化和涂覆红外能量吸收材料(如胶体石墨、含炭黑和硅酸钠或硅酸钾的涂料等)。一般工件表面磷化处理后，对 $CO_2$ 激光的吸收率为 88%，但预处理工序烦琐，不易清除；而黑化方法简单，黑化溶液如胶体石墨和含炭黑的涂料，可直接涂刷或喷涂到工件表面，其激光吸收率高达 90%以上。

与普通热处理相比，激光加热表面淬火技术具有以下特点：加热速度快，工件热变形小；冷却速度很高，无须冷却介质；由于激光束扫描(加热)面积很小，可十分精确地对形状复杂的工件(如有盲孔、小孔、小槽、薄壁的零件等)进行处理或局部处理，也可以根据需要在同一零件的不同部位进行不同的处理；能精确控制其加工条件，操作简单，可实现在线加工，也易于与计算机连接，便于实现自动化生产；不需要加热介质，有利于环境保护；节省能源，并且工件表面清洁，处理后无须修磨，可作为工件机械精加工的一道工序。

### 4.5.2 气相沉积

气相沉积技术是通过气相材料或使材料气化后沉积于固体材料或制品(基片)表面并形成薄膜，从而使基片获得特殊表面性能的一种新技术。气相沉积技术按气相物质的产生方式可分为物理气相沉积和化学气相沉积两大类。

**1. 物理气相沉积(PVD)**

物理气相沉积是在真空条件下，采用各种物理方法将固态的镀料转化为原子、分子或离子态的气相物质后再沉积于基体表面，从而形成固体薄膜的制备方法。物理气相沉积包括以下三种方法：

(1) 真空蒸镀，即镀材以热蒸发原子或分子的形式沉积成膜。

(2) 溅射镀膜，即镀材以溅射原子或分子的形式沉积成膜。

(3) 离子镀膜，即镀材以离子和高能量的原子或分子的形式沉积成膜。

在三种 PVD 基本镀膜方法中，气相原子、分子和离子所产生的方式和具有的能量各不相同，由此衍生出种类繁多的薄膜制备技术。

**2. 化学气相沉积(CVD)**

化学气相沉积是将含有组成薄膜的一种或几种化合物气体导入反应室,使其在基体上通过化学反应生成所需薄膜的制备方法。化学气相沉积主要包括采用加热促进化学反应的普通常压 CVD、低压 CVD,采用等离子体促进化学反应的等离子辅助 CVD,采用激光促进化学反应的激光 CVD,以及采用有机金属化合物作为反应物的有机金属化合物 CVD 等多种衍生技术。

## 4.6　热处理工序位置的安排

根据热处理目的和工序位置的不同,热处理可分为预先热处理和最终热处理两大类,其工序位置一般安排如下:

### 4.6.1　预先热处理的工序位置

(1) 退火、正火的工序位置。安排在毛坯生产之后,切削加工之前。

退火、正火零件的加工路线一般为:毛坯生产→退火或正火→机械加工。

(2) 调质的工序位置。安排在粗加工之后,精加工或半精加工之前。

调质零件的加工路线一般为:下料→锻造→正火(或退火)→机械粗加工→调质→机械精加工。

### 4.6.2　最终热处理的工序位置

**1. 淬火的工序位置**

(1) 整体淬火件的加工路线一般为:下料→锻造→正火(或退火)→机械粗加工、半精加工→淬火、回火→磨削。

(2) 感应加热表面淬火件的加工路线一般为:下料→锻造→正火(或退火)→机械粗加工→调质→机械半精加工→感应加热表面淬火、低温回火→磨削。

**2. 渗碳的工序位置**

渗碳件的加工路线一般为:下料→锻造→正火→机加工→渗碳→淬火、低温回火→磨削。

**3. 渗氮的工序位置**

渗氮件的加工路线一般为:下料→锻造→退火→机械粗加工→调质→机械精加工→去应力退火→粗磨→渗氮→精磨。

生产过程中,由于零件选用的毛坯与工艺过程的需要不同,在制定具体的加工路线时,热处理工序还可能有所增减,同时,为解决一些突出矛盾,工序位置的安排还应根据具体情况灵活运用,对工序做适当调整。

## 4.7　热处理新技术及新工艺

随着科学技术的发展,为了提高零件的力学性能和表面质量,节约能源,降低成本,提高经济效益,以及减少或防止环境污染等,热处理生产技术也在发生着深刻的变化,发展出了许多热处理新技术、新工艺。

### 4.7.1　可控气氛热处理

为达到无氧化、无脱碳或按要求增碳的目的，在炉气成分可控的炉内进行的热处理，称为可控气氛热处理。其主要用于渗碳、碳氮共渗、软氮化、保护气氛淬火和退火等。可控气氛是指把燃料气（天然气、城市煤气、丙烷）按一定比例与空气混合后，通入发生器进行加热，或者靠自身的燃烧反应而制成气体，也可将液体有机化合物（如甲醇、乙醇、丙酮等）滴入热处理炉内得到气氛。

可控气氛热处理可以减少和避免工件在加热过程中的氧化和脱碳，节约材料，提高工件质量，实现光亮化热处理，保证工件的尺寸精度。

### 4.7.2　真空热处理

真空热处理是真空技术与热处理技术相结合的新型热处理技术，它包括真空淬火、真空退火、真空回火和真空化学热处理等。真空热处理所处的真空环境指的是低于一个大气压的气氛环境，包括低真空、中等真空、高真空和超高真空，真空热处理实际上也属于可控气氛热处理。与常规热处理相比，真空热处理可实现无氧化、无脱碳、无渗碳，可去掉工件表面的磷屑，并有脱脂除气等作用，从而达到表面光亮净化的效果。

对于一些极易氧化的金属材料而言，热处理过程中如何实现氧气的隔绝成为难题。真空热处理技术的出现使得金属材料能够在无氧环境中实现性能的提升，对于一些特殊金属的热处理更是具有不可替代的地位。

在真空中对金属材料进行热处理，隔绝了渗碳零件发生内氧化的可能性，在实现金属表面低压渗碳等技术的同时，还可以在后续的金属表面进行高压气淬，如此一来，高渗碳温度和低生产周期成为真空热处理技术不可替代的优势。同时，由于热处理过程中真空热处理特有的真空环境，降低了加热和降温的时间，还可以大大减少有害气体的排放，对环境更为友好。

### 4.7.3　形变热处理

形变热处理是将塑性变形同热处理有机结合在一起，获得形变强化和相变强化综合效果的工艺方法。形变热处理的方法很多，有低温形变热处理、高温形变热处理、等温形变热处理、形变时效和形变化学热处理。形变热处理不但能够获得一般加工处理所达不到的高强度、高塑性和高韧性的良好配合，而且能大大简化钢材或零件的生产流程，从而带来较高的经济效益。

钢的形变热处理韧化的原因有三个：

（1）塑性变形过程中细化奥氏体晶粒，从而在热处理后得到细小的马氏体组织。

（2）奥氏体在塑性变形时形成了大量的位错，并成为马氏体转变核心，促使马氏体转变量增多并细化，同时又产生了大量新的位错，使位错的强化效果更加显著。

（3）形变热处理中，高密度位错为碳化物析出的高弥散度提供了有利条件，产生碳化物弥散强化作用。

目前，形变热处理得到了冶金工业、机械制造业和尖端部门的普遍重视，发展极为迅速，已在钢板、钢丝、管材、板簧、连杆、叶片、工具、模具等生产中广泛应用。如钢板弹簧感应加热后热压成形，然后进行油冷淬火，通过严格控制加热温度和成形时间，使一次中频加热同时满足了成形和热处理的需要。

### 4.7.4　热处理 CAD 技术

热处理 CAD 技术将计算机技术与热处理技术相结合，利用计算机辅助技术，对热处理工艺流程进行深入研究，提高设计的合理性和科学性，其能够模拟热处理实际的工作环境和工艺条件，对优化热处理工艺具有重要的影响。

计算机模拟技术的兴起为各行各业提供了新的发展思路。热处理 CAD 技术能够系统研究热处理工艺过程中出现的问题，对热处理过程中金属材料的变形进行预防，在开发智能控制方面具有不可比拟的优势，如开发智能热处理喷淋控制、喷雾冷却，正确选择淬火剂和淬火的方法，研究热传递系数的变化等，有助于减少废弃物排放量，实现节能、环保生产。热处理智能 CAD 技术是高新技术在热处理中应用的重要表现，也是目前我国发展热处理节能新技术的重要方向。

## 本 章 小 结

生产中常用钢的热处理工艺分类和应用见表 4-2。

**表 4-2　钢的热处理工艺分类和应用**

| 分类 | 名称 | 定义 | 工艺 | 得到的组织 | 性能和应用 |
| --- | --- | --- | --- | --- | --- |
| 普通热处理 | 退火 | 将工件加热到适当温度，保温一定时间，然后缓慢冷却（随炉冷却或埋在砂里冷却）的工艺 | 球化退火 | 球状珠光体 | 适用于高碳钢的预先热处理 |
| | | | 去应力退火 | 组织不变 | 适用于去除铸造、锻造、焊接和机加工后的应力 |
| | | | 再结晶退火 | 变形晶粒重新结晶转变为均匀等轴晶粒 | 适用于工件产生加工硬化后的塑性恢复 |
| | 正火 | 将工件加热到适当温度，保温后在空气中冷却的热处理工艺 | 正火 | 索氏体 | 适用于一般工件的最终热处理或重要工件的预先热处理 |
| | 淬火 | 将工件加热到适当温度，保温后以大于临界冷却速度的速度冷却的工艺 | 淬火 | 马氏体 | 不稳定组织；须通过回火处理 |
| | 回火 | 将淬火工件加热到某一温度，保温一定时间，以适当方式冷却的工艺 | 淬火＋低温回火 | 回火马氏体 | 高硬度；适用于要求耐磨、高硬度的工具和耐磨件的处理 |
| | | | 淬火＋中温回火 | 回火屈氏体 | 高弹性；适用于各种弹性零件的处理 |
| | | | 淬火＋高温回火 | 回火索氏体 | 高的综合力学性能；适用于各种受力复杂的机器零件的处理 |

续表

| 分类 | 名称 | 定义 | 工艺 | 得到的组织 | 性能和应用 |
|---|---|---|---|---|---|
| 表面热处理 | 感应加热表面淬火 | 利用电磁感应原理,在工件表面产生密度很高的感应电流,并使之迅速加热至奥氏体状态,随后快速冷却获得马氏体组织 | 感应淬火＋低温回火 | 表层回火马氏体 | 外硬内韧;适用于承受磨损、弯曲应力和冲击载荷作用的零件,如机床主轴和齿轮的处理 |
| | 渗碳 | 将低碳钢工件放入渗碳介质中,在900～950℃下加热保温,使活性炭原子渗入其表面并获得高碳渗层的工艺 | 渗碳＋淬火＋低温回火 | 表层高碳回火马氏体 | 表面硬度极高,心部韧性极高,零件承受磨损、弯曲应力和冲击载荷作用的能力高;主要用于需要同时承受严重磨损和较大冲击载荷的零件,例如重型汽车齿轮、凸轮、套筒、活塞 |
| | 渗氮 | 将工件表面渗入氮元素形成富氮硬化层的工艺 | 调质处理＋渗氮 | 表层回火索氏体＋氮化物 | 具有极高的表面硬度、耐磨性和耐蚀性;用于耐磨性和精度要求高的零件或要求抗热、抗蚀的耐磨件,如发动机气缸、排气阀、精密机床丝杠、镗床主轴 |

## 习题与思考题

**1. 填空题**

(1) 钢的热处理主要分为________和________两类。

(2) 钢的热处理工艺主要包括________、________和________三个阶段。

(3) 钢的________工艺是将工件加热到一定温度保温后在介质中快速冷却得到高硬度马氏体的工艺。

(4) 钢件常用的退火方法有________、________、________、________和________。

(5) 根据加热温度的不同,回火可分为________、________和________。

(6) 钢淬火后必须立刻________,减少应力并得到所需的组织和性能。

(7) 钢的淬硬性是指钢在淬火后能达到最高硬度的能力,它主要取决于________。

(8)钢的淬透性是钢在淬火时获得________,通常用________来表示。

(9) 常用钢的表面热处理和化学热处理工艺有高频淬火、渗碳和渗氮处理工艺,可以使工件得到________的性能。

(10) 调质处理是淬火＋________,可以提高零件的综合力学性能。

(11) 高碳钢预先热处理常用的工艺为________。

(12) 按照工艺特点不同,钢的表面改性技术可分为________、________和________三类。

**2. 简答题**

(1) 钢热处理的基本原理是什么？其目的和作用是什么？

(2) 为什么重要的机器零件都要进行热处理？生产中最常用的热处理工艺有哪些？

(3) 过冷奥氏体在等温冷却转变时，按过冷度的不同可以获得哪些组织？

(4) 画出共析钢的C曲线，并

① 标出马氏体临界冷却速度；

② 标出等温淬火得到下贝氏体的冷却速度。

(5) 什么是退火？什么是正火？两者的应用场合有什么不同？

(6) 退火的主要目的是什么？

(7) 为什么亚共析钢经正火后可获得比退火时高的强度与硬度？

(8) 淬火的目的是什么？常用的淬火方法有哪几种？

(9) 淬透性与淬硬层深度、淬硬性有哪些区别？影响淬透性的因素有哪些？

(10) 回火的目的是什么？说出各种回火操作得到的组织、性能和应用范围。

(11) 指出下列工件淬火后回火的温度，并说出回火后获得的组织：

① 45钢小轴(要求综合力学性能好)；

② 60钢弹簧；

③ T12钢锉刀。

(12) 从工艺、组织、性能和应用方面分析调质安排在粗、精切削加工之间的原因。

(13) 表面热处理和化学热处理可以提高零件的表面硬度，简述常用表面热处理和化学热处理工艺的种类和应用场合。

(14) 拟用T10钢制造形状简单的车刀，工艺路线为：锻造—热处理—机加工—热处理—磨加工。

① 请写出各热处理工序的名称及作用；

② 指出最终热处理后的显微组织及其大致硬度。

(15) 为下列零件选择热处理方法：

① 某机床主轴要求有良好的综合力学性能，轴径部分要求耐磨(50～55HRC)，材料选用45钢；

② 某机床变速箱齿轮的模数为4，要求齿面耐磨，心部强度和韧性要求不高，材料选用45钢；

③ 在重载荷作用下，镗床的镗杆精度要求极高，并在滑动轴承中运转，要求镗杆表面有极高的硬度，心部有较高的综合力学性能，材料选用38CrMoAlA。

(16) 什么是表面改性技术？分为哪三类？

(17) 简述你所了解的热处理新技术。

# 第5章　金属的塑性加工

金属材料的重要特性之一是具有良好的塑性。金属经熔炼浇注成铸锭之后，通常还要进行各种塑性加工，如轧制、锻造、挤压、冷拔、冲压等，使得材料成为具有一定形状的毛坯或零件，或者得到型材、板材、管材、棒材和线材等。金属经塑性加工后，不仅要产生塑性变形，从而改变材料的外形和尺寸，而且导致材料内部的组织结构变化，进而改变材料的性能。因此，研究金属的塑性变形过程及其机理，变形后金属的组织、结构与性能的变化规律，以及加热对变形后金属的影响，将对改进金属材料加工工艺，提高产品质量和合理使用金属材料等方面都具有重要的理论和实际应用价值。

## 5.1　金属的塑性变形

工程上应用的金属材料几乎都是多晶体，多晶体的变形由组成它的各个晶粒变形的综合效应决定。多晶体中每个晶粒的变形基本方式与单晶体相同，因此，可以先研究金属单晶体的塑性变形机制，再讨论多晶体中晶界对塑性变形的影响。

单晶体的塑性变形

### 5.1.1　单晶体的塑性变形

单晶体的塑性变形属于晶内变形。在室温和低温下，单晶体的塑性变形主要有滑移和孪生两种基本形式。

滑移是指晶体的一部分相对另一部分沿一定晶面（滑移面）和该晶面上的一定晶向（滑移方向）产生相对移动的现象。以单晶体金属轴向拉伸为例，当单晶体受力作用时，某一晶面上所产生的应力可分解为垂直于该晶面的正应力和平行于该晶面的切应力，如图5-1所示。在正应力作用下，晶粒会沿正应力方向弹性伸长，若正应力超过一定限度，晶体就会被拉断；在切应力作用下，晶体发生剪切变形，即发生晶粒扭曲，当切应力增大到超过临界切应力时，该晶面两侧的原子将发生滑移，如图5-2所示。若将试件的表面经过预先抛光处理后再进行塑性变形，则可用低倍显微镜甚至直接用肉眼观察到试样的表面有许多相互平行的线条，称为滑移带。在高倍显微镜下，可发现滑移带是由许多密集而相互平行的细小滑移线和小台阶构成，如图5-3所示。显然，在切应力作用下，单晶体的塑性变形产生的滑移线和滑移带的排列并不是随意的，它们彼此之间或相互平行，或呈一定角度，这表明滑移是沿特定的晶面和晶面上特定的方向进行的。

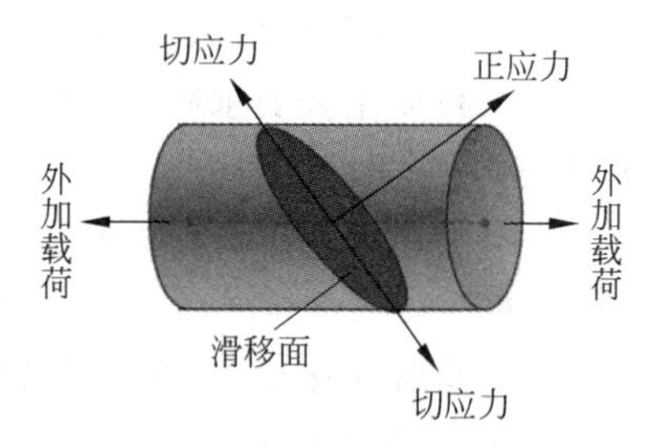


图5-1　轴向拉伸中外加荷载在滑移面上的应力分解

能够产生滑移的晶面和晶向，称为滑移面和滑移方向。滑移的一般规律是，在原子排列最紧密的面（滑移面）上沿原子排列最紧密的方向（滑移方向）产生滑移。这是由于在晶体的原子密度最大的晶面上，原子间结合力最强，而面与面之间的间距最大，即相互平行的密排

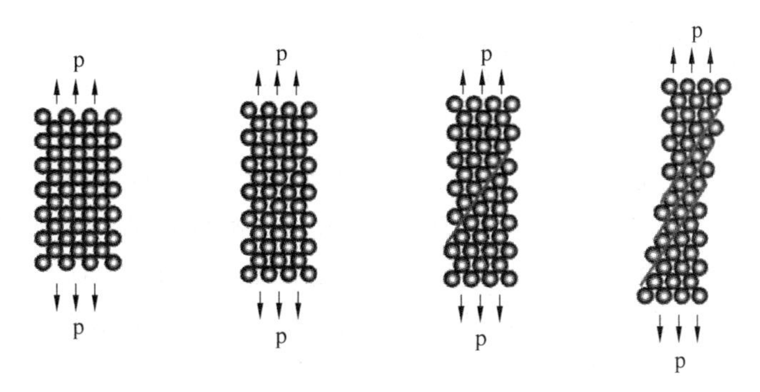


图 5-2　单晶体轴向拉伸实验中的滑移过程示意图

晶面之间的原子结合力最弱，相对滑移的阻力最小，因而最易于滑移。同样沿原子密度最大的晶向滑动时，阻力也最小。

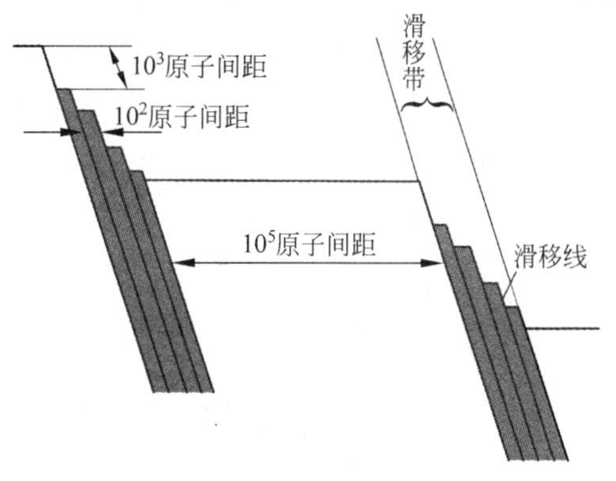


图 5-3　滑移带和滑移线示意图

晶体中的一个滑移面和该面上的一个滑移方向组成一个**滑移系**。晶体结构不同，滑移面、滑移方向及滑移系的多少也不相同。表 5-1 为三种常见金属晶格中的滑移面和滑移方向，体心立方晶格每个滑移面上有 2 个滑移方向，其滑移系数目为 6×2=12 个；面心立方晶格每个滑移面上有 3 个滑移方向，其滑移系数目为 4×3=12 个；密排六方晶格每个滑移面上有 3 个滑移方向，其滑移系数目为 1×3=3 个。

**表 5-1　三种常见金属晶格中的滑移系**

| 晶体 | 体心立方 | 面心立方 | 密排六方 |
| --- | --- | --- | --- |
| 滑移面 | 包含两相交体对角线的晶面(6个) | 包含三邻面对角线相交的晶面(4个) | 六方底面(1个) |
| 滑移方向 | 体对角线方向(2个) | 面对角线方向(3个) | 底面对角线(3个) |
| 简图 |  |  |  |
| 滑移系 | 6×2=12个 | 4×3=12个 | 1×3=3个 |

晶体滑移还具有以下的特点：

(1) 滑移只能在切应力的作用下发生。使滑移系启动(产生滑移)的最小切应力称为临界切应力，其大小取决于金属原子间的结合力。

(2) 晶体中的滑移系的情况对金属塑性有直接的影响。当其他影响因素(如变形温度、应力状态、晶粒大小等)相同时，晶体中滑移系越多，金属发生滑移的可能性就越大，塑性就越好。

(3) 单个滑移面上滑移方向的数目对滑移所起的作用更大。体心立方晶格和面心立方晶格的滑移系数目相同,但是体心立方晶格每个滑移面上的滑移方向比面心立方晶格要少,因此体心立方晶格的塑性较差。而密排六方晶格滑移系只有 3 个,其塑性就更差。

(4) 滑移时,晶体一部分相对于另一部分沿滑移方向位移的距离为原子间距的整数倍。

(5) 滑移的同时常伴随有晶体的转动。比如在拉伸试验中,由于受到了夹头的限制,金属晶体除了发生滑移外,同时还会发生转动,使得滑移面趋向与拉伸轴平行。这种转动可能导致原来有利于滑移的滑移系逐渐转到不利于滑移的位向而停止滑移,但原来处于不利于滑移的滑移系可能逐渐转到有利位向,从而参与滑移。

必须指出的是,塑性滑移并不是晶体两部分之间沿滑移面作整体的相对滑动。理论分析表明,如果把滑移假想成刚性整体滑动,所需的理论临界切应力值比实际测得的值要大几百到几千倍。大量理论与实验证明,晶体的滑移不是滑移面上所有原子整体刚性滑移,而是通过晶体内大量存在的位错缺陷沿晶面移动来实现,如图 5-4 所示。在切应力 $\tau$ 作用下,刃型位错沿滑移面运动,最终形成宏观塑性变形。由此可见,通过位错运动方式的滑移并不需要整个滑移面上的原子同时移动,只需位错中心附近的少量原子做微量的位移,所以它需要的临界切应力便远远小于刚性滑移,且与实测值基本相符。所以,滑移实质上是在切应力的作用下,位错沿滑移面的运动。

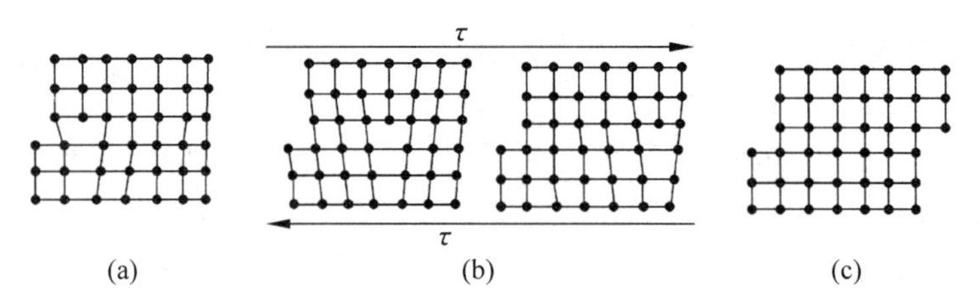


图 5-4 位错运动形成滑移的示意

(a) 未变形前;(b) 位错运动;(c) 塑性变形

晶体的另一种塑性变形方式是孪生变形,又称为双晶变形或孪晶变形。孪生变形是在切应力作用下,晶体的一部分沿着一定晶面(孪生面)和晶向(孪生方向)产生一定角度的切变。图 5-5 是单晶体滑移后与孪生后的外形变化示意图,图 5-6 为发生孪生时晶体内部原子的位移情况。

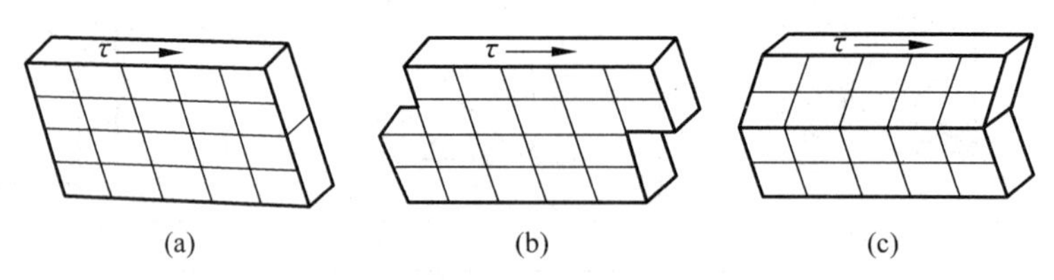


图 5-5 晶体塑性形变的基本方式

(a) 未变形;(b) 滑移;(c) 孪生

由图可见,孪生和滑移的相同点有:

(1) 宏观上都是在切应力的作用下发生的剪切变形。

(2) 微观上都是晶体塑性变形的基本形式:晶体的一部分沿一定晶面和晶向相对另一部分的移动过程。

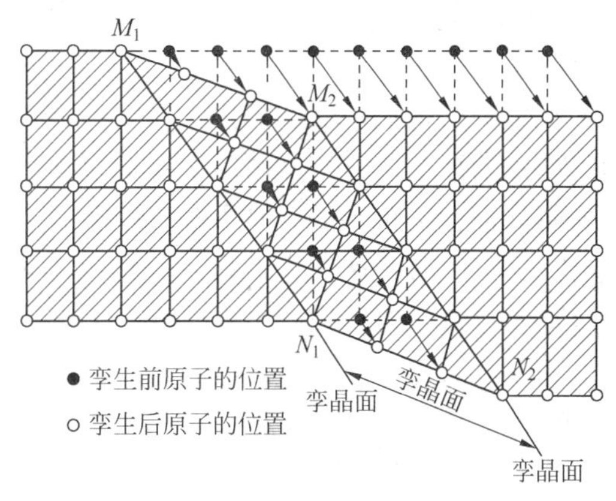


图 5-6　孪生过程示意图

(3) 两者均不改变晶体结构。

孪生与滑移的主要区别有：

(1) 孪生使晶体变形部分(孪晶带)的位向发生了改变,并与未变形部分的位向形成了镜面对称关系,构成了以孪生面为对称面的一对晶体,称为孪晶(或双晶)。而滑移变形后,晶体各部分的相对位向不发生改变。

(2) 孪生是均匀剪切变形的过程,即切变区内与孪生面平行的每层原子面均沿孪生方向发生一定量的位移；而滑移是不均匀切变过程,它只集中在某些晶面上大量进行,各滑移带之间的晶体并未产生滑移。

(3) 孪生变形时,孪晶带中每层原子沿孪生方向的位移量都是原子间距的分数值,且和距孪晶面的距离成正比；而滑移变形时,晶体的一部分相对于另一部分沿滑移方向的位移量为原子间距的整数倍。

(4) 滑移是一渐进过程,而孪生是突然发生的,变形速度极快,可接近声速。

(5) 孪生变形所需的切应力比滑移变形大得多。一般只有当滑移困难(位错塞积)时,才出现孪生变形。例如,密排六方晶格的 Mg、Zn、Cd 等金属因为滑移系较少而易于发生孪生变形；体心立方晶格金属(如 α-Fe)因滑移系较多,只能在低温或受到冲击时才发生孪生变形。

孪生本身对金属的塑性变形贡献不大,但是当金属原有的滑移系位向不利于滑移时,可通过孪生调整晶体的位向关系,使原来不利于滑动的滑移系调整到有利的位向,从而产生新的位错滑移。滑移和孪生两种变形方式有可能交替进行,相辅相成,使金属具有很大的塑性变形能力。

### 5.1.2　多晶体的塑性变形

多晶体的塑性变形

多晶体是由大量的大小、形状、原子排列位向各不相同的单晶体(晶粒)组成的。室温下,多晶体中每个晶粒变形的基本方式与单晶体的变形并无本质区别,即每个晶粒内部的塑性变形仍然是以滑移和孪生这两种基本方式进行的。但是由于多晶体各晶粒之间位向不同和晶界的存在,其塑性变形要求每个晶体的变形既需克服晶界的阻碍,又要求各晶粒的变形相互协调与配合,以保持晶粒间的结合和晶体的连续性。因此,多晶体的塑性变形要比单晶体复杂得多,并且具有一些新的特点。

**1. 多晶体的塑性变形过程**

1)晶粒间的位向差带来滑移的不等时性

多晶体中各个晶粒的位向不同,在一定外力作用下不同晶粒的各滑移系的分切应力值相差很大,故各晶粒不可能同时发生塑性变形。如图5-7所示,那些受最大或接近最大分切应力位向的晶粒,即处于"软位向"的晶粒首先达到临界分切应力,率先开始滑移,滑移面上的位错沿着滑移面进行活动。而与其相邻的处于"硬位向"的晶粒,滑移系中的分切应力尚未达到临界值,导致位错不能越过晶界,滑移不能直接延续到相邻晶粒,于是位错在到达晶界时受阻并逐渐堆积。位错的堆积致使前沿附近区域造成很大的应力集中,随着外力的增加,应力集中也随之增大,这一应力集中值与外力相叠加,最终使相邻的那些"硬位向"的晶粒内的某些滑移系中的分切应力达到临界值,进而位错被激发而开始运动,并产生了相应的滑移。与此同时,已变形晶粒发生转动,由原软位向转至较硬位向,因而不能继续滑移。而原处于硬位向的晶粒可能随之转动到易于滑移的位向,使得塑性变形从一个晶粒传递到另一个晶粒,一批批晶粒如此传递下去,便使整个试样产生了宏观的塑性变形。

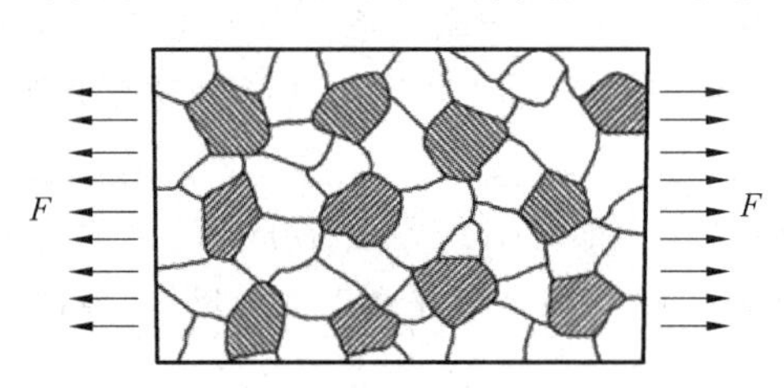

图5-7 多晶体滑移的不等时性的示意图

2)相邻晶粒的互相协调性

多晶体中的每个晶粒都处于相邻晶粒的包围之中,它的变形不是孤立的和任意的,必须要与相邻的晶粒相互协调配合,否则就难以变形,甚至不能保持晶粒之间的连续性,以致造成空隙而使材料破裂。为了与先变形的晶粒相协调,就要求相邻晶粒不仅在取向最有利的滑移系中进行滑移,还必须有几个滑移系(其中包括取向并非有利的滑移系)同时进行滑移。由此可见,多晶体的塑性变形是通过各晶粒的多系滑移来保证相互协调性,起作用的滑移系将越来越多,从而保证大的变形量。

3)各晶粒变形的不均匀性

在外力的作用下,由于多晶体塑性变形的不等时性和协调性,各个晶粒的变形是很不均匀的,有的产生较大的塑性变形,有的可能只产生弹性变形,尤其是当整个材料的总变形量为2%~10%时,变形更是极不均匀。即使是每个晶粒内部的变形量也是有差异的,一般来说,晶粒中心区域变形量较大,晶界及附近区域变形量较小。如图5-8所示为两个晶粒的试样经拉伸变形后往往呈竹节状。

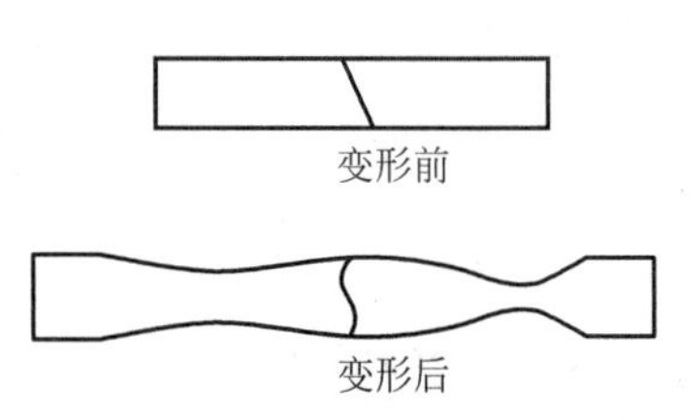

图5-8 双晶拉伸变形的示意图

**2. 晶界对塑性变形的影响**

在多晶体的晶界处原子排列较乱,存在杂质及晶粒间犬牙交错,且晶界两侧的晶粒取向不同,滑移方向和滑移面互不一致。因此,滑移要从一个晶粒直接延续到下一个晶粒相当困难,也就是说晶界是滑移的主要障碍,使得滑移变形的抗力增大,因此多晶体变形抗力要远高于同种金属的单晶体。

由于晶界的数量直接取决于晶粒的大小,因此,多晶体的塑性变形抗力不仅与原子间结合力有关,而且还与晶粒大小有关。因为晶粒越细,在晶体的单位体积中的晶界越多,不同位向的晶粒也越多，所以塑性变形抗力（弹性强度）也就越大。

细晶粒的多晶体金属不但强度较高，而且塑性及韧性也较好。多晶体内晶粒数目越多（晶粒越细），在同样变形条件下，变形量将被分散在更多的晶粒内进行，使各晶粒的变形相比较更均匀而降低应力集中。同时，晶界就越多越曲折，越不利于裂纹的传播，从而使得材料开裂的概率较小，材料在断裂前能承受较大的塑性变形，得到较大的断后伸长率和断面收缩率，具有较高的冲击载荷抗力，表现出较高的塑性和韧性。

在生产中，一般总是设法（如压力加工和热处理等）获得细小均匀的晶粒，使金属材料具有较高的综合力学性能。这种细化晶粒增加晶界以提高金属强度的方法称为晶界强化或细晶强化，它是唯一一种能够在提高材料强度的同时也提高材料的塑性和韧性的强化方法。

值得指出的是，细晶强化一般仅在温度不太高的情况下才有效。这是因为细晶强化所依赖的前提条件（晶界阻碍位错滑移）仅在温度较低时有效。当温度较高时，晶界作为一种缺陷，也逐渐变得不稳定，导致其强化效果逐渐减弱，甚至出现晶界弱化现象。

## 5.2　冷塑性变形后金属的组织和性能

冷变形后金属组织和性能

金属在特定的再结晶温度以下进行的塑性变形称为冷塑性变形。金属冷塑性变形后，在改变其外形尺寸的同时，其内部组织、结构以及各种性能也发生变化。若再对其进行加热，随加热温度的提高，变形金属将相继发生回复再结晶等过程。

### 5.2.1　金属组织的变化

**1. 显微组织的变化**

金属经冷塑性变形后，显微组织（如晶粒）将发生明显的改变。例如，在轧制时，金属在外力作用下发生塑性变形时，随着外形的变化，原来的等轴晶粒（见图 5-9(a)）变为沿轧制方向延伸的晶粒，晶粒内部出现了滑移带（见图 5-9(b)）。变形度越大，晶粒伸长的程度也越显著（见图 5-9(c)）；当变形度很大时，晶界变得模糊不清，各晶粒难以分辨，而呈现形如纤维状的条纹。这种呈纤维状的组织称为冷加工纤维组织，其分布方向即是金属流变伸展的方向，如图 5-9(d)所示。当金属中有夹杂物存在时，塑性夹杂物沿变形方向被拉长为细条状；脆性夹杂物破碎，沿变形方向呈链状分布。

形成纤维组织后，金属会具有明显的方向性，其纵向（沿纤维的方向）的强度和韧性高于横向（垂直纤维的方向）的性能。

**2. 亚结构的细化**

金属经大量的塑性变形后，在晶粒形状变化的同时，晶粒内部存在的亚组织也会细化。由于亚晶界是一系列刃型位错所组成的小角度晶界，随着塑性变形程度的增加，位错密度增加并发生交互作用，使位错分布变得不均匀。大量位错堆积在局部地区，并相互缠结，形成不均匀的分布，将原晶粒进一步分割成许多位向略有差异的小晶块，即亚晶粒，如图 5-10 所示。在铸态金属中，亚结构的直径约为 $10^{-2}$cm，经冷塑性变形后，亚结构的直径将细化至 $10^{-6}\sim10^{-4}$cm；与此同时，位错密度可由变形前的 $10^{6}\sim10^{7}$cm$^{-2}$（退火态）增加到 $10^{12}\sim10^{13}$cm$^{-2}$。然而，位错主要堆积在严重畸变的亚晶界，而亚晶粒的内部位错较少（晶格较完整）。

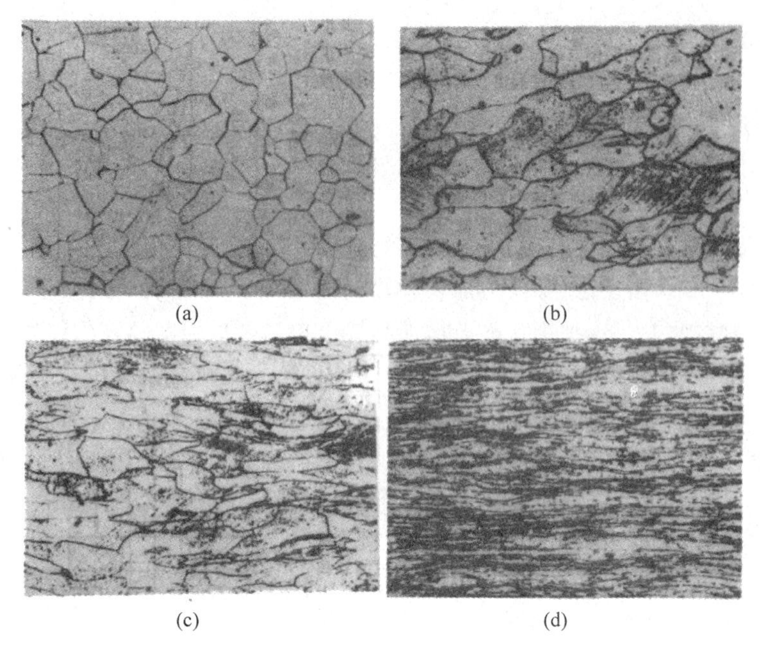


图 5-9　工业纯铁不同冷变形度时的显微组织

(a) 未变形；(b) 变形度 20%；(c) 变形度 50%；(d) 变形度 70%

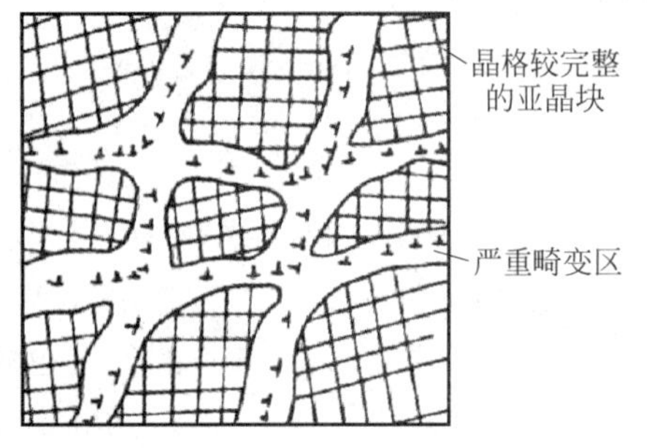


图 5-10　金属变形后的亚结构示意图

冷塑性变形带来的亚组织细化和位错密度增加都会使位错滑移变得更加困难，这就是增加金属塑性变形抗力，产生加工硬化的主要原因。

**3. 形变织构**

由于塑性变形过程中晶粒的转动，当变形量达到一定程度(70%以上)时，会使绝大部分晶粒的某一位向与外力方向趋于一致，形成特殊的择优取向。择优取向的结果形成了具有明显方向性的组织，称为织构。由于织构是在变形过程中产生的，故称为形变织构。

形变织构一般分两种：一是拉拔时形成的织构，称为丝织构，其主要特征是各个晶粒的某一晶向大致与拉拔方向平行，如图 5-11(a)所示；二是轧制时形成的织构，称为板织构，其主要特征是各个晶粒的某一晶面与轧制平面平行，而某一晶向与轧制时的主变形方向平行，如图 5-11(b)所示。

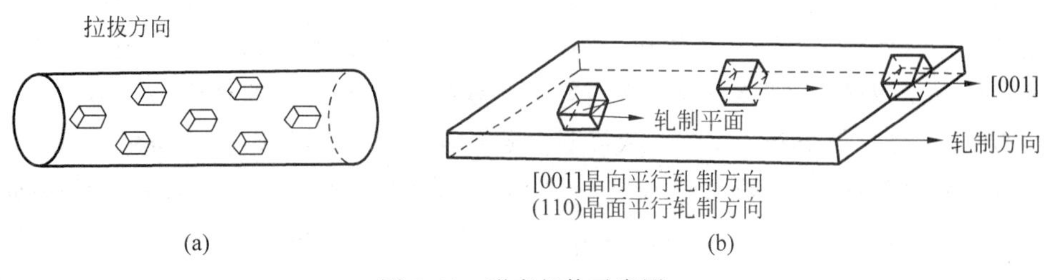


图 5-11　形变织构示意图

(a) 丝织构；(b) 板织构

## 5.2.2　金属性能的变化

### 1. 加工硬化(冷变形强化)

在冷塑性变形过程中,随着金属内部组织的变化,其力学性能也将发生明显的变化。随着变形度的增加,金属的强度、硬度显著升高,而塑性、韧性显著下降,这一现象称为加工硬化(冷作硬化、形变强化),如图5-12所示。变形程度越大,加工硬化现象越严重。

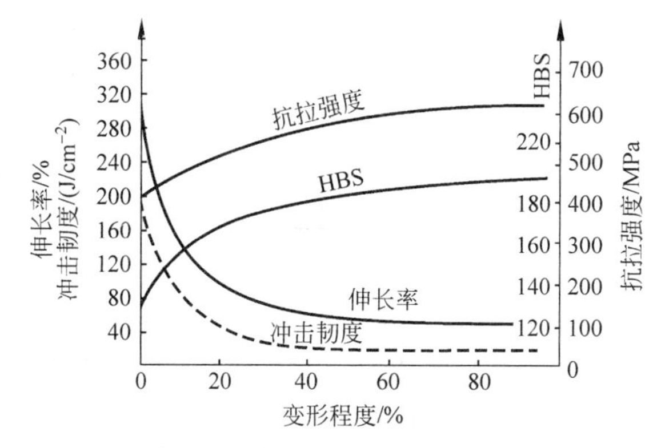


图5-12　常温下塑性变形对低碳钢力学性能的影响

产生加工硬化的原因与位错密度增大有关。随着冷塑性变形的进行,亚结构细化,位错密度大大增加,位错间距越来越小,晶格畸变程度也急剧增大;加之位错间的交互作用加剧,从而使位错运动的阻力增大,引起变形阻力增加。这样金属的塑性变形就变得困难,要继续变形就必须增大外力,因此就提高了金属的强度和硬度。

加工硬化现象在金属材料的生产、使用与维修过程中有重要的实际意义。

(1) 加工硬化是一种非常重要的强化手段,可用来提高金属的强度,特别是对那些无法用热处理强化的合金(如铝、铜、某些不锈钢等)尤其重要。例如,奥氏体不锈钢变形前$R_{p0.2}=-200$MPa,$R_m=600$MPa;经40%轧制后$R_{p0.2}=800\sim1000$MPa,$R_m=1200$MPa。

(2) 加工硬化是某些工件或半成品能够拉伸或冲压加工成形的重要基础,有利于金属均匀变形。例如,冷拔钢丝时,当钢丝拉过模孔后,其断面尺寸相应减小,单位面积上所受的力自然增加,若金属不产生加工硬化使强度提高,那么钢丝将会被拉断。正是由于钢丝经冷塑性变形后产生了加工硬化,尽管钢丝断面尺寸减小,但由于其强度显著增加,因而不再继续变形,从而使变形转移到尚未拉拔的部分,这样,钢丝可以持续均匀地经拉拔而成形。

(3) 加工硬化可提高金属零件在使用过程中的安全性。即使经最精确的设计和最精密的加工生产出来的零件,在使用过程中各部位的受力也是不均匀的,何况还有偶然过载等情况,往往会在局部出现应力集中和过载。但由于加工硬化特性,这些局部地区的变形会自行停止,应力集中也可自行减弱,从而提高了零件的安全性。

但是加工硬化也会给金属材料的生产和使用带来不利的影响。金属冷加工到一定程度后,变形阻力会增加,继续变形越来越困难,欲进一步变形就必须加大设备功率,增加动力消耗及设备损耗;同时因屈服强度和抗拉强度差值减小,载荷控制要求严格,生产操作相对困难;已进行了深度冷变形加工的材料,塑性、韧性大大降低,若直接投入使用,会因无塑性储备而处于较脆的危险状态。为此,要消除加工硬化,使金属重新恢复变形的能力,以便于继续进行塑性加工或使其处于韧性的安全状态，就必须对其适时进行热处理(如再结晶退火，详见后文)，因此提高了生产成本、延长了生产周期。

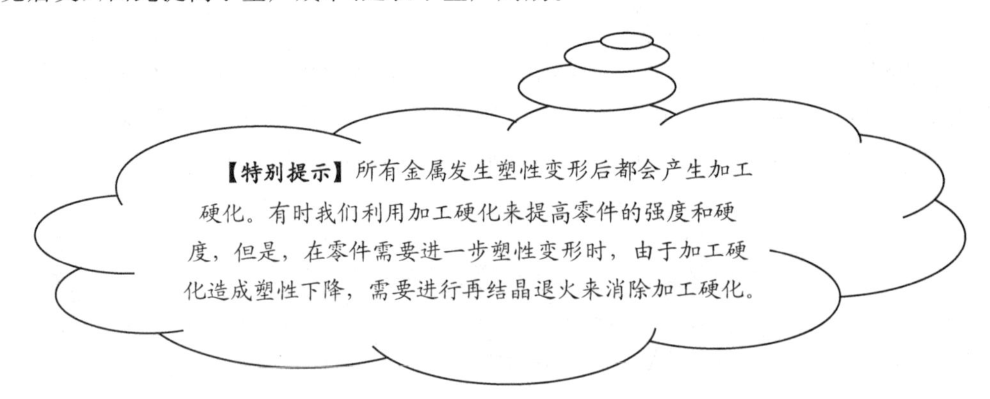


**2. 产生各向异性**

纤维组织和形变织构的形成，使金属的性能产生各向异性，如沿纤维方向的强度和塑性远大于垂直方向，这在多数情况下是不利的。例如，具有形变织构的金属板材冲制杯形或筒形工件时，由于材料的各向异性，导致变形不均匀，使得工件四周边缘不齐，产生“制耳”现象，如图 5-13 所示。在某些情况下，织构的各向异性也是有利的，如制造变压器铁芯的软磁硅钢片，在〈100〉方向最易磁化，如果能够采用具有〈100〉织构的硅钢片来制作铁芯，并使其〈100〉晶向平行于磁场，则可使变压器铁芯的磁导率显著增加，磁滞损耗降低，从而提高变压器的效率。

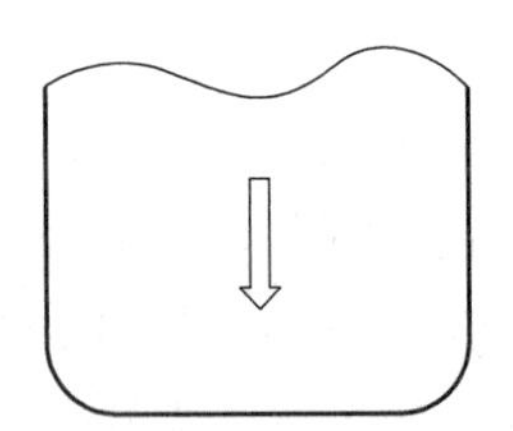
图 5-13　冲压“制耳”现象

**3. 对金属物理、化学性能的影响**

经冷塑性变形以后，由于点阵畸变、位错与空位等晶体缺陷的增加，金属的物理、化学性能也会发生明显的变化，如磁导率、电导率、电阻温度系数等下降，而磁矫顽力等增加。此外，由于塑性变形提高了金属的内能及金属的化学活性(原子活动能力增大)，还会使扩散加速，耐蚀性下降。

### 5.2.3　产生残余应力

塑性变形时外力所做功除了使金属材料发生变形外，绝大部分转化为热能而耗散，而由于金属内部的变形不均匀及晶格畸变，还有不到 10%的功以残留应力的形式保留在金属内部，并使金属内能增加，产生残余内应力，即外力去除后，金属内部会残留下来应力。残余内应力会使金属的耐腐蚀性能降低，严重时可导致零件变形或开裂。按照残余应力平衡范围的不同，通常可将其分为三类：

**1. 宏观残余应力(第一类内应力)**

工件不同部分的宏观变形不均匀引起的残余应力称为宏观残余应力，其应力作用范围应包括整个工件。图 5-14 是金属线材经拔丝加工后，由于拔丝模壁的阻力作用，线材的外表面较心部变形小，故表面受拉应力，而心部受压应力，但在整个体积范围内内应力处于一种平衡状态，这类残余应力所对应的畸变能不

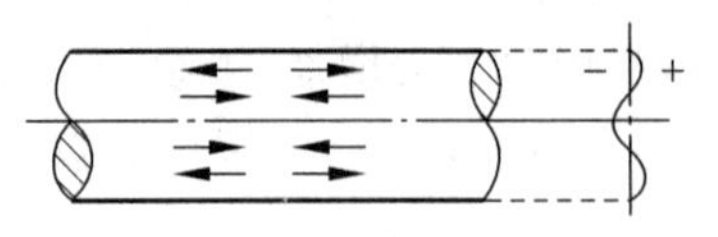

图 5-14　宏观残余应力

大，仅占总储存能的 0.1%左右。

**2. 微观残余应力(第二类内应力)**

金属材料各晶粒或亚晶粒间的变形不均匀而产生的残余应力称为微观残余应力(第二类内应力)，其应力作用范围与晶粒尺寸相当，在晶粒与亚晶粒之间保持平衡。虽然这种内应力所占的比例不大(占全部内应力的 1%～2%)，但在某些局部区域有时内应力可达到很大数值，致使工件在不大的外力作用下，产生微裂纹并导致工件断裂，如图 5-15 所示。

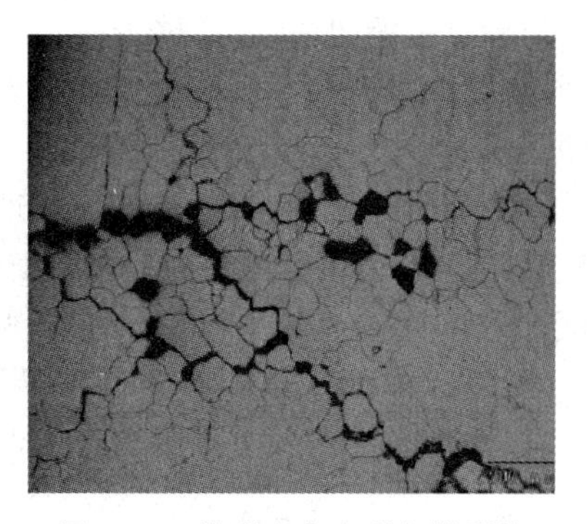

图 5-15　微观内应力引起微裂纹

**3. 晶格畸变应力(第三类内应力)**

塑性变形过程中，由于位错、空位和间隙原子等晶格缺陷的大量增加而引起缺陷附近晶格畸变而产生的残余应力称为晶格畸变应力，其作用范围更小，仅在晶界、位错、点缺陷等范围约几百到几千个原子范围内保持平衡。变形金属总储存能的 80%～90%以晶格畸变形式存在，晶格畸变应力是存在于变形金属中最主要的残余应力，使得金属的硬度、强度升高，而塑性、韧性及耐腐蚀性能下降。

残余应力的存在对金属材料的性能是有害的，它导致材料及工件的变形、开裂和产生应力腐蚀。例如，金属在碰伤之处往往易于生锈，故消除应力就非常必要；又如，精密机件为提高尺寸稳定性，在冷加工后必须进行去应力退火。但是在某些特定条件下，如果工件表面残留一层压应力时，反而可提高其使用寿命，例如对承受交变载荷的零件，如果采用表面滚压或喷丸处理，可以使零件表面产生一层具有残留压应力的应变层，该层就能起到强化表面的目的，从而使零件(如弹簧、齿轮等)的疲劳寿命成倍提高。

## 5.3　冷变形金属在加热时的变化

金属材料经冷塑性变形后，由于晶体缺陷增多，其内能升高，处于热力学上不稳定的状态，如果升高温度使原子获得足够的活性，材料将自发地恢复到稳定状态。冷塑性变形后的金属加热时，随加热温度升高，会发生回复、再结晶和晶粒长大等过程，如图 5-16 所示。

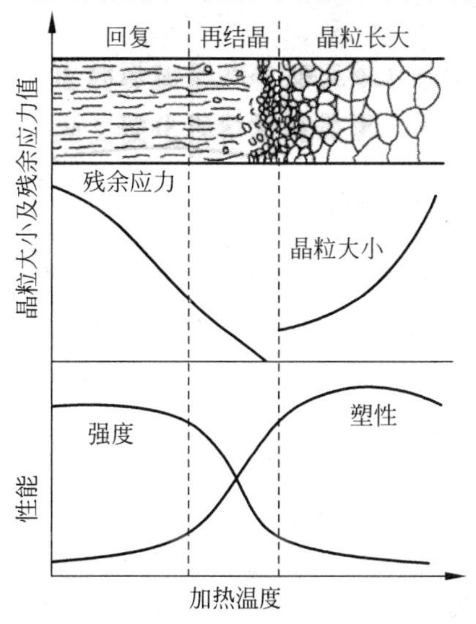


图 5-16　加热温度对冷变形金属性能的影响

### 5.3.1　回复

冷变形强化的结果使金属晶格处于高势能的不稳定状态。当温度升高时，金属原子获得热能，原子恢复到正常排列，这个过程称为回复。当加热温度不太高时，点缺陷产生运动，通过空位与间隙原子结合等方式，使点缺陷数量明显减少。当加热温度稍高时，位错产生运动，使得原来在变形晶粒中杂乱分布的位错逐渐集中并重新排列，从而使晶格畸变减小。回复不改变晶粒的形状及晶粒变形时所构成的方向性,也不能使晶粒内部的破坏及晶界间物质的破坏得到恢复,只是逐渐消除晶格的扭曲程度,降低变形金属的内应力。在此过程中,电阻率和残留内应力显著降低,耐蚀性得到改善。但由于晶粒外形未变,位错密度降低很少,故力学性能变化不大,加工硬化状态基本保留。

在实际生产中,将回复这种处理工艺称为去应力退火,对那些需要保留产品的加工硬化性能,同时需要消除残余内应力的工件,可以把热处理加热温度选择在使其内部发生回复的温度。例如,经冲压的黄铜件,存在较大的内应力,在潮湿空气中有应力腐蚀倾向,必须在190~260℃进行去应力退火,从而可显著降低内应力,且又能基本上保持原来的强度和硬度。此外,对铸件和焊件及时进行去应力退火,可以防止变形和开裂。

## 5.3.2 再结晶

### 1. 再结晶过程

再结晶实质是新晶粒重新形核和长大,从而使拉长和纤维状晶粒变为均匀的等轴晶粒的过程(见图5-17)。图5-18是纯铁再结晶过程的显微组织,可以看出,首先在晶格畸变严重、能量较高的地方优先形核(见图5-18(a)),随后再结晶晶核向四周变形的晶粒中逐渐长大,形成了新的等轴晶粒(见图5-18(b)),当畸变晶粒完全被新的无畸变再结晶等轴晶粒取代后,再结晶过程结束(见图5-18(c))。

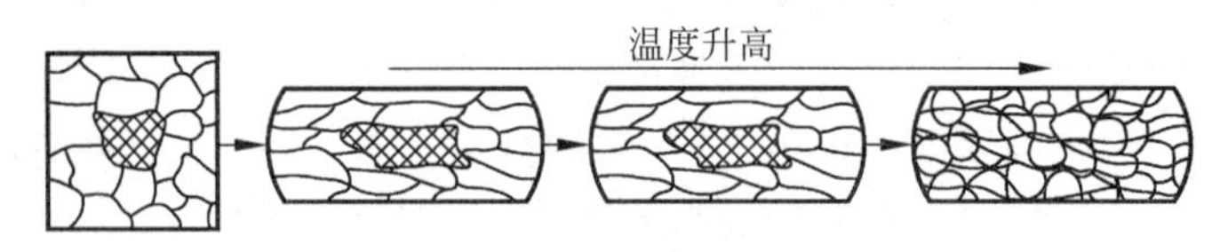


图5-17 金属的再结晶

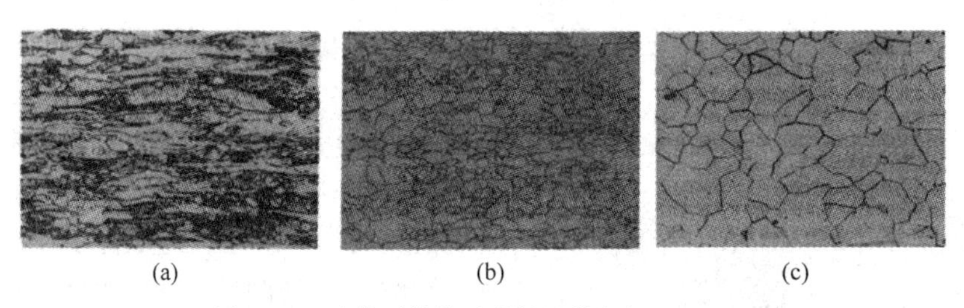


图5-18 纯铁再结晶过程的显微组织(150×)

(a) 550℃再结晶;(b) 600℃再结晶;(c) 850℃再结晶

金属内应力全部消除,强度降低,塑性增加,加工硬化得以消除,变形金属又重新恢复到冷塑性变形前的状态。在生产中常利用金属再结晶过程消除低温变形后的冷变形强化,恢复金属的良好塑性,以利于后续的变形加工。需要指出的是,再结晶过程中新旧晶粒的晶格类型没有发生改变,因此再结晶过程不是相变过程。

### 2. 再结晶温度

再结晶没有确定的转变温度,而是在一个较宽的温度范围内进行的。金属冷变形程度越大,产生的位错等晶体缺陷便越多,内能越高,组织越不稳定,再结晶温度便越低,如图5-19所示。当变形量达到一定程度后,再结晶温度将趋于某一极限值,称为最低再结晶温度。工业上通常以经1h保温能完成再结晶的最低退火温度作为材料的再结晶温度。再结晶温度并不是一个物理常数,而是一个自某一温度开始的温度范围。试验结果表明,许多工业纯金属的最低再结晶温度 $T_g$ 与其熔点 $T_0$ 按热力学温度存在如下经验关系:

$$T_g \approx 0.4T_0$$

一些工业纯金属的最低再结晶温度见表 5-2。显然,金属的熔点越高,其最低再结晶温度也越高。

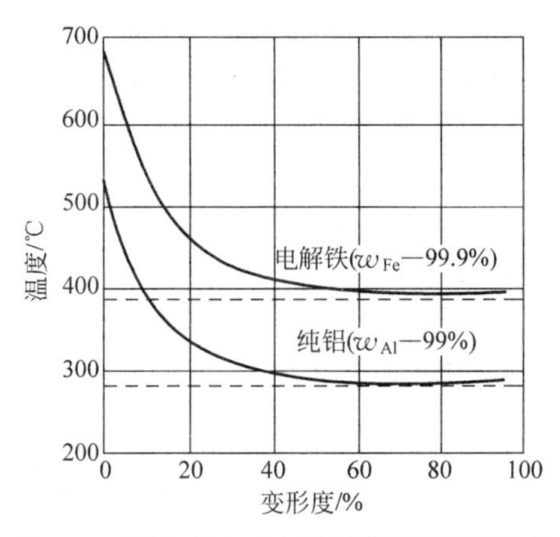


图 5-19　预变形度对金属再结晶温度的影响

**表 5-2　金属材料的最低再结晶温度**

| 材　　料 | 最低再结晶温度/℃ | 材　　料 | 最低再结晶温度/℃ |
|---|---|---|---|
| Al | 150 | Pt | 450 |
| 黄铜($w_{Zn}$=30%) | 375 | Ag | 200 |
| Au | 200 | 碳钢($w_C$=0.2%) | 460 |
| Fe | 450 | Ta | 1020 |
| Pb | <15 | Sn | <15 |
| Mg | 150 | W | 1210 |
| Ni | 620 | Zn | 15 |

除预变形度之外,影响再结晶温度的主要因素还有以下几点:

(1) 金属的纯度越高,其再结晶温度就越低。如果金属中存在微量杂质和合金元素(特别是高熔点元素),甚至存在第二相杂质,就会阻碍原子扩散和晶界迁移,可显著提高再结晶温度。例如,钢中加入钼、钨就可提高再结晶温度。

(2) 在其他条件相同时,金属的原始晶粒越细,变形阻力越大,冷变形后金属储存的能量越高,其再结晶温度就越低。

(3) 退火时保温时间越长,原子扩散移动越能充分地进行,故增加退火保温时间对再结晶有利。因为再结晶过程需要一定的时间才能完成,所以提高加热速度会使再结晶温度升高;但若加热速度太缓慢,由于变形金属有足够的时间进行回复,使储存能和冷变形程度减小,以致再结晶驱动力减小,也会使再结晶温度升高。

**3. 再结晶退火**

在工业上,把冷变形金属加热到再结晶温度以上,使其发生再结晶的热处理工艺称为再结晶退火。在实际生产中,金属发生塑性变形后都会产生加工硬化,利用加工硬化可以提高零件的强度和硬度,但在零件需要进一步塑性变形时,由于加工硬化造成塑性下降,常采用再结晶退火消除冷加工产品的加工硬化，提高其塑性。

由于晶粒大小对金属的力学性能具有重要的影响，因此生产上非常重视再结晶退火后的晶粒尺寸。影响再结晶后晶粒大小的因素有：

1）加热温度和保温时间的影响

再结晶的加热温度越高，保温时间越长，则再结晶后的晶粒越粗大。加热温度对晶粒大小的影响尤为显著，如图 5-20 所示。

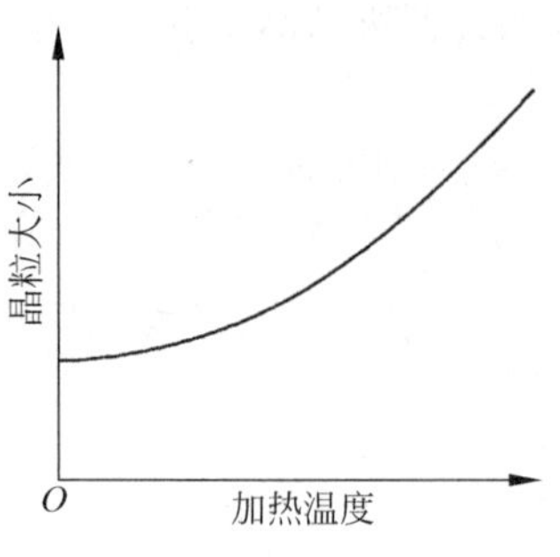

图 5-20 加热温度对再结晶后晶粒大小的影响

为了充分消除加工硬化并缩短再结晶周期，生产中实际采用的再结晶退火温度要比最低再结晶温度高 100～200℃，此时晶粒大小也得到了有效控制。表 5-3 列出了常见工业金属材料的再结晶退火和去应力退火的加热温度。

**表 5-3 常见工业金属材料的再结晶退火和去应力退火的加热温度**

| 金属材料 | | 去应力退火温度/℃ | 再结晶退火温度/℃ |
|---|---|---|---|
| 钢 | 碳素结构钢及合金结构钢 | 500～650 | 680～720 |
| | 碳素弹簧钢 | 280～300 | |
| 铝及其合金 | 工业纯铝 | 约 100 | 250～300 |
| | 普通硬铝合金 | 约 100 | 350～370 |
| 铜合金（黄铜） | | 260～300 | 550～650 |

2）冷变形度的影响

变形度很小时，由于晶格畸变小，不足以引起再结晶，当变形度达到某一值（一般金属为 2%～10%）时，由于金属变形度不大而且不均匀，再结晶时形核数目少，故获得的晶体粒特别粗大，如图 5-21 所示。这种获得异常粗大晶粒的变形度，称为临界变形度。

由图 5-22 可以看出，小于临界变形度时，晶格畸变很小，晶粒保持原来大小，超过临界变形度时，随变形度增大，各晶粒变形趋于均匀，再结晶时形核量大且均匀，使再结晶后的晶粒细小且均匀。因此，生产中应尽量避开临界变形度下的加工。超过临界变形度后，随变形度增大，变形越来越均匀，再结晶时形核量大且均匀，使再结晶后的晶粒细小且均匀。

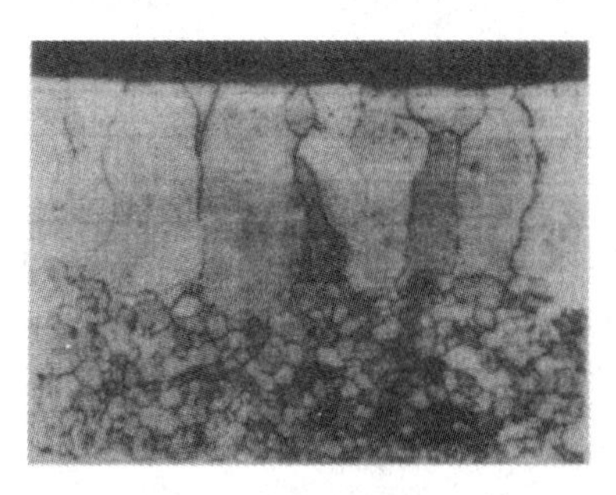
图 5-21 临界变形度下形成的异常粗大晶粒

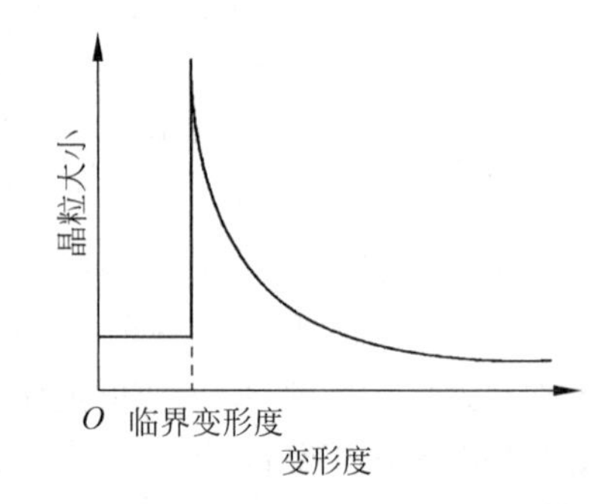

图 5-22 冷变形度对再结晶后晶粒大小的影响

3）原始晶粒尺寸

晶界附近区域的形变情况比较复杂，因而这些区域的储存能较高，晶核易于形成。细晶粒金属的晶界面积大，所以储存能高的区域多，形成的再结晶核心也多，故再结晶后的晶粒尺寸小。

4）杂质和合金元素

在同样的变形量下，杂质和金属元素一方面将增加冷变形金属的储存能，从而使再结晶时的驱动力增大，产生更多的晶核；另一方面，杂质和金属元素对降低界面的迁移能力是极为有效的，能降低再结晶完成后晶粒的长大速率。因此，杂质和金属元素一般可使再结晶后的晶粒变小。

### 5.3.3　晶粒长大

冷变形金属在再结晶刚完成时，一般得到细小均匀的等轴晶粒组织。若继续提高加热温度或延长保温时间，等轴晶粒将长大，最后得到粗大晶粒的组织，使金属力学性能显著降低。

晶粒长大是一个自发过程，因为它可使晶界减少，晶界表面能量降低，使组织处于更为稳定的状态。其过程实质上是一个晶粒的边界向另一个晶粒中迁移，把另外晶粒中晶格的位向逐步改变成与这个晶粒相同的位向，另一个晶粒便逐步被这个晶粒所"吞并"而与之合成一个大晶粒，如图5-23所示。

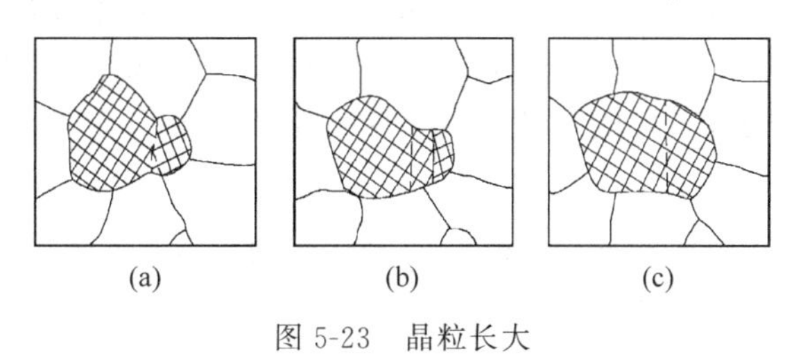

(a)　(b)　(c)

图5-23　晶粒长大

## 5.4　金属的冷加工与热加工

金属的热加工

塑性变形在生产上主要作为一种重要的加工工艺应用于金属的成形加工。金属塑性变形的加工方法包括两种；一是冷塑性变形(冷加工)，如冷冲压、冷弯、冷挤、冷镦、冷轧和冷拔等都属于冷变形；二是热塑性变形(热加工)，如锻造、热挤和轧制等都属于热变形。冷塑性变形的产品表面质量好，尺寸精度高，强度性能高，应用很广。但多数产品，特别是尺寸厚大、变形量大和塑性不好的金属产品(如钨、钼、铬、镁、锌等)，常需在加热状态下成形，因为金属在高温下塑性变形抗力小，塑性好，不用很高吨位的设备，即可很快达到塑性成形加工的要求，故热塑性变形应用更广。

### 5.4.1　冷变形加工和热变形加工

区分热加工与冷加工的界限不是金属是否加热，而是金属的再结晶温度。在再结晶温度以上进行塑性变形称为热加工；在再结晶温度以下进行塑性变形称为冷加工。例如，铅、锡等低熔点金属的再结晶温度低于室温，它们在室温下的变形已属于热加工；钨的再结晶温度为1210℃，即便在1000℃拉制钨丝仍属于冷加工；铁的再结晶温度为450℃，对铁在450℃以下的变形加工都属于冷加工。

在冷加工过程中，因位错增殖产生加工硬化，故其变形量不能大，特别是每道工序的变形量更受到限制，适于薄板材、线材的加工成形。而在热加工过程中，由于加工硬化被动态软化过程所抵消，金属始终保持着高塑性，可持续地进行大变形量的加工；在高温下金属的强度低，变形阻力小，有利于减少动力消耗。因此，除一些铸件和烧结件外，几乎所有的金属在制成产品的过程中都要进行热加工，其中一部分作为最终产品，直接以热加工组织状态使用，如一些锻件；另一部分作为中间产品，或称半成品，如各种型材。不论是半成品，还是最终产品，热变形都可以使冶金缺陷得到改善或消除，组织致密，并且在保持良好的塑性同时具有较低的塑性变形抗力。

热加工通常是在高于 $0.6T_m$(热力学温度)的温度下以 $0.5\sim500s^{-1}$ 的真应变速率进行变形。在此过程中，位错增殖导致的加工硬化能被变形过程发生的动态软化过程所抵消。这种动态软化过程主要包括塑性变形过程中发生的动态回复和动态再结晶，这与塑性变形终止后加热时发生的静态回复和静态再结晶不同。热加工完成或中断后，若金属的温度仍高于再结晶温度，而且冷却速度很缓慢，已发生动态回复或动态再结晶的材料在冷却过程中还可能再发生静态回复和静态再结晶。

金属材料的热加工须控制在一定温度范围之内。上限温度一般控制在固相线以下 100～200℃范围内。如果超过这一温度，就会造成晶界氧化，使晶粒之间失去结合力，塑性变差。下限温度一般应在再结晶温度以上一定范围内，如果超过再结晶温度过多，会造成晶粒粗大；如果低于再结晶温度，则可能会造成内部裂纹甚至开裂。常用金属材料的热加工(锻造)温度范围见表 5-4。

表 5-4 常用金属材料的热加工(锻造)温度范围

| 材　　料 | 始锻温度/℃ | 终锻温度/℃ |
|---|---|---|
| 碳素结构钢及合金结构钢 | 1200～1280 | 750～800 |
| 碳素工具钢及合金工具钢 | 1150～1180 | 800～850 |
| 高速工具钢 | 1090～1150 | 930～950 |
| 铬不锈钢(12Cr13) | 1120～1180 | 870～925 |
| 纯铝 | 450 | 350 |
| 纯铜 | 860 | 650 |

通过调整热加工温度、变形量、变形速率或变形后冷却速率，可以控制组织中动态再结晶及静态再结晶程度或晶粒大小，以便改善材料性能。

## 5.4.2 热变形加工对金属组织与性能的影响

热变形加工过程可使金属组织和性能发生显著变化。

**1. 消除铸态金属的某些缺陷**

热变形加工可焊合铸锭中的气孔、缩松等缺陷，在温度和压力的作用下，原子扩散速度加快，从而能消除部分偏析，通过再结晶过程获得等轴晶粒，改善夹杂物、碳化物的形态、大小和分布，可提高金属材料的致密度。

**2. 形成热变形纤维组织**

热变形加工时，铸态金属中的粗大枝晶偏析及各种夹杂物在变形中沿变形方向伸长成纤维状。这些夹杂物在再结晶过程中不发生改变，因此对热变形金属材料或工件进行宏观检测时，可见到沿着变形方向呈现出一条条细线，这就是热变形纤维组织，通常称为“流线”，

图5-24为吊钩中的纤维组织。

图5-24 吊钩中的纤维组织

锻造时,在金属铸锭中含有的夹杂物多分布在晶界上,金属发生塑性变形,晶粒沿变形方向伸长,塑性夹杂物也随着变形一起被拉长,呈带状分布,脆性夹杂物呈碎粒状或链状分布。通过再结晶过程,金属晶粒被细化,而夹杂物依然呈条状和链状被保留下来,形成了锻造流线。

锻造流线的存在使金属的力学性能呈现各向异性,平行于纤维方向的塑性和韧性增加,垂直于纤维方向的则下降。锻造流线的稳定性很高,而且用热处理的方法不能消除。在设计和制造易受冲击载荷的零件时,必须考虑锻造流线的方向。应使零件所受的最大正应力方向与流线方向一致,切应力或冲击应力与流线方向垂直,而且要使锻造流线的分布与零件的外形轮廓相符合,在切削加工中保持流线的完整和连续,以提高零件的承载能力。螺钉的纤维组织比较如图5-25所示,曲轴的纤维组织比较如图5-26所示。

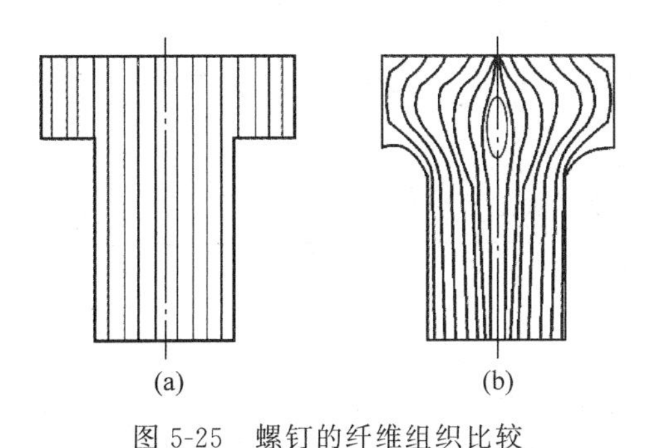


图5-25 螺钉的纤维组织比较

(a) 用棒料直接切削成螺钉;(b) 用局部镦粗的方法制成的螺钉毛坯

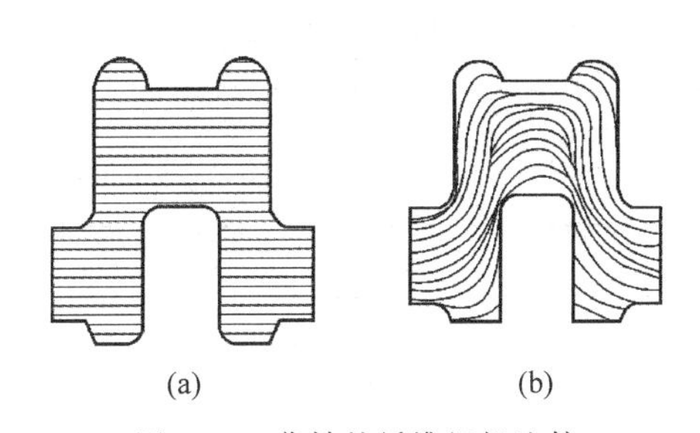


图5-26 曲轴的纤维组织比较

(a) 切削加工制成的曲轴;(b) 用锻造方法制成的曲轴毛坯

### 3. 形成带状组织

多相合金中的各个相,在热加工时沿着变形方向交替地呈带状分布,称为带状组织。这种组织是由于铸态金属中存在枝晶偏析或夹杂物,其在加工过程中沿变形方向被延伸拉长,使晶粒由等轴晶变为拉长的扁平形,如图5-27所示。

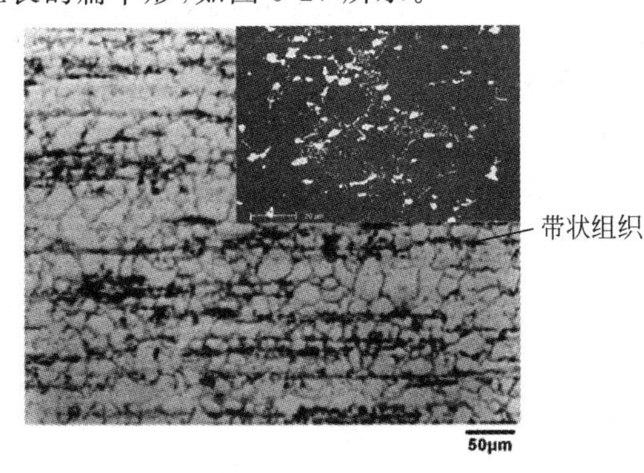


图5-27 热挤压镁合金AZ80的显微组织

带状组织也会使钢材的力学性能呈现各向异性，特别是横向的塑性和韧性明显下降，因此生产中常用均匀化退火或多重正火的方法加以消除。

## 5.5 塑性加工方法

塑性变形是指固态金属在外力作用下获得所需形状、尺寸及力学性能的毛坯或零件的加工方法。各类钢和大多数有色金属及其合金都有一定的塑性，可以在热态或冷态下进行塑性加工。塑性加工与铸造相比具有如下特点：

(1) 金属的致密度提高，组织细化，力学性能好。因此，塑性成形可用于生产主轴、曲轴、连杆、齿轮、叶轮、炮筒、枪管、吊钩、飞机和汽车零件等力学性能要求高的重要零部件。

(2) 自动化程度高，生产率高。

(3) 可实现无屑加工，材料利用率高，尺寸精度高。

(4) 锻造流线合理分布。

塑性加工广泛应用于冶金、机械、汽车、容器、造船、建筑、包装、航空航天等工业领域。生产中常用的塑性加工方法见表 5-5。

**表 5-5　生产中常用的塑性加工方法**

| 塑性成形 | 名称 | 工艺 | 特点和应用 | 图　示 |
| --- | --- | --- | --- | --- |
| 锻造 | 自由锻 | 自由锻是指将金属坯料放在锻造设备的上下砧座之间，施加冲击力或压力，使之产生自由变形而获得所需形状的成形方法 | ① 自由锻所使用的工具简单，不需要造价昂贵的模具；<br>② 可锻造各种质量的锻件，对大型锻件，它是唯一的生产方法；<br>③ 同质量的锻件，自由锻比模锻所需的设备吨位小；<br>④ 锻件的尺寸精度低，加工余量大，金属材料消耗多；<br>⑤ 锻件形状比较简单，生产率低，劳动强度大；<br>⑥ 自由锻只适用于单件或小批量生产 | 1<br>2<br>3<br>1—上砧座；2—工件；3—下砧座 |

续表

| 塑性成形 | 名称 | 工艺 | 特点和应用 | 图　　示 |
| --- | --- | --- | --- | --- |
| 锻造 | 模型锻造 | 模型锻造是将加热好的坯料放在锻模模膛内,在锻压力的作用下迫使坯料变形而获得锻件的一种加工方法 | ① 可以锻造形状比较复杂的锻件;<br>② 锻件内部的锻造流线比较完整,从而提高了零件的力学性能和使用寿命;<br>③ 锻件表面光洁,尺寸精度高,节约材料和切削加工工时;<br>④ 操作简单,易于实现机械化,生产率较高;<br>⑤ 模锻所需设备吨位大,设备费用高;<br>⑥ 锻模加工工艺复杂,制造周期长,费用高;<br>⑦ 模锻只适用于中小型锻件的成批或大批生产 | 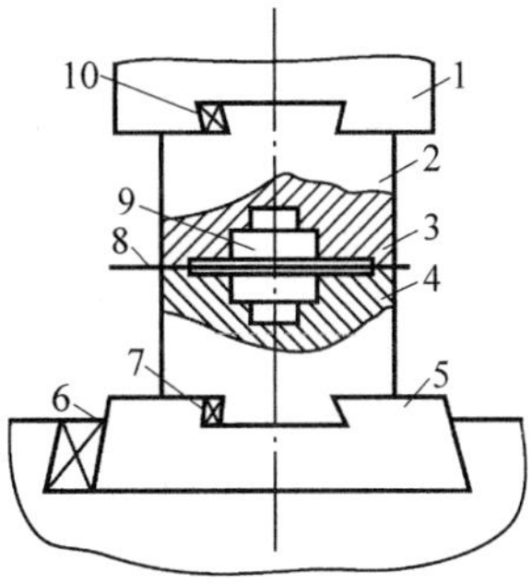 1—锤头; 2—上模; 3—飞边槽; 4—下模; 5—模垫; 6,7,10—楔铁; 8—分模面; 9—模膛 |
| | 胎模锻 | 胎模锻是在自由锻设备上使用简单的非固定模具(胎模)生产模锻件的一种工艺方法 | ① 胎模锻与自由锻相比,生产率和锻件精度均较高,粗糙度低,节约金属材料;<br>② 胎模锻与模锻相比,节约了设备投资,简化了模具制造,但生产率和锻件质量比模锻低;<br>③ 胎模锻适用于小型锻件的中小批量生产 | 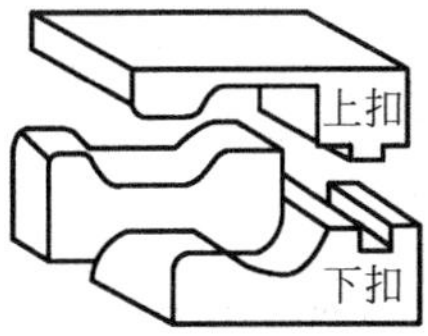 上扣<br>下扣 |
| 板料冲压 | 分离工序 | 落料 | ① 供冲压用的板料必须具有足够的塑性和较低的变形抗力;<br>② 金属板料经冷变形强化获得一定的几何形状后,结构轻巧,强度和刚度较高;<br>③ 冲压件尺寸精度高,质量稳定,互换性好;<br>④ 冲压生产操作简单,生产率高,便于实现机械化和自动化; | 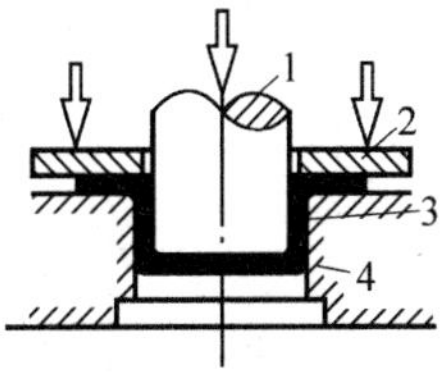 1—冲头; 2—压板; 3—工件; 4—凹模 |
| | | 冲孔 | | |
| | 变形工序 | 拉伸 | | |
| | | 弯曲 | | |
| | | 翻边 | | |

续表

| 塑性成形 | 名称 | 工艺 | 特点和应用 | 图　示 |
|---|---|---|---|---|
| 板料冲压 | 变形工序 | 翻边 | ⑤ 可以冲压形状复杂的零件，废料少；<br>⑥ 冲压模具结构复杂，精度要求高，制造费用高，只适用于大批量生产 | |
| 其他塑性成形 | 挤压成形 | 挤压成形是坯料在外力作用下，通过模具上的孔型产生定向塑性变形获得具有一定形状和尺寸的零件的加工方法 | ① 挤压成形零件的尺寸精度高，表面粗糙度小；<br>② 具有较高的生产率，并可提高材料的利用率；<br>③ 可提高零件的力学性能；<br>④ 可生产形状复杂的管材、型材及零件；<br>⑤ 变形阻力大，需要吨位较大的锻压设备，模具易磨损 | (a) (b) (c) (d)<br>1—凸模；2—凹模；<br>3—坯料；4—挤压产品<br>(a) 正挤压；(b) 反挤压；<br>(c) 复合挤压；(d) 径向挤压 |
| | 轧制成形 | 轧制成形是金属坯料通过一对旋转轧辊之间的间隙而使坯料受压产生横截面减小、长度增加的塑性变形过程 | ① 轧制生产效率高，产品质量好；<br>② 轧制成本低，节约金属；<br>③ 轧制是生产型材、板材和管材的主要方法 | 1—坯料；2—挡板；3—模块；4—锻辊 |
| | 拉拔成形 | 拉拔成形是使金属坯料通过一定形状的模孔，使其横截面减小、长度增加的加工方法 | ① 拉拔成形产品形状尺寸精确，表面质量好；<br>② 拉拔成形产品机械强度高；<br>③ 拉拔常用于拔制金属丝、细管材和异形材等 | 1—拉拔模；2—坯料 |

**大国重器——8 万吨级模锻压机**

大型模锻压机是指压力超过 4 万 t 级的等温模锻液压机，堪称“大国重器”，它是为航空航天、宇航和其他领域装备生产重要锻件的核心机械设备。在此之前，仅有美、俄、法三国拥有大型模锻压机，大多为 4.5 万～7.5 万 t 级。而当我国二重“十年磨一剑”打造世界“重装之王”的 8 万 t 级大型模锻压机于 2012 年首次试车成功后，一举打破了禁锢在中国航空大飞机制造脖子上的“枷锁”。

## 本章小结

塑性是金属的重要特性，利用金属的塑性可把金属制成各种制品，不但轧制、锻造、挤压、冲压、拉拔等成形加工工艺是金属发生大量塑性变形的过程，而且在车、铣、刨、钻等各种切削加工工艺中，也都发生金属的塑性变形。

在室温下，单晶体的塑性变形主要是通过滑移变形和孪生变形两种方式进行的。实际使用的金属材料一般是多晶体，多晶体的塑性变形包括晶内变形和晶间变形。多晶体的晶内变形方式和单晶体一样，也是滑移变形和孪生变形。在生产中，一般总是设法获得细小均匀的晶粒，使金属材料具有较高的综合力学性能。

金属进行冷塑性变形时，随着变形程度的增加，金属的强度和硬度升高，塑性和韧性下降，这种现象称为冷变形强化，又称加工硬化。对塑性变形后的金属加热时，随着加热温度的升高，变化过程分为回复、再结晶、晶粒长大三个阶段。

金属的塑性变形加工分为冷加工和热加工两类。冷加工是指金属在其再结晶温度以下进行的塑性变形加工。热加工是指金属在其再结晶温度以上进行的塑性变形加工。热加工时加工硬化和再结晶同时发生，热加工可以使金属冶金缺陷得到改善或消除，组织致密，力学性能显著提高。

## 习题与思考题

**1. 填空题**

(1) 单晶体塑性变形的基本方式有两种：________和________。

(2) 在切应力作用下，晶体的一部分沿着某一晶面相对于另一部分的滑动，称为________。

(3) 滑移是晶体内部________运动的结果。

(4) 实际使用的金属材料一般是________。

(5) ________是金属的一种很重要的强韧化手段，因此在生产中，一般总是设法获得细小均匀的晶粒，使金属材料具有较高的综合力学性能。

(6) 钢在常温下的变形加工称为________加工，而铅在常温下的变形加工称为________加工。

(7) 造成加工硬化的根本原因是________。

(8) 滑移的本质是________。

(9) 变形金属的最低再结晶温度与熔点的关系是________。

**2. 简答题**

(1) 滑移变形和孪生变形有何区别？试比较它们在塑性变形中的作用。

(2) 与单晶体的塑性变形相比较，说明多晶体塑性变形的特点。

(3) 简述多晶体塑性变形的过程。

(4) 冷塑性变形对金属的组织和性能有什么重要影响？

(5) 冷塑性变形后的金属再加热时，组织和性能有什么变化？

(6) 什么是再结晶？再结晶过程是相变过程吗？为什么？

(7) 影响再结晶退火后晶粒大小的因素有哪些？

(8) 根据你已学到的知识，列举出强化金属材料的方法。

(9) 用低碳钢钢板冷冲压成形的零件，冲压后发现各部位的硬度不同，为什么？

(10) 已知金属钨、铅的熔点分别为3380℃和327℃，试计算它们的最低再结晶温度，并分析钨在900℃加工、铅在室温加工时各为何种加工？

(11) 室温下对铅板进行弯折时，越弯越硬，而稍隔一段时间再进行弯折，铅板又像最初一样柔软，这是什么原因？

(12) 如何区分冷加工和热加工？为什么锻件比铸件的性能好？

(13) 塑性加工与铸造相比具有什么特点？

# 第 3 篇　工程材料篇

# 第6章　钢

【小小疑问】什么是钢？怎样识别和选用钢？

【问题解答】钢是指含碳量为0.0218的铁碳合金。所有工业用钢均有特定的分类和编号，可以通过编号来识别和选用。

## 6.1　钢的分类与编号

钢的分类与编号

目前，在机械工程程材料中，钢铁材料占80%以上。为了在生产上合理选择、正确使用钢材，有必要了解我国钢材的分类、编号及用途。

### 6.1.1　钢的分类

**1. 按化学成分分类**

钢按化学成分分为非合金钢、低合金钢和合金钢。合金元素的质量分数处于表6-1中所列非合金钢、低合金钢或合金钢相应元素的界限值范围时，这些钢分别为非合金钢、低合金钢或合金钢。

**表6-1　非合金钢、低合金钢和合金钢合金元素规定含量界限值(摘自GB/T 13304.1—2008)**

| 合金元素 | 合金元素规定含量界限值(质量分数)/% | | |
|---|---|---|---|
| | 非合金钢 | 低合金钢 | 合金钢 |
| Al | <0.10 | — | ≥0.10 |
| B | <0.0005 | — | ≥0.0005 |
| Bi | <0.10 | — | ≥0.10 |
| Cr | <0.30 | 0.30~<0.50 | ≥0.50 |
| Co | <0.10 | — | ≥0.10 |
| Cu | <0.10 | 0.10~<0.50 | ≥0.50 |
| Mn | <1.00 | 1.00~<1.40 | ≥1.40 |
| Mo | <0.05 | 0.05~<0.10 | ≥0.10 |
| Ni | <0.30 | 0.30~<0.50 | ≥0.50 |
| Nb | <0.02 | 0.02~<0.06 | ≥0.06 |
| Pb | <0.40 | — | ≥0.40 |
| Se | <0.10 | — | ≥0.10 |
| Si | <0.50 | 0.50~<0.90 | ≥0.90 |
| Te | <0.10 | — | ≥0.10 |
| Ti | <0.05 | 0.05~<0.13 | ≥0.13 |

续表

| 合金元素 | 合金元素规定含量界限值(质量分数)/% | | |
|---|---|---|---|
| | 非合金钢 | 低合金钢 | 合金钢 |
| W | <0.10 | — | ≥0.10 |
| V | <0.04 | 0.04～<0.12 | ≥0.12 |
| Zr | <0.05 | 0.05～<0.12 | ≥0.12 |
| La系(每一种元素) | <0.02 | 0.02～<0.05 | ≥0.05 |
| 其他规定元素(S、P、C、N除外) | <0.05 | — | ≥0.05 |

注：① La系元素含量，也可作为混合稀土含量总量。

② 表中"—"表示不规定，不作为划分依据。

**2. 按含碳量分类**

铁碳合金中，含碳量大于0.0218%、小于及等于2.11%的合金称为碳素钢，常用碳钢的含碳量一般都小于1.3%，其强度和韧性均较好。与合金钢相比，碳钢冶炼简便，加工容易，价格便宜，在一般情况下能满足使用性能要求，故应用十分广泛。钢按含碳量分类如图6-1所示。

**3. 按冶金质量分类**

钢按冶金质量分类如图6-2所示。

- 低碳钢($w_C \leqslant 0.25\%$)
- 中碳钢($w_C = 0.25\% \sim 0.60\%$)
- 高碳钢($w_C > 0.60\%$)

图6-1　钢按含碳量分类

钢
- 普通钢　($w_S<0.050\%$，$w_P\leqslant0.045\%$)
- 优质钢　($w_S\leqslant0.030\%$，$w_P\leqslant0.035\%$)
- 高级优质钢($w_S\leqslant0.020\%$，$w_P\leqslant0.030\%$)
- 特级优质钢($w_S\leqslant0.015\%$，$w_P\leqslant0.025\%$)

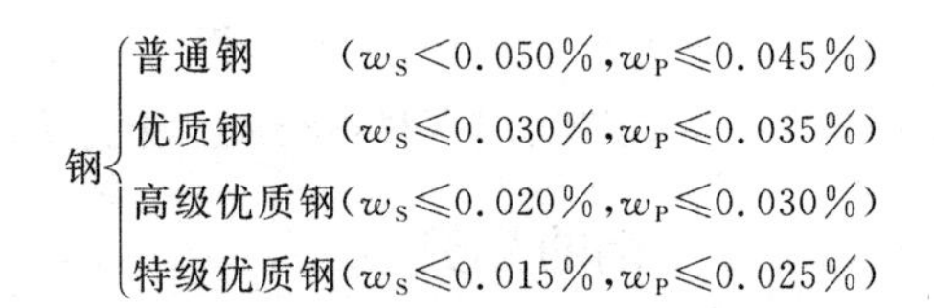

图6-2　钢按冶金质量分类

**4. 按使用特性分类**

钢按使用特性分类如图6-3所示。

钢
- 结构钢
  - 工程用钢
  - 机器用钢
    - 调质钢
    - 渗碳钢
    - 弹簧钢
    - 轴承钢
- 工具钢
  - 非合金工具钢
  - 合金工具钢
    - 量具刃具用钢
    - 冷作模具用钢
    - 热作模具用钢
    - 耐冲击工具用钢
    - 塑料模具用钢
    - 轧辊用钢
    - 特殊用途模具用钢
  - 高速工具钢
- 特殊性能钢
  - 不锈钢
  - 耐热钢
  - 耐磨钢

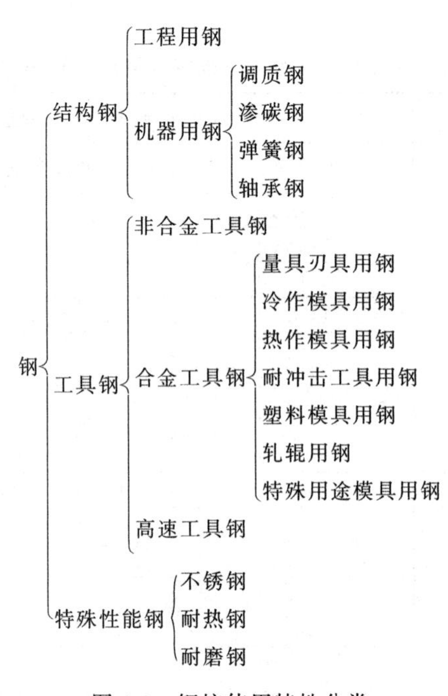

图6-3　钢按使用特性分类

此外，钢按脱氧程度不同，又可分为镇静钢和沸腾钢。

(1) 镇静钢是指脱氧完全的钢。其特点是组织致密、成分均匀、力学性能较好。因此，合金钢和多碳钢都是镇静钢。

(2) 沸腾钢是指脱氧不完全的钢。这种钢凝固前，其中的氧与碳发生反应，生成大量的 CO 气泡，引起钢水沸腾。与镇静钢相比，其特点是成分、性能不均匀，强度也较低，不适于制造重要零件。

### 6.1.2　钢的编号

我国钢的牌号一般采用汉语拼音字母、化学元素符号和阿拉伯数字相结合的方法表示。

采用汉语拼音字母表示钢产品的名称、用途、特性和工艺方法时，一般从代表钢产品名称的汉字的汉语拼音中选取第一个字母。汉语拼音字母原则上只取一个，一般不超过两个。常用钢产品的名称和工艺方法表示符号见表 6-2。

**表 6-2　常用钢产品的名称和工艺方法表示符号(摘自 GB/T 221—2008)**

| 名　称 | 采用的汉字及汉语拼音 | 采用的符号 | 牌号中的位置 | 名　称 | 采用的汉字及汉语拼音 | 采用的符号 | 牌号中的位置 |
|---|---|---|---|---|---|---|---|
| 碳素结构钢 | 屈(Qu) | Q | 头 | 船用钢 | — | 国际符号 | |
| 低合金高强度钢 | 屈(Qu) | Q | 头 | 汽车大梁用钢 | 梁(Liang) | L | 尾 |
| 耐候钢 | 耐候(Nai Hou) | NH | 尾 | 矿用钢 | 矿(Kuang) | K | 尾 |
| 保证淬透性钢 | — | H | 尾 | 压力容器用钢 | 容(Rong) | R | 尾 |
| 易切削非调质钢 | 易非(Yi Fei) | YF | 头 | 桥梁用钢 | 桥(Qiao) | q | 尾 |
| 热锻用非调质钢 | 非(Fei) | F | 头 | 锅炉用钢 | 锅(Guo) | g | 尾 |
| 易切削钢 | 易(Yi) | Y | 头 | 焊接气瓶用钢 | 焊瓶(Han Ping) | HP | 尾 |
| 碳素工具钢 | 碳(Tan) | T | 头 | 车辆车轴用钢 | 辆轴(Liang Zhou) | LZ | 头 |
| 塑料模具钢 | 塑模(Su Mo) | SM | 头 | 机车车轴用钢 | 机轴(ji Zhou) | JZ | 头 |
| (滚珠)轴承钢 | 滚(Gun) | G | 头 | 管线用钢 | — | S | 头 |
| 焊接用钢 | 焊(Han) | H | 头 | 沸腾钢 | 沸(Fei) | F | 尾 |
| 钢轨钢 | 轨(Gui) | U | 头 | 半镇静钢 | 半(Ban) | b | 尾 |
| 铆螺钢 | 铆螺(Mao Luo) | ML | 头 | 镇静钢 | 镇(Zhen) | Z | 尾 |
| 锚链钢 | 锚(Mao) | M | 头 | 特殊镇静钢 | 特镇(Te Zhen) | TZ | 尾 |
| 地质钻探钢管用钢 | 地质(Di Zhi) | DZ | 头 | 质量等级 | — | A、B、C、D、E | 尾 |

#### 1. 碳素结构钢和低合金结构钢

这两类钢采用代表屈服强度的拼音字母“Q”，屈服强度值(以 $N/mm^2$ 或 MPa 为单位)和表 6-2 中规定的质量等级、脱氧方法等符号表示，按顺序组成牌号。例如，碳素结构钢的牌号表示为 Q235AF、Q235BZ 等；低合金高强度结构钢的牌号表示为 Q345C、Q345D 等。

质量等级由 A 到 E，磷、硫含量降低，质量提高。

脱氧方法表示符号，即沸腾钢、半镇静钢、特殊镇静钢分别以 F、b、Z、TZ 表示。镇静钢、特殊镇静钢表示符号通常可以省略。低合金高强度结构钢都是镇静钢或特殊镇静钢，因此其牌号中没有表示脱氧方法的符号。

根据需要，低合金高强度结构钢的牌号也可以采用两位阿拉伯数字（表示平均含碳量的万分之几）和化学元素符号按顺序表示，如16Mn等。

**2. 优质碳素结构钢**

优质碳素结构钢的牌号以两位数字表示，这两位数字表示钢中平均碳质量分数的万倍。

沸腾钢和半镇静钢在牌号尾部分别加符号“F”和“b”。如平均含碳量为0.08%的沸腾钢，其牌号表示为08F，平均含碳量为0.10%的半镇静钢，其牌号表示为10b。镇静钢一般不标符号，如平均含碳量为0.45%的镇静钢，其牌号表示为45。

钢的含锰量为0.70%～1.00%时，在牌号后加锰元素符号，如50Mn。高级优质钢在牌号后加字母“A”，特级优质钢在牌号后加字母“E”，如45E。

**3. 合金结构钢和合金弹簧钢**

合金结构钢和合金弹簧钢的牌号由两位数字（表示平均碳质量分数的万倍）加上其后带有百分含量数字的合金元素符号组成。当合金元素的平均含量小于1.50%时，只标元素符号，不标含量；当合金元素的平均含量为1.50%～2.49%、2.50%～3.49%、3.50%～4.49%、4.50%～5.49%，…时，在相应的合金元素符号后标数字2、3、4、5，…，如30CrMnSi、20CrNi3等。

高级优质钢在牌号后加字母“A”，如30CrMnSiA、60Si2MnA等；特级优质钢在牌号后加字母“E”，如30CrMnSiE等。

**4. 工具钢**

1）非合金工具钢（即原碳素工具钢）

非合金工具钢的牌号由字母“T”与其后的数字（表示平均碳质量分数的千倍）组成，如T9；高级优质钢在牌号后加字母“A”，如T10A。

2）合金工具钢和高速工具钢

合金工具钢的表示方法与合金结构钢相同，当合金工具钢的含碳量小于1.00%时，含碳量用一位数字标明，这一位数字表示平均碳质量分数的千倍，合金元素的表示方法与合金结构钢相同。如“8MnSi”表示$w_C=0.8\%$，平均$w_{Mn}$、$w_{Si}$均小于1.5%。当合金工具钢的含碳量不小于1.00%时，不标明含碳量数字。如“Cr12MoV”（平均含碳量为1.60%）。

平均含铬量小于1%的合金工具钢，在含铬量（以千分之一为单位）前加数字“0”，如Cr06。

高速工具钢牌号的表示方法与合金结构钢相同，但无论含碳量多少，均不标明含碳量数字，如“W6Mo5Cr4V2”（平均含碳量为0.85%）。

**5. 轴承钢**

高碳铬轴承钢的牌号以字母“G”打头，其后以铬（Cr）加数字来表示。数字表示平均铬质量分数的千倍，碳质量分数不予标出。如GCr15的平均含铬量为1.5%。渗碳轴承钢牌号的表示方法与合金结构钢相同，仅在牌号头部加字母“G”，如G20CrNiMo。

**6. 不锈钢和耐热钢**

不锈钢和耐热钢的牌号由表示平均碳质量分数的千倍与其后带有百分含量数字的合金元素符号组成。合金元素含量的表示方法同合金结构钢。含碳量的表示方法为：当平均含碳量≥1.00%时，用两位数字表示，如11Cr17（平均含碳量为1.10%）；当0.1%≤平均含碳量<1.00%时，用一位数字表示，如2Cr13（平均含碳量为0.20%）；当含碳量上限<0.1%

时，以“0”表示，如 0Cr18Ni9（含碳量上限为 0.08%）；当 0.01%＜含碳量上限≤0.03%时（超低碳），以“03”表示，如 03Cr19Ni10（含碳量上限为 0.03%）；当含碳量上限≤0.01%时（极低碳），以 01 表示，如 01Cr19Ni11（含碳量上限为 0.01%）。

**7. 铸钢**

以强度为主要特征的铸钢牌号为“ZG”（表示“铸钢”两字）加上两组数字，第一组数字表示最低屈服强度值，第二组数字表示最低抗拉强度值，单位均为 MPa，如 ZG200-400。

以化学成分为主要特征的铸钢牌号为“ZG”加上两位数字，这两位数字表示平均含碳量的万分之几。合金铸钢牌号在两位数字后再加上带有百分含量数字的元素符号。当合金元素平均含量为 0.9%～1.4%时，除锰只标符号不标含量外，其他元素需在符号后标注数字 1；当合金元素平均含量大于 1.5%时，标注方法同合金结构钢，如 ZG15Cr1Mo1V、ZG20Cr13。

### 6.1.3　钢铁及合金牌号统一数字代号体系

国家标准 GB/T 17616—2013 对钢铁及合金产品牌号规定了统一的数字代号，与现行的 GB/T 221—2008《钢铁产品牌号表示方法》等同时并用。统一数字代号有利于现代化的数据处理设备进行存储和检索，便于生产和使用。

统一数字代号由固定的 6 位符号组成，左边第一位用大写的拉丁字母作前缀（“I”和“O”除外），后接 5 位阿拉伯数字。每个统一数字代号只适用于一个产品牌号。统一数字代号的结构形式如下：

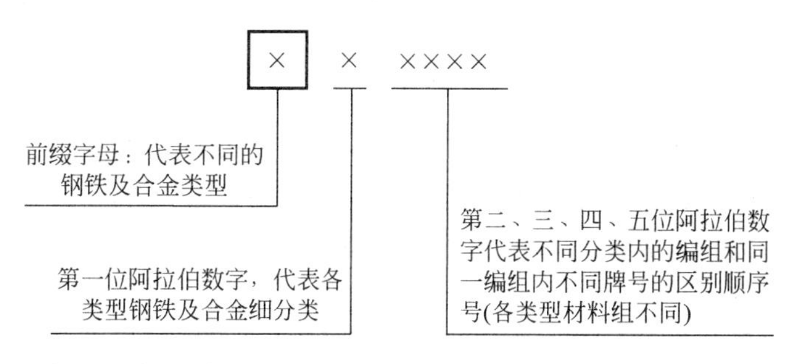


钢铁及合金的类型及每个类型产品牌号的统一数字代号见表 6-3。各类型钢铁及合金的细分类和主要编组及其产品牌号的统一数字代号详见国标 GB/T 17616—2013。

**表 6-3　钢铁及合金的类型与统一数字代号**

| 钢铁及合金的类型 | 统一数字代号 | 钢铁及合金的类型 | 统一数字代号 |
|---|---|---|---|
| 合金结构钢 | A××××× | 杂类材料 | M××××× |
| 轴承钢 | B××××× | 粉末及粉末冶金材料 | P××××× |
| 铸铁、铸钢及铸造合金 | C××××× | 快淬金属及合金 | Q××××× |
| 电工用钢和纯铁 | E××××× | 不锈钢和耐热钢 | S××××× |
| 铁合金和生铁 | F××××× | 工模具钢 | T××××× |
| 耐蚀合金和高温合金 | H××××× | 非合金钢 | U××××× |
| 金属功能材料 | J××××× | 焊接用钢及合金 | W××××× |
| 低合金钢 | L××××× | | |

**中国古代“炒钢”术**

中国是世界上最早掌握炼钢技术的国家。中国古代工匠先后发明了“块炼渗碳钢”“百炼钢”“炒钢”等炼钢工艺，其中以炒钢术最为先进。炒钢——就是把生铁加热到熔融或半熔融状态，在熔炉中不断地搅拌，利用空气中的氧气把生铁中较高的碳氧化反应掉，从而获得含碳量较低、质量较高的钢。

炒钢技术的发明是炼钢史上的一次技术革命。在欧洲，炒钢始于18世纪的英国，比中国要晚1600多年。

钢的常存杂质与合金元素

## 6.2 钢中常存杂质与合金元素

### 6.2.1 钢中常存杂质元素及其对钢的性能的影响

钢中的常存杂质元素主要是指锰、硅、硫、磷、氮、氧、氢等元素。这些杂质元素在冶炼时或者是由原料、燃料及耐火材料带入钢中，或者是由大气进入钢中，或者是脱氧时残留于钢中。它们的存在会对钢的性能产生显著影响。

**1. 硅和锰的影响**

锰在钢中是一种有益元素。锰可以与硫形成高熔点(1600℃)的 MnS，一定程度上消除了硫的有害作用。此外，在室温下锰能溶于铁素体，对钢有一定的强化作用。锰也能溶于渗碳体中，形成合金渗碳体。

硅在钢中也是一种有益的元素。硅与钢水中的 FeO 能结成密度较小的硅酸盐炉渣而被除去，硅在钢中溶于铁素体内使钢的强度、硬度增加，塑性、韧性降低。

当硅和锰作为杂质元素时，其含量分别控制在0.4%和0.8%以下。

**2. 硫和磷的影响**

硫和磷在钢中都是有害元素。

硫在α-Fe中的溶解度很小，在钢中常以 FeS 的形式存在。FeS 与 Fe 易在晶界上形成低熔点(985℃)的共晶体，当钢在1000～1200℃进行热加工时，由于共晶体的熔化而导致钢材脆性开裂，这种现象称为热脆性，含硫量越高，热脆现象越严重，故必须对钢的含硫量进行控制。

磷能全部溶于铁素体中，有强烈的固溶强化作用，虽可提高强度、硬度，却能显著降低钢的塑性和冲击韧性，特别是在低温时，它使钢材显著变脆，这种现象称为冷脆性。冷脆性使钢材的冷加工及焊接性变坏，含磷越高，冷脆性越大，故对钢中的含磷量控制较严。

硫和磷在钢中的控制含量如图6-2所示。

人类在使用钢铁的历史上曾发生过许多惨痛的教训。如1938年4月13日早晨，在0℃的气温下，比利时境内的一座钢铁大桥突然发出巨大声响，大桥自动崩裂成几段坠入河中，造成了巨大的经济损失。事故发生后，材料专家研究发现：造成钢铁大桥自动崩裂的原因竟是钢铁中含磷量过高产生的冷脆性所致。

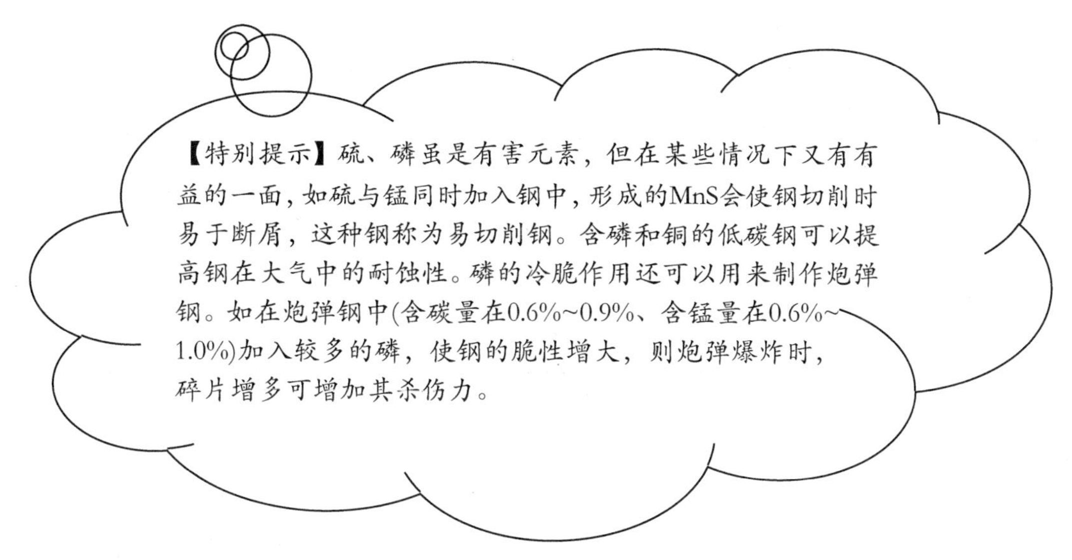


**3. 气体元素的影响**

(1) 氮。室温下氮在铁素体中的溶解度很低，当钢中溶有过饱和的氮，在常温放置较长一段时间后或随后在200～300℃加热就会产生氮以氮化物($Fe_2N$、$Fe_4N$)的形式析出，并使钢的硬度、强度提高，塑性下降，发生时效脆化。在钢中加入Ti、V、Al等元素可进行固氮处理，使氮以这些元素氮化物的形式被固定，从而消除时效倾向。

(2) 氧。氧在钢中主要以氧化物夹杂的形式存在，氧化物夹杂与基体的结合力弱，不易变形，易成为疲劳裂纹源，对疲劳强度、冲压韧性等有严重影响。

(3) 氢。常温下氢在钢中的溶解度很低。当氢在钢中以原子态溶解时，会降低钢的韧性，引起氢脆。当氢在缺陷处以分子态析出时，会产生很高的内压，形成微裂纹，其内壁呈白色，称为白点或发裂。白点常在轧制的厚板、大锻件中发现，在纵断面中可看到圆形或椭圆形的白色斑点，在横断面上则是细长的发丝状裂纹。锻件中有了白点，使用时会发生突然断裂，造成严重事故。

### 6.2.2 合金元素在钢中的主要作用

合金钢的性能是否优良，主要取决于钢中合金元素与碳的作用。按合金元素与碳的亲和力大小，可分为：

(1) 非碳化物形成元素。与碳的亲和力很小，一般不与碳化合，如Si、Ni、Cu、Al、Co等。

(2) 碳化物形成元素。与碳的亲和力依次由弱到强的元素有Fe、Mn、Cr、Mo、W、V、Nb、Zr、Ti等。与碳的亲和力越强，所形成的碳化物越稳定。

**1. 合金元素在钢中的存在形式**

合金元素与碳的作用直接决定其在钢中的存在形式。合金元素可以与铁和碳形成固溶体和碳化物，也可以形成金属间化合物，从而改变钢的组织和性能。

(1) 合金铁素体。几乎所有合金元素可或多或少地溶入铁素体(或奥氏体)，形成合金铁素体，使钢材得到强化。其中，原子直径很小的合金元素(如氮、硼等)与铁形成间隙固溶体，原子直径较大的合金元素与铁形成置换固溶体。

(2) 合金渗碳体。弱碳化物形成元素或较低含量的中强碳化物，形成合金渗碳体，如

$(FeMn)_3C$、$(FeCr)_3C$、$Mn_3C$ 等。

(3) 特殊碳化物。强碳化物形成元素或较高含量的中强碳化物形成元素，形成特殊碳化物，如 VC、TiC、NbC 等。

【特别提示】合金渗碳体和特殊碳化物具有较高的熔点和稳定性，在加热至高温时也不易落入奥氏体。因此，可以起到抑制奥氏体晶粒长大的作用。而且它们有具有较高的硬度，当它们在钢中呈弥散分布时，可大大提高钢的强度、硬度和耐磨性，且不降低韧性，这对提高工件的使用性能极为有利。

**2. 合金元素对钢中基本相的影响**

铁素体和渗碳体是碳素钢中的两个基本相，合金元素进入钢中将对这两个基本相的成分、结构和性能产生影响。

(1) 溶于铁素体，起固溶强化作用。加入钢中的非碳化物形成元素及过剩的碳化物形成元素都将溶于铁素体，形成合金铁素体，起固溶强化作用。图 6-4 和图 6-5 为几种合金元素对铁素体硬度和冲击韧性的影响，可以看出，P、Si、Mn 的固溶强化效果最显著，但当其含量超过一定值后，铁素体的冲击韧性将急剧下降。而 Cr、Ni 在适当的含量范围内不仅能提高铁素体的硬度，还能提高其韧性。因此，为了获得良好的强化效果，应控制固溶强化元素在钢中的含量。

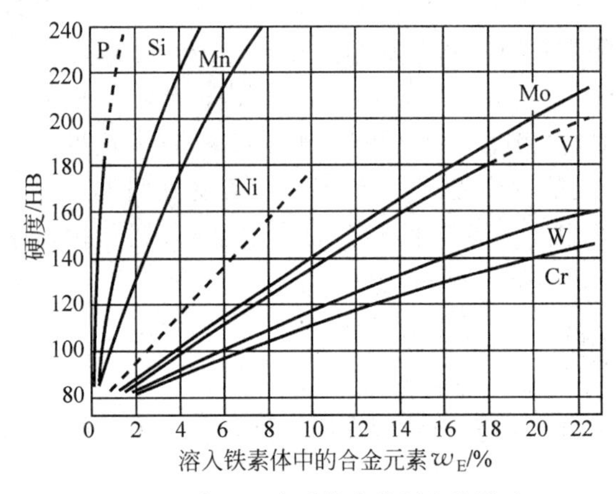


图 6-4　合金元素对铁素体硬度的影响

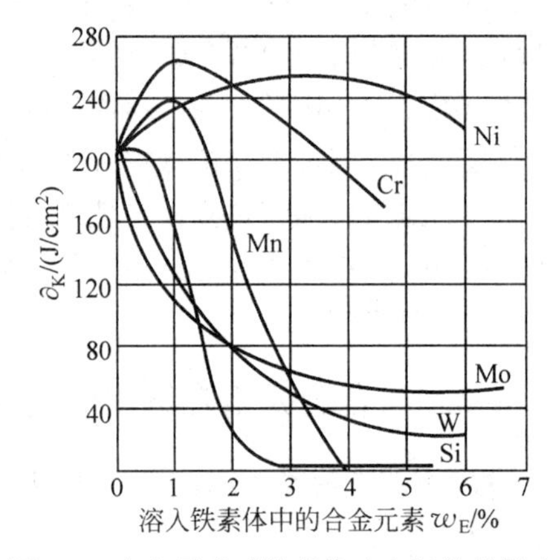


图 6-5　合金元素对铁素体冲击韧性的影响

(2) 形成碳化物。加入到钢中的合金元素，除溶入铁素体外，还能进入渗碳体中，形成合金渗碳体，如铬进入渗碳体形成$(Fe,Cr)_3C$。当碳化物形成元素超过一定量后，将形成这些元素自己的碳化物。合金元素与碳的亲和力从大到小的顺序为：Zr、Ti、Nb、V、W、Mo、Cr、Mn、Fe。合金元素与碳的亲和力越大，所形成化合物的稳定性、熔点、分解温度、硬度、耐磨性就越高。在碳化物形成元素中，钛、铌、钒是强碳化物形成元素，所形成的碳化物如 TiC、VC 等；钨、钼、铬是中碳化物形成元素，所形成的碳化物如 $Cr_{23}C_6$、$Cr_7C_3$、$Mo_2C$ 等。锰、铁是弱碳化物形成元素，所形成的碳化物如 $Fe_3C$、$Mn_3C$ 等。碳化物是钢中的重要组成相之一，其类型、数量、大小、形态及分布对钢的性能有着重要影响。

**3. 合金元素对铁碳相图的影响**

1）合金元素对奥氏体相区的影响

加入到钢中的合金元素，依其对奥氏体相区的作用可分为两类。一类是扩大奥氏体相区的元素，如 Ni、Co、Mn、N 等，这些元素使 $A_1$、$A_3$ 点下降。当钢中的这些元素含量足够高（如 Mn 含量大于 13％或 Ni 含量大于 9％）时，$A_3$ 点降到 0℃以下，因而室温下钢具有单相奥氏体组织，称为奥氏体钢。另一类是缩小奥氏体相区的元素，如 Cr、Mo、Si、Ti、W、Al 等，这些元素使 $A_1$、$A_3$ 点上升。当钢中的这些元素含量足够高（例如 Cr 含量大于 13％）时，奥氏体相区消失，室温下钢具有单相铁素体组织，称为铁素体钢。

图 6-6 和图 6-7 分别为锰和铬对奥氏体相区的影响。

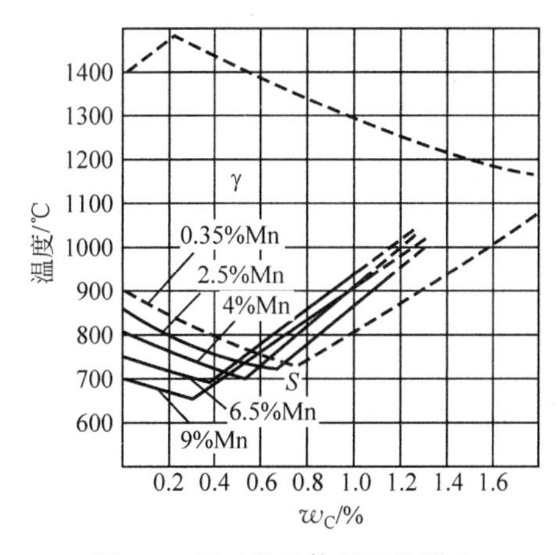


图 6-6　锰对奥氏体相区的影响

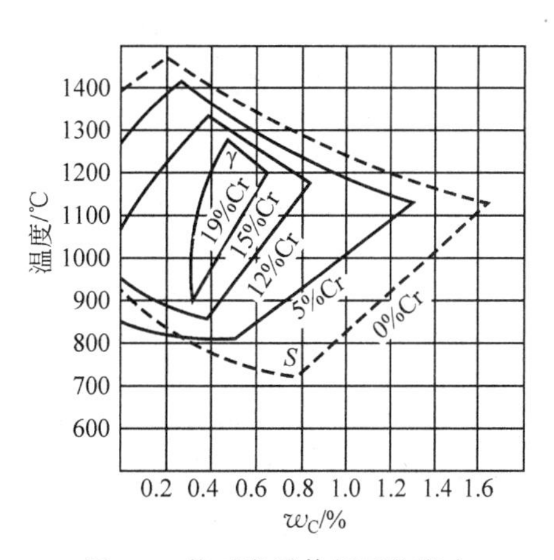


图 6-7　铬对奥氏体相区的影响

2）合金元素对 $S$ 点和 $E$ 点位置的影响

几乎所有合金元素可使 $E$ 点和 $S$ 点左移，即使这两点的含碳量下降。由于 $S$ 点的左移，使碳含量低于 0.77％的合金钢出现过共析组织（如 40Cr13），在退火状态下，相同含碳量的合金钢组织中的珠光体量比碳钢多，从而使钢的强度和硬度提高。同样，由于 $E$ 点的左移，使含碳量低于 2.11％的合金钢出现共晶组织，称为莱氏体钢，如 W18Cr4V（平均含碳量为 0.7％～0.8％）。

**4. 合金元素对钢中相变过程的影响**

1）对钢加热时奥氏体化过程的影响

（1）对奥氏体形成速度的影响。大多数合金元素（除镍、钴以外）能减缓钢的奥氏体化过程。因此，合金钢在热处理时，要相应地提高加热温度或延长保温时间，才能保证奥氏体化过程的充分进行。

（2）对奥氏体晶粒长大倾向的影响。碳、氮化物形成元素阻碍奥氏体长大。合金元素与碳和氮的亲和力越大，阻碍奥氏体晶粒长大的作用也越强烈，因而强碳化物和氮化物形成元素具有细化晶粒的作用。Mn、P 对奥氏体晶粒的长大起促进作用，因此含锰钢加热时应严格控制加热温度和保温时间。

2）对钢冷却时过冷奥氏体转变过程的影响

（1）对 C 曲线和淬透性的影响。除 Co 外，凡溶入奥氏体的合金元素均使 C 曲线右移，钢的临界冷却速度下降，淬透性提高。淬透性的提高，可使钢的淬火冷却速度降低，这有利于减少零件的淬火变形和开裂倾向。合金元素对钢淬透性的影响取决于该元素的作用强度和溶解量，钢中常用的提高淬透性元素为Mn、Si、Cr、Ni、B。如果采用多元少量的合金化原则，对提高钢的淬透性会更加有效。

中强和强碳化物形成元素（如铬、钨、钼、钒等），溶于奥氏体后，不仅使C曲线右移，还使C曲线的形状发生改变，使珠光体转变与贝氏体转变明显地分为两个独立的区域。合金元素对C曲线的影响如图6-8所示。

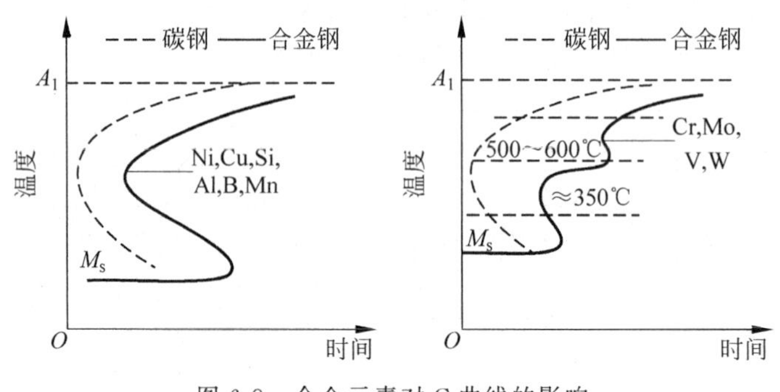


图6-8　合金元素对C曲线的影响

（2）对$M_s$、$M_f$点的影响。除Co、Al外，所有溶于奥氏体的合金元素使$M_s$、$M_f$点下降，使钢淬火后的残余奥氏体量增加。一些高合金钢在淬火后残余奥氏体量可高达30%～40%，这对钢的性能会产生不利的影响，可通过淬火后的冷处理和回火处理来降低残余奥氏体量。

3）对淬火钢回火转变过程的影响

（1）提高耐回火性。淬火钢在回火过程中抵抗硬度下降的能力称为耐回火性。由于合金元素阻碍马氏体的分解和碳化物的聚集长大，使回火时的硬度降低过程变缓，从而提高了钢的耐回火性。因此，当回火硬度相同时，合金钢的回火温度比相同含碳量的碳钢高，这对于消除内应力是有利的。而当回火温度相同时，合金钢的强度、硬度则比碳钢高。

（2）产生二次硬化。若钢中Cr、W、Mo、V等元素超过一定量时，除了提高回火抗力外，在400℃以上还会形成弥散分布的特殊碳化物，以及回火冷却时残余奥氏体转变为马氏体，使钢的硬度不仅不下降，反而升高，直到500～600℃硬度达最高值，这种现象称为二次硬化，如图6-9所示。600℃以后硬度下降是由于这些弥散分布的碳化物聚集长大的结果。

（3）防止第二类回火脆性。合金元素对淬火钢回火后的机械性能不利的方面是回火脆性问题。

回火脆性一般是在250～400℃与500～650℃这两个温度范围内回火时出现的，它使钢的韧性显著降低。结构钢回火时在250～400℃出现“第一类回火脆性”。这类回火脆性无论是在碳钢还是合金钢中均会出现，它与钢的成分和冷却速度无关，即使加入合金元素及回火后快冷或重新加热到此温度范围内回火，也无法避免，故又称“不可逆回火脆性”。但合金元素可使第一类回火脆性的温度范围移向较高的温度。一般认为这类回火脆性的产生与马氏体、残余奥氏体的分解及$Fe_3C$的析出有关，防止方法就是避开这一温度范围回火。500～650℃回火后缓慢冷却出现的冲击韧性下降现象称为“第二类回火脆性”。这类回火脆性如

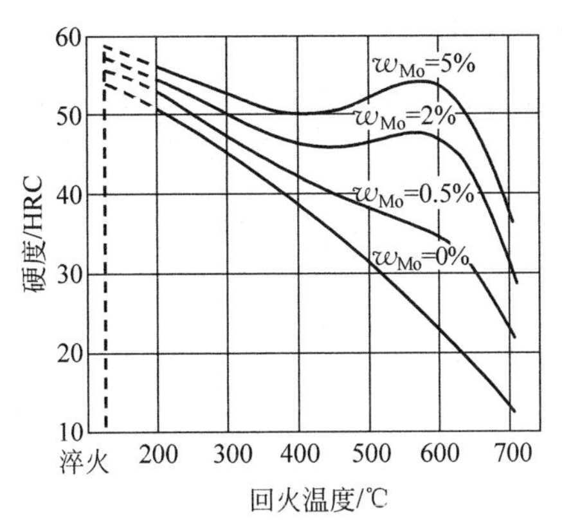


图 6-9　对含碳量 0.35％的钢淬火回火后其硬度变化

果在回火时快冷就不会出现，另外，如果脆性已经发生，只要再加热到原来的回火温度重新回火并快冷，则可将其完全消除，因此这类回火脆性又称为"可逆回火脆性"。

但是，并非所有的钢有第二类回火脆性，它只在含 Cr、Mn 或 Cr-Ni、Cr-Si 的合金钢中出现，发生了这类回火脆性的钢不仅室温下的冲击韧性低且韧脆转化温度高，因此必须设法防止或避免。其产生的原因是 P、Mn、S、Si 等元素在晶界偏聚造成的。消除方法是：

① 自回火温度快速冷却，以消除 P、Mn、S、Si 元素的偏聚。

② 在钢中加入 0.2％～0.3％的 Mo 或 0.4％～0.8％的 W 来减缓偏聚过程的发生，从而消除或减轻回火脆性。

第二类回火脆性的消除对于需调质处理后使用的大型件有着重要的意义。

4）合金元素使合金钢具有某些特殊性能

加入元素 Cr、Si、Al 等可在高温下使钢的表面形成致密的高熔点氧化膜，防止钢件继续氧化；加入 W、Mo、V 等元素可提高钢的高温强度，使钢具有耐热性。

总之，不同合金元素在钢中的作用不同，同一种合金元素，其含量不同，对钢的组织和性能影响也不同，因此就形成了不同类型的合金钢。

## 6.3　结　构　钢

结构钢按用途可分为工程用钢和机器用钢两大类。工程用钢主要用于各种工程结构，包括碳素结构钢和低合金高强度结构钢，这类钢冶炼简便、成本低、用量大，一般不进行热处理。而机器用钢大多采用优质碳素结构钢和合金结构钢，它们一般在经过热处理后使用。

### 6.3.1　碳素结构钢

碳素结构钢是工业中用量最大的钢种，约占钢材总量的 70％。其成分特点是含碳量低(0.06％～0.38％)，硫、磷含量较高。一般在热轧状态下使用，组织为铁素体和珠光体。其塑性高，可焊性好，通常以钢棒、钢板、型钢或以钢锭、钢坯供应。这类钢主要保证力学性能，不再进行热处理；但对某些零件，也可以进行正火、调质、渗碳等处理，以提高其使用性能。

碳素结构钢的牌号及性能见表 6-4。

**表 6-4　碳素结构钢的牌号及性能(摘自 GB/T 700—2006)**

<table>
<tr><th rowspan="3">牌号</th><th rowspan="3">质量等级</th><th colspan="6">屈服强度 $R_{eH}$/MPa，不小于</th><th rowspan="2">抗拉强度 $R_m$/MPa</th><th colspan="5">断后伸长率 $A$/%，不小于</th><th colspan="2">冲击韧性 V 形缺口</th></tr>
<tr><th colspan="6">厚度(或直径)/mm</th><th colspan="5">厚度(或直径)/mm</th><th rowspan="2">温度/℃</th><th rowspan="2">冲击吸收功(纵向)/J 不小于</th></tr>
<tr><th>≤16</th><th>>15~40</th><th>>40~60</th><th>>60~100</th><th>>100~150</th><th>>150~200</th><th></th><th>≤40</th><th>>40~60</th><th>>60~100</th><th>>100~150</th><th>>150~200</th></tr>
<tr><td>Q195</td><td>—</td><td>195</td><td>185</td><td>—</td><td>—</td><td>—</td><td>—</td><td>315~430</td><td>33</td><td>—</td><td>—</td><td>—</td><td>—</td><td>—</td><td>—</td></tr>
<tr><td rowspan="2">Q215</td><td>A</td><td rowspan="2">215</td><td rowspan="2">205</td><td rowspan="2">195</td><td rowspan="2">185</td><td rowspan="2">175</td><td rowspan="2">165</td><td rowspan="2">335~450</td><td rowspan="2">31</td><td rowspan="2">30</td><td rowspan="2">29</td><td rowspan="2">27</td><td rowspan="2">26</td><td>—</td><td>—</td></tr>
<tr><td>B</td><td>+20</td><td>27</td></tr>
<tr><td rowspan="4">Q235</td><td>A</td><td rowspan="4">235</td><td rowspan="4">225</td><td rowspan="4">215</td><td rowspan="4">215</td><td rowspan="4">195</td><td rowspan="4">185</td><td rowspan="4">370~500</td><td rowspan="4">26</td><td rowspan="4">25</td><td rowspan="4">24</td><td rowspan="4">22</td><td rowspan="4">21</td><td>—</td><td>—</td></tr>
<tr><td>B</td><td>+20</td><td rowspan="3">27</td></tr>
<tr><td>C</td><td>0</td></tr>
<tr><td>D</td><td>+20</td></tr>
<tr><td rowspan="4">Q275</td><td>A</td><td rowspan="4">275</td><td rowspan="4">265</td><td rowspan="4">255</td><td rowspan="4">245</td><td rowspan="4">225</td><td rowspan="4">215</td><td rowspan="4">410~540</td><td rowspan="4">22</td><td rowspan="4">21</td><td rowspan="4">20</td><td rowspan="4">18</td><td rowspan="4">17</td><td>—</td><td>—</td></tr>
<tr><td>B</td><td>+20</td><td rowspan="3">27</td></tr>
<tr><td>C</td><td>0</td></tr>
<tr><td>D</td><td>−20</td></tr>
</table>

## 6.3.2　优质碳素结构钢

优质碳素结构钢的化学成分、力学性能见表 6-5 和表 6-6。这类钢硫、磷含量较低(均不大于 0.035%)，力学性能优于(普通)碳素结构钢，多用于制造比较重要的机械零件。

**表 6-5　优质碳素结构钢的牌号和化学成分(摘自 GB/T 699—2015)**

<table>
<tr><th rowspan="3">牌号</th><th rowspan="3">统一数字代号</th><th colspan="6">化学成分(质量分数)$w$/%</th></tr>
<tr><th rowspan="2">C</th><th rowspan="2">Si</th><th rowspan="2">Mn</th><th>Cr</th><th>Ni</th><th>Cu</th></tr>
<tr><th colspan="3">≤</th></tr>
<tr><td>08b</td><td>U20082</td><td>0.05~0.11</td><td>0.17~0.37</td><td>0.35~0.65</td><td>0.10</td><td>0.30</td><td>0.15</td></tr>
<tr><td>10</td><td>U20102</td><td>0.07~0.14</td><td>0.17~0.37</td><td>0.35~0.65</td><td>0.15</td><td>0.25</td><td>0.25</td></tr>
<tr><td>15</td><td>U20152</td><td>0.12~0.19</td><td>0.17~0.37</td><td>0.35~0.65</td><td>0.25</td><td>0.25</td><td>0.25</td></tr>
<tr><td>20</td><td>U20202</td><td>0.17~0.24</td><td>0.17~0.37</td><td>0.35~0.65</td><td>0.25</td><td>0.25</td><td>0.25</td></tr>
<tr><td>25</td><td>U20252</td><td>0.22~0.30</td><td>0.17~0.37</td><td>0.50~0.80</td><td>0.25</td><td>0.25</td><td>0.25</td></tr>
<tr><td>30</td><td>U20302</td><td>0.27~0.35</td><td>0.17~0.37</td><td>0.50~0.80</td><td>0.25</td><td>0.25</td><td>0.25</td></tr>
<tr><td>35</td><td>U20352</td><td>0.32~0.40</td><td>0.17~0.37</td><td>0.50~0.80</td><td>0.25</td><td>0.25</td><td>0.25</td></tr>
<tr><td>40</td><td>U20402</td><td>0.37~0.45</td><td>0.17~0.37</td><td>0.50~0.80</td><td>0.25</td><td>0.25</td><td>0.25</td></tr>
</table>

续表

| 牌号 | 统一数字代号 | 化学成分(质量分数)$w$/% | | | | | |
|---|---|---|---|---|---|---|---|
| | | C | Si | Mn | Cr | Ni | Cu |
| | | | | | ≤ | | |
| 45 | U20452 | 0.42～0.50 | 0.17～0.37 | 0.50～0.80 | 0.25 | 0.25 | 0.25 |
| 50 | U20502 | 0.47～0.55 | 0.17～0.37 | 0.50～0.80 | 0.25 | 0.25 | 0.25 |
| 55 | U20552 | 0.52～0.60 | 0.17～0.37 | 0.50～0.80 | 0.25 | 0.25 | 0.25 |
| 65 | U20652 | 0.62～0.70 | 0.17～0.37 | 0.50～0.80 | 0.25 | 0.25 | 0.25 |
| 70 | U20702 | 0.67～0.75 | 0.17～0.37 | 0.50～0.80 | 0.25 | 0.25 | 0.25 |
| 75 | U20752 | 0.72～0.80 | 0.17～0.37 | 0.50～0.80 | 0.25 | 0.25 | 0.25 |
| 80 | U20802 | 0.77～0.85 | 0.17～0.37 | 0.50～0.80 | 0.25 | 0.25 | 0.25 |
| 85 | U20852 | 0.82～0.90 | 0.17～0.37 | 0.50～0.80 | 0.25 | 0.25 | 0.25 |
| 15Mn | U21152 | 0.12～0.19 | 0.17～0.37 | 0.70～1.00 | 0.25 | 0.25 | 0.25 |
| 25Mn | U21252 | 0.22～0.30 | 0.17～0.37 | 0.70～1.00 | 0.25 | 0.25 | 0.25 |
| 35Mn | U21352 | 0.32～0.40 | 0.17～0.37 | 0.70～1.00 | 0.25 | 0.25 | 0.25 |
| 45Mn | U21452 | 0.42～0.50 | 0.17～0.37 | 0.70～1.00 | 0.25 | 0.25 | 0.25 |
| 60Mn | U21602 | 0.57～0.65 | 0.17～0.37 | 0.70～1.00 | 0.25 | 0.25 | 0.25 |
| 65Mn | U21652 | 0.62～0.70 | 0.17～0.37 | 0.90～1.20 | 0.25 | 0.25 | 0.25 |
| 70Mn | U21702 | 0.67～0.75 | 0.17～0.37 | 0.90～1.20 | 0.25 | 0.25 | 0.25 |

**表 6-6　优质碳素结构钢的牌号和力学性能(摘自 GB/T 699—2015)**

| 牌号 | 试样毛坯尺寸/mm | 推荐的热处理方式 | | | 力学性能 | | | | | 交货硬度 HBW | |
|---|---|---|---|---|---|---|---|---|---|---|---|
| | | 正火 | 淬火 | 回火 | $R_m$/MPa | $R_{eL}$/MPa | $A$/% | $Z$/% | $KU_2$/J | 未热处理钢 | 退火钢 |
| | | 加热温度/℃ | | | ≥ | | | | | ≤ | |
| 08 | 25 | 930 | — | — | 325 | 195 | 33 | 60 | — | 131 | — |
| 10 | 25 | 930 | — | — | 335 | 205 | 31 | 55 | — | 137 | — |
| 15 | 25 | 920 | — | — | 375 | 225 | 27 | 55 | — | 143 | — |
| 20 | 25 | 910 | — | — | 410 | 245 | 25 | 55 | — | 156 | — |
| 25 | 25 | 900 | 870 | 600 | 450 | 275 | 23 | 50 | 71 | 170 | — |
| 30 | 25 | 880 | 860 | 600 | 490 | 295 | 21 | 50 | 63 | 179 | — |
| 35 | 25 | 870 | 850 | 600 | 530 | 315 | 20 | 45 | 55 | 197 | — |
| 40 | 25 | 860 | 840 | 600 | 570 | 335 | 19 | 45 | 47 | 217 | 187 |
| 45 | 25 | 850 | 840 | 600 | 600 | 355 | 16 | 40 | 39 | 229 | 197 |
| 50 | 25 | 830 | 830 | 600 | 630 | 375 | 14 | 40 | 31 | 241 | 207 |
| 55 | 25 | 820 | — | — | 645 | 380 | 13 | 35 | — | 255 | 217 |
| 60 | 25 | 810 | — | — | 675 | 400 | 13 | 35 | — | 255 | 229 |

续表

| 牌号 | 试样毛坯尺寸/mm | 推荐的热处理方式 | | | 力学性能 | | | | | 交货硬度 HBW | |
|---|---|---|---|---|---|---|---|---|---|---|---|
| | | 正火 | 淬火 | 回火 | $R_m$/MPa | $R_{eL}$/MPa | $A$/% | $Z$/% | $KU_2$/J | 未热处理钢 | 退火钢 |
| | | 加热温度/℃ | | | ≥ | | | | | ≤ | |
| 65 | 25 | 810 | — | — | 695 | 410 | 10 | 30 | — | 255 | 229 |
| 70 | 25 | 790 | — | — | 715 | 420 | 9 | 30 | — | 269 | 229 |
| 75 | 试样 | — | 820 | 480 | 1080 | 880 | 7 | 30 | — | 285 | 241 |
| 80 | 试样 | — | 820 | 480 | 1080 | 930 | 6 | 30 | — | 285 | 241 |
| 85 | 试样 | — | 820 | 480 | 1130 | 980 | 6 | 30 | — | 302 | 255 |
| 15Mn | 25 | 920 | — | — | 410 | 245 | 26 | 55 | — | 163 | — |
| 20Mn | 25 | 910 | — | — | 450 | 275 | 24 | 50 | — | 197 | — |
| 25Mn | 25 | 900 | 870 | 600 | 490 | 295 | 25 | 50 | 71 | 207 | — |
| 30Mn | 25 | 880 | 860 | 600 | 540 | 315 | 20 | 45 | 63 | 217 | 187 |
| 35Mn | 25 | 870 | 850 | 600 | 560 | 335 | 18 | 45 | 55 | 229 | 197 |
| 45Mn | 25 | 850 | 840 | 600 | 620 | 375 | 15 | 40 | 39 | 241 | 217 |
| 60Mn | 25 | 810 | — | — | 695 | 410 | 11 | 35 | — | 269 | 229 |
| 65Mn | 25 | 830 | — | — | 735 | 430 | 9 | 30 | — | 285 | 229 |
| 70Mn | 25 | 790 | — | — | 785 | 450 | 8 | 30 | — | 285 | 229 |

08b、10、15、20、25 钢等属于低碳钢，强度、硬度低，塑性、韧性好，具有良好的锻压性能和焊接性能。其中，08b、10 钢主要用于制造冲压件和焊接件，如壳、盖，罩等；15、20、25 钢属于渗碳钢，常用于制造齿轮、销钉、小轴、螺钉、螺母等。其中，20 钢用量最大。

30、35、40、45、50 及 55 钢等属于中碳钢，经调质处理后，综合力学性能好，且具有良好的切削加工性。该类钢主要用于制造轴类、齿轮等零件，如曲轴、传动轴、连杆等。其中，45 钢应用最广泛。

60、65、70、75 钢等属于高碳钢，经淬火、中温回火后具有较高的强度、弹性、硬度和耐磨性，主要用于制造弹簧、轧辊、凸轮等耐磨工件与钢丝绳等。其中，65 钢是最常用的弹簧钢。

含锰量较高的优质碳素结构钢，其性能和用途与上述相应的牌号基本相同。但由于其淬透性与强度相应提高，可制作截面尺寸稍大或要求强度稍高的零件。其中，65Mn 钢最常用。

### 6.3.3 低合金高强度结构钢

低合金高强度结构钢是在碳素结构钢的基础上加入少量的合金元素（$w_{Me}<3\%$）而得到的钢种，其硫和磷含量均不大于 0.045%。低合金高强度结构钢主要用来制造强度要求较高的工程结构，如桥梁、船舶、压力容器、机车车辆、房屋、输油管道、锅炉等。这类钢的化学成分列于表 6-7。

【特别提示】随着特钢向“特”“精”“高”发展，向深加工方向延伸，特钢的领域越来越窄。美国特钢协会将特钢定位在工模具钢、不锈钢、电工钢、高温合金和镍合金上。日本把结构钢和高强度钢归并在特钢范畴。国外的低合金钢实际上是我们所熟悉的低合金高强度钢，属于特钢范畴，在美国叫作高强度低合金钢（HSLA-Steel），俄罗斯及东欧各国称为低合金建筑钢，日本命名为高张力钢。而在国内，首先是把低合金钢划入了普钢的范围，概念上的区别导致了其在产品质量上的差异。在名称上也几经变化，如低合金建筑钢、普通低合金钢、低合金结构钢，至1994年叫作低合金高强度结构钢（GB/T 1591—94）。

**表 6-7　低合金高强度结构钢的化学成分（摘自 GB/T 1591—2018）**

| 牌号 | 质量等级 | 化学成分（质量分数）w/%<br>C<br>以下公称厚度或直径/mm<br>≤40<br>不大于 | C<br>>40<br>不大于 | Si<br>不大于 | Mn<br>不大于 | P<br>不大于 | S<br>不大于 | Nb<br>不大于 | V<br>不大于 | Ti<br>不大于 | Cr<br>不大于 | Ni<br>不大于 | Cu<br>不大于 | Mo<br>不大于 | N<br>不大于 | B<br>不大于 |
|---|---|---|---|---|---|---|---|---|---|---|---|---|---|---|---|---|
| Q355 | B | 0.24 | | 0.55 | 1.60 | 0.035 | 0.035 | — | — | — | 0.30 | 0.30 | 0.40 | — | 0.012 | — |
| | C | 0.20 | 0.22 | | | 0.030 | 0.030 | | | | | | | | | |
| | D | 0.20 | 0.22 | | | 0.025 | 0.025 | | | | | | | | | |
| Q390 | B | 0.20 | | 0.55 | 1.70 | 0.035 | 0.035 | 0.05 | 0.13 | 0.05 | 0.30 | 0.50 | 0.40 | 0.10 | 0.015 | — |
| | C | | | | | 0.030 | 0.030 | | | | | | | | | |
| | D | | | | | 0.025 | 0.025 | | | | | | | | | |
| Q420 | B | 0.20 | | 0.55 | 1.70 | 0.035 | 0.035 | 0.05 | 0.13 | 0.05 | 0.30 | 0.80 | 0.40 | 0.20 | 0.015 | — |
| | C | | | | | 0.030 | 0.030 | | | | | | | | | |
| Q460 | C | 0.20 | | 0.55 | 1.80 | 0.030 | 0.030 | 0.05 | 0.13 | 0.05 | 0.30 | 0.80 | 0.40 | 0.20 | 0.015 | 0.004 |

### 1. 性能特点

（1）强度高于碳素结构钢，可降低结构自重、节约钢材。

（2）具有足够的塑性、韧性及良好的焊接性能。

（3）具有良好的耐蚀性和低的冷脆转变温度。

### 2. 成分特点

（1）低碳。低合金高强度结构钢的含碳量低于0.2%，以满足对塑性、韧性、可焊性及冷加工性能的要求。

（2）低合金。低合金高强度结构钢的主加合金元素为锰。因为锰的资源丰富，对铁素体具有明显的固溶强化作用。锰还能降低钢的冷脆转变温度，使组织中的珠光体相对含量增加，从而进一步提高了强度。钢中加入少量的V、Ti、Nb等元素可细化晶粒，提高钢的韧性。加入稀土元素（RE）可提高韧性、疲劳极限，降低冷脆转变温度。

### 3. 热处理的特点

这类钢大多在热轧状态下使用，组织为铁素体＋珠光体。考虑到零件的加工特点，有时也可在正火及正火＋回火状态下使用。

**4. 典型钢种及用途**

Q355是应用最广、用量最大的低合金高强度结构钢，其综合性能好，广泛用于制造石油化工设备、船舶、桥梁、车辆等大型钢结构，如我国的南京长江大桥就是用Q355钢制造的。Q390钢含有V、Ti、Nb，强度高，可用于制造高压容器等。Q460钢含有Mo和B，正火后的组织为贝氏体，强度高，可用于制造石化工业中的温高压容器等。新旧低合金结构钢的标准牌号对照及应用举例见表6-8。

**表6-8　新旧低合金结构钢的标准牌号对照及应用举例**

| GB/T 1591—2018 | GB/T 1591—2008 | GB 1591—1988 | 应用举例 |
| --- | --- | --- | --- |
| Q355 | Q355 | 12MnV、14MnNb、16Mn、16MnRE、18Nb | 建筑结构、桥梁、车辆、压力容器、化工容器、船舶、锅炉、重型机械、机械制造及电站设备等 |
| Q390 | Q390 | 15MnV、15MnTi、16MnNb | 桥梁、船舶、高压容器、电站设备、起重设备及锅炉等 |
| Q420 | Q420 | 15MnVN、14MnVTiRE | 大型桥梁和船舶、高压容器、电站设备、车辆及锅炉等 |
| Q460 | Q460 | | 大型桥梁及船舶、中温高压容器（$t<120℃$）、锅炉、石油化工高压厚壁容器（$t<100℃$） |

## 6.3.4　渗碳钢

渗碳钢是指经渗碳淬火、低温回火后使用的钢种。其主要用于制造表面要求高耐磨，以及承受交变接触应力和冲击载荷条件下工作的机器零件，如汽车、拖拉机中的变速齿轮，内燃机上的凸轮轴、活塞销等。常用渗碳钢的牌号、化学成分、热处理、性能及应用举例见表6-9。

**表6-9　常用渗碳钢的牌号、化学成分、热处理、性能及应用举例**

**（摘自GB/T 699—2015和GB/T 3077—2015）**

| 类别 | 钢号 | 统一数字代号 | 化学成分（质量分数）$w$/% | | | | | 热处理/℃ | | | 力学性能（不小于） | | | | | 毛坯尺寸/mm | 应用举例 |
| --- | --- | --- | --- | --- | --- | --- | --- | --- | --- | --- | --- | --- | --- | --- | --- | --- | --- |
| | | | C | Mn | Si | Cr | 其他 | 第一次淬火 | 第二次淬火 | 回火 | $R_m$/MPa | $R_{eL}$/MPa | $A$/% | $Z$/% | $KU_2$/J | | |
| 低淬透性 | 15 | U20152 | 0.12～0.19 | 0.35～0.65 | 0.17～0.37 | — | — | 850（水、油） | | 200（水、空冷） | 375 | 225 | 27 | 55 | | 25 | 小轴、小模数齿轮、活塞销等小型渗碳件 |
| | 20 | U20202 | 0.17～0.24 | 0.35～0.65 | 0.17～0.37 | — | — | | | | 410 | 245 | 25 | 55 | | 25 | 小轴、小模数齿轮、活塞销等小型渗碳件 |
| | 20Mn2 | A00202 | 0.17～0.24 | 1.40～01.80 | 0.17～0.37 | — | — | 880（水、油） | | 200（水、空冷） | 785 | 590 | 10 | 40 | 47 | 15 | 代替20Cr作小齿轮、小轴、活塞销、十字削头等 |

续表

| 类别 | 钢号 | 统一数字代号 | 化学成分(质量分数)$w$/% | | | | | 热处理/℃ | | | 力学性能(不小于) | | | | | 毛坯尺寸/mm | 应用举例 |
|---|---|---|---|---|---|---|---|---|---|---|---|---|---|---|---|---|---|
| | | | C | Mn | Si | Cr | 其他 | 第一次淬火 | 第二次淬火 | 回火 | $R_m$/MPa | $R_{eL}$/MPa | $A$/% | $Z$/% | $KU_2$/J | | |
| 低淬透性 | 15Cr | A20152 | 0.12～0.18 | 0.40～0.70 | 0.17～0.37 | 0.70～1.00 | | | 780～820(水、油) | | 735 | 490 | 11 | 45 | 55 | 15 | 船舶主机螺钉、齿轮、活塞销、凸轮、滑阀、轴等 |
| | 20Cr | A20202 | 0.18～0.24 | 0.50～0.80 | 0.17～0.37 | 0.70～1.00 | | 880(水、油) | 780～820(水、油) | 200(水、空冷) | 835 | 540 | 10 | 40 | 47 | 15 | 机床变速箱齿轮、齿轮轴、活塞销、凸轮、蜗杆等 |
| | 20MnV | A01202 | 0.17～0.24 | 1.30～1.60 | 0.17～0.37 | | 0.07～0.12 | 880(水、油) | | 200(水、空冷) | 785 | 590 | 10 | 40 | 55 | 15 | 同上，也用于锅炉、高压容器、大型高压管道等 |
| 中淬透性 | 20CrMn | A22202 | 0.17～0.23 | 0.90～1.20 | 0.17～0.37 | 0.90～1.20 | | 850(油) | 870(油) | 200(水、空冷) | 930 | 735 | 10 | 45 | 47 | 15 | 齿轮、轴、蜗杆、活塞销、摩擦轮、汽车、拖拉机上的齿轮、齿轮轴、十字头等 |
| | 20CrMnTi | A26202 | 0.17～0.23 | 0.80～1.10 | 0.17～0.37 | 1.00～1.30 | 0.04～0.10 | 880(油) | | 200(水、空冷) | 1080 | 850 | 10 | 45 | 55 | 15 | 工艺性优良，做汽车、拖拉机的齿轮 |
| | 20MnTiB | A74202 | 0.17～0.24 | 1.30～1.60 | 0.17～0.37 | 0.70～1.00 | 0.04～0.10 Ti，0.0005～0.0035B | 860(油) | | 200(水、空冷) | 1130 | 930 | 10 | 45 | 55 | 15 | 代替20CrMnTi制造汽车、拖拉机中截面较小、中等负荷的渗碳件 |
| | 20MnVB | A73202 | 0.17～0.23 | 1.20～1.60 | 0.17～0.37 | 0.80～1.00 | 0.0005～0.0035B，0.07～0.12V | 850(油) | | 200(水、空冷) | 1080 | 885 | 10 | 45 | 55 | 15 | 代替20CrMnTi、20Cr、20CrNi制造重型机床的齿轮和轴、汽车齿轮 |
| 高淬透性 | 18Cr2Ni4WA | A52183 | 0.13～0.19 | 0.30～0.60 | 0.17～0.37 | 1.35～1.65 | 0.80～1.20W | 950(空冷) | 850(空冷) | 200(水、空冷) | 1180 | 835 | 10 | 45 | 78 | 15 | 大型渗碳齿轮、轴类和飞机发动机齿轮 |
| | 20Cr2Ni4 | A43202 | 0.17～0.23 | 0.30～0.60 | 0.17～0.37 | 1.25～1.65 | | 880(油) | 780(油) | 200(水、空冷) | 1180 | 1080 | 10 | 45 | 63 | 15 | 大截面渗碳件如大型齿轮、轴等 |
| | 12Cr2Ni4 | A43122 | 0.10～0.16 | 0.30～0.60 | 0.17～0.37 | 1.25～1.65 | 3.25～3.65Ni | 860(油) | 780(油) | 200(水、空冷) | 1080 | 835 | 10 | 50 | 71 | 15 | 承受高负荷的齿轮、蜗轮、蜗杆、轴、方向接头叉等 |

注：① 钢中的磷、硫含量均不大于 0.035%。

② 15、20 钢的力学性能为正火状态时的力学性能，15 钢的正火温度为 920℃，20 钢的正火温度为 910℃。

**1. 性能要求**

(1) 表面具有高的硬度和高的耐磨性,心部具有足够的韧性和强度,即表硬里韧。

(2) 具有良好的热处理工艺性能,如高的淬透性和渗碳能力,在高的渗碳温度下,奥氏体晶粒长大的倾向小,以便于渗碳后直接淬火。

**2. 成分特点**

(1) 低碳。含碳量一般为0.1%～0.25%,以保证心部有足够的塑性和韧性,含碳量高则心部韧性下降。

(2) 合金元素。主加元素为Cr、Mn、Ni、B等,它们的主要作用是提高钢的淬透性,从而提高心部的强度和韧性;辅加元素为W、Mo、V、Ti等强碳化物形成元素,这些元素通过形成稳定的碳化物来细化奥氏体晶粒,同时还能提高渗碳层的耐磨性。

**3. 热处理和组织特点**

渗碳件一般的工艺路线为:下料→锻造→正火→机加工→渗碳→淬火+低温回火→磨削。渗碳温度为900～950℃,渗碳后的热处理通常采用直接淬火+低温回火,但对渗碳时易过热的钢种,如20、20Mn2等,渗碳后需先正火,以消除晶粒粗大的过热组织,再进行淬火和低温回火。淬火温度一般为$Ac_1+30\sim50$℃。使用状态下的组织为:表面是高碳回火马氏体+颗粒状碳化物+少量残余奥氏体(硬度达HRC58～62),心部是低碳回火马氏体+铁素体(淬透)或铁素体+屈氏体(未淬透)。

**4. 常用钢种**

根据淬透性不同,可将渗碳钢分为以下三类:

(1) 低淬透性渗碳钢。典型钢种如20、20Cr等,其淬透性和心部强度均较低,水中临界直径不超过20～35mm。低淬透性渗碳钢只适用于制造受冲击载荷较小的耐磨件,如小轴、小齿轮、活塞销等。

(2) 中淬透性渗碳钢。典型钢种如20CrMnTi等,其淬透性较高,油中临界直径为25～60mm,力学性能和工艺性能良好,大量用于制造承受高速中载、抗冲击和耐磨损的零件,如汽车、拖拉机的变速齿轮、离合器轴等。

(3) 高淬透性渗碳钢。典型钢种如18Cr2Ni4WA等,其油中临界直径大于100mm,且具有良好的韧性,主要用于制造大截面、高载荷的重要耐磨件,如飞机、坦克的曲轴和齿轮等。

【应用案例】某企业生产拖拉机变速齿轮,其技术要求为:齿表面硬度为55~60HRC,心部硬度为33~45HRC,选用材料为20CrMnTi钢。其加工工艺路线为:
下料→锻造→正火→加工齿形→渗碳→预冷淬火→低温回火→喷丸→精磨。
其渗碳工艺曲线如图6-10所示。试说明各热处理工序的目的。

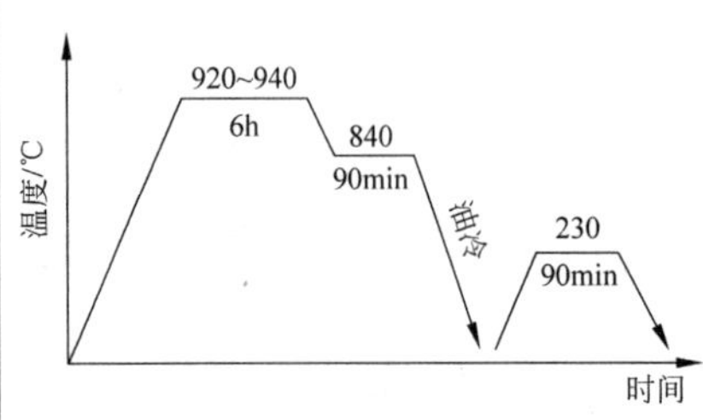


图6-10 20CrMnTi钢渗碳处理工艺曲线

锻造后正火的目的是改善锻造组织,降低硬度,以利于切削加工,为渗碳处理做好组织上的准备。

预冷的目的在于减小淬火变形,同时在预冷过程中可析出二次渗碳体,在淬火后再经230℃低温回火,减少残余奥氏体的量。这样处理后可获得高耐磨性渗层,齿面主要为针状高碳马氏体、粒状碳化物及少量残余奥氏体,硬度为58~64HRC;而心部组织为铁素体(或屈氏体)和低碳马氏体,硬度为33~45HRC,具有较高的强度和良好的韧性。

喷丸处理目的是消除表面氧化皮,使零件表面光洁,并增加表面压应力,提高疲劳强度。

## 6.3.5 调质钢

调质钢是指经过调质处理(淬火+高温回火)后使用的钢种。其主要用于制造受力复杂、要求综合力学性能好的重要零件，如精密机床的半轴、汽车的后桥半轴、发动机曲轴、连杆等。常用的调质钢牌号、化学成分、热处理、性能和应用举例列于表 6-10。

**表 6-10　常用调质钢的牌号、化学成分、热处理、性能和应用举例**
**(摘自 GB/T 699—2015 和 GB/T 3077—2015)**

| 类别 | 钢号 | 统一数字代号 | 化学成分(质量分数)$w$/% | | | | | 热处理/℃ | | 机械性能(不小于) | | | | | 退火硬度/HBW | 毛坯尺寸/mm | 应用举例 |
|---|---|---|---|---|---|---|---|---|---|---|---|---|---|---|---|---|---|
| | | | C | Mn | Si | Cr | 其他 | 淬火 | 回火 | $R_m$/MPa | $R_{eL}$/MPa | $A$/% | $Z$/% | $KU_2$/J | | | |
| 低淬透性 | 45 | U20452 | 0.42～0.50 | 0.50～0.80 | 0.17～0.37 | ≤0.25 | — | 840 | 600 | 600 | 355 | 16 | 40 | 39 | ≤197 | 25 | 小截面、中载荷的调质件，如主轴、曲轴、齿轮、连杆、链轮等 |
| | 40Mn | U21402 | 0.37～0.44 | 0.70～1.00 | 0.17～0.37 | ≤0.25 | — | 840 | 600 | 590 | 355 | 17 | 45 | 47 | ≤207 | 25 | 比45钢强度、韧性要求稍高的调质件 |
| | 40Cr | A20402 | 0.37～0.44 | 0.50～0.80 | 0.17～0.37 | 0.80～1.10 | — | 850(油) | 520 | 980 | 785 | 9 | 45 | 47 | ≤207 | 25 | 重要调质件，如轴类、连杆螺栓、机床齿轮、蜗杆、销子等 |
| | 45Mn2 | A00452 | 0.42～0.49 | 1.40～1.80 | 0.17～0.37 | | — | 840(油) | 550 | 885 | 735 | 10 | 45 | 47 | ≤217 | 25 | 代替40Cr作直径小于50mm的重要调质件，如机床齿轮、钻床主轴、凸轮、蜗杆等 |
| | 45MnB | A71452 | 0.42～0.49 | 1.10～1.40 | 0.17～0.37 | | 0.0005～0.0035B | 840(油) | 500 | 1030 | 835 | 9 | 40 | 39 | ≤217 | 25 | |
| | 40MnVB | A73402 | 0.37～0.44 | 1.10～1.40 | 0.17～0.37 | | 0.05～0.10V，0.0005～0.0035B | 850(油) | 520 | 980 | 785 | 10 | 45 | 47 | ≤207 | 25 | 可代替40Cr或40CrMo制造汽车、拖拉机和机床的重要调质件，如轴、齿轮等 |
| | 35SiMn | A10352 | 0.32～0.40 | 1.10～1.40 | 1.10～1.40 | | | 900(油) | 570 | 885 | 735 | 15 | 45 | 47 | ≤229 | 25 | 除低温韧性稍差外，可全面代替40Cr和部分代替40CrNi |

续表

| 类别 | 钢号 | 统一数字代号 | 化学成分(质量分数)$w$/% | | | | | 热处理/℃ | | 机械性能(不小于) | | | | | 退火硬度/HBW | 毛坯尺寸/mm | 应用举例 |
|---|---|---|---|---|---|---|---|---|---|---|---|---|---|---|---|---|---|
| | | | C | Mn | Si | Cr | 其他 | 淬火 | 回火 | $R_m$/MPa | $R_{eL}$/MPa | $A$/% | $Z$/% | $KU_2$/J | | | |
| 中淬透性 | 40CrNi | A40402 | 0.37～0.44 | 0.50～0.80 | 0.17～0.37 | 0.45～0.75 | 1.00～1.40Ni | 820(油) | 500 | 980 | 785 | 10 | 45 | 55 | ≤241 | 25 | 作较大截面的重要件，如曲轴、主轴、齿轮、连杆等 |
| | 40CrMn | A22402 | 0.37～0.45 | 0.90～1.20 | 0.17～0.37 | 0.90～1.20 | | 840(油) | 550 | 980 | 835 | 9 | 45 | 47 | ≤229 | 25 | 代替40CrNi作受冲击载荷不大的零件，如齿轮轴、离合器等 |
| | 35CrMo | A30352 | 0.32～0.40 | 0.40～0.70 | 0.17～0.37 | 0.80～1.10 | 0.15～0.25Mo | 850(油) | 550 | 980 | 835 | 12 | 45 | 63 | ≤229 | 25 | 代替40CrNi作大截面齿轮和高负荷传动轴、发电机转子等 |
| | 30CrMnSi | A24302 | 0.27～0.34 | 0.80～1.10 | 0.90～1.20 | 0.80～1.10 | | 880(油) | 520 | 1080 | 885 | 10 | 45 | 39 | ≤229 | 25 | 用于飞机调质件，如起落架、螺栓、天窗盖、冷气瓶等 |
| | 38CrMoAl | A33382 | 0.35～0.42 | 0.30～0.60 | 0.20～0.45 | 1.35～1.65 | 0.15～0.25Mo | 940(水、油) | 640 | 980 | 835 | 14 | 50 | 71 | ≤229 | 30 | 高级氮化钢，作重要丝杆、镗杆、主轴、高压阀门等 |
| 高淬透性 | 37CrNi3 | A42372 | 0.34～0.41 | 0.30～0.60 | 0.17～0.37 | 1.20～1.60 | 3.00～3.50Ni | 820(油) | 500 | 1130 | 980 | 10 | 50 | 47 | ≤269 | 25 | 高强韧性的大型重要零件，如汽轮机叶轮、转子轴等 |
| | 25Cr2Ni4WA | A52253 | 0.21～0.28 | 0.30～0.60 | 0.17～0.37 | 1.35～1.65 | 4.00～4.50Ni，0.80～1.20W | 850(油) | 550 | 1080 | 930 | 11 | 45 | 71 | ≤269 | 25 | 大截面高负荷的重要调质件，如汽轮机主轴、叶轮等 |
| | 40CrNiMoA | A50403 | 0.37～0.44 | 0.50～0.80 | 0.17～0.37 | 0.60～0.90 | 0.15～0.25Mo，1.25～1.65Ni | 850(油) | 600 | 980 | 835 | 12 | 55 | 78 | ≤269 | 25 | 高强韧性大型重要零件，如飞机起落架、航空发动机轴 |
| | 40CrMnMo | A34402 | 0.37～0.45 | 0.90～1.20 | 0.17～0.37 | 0.90～1.20 | 0.20～0.30Mo | 850(油) | 600 | 980 | 785 | 10 | 45 | 63 | ≤217 | 25 | 部分代替40CrNiMoA，如作卡车后桥半轴、齿轮轴等 |

注：钢中的磷、硫含量均不大于0.035%。

**1. 性能要求**

（1）具有良好的综合力学性能，即具有高的强度、硬度和良好的塑性、韧性。

（2）具有良好的淬透性。

**2. 成分特点**

（1）中碳。调质钢含碳量为 0.25%～0.50%。含碳量低则强度不够，含碳量高则韧性不足。

（2）合金元素。调质钢的主加元素为 Mn、Si、Cr、Ni、B，其主要作用是提高淬透性，其次是强化基体（除 B 外）铁素体。辅加元素为 W、Mo、V 等，强碳化物形成元素 V 的主要作用是细化晶粒，而 W、Mo 的主要作用是防止高温（第二类）回火脆性。几乎所有合金元素能提高调质钢的耐回火性。

**3. 热处理特点**

调质件一般的工艺路线为：下料→锻造→退火→粗机加工→调质→精机加工。

预备热处理采用退火（或正火），其目的是调整硬度，便于切削加工；改善锻造组织、消除缺陷、细化晶粒，为淬火做组织准备。最终热处理为淬火加高温回火（调质），回火温度的选择取决于调质件的硬度要求。

为防止第二类回火脆性，回火后采用快冷（水冷或油冷），最终热处理后的使用状态下组织为回火索氏体。当调质件还有高耐磨性和高耐疲劳性能要求时，可在调质后进行表面淬火或氮化处理，这样在得到表面高耐磨性硬化层的同时，心部仍保持综合力学性能高的回火索氏体组织。

近年来，利用低碳钢和低碳合金钢经淬火和低温回火处理，得到强度和韧性配合较好的低碳马氏体来代替中碳调质钢。其在石油、矿山、汽车工业上得到广泛应用，如用 15MnVB 代替 40Cr 制造汽车连杆螺栓等，效果很好。

**4. 典型钢种**

根据淬透性不同，可将调质钢分为以下三类：

（1）低淬透性调质钢。这类钢的油中临界直径为 30～40mm，常用钢种为 45、40Cr 等，用于制造尺寸较小的齿轮、轴、螺栓等。

（2）中淬透性调质钢。这类钢的油中临界直径为 40～60mm，常用钢种为 40CrNi，用于制造截面较大的零件，如曲轴、连杆等。

（3）高淬透性调质钢。这类钢的油中临界直径为 60～100mm，常用钢种为 40CrNiMo，用于制造大截面、重载荷的零件，如汽轮机主轴、叶轮、航空发动机轴等。

**【应用案例】**某企业制造高强螺栓，其性能要求为：$R_m \geqslant 900$MPa，$R_{eL} \geqslant 700$MPa，$A \geqslant 12\%$，$Z \geqslant 50\%$，$a_K \geqslant 80$J/cm$^2$，硬度为300~341HBW。选用材料：42CrMo钢。工艺路线为：下料→锻造→退火→机械加工(粗加工)→调质→机械加工(精加工)其调质工艺曲线如图6-11所示。

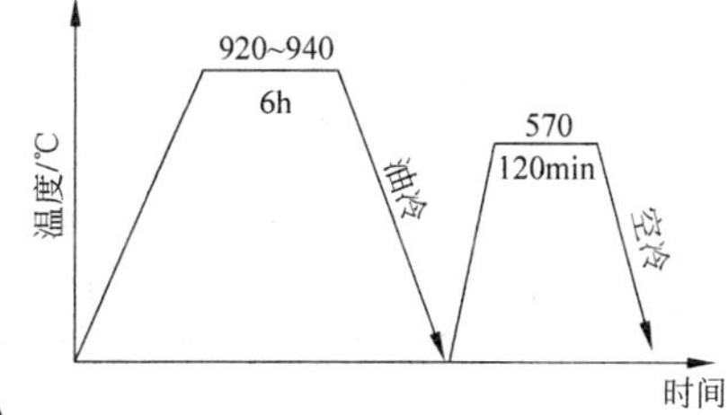


锻造后退火的目的是改善锻造组织，降低硬度，以利于切削加工，为调质做好组织上的准备。

经 880℃ 油淬后得到马氏体组织，经 570℃ 回火后其组织为回火索氏体，可满足性能要求。

图6-11　42CrMo钢螺栓调质工艺曲线

## 6.3.6 弹簧钢

弹簧钢是指用于制造各种弹簧或类似性能结构件所使用的钢种。弹簧是现代各种机械和仪表中不可缺少的重要零件。它主要利用弹性变形来吸收冲击能量,以达到缓和冲击、消除振动的作用,如大炮的缓冲弹簧;或与其他零件相配合来控制某一工作过程,如钟表中的发条。弹簧钢的牌号、化学成分、性能及应用举例见表 6-11。

**表 6-11　弹簧钢的牌号、化学成分、热处理、性能和应用举例(摘自 GB/T 1222—2016)**

| 牌号 | 化学成分(质量分数)$w$/% | | | | | | 热处理/℃ | | 力学性能(不小于) | | | | 应用举例 |
|---|---|---|---|---|---|---|---|---|---|---|---|---|---|
| | C | Mn | Si | Cr | P,S 不大于 | 其他 | 淬火 | 回火 | $R_m$/MPa | $R_{eL}$/MPa | $A$/% | $Z$/% | |
| 65 | 0.62~0.70 | 0.50~0.80 | 0.17~0.37 | ≤0.25 | 0.030 | — | 840 | 500 | 980 | 785 | 9 | 35 | 调压调速弹簧、柱塞弹簧、测力弹簧及一般机械上用的圆、方螺旋弹簧 |
| 70 | 0.67~0.75 | 0.50~0.80 | 0.17~0.37 | ≤0.25 | 0.030 | — | 820 | 480 | 1080 | 880 | 7 | 30 | |
| 85 | 0.82~0.90 | 0.50~0.80 | 0.17~0.37 | ≤0.25 | 0.030 | — | 820 | 480 | 1130 | 980 | 6 | 30 | 机车车辆、汽车、拖拉机的板簧及螺旋弹簧 |
| 65Mn | 0.62~0.70 | 0.90~1.20 | 0.17~0.37 | ≤0.25 | 0.030 | — | 830 | 480 | 1000 | 800 | 8 | 30 | 小汽车离合器弹簧、制动弹簧、气门簧 |
| 55Si2Mn | 0.52~0.60 | 0.60~0.90 | 1.50~2.00 | ≤0.35 | 0.035 | — | 870 | 480 | 1275 | 1177 | 6 | 30 | 用于机车车辆、汽车、拖拉机上的板簧、螺旋弹簧、汽缸安全阀弹簧、止回阀弹簧及其他高应力下工作的重要弹簧,还可用作250℃以下工作的耐热弹簧 |
| 55Si2MnB | 0.52~0.60 | 0.60~0.90 | 1.50~2.00 | ≤0.35 | 0.035 | 0.0005~0.004B | 870 | 480 | 1275 | 1177 | 6 | 30 | |
| 55SiMnVB | 0.52~0.60 | 1.00~1.30 | 0.70~1.00 | ≤0.35 | 0.025 | 0.08~0.16V,0.0005~0.0035B | 860 | 460 | 1373 | 1226 | 5 | 30 | |
| 60Si2Mn | 0.56~0.64 | 0.70~1.00 | 1.50~2.00 | ≤0.35 | 0.025 | — | 870 | 480 | 1275 | 1177 | 5 | 25 | |
| 60Si2MnA | 0.56~0.64 | 0.60~0.90 | 1.60~2.00 | ≤0.35 | 0.030 | — | 870 | 440 | 1569 | 1373 | 5 | 20 | |
| 60Si2CrA | 0.56~0.64 | 0.40~0.70 | 1.40~1.80 | 0.70~1.00 | 0.030 | — | 870 | 420 | 1765 | 1569 | 6 | 20 | 用于承受重载荷及在300~350℃以下工作的弹簧,如调速器弹簧、汽轮机汽封弹簧等 |
| 60Si2CrVA | 0.56~0.64 | 0.40~0.70 | 1.40~1.80 | 0.90~1.20 | 0.030 | 0.10~0.20V | 850 | 410 | 1863 | 1667 | 6 | 20 | |

续表

| 牌　号 | 化学成分(质量分数)$w$/% | | | | | | 热处理/℃ | | 力学性能(不小于) | | | | 应用举例 |
|---|---|---|---|---|---|---|---|---|---|---|---|---|---|
| | C | Mn | Si | Cr | P,S 不大于 | 其他 | 淬火 | 回火 | $R_m$/MPa | $R_{eL}$/MPa | $A$/% | $Z$/% | |
| 55CrMnA | 0.52～0.60 | 0.65～0.95 | 0.17～0.37 | 0.65～0.95 | 0.030 | — | 830～860 | 460～510 | 1226 | 1079 | 9 | 20 | 用于载重汽车、拖拉机、小轿车上的板簧，$\phi$50mm 的螺旋弹簧 |
| 60CrMnA | 0.56～0.64 | 0.70～1.00 | 0.17～0.37 | 0.70～1.00 | 0.030 | — | 830～860 | 460～520 | 1226 | 1079 | 9 | 20 | |
| 60CrMnMoA | 0.56～0.64 | 0.70～1.00 | 0.17～0.37 | 0.70～0.90 | 0.030 | 0.25～0.35Mo | — | — | — | — | — | — | |
| 60CrMnBA | 0.56～0.64 | 0.70～1.00 | 0.17～0.37 | 0.70～1.00 | 0.030 | 0.0005～0.004B | 830～860 | 460～520 | 1226 | 1079 | 9 | 20 | |
| 50CrVA | 0.46～0.54 | 0.50～0.80 | 0.17～0.37 | 0.80～1.10 | 0.030 | 0.10～0.20V | 850 | 500 | 1275 | 1128 | 10 | 40 | 大截面高负荷的重要弹簧及在300℃以下工作的阀门弹簧、活塞弹簧、安全阀弹簧等 |
| 30W4Cr2VA | 0.26～0.34 | ≤0.40 | 0.17～0.37 | 2.00～2.50 | 0.030 | 0.50～0.80V，4～4.5W | 1050～1100 | 600 | 1471 | 1324 | 7 | 40 | 在300℃温度以下工作的弹簧，如锅炉主安全阀弹簧、汽轮机汽封弹簧片等 |

注：① 65 钢的力学性能为正火状态时的力学性能，正火温度为 810℃。
② 淬火介质为油。

**1. 性能要求**

由于弹簧一般是在动载荷、交变应力下工作，不允许产生塑性变形和疲劳断裂，因此要求弹簧钢必须具有以下性能：

(1) 具有好的弹性，即具有较高的弹性极限，以保证承受大的弹性变形和较高的载荷；

(2) 具有高的疲劳强度，以承受交变载荷的作用；

(3) 具有足够的塑性和韧性。

**2. 成分特点**

(1) 中高碳。通常情况下，碳素弹簧钢的含碳量为 0.6%～0.9%，合金弹簧钢的含碳量为 0.45%～0.70%。

(2) 合金元素。弹簧钢的主加元素是 Si、Mn，其主要作用是提高淬透性、强化铁素体，Si 还是提高屈强比的主要元素。辅加元素为 Cr、V、W 等，其主要作用是细化晶粒，防止由 Mn 引起的过热倾向和由 Si 引起的脱碳倾向。

**3. 加工及热处理特点**

弹簧根据尺寸不同，可采用不同的成形和热处理方法。

(1) 热成形弹簧。对于钢丝直径或钢板厚度为 10～15mm 的弹簧，一般采用热成形方法，然后经淬火和中温回火（350～500℃），获得回火屈氏体，其硬度为 40～45HRC，从而保证高的下屈服强度和足够的韧性。

（2）冷成形弹簧。对于钢丝直径或钢板厚度为 8～10mm 的弹簧，一般用冷拔弹簧钢丝冷卷而成。为消除冷卷所引起的残余应力，提高弹性极限，稳定弹簧的尺寸，还需在 200～250℃的油槽中进行一次去应力退火。

**4. 典型钢种**

（1）Si、Mn 弹簧钢。该类弹簧钢的代表性钢种为 65Mn、60Si2Mn，这类钢价格较低，性能高于碳素弹簧钢，主要用于制造较大截面的弹簧，如汽车、拖拉机的板簧，螺旋弹簧等。

（2）Cr、V 弹簧钢。该类弹簧钢的典型钢种为 50CrV，这类钢淬透性高，用于大截面、大载荷、耐热的弹簧，如阀门弹簧、高速柴油机的汽门弹簧等。

**【特别提示】** 弹簧的表面质量对使用寿命影响很大，若弹簧表面有缺陷，就容易造成应力集中，从而降低疲劳强度，故常采用喷丸强化表面，使表面产生压应力，消除或减轻弹簧的表面缺陷，以便提高弹簧钢的屈服强度、疲劳强度。例如，用于汽车板簧的60Si2Mn钢经喷丸处理后，使用寿命可提高 3～5 倍。

### 6.3.7 滚动轴承钢

滚动轴承钢是指用来制造各种滚动轴承的滚动体及内外套圈的专用钢种，也可用于制造形状复杂的工具、冷冲模具、精密量具，以及要求硬度高、耐磨性高的结构零件。

**1. 性能要求**

轴承工作时，滚动体和轴承套之间为点或线接触，接触应力高达 3000～3500MPa，且承受周期性交变载荷引起的接触疲劳，频率达每分钟数万次，同时还承受摩擦。因此要求：

（1）具有高而均的硬度（61～65HRC）和耐磨性；

（2）具有高的接触疲劳强度和弹性极限；

（3）具有足够的韧性、淬透性和耐蚀性。

**2. 成分特点**

（1）高碳。滚动轴承钢的含碳量一般为 0.95%～1.10%，以保证高的硬度和耐磨性。

（2）合金元素。滚能轴承钢的主加元素是 Cr，其主要作用是提高淬透性，Cr 还会进入渗碳体形成合金渗碳体，提高耐磨性。此外，铬还有提高耐蚀性的作用。当铬含量高于 1.65%时，会因残余奥氏体量的增加而使钢的硬度和稳定性下降。钢中加入 Si、Mn、Mo 会进一步提高淬透性和强度，加入 V 则是为了细化晶粒。

**3. 热处理特点**

高碳铬轴承钢的热处理主要为球化退火、淬火和低温回火。球化退火作为预备热处理，其主要目的是降低硬度，便于切削加工，并为淬火做组织准备。最终热处理是加热到 840℃，在油中淬火，并在淬火后立即进行低温回火（160～180℃），回火后的硬度＞61HRC。使用状态下的组织为回火马氏体＋颗粒状碳化物＋少量残余奥氏体。为了减少残余奥氏体的含量，稳定尺寸，可在淬火后进行冷处理（−80～−60℃），并在磨削加工后进行低温（120℃左右）时效处理。

**4. 典型钢种**

常用滚动轴承钢的牌号、化学成分、热处理及应用举例见表 6-12。其中应用最广的是 GCr15 钢，其大量用于制造大中型轴承，此外，还常用来制造冷冲模、量具、丝锥等。制造大型轴承也可用 GCr15SiMn 钢。

**表 6-12　常用滚动轴承钢的牌号、化学成分、热处理及应用举例（摘自 GB/T 18254—2016）**

| 牌号 | 化学成分（质量分数）$w$/% | | | | 热处理/℃ | | 回火后的硬度/HRC | 应用举例 |
|---|---|---|---|---|---|---|---|---|
| | C | Cr | Si | Mn | 淬火 | 回火 | | |
| GCr6 | 1.05～1.15 | 0.4～0.70 | 0.15～0.35 | 0.20～0.40 | 800～820（水、油） | 150～170 | 62～64 | 直径小于 10mm 的滚珠 |
| GCr9 | 1.00～1.10 | 0.9～1.20 | 0.15～0.35 | 0.20～0.40 | 810～830（水、油） | 150～170 | 62～64 | $\phi$10～20mm 的滚珠 |
| GCr9SiMn | 0.95～1.05 | 0.9～1.20 | 0.4～0.70 | 0.90～1.20 | 810～830（水、油） | 150～160 | 62～64 | 直径大于 20mm 的滚珠 |
| GCr15 | 0.95～1.05 | 1.40～1.65 | 0.15～0.35 | 0.25～0.45 | 820～840（油） | 150～160 | 62～64 | $\phi$50mm 的滚珠 |
| GCr15SiMn | 0.95～1.05 | 1.40～1.65 | 0.45～0.75 | 0.95～1.25 | 820～840（油） | 150～160 | 62～64 | $\phi$50～100mm 的滚珠 |

## 6.3.8　易切削钢

易切削钢是指为改善钢的切削加工性而特意加入一定量的硫、磷、铅、钙等附加元素的钢种。硫主要以 MnS、FeS 微粒的形式分布于钢中，不仅能破坏钢基体的连续性，使切屑易断，还能起到减摩、润滑作用，以减少刀具磨损，并使切屑不易黏附在刀刃上。磷能溶于铁素体，使之变脆，并使切屑易断。铅以铅微粒（约 3$\mu$m）均匀分布于钢中，破坏钢基体的连续性，并能起到减摩作用，从而改善其切削加工性。钙在高速切削时，能形成有减摩作用的保护膜，可显著延长刀具的寿命。

易切削钢一般不进行锻造和淬火、回火等处理，而是经冷激、冷轧等冷压力加工和切削加工制成零件。其主要用于制造受力较小、尺寸精度高、表面粗糙度低的仪器、仪表中的零件、标准件及普通机床丝杠等。

常用的易切削钢的牌号和化学成分见表 6-13。

**表 6-13　易切削钢的成分和力学性能（摘自 GB/T 8731—2008）**

| 钢号 | 化学成分（质量分数）$w$/% | | | | | 热轧钢的纵向力学性能 | | | |
|---|---|---|---|---|---|---|---|---|---|
| | C | Mn | Si | S | P | $R_m$/MPa | $A$/% | $Z$/% | HBW |
| Y12 | 0.08～0.16 | 0.70～1.00 | 0.15～0.35 | 0.10～0.20 | 0.08～0.15 | 390～540 | 22 | 36 | 170 |

续表

| 钢号 | 化学成分(质量分数)$w$/% | | | | | 热轧钢的纵向力学性能 | | | |
|---|---|---|---|---|---|---|---|---|---|
| | C | Mn | Si | S | P | $R_m$/MPa | $A$/% | $Z$/% | HBW |
| Y15 | 0.10～0.18 | 0.80～1.20 | ≤0.15 | 0.23～0.33 | 0.05～0.10 | 390～540 | 22 | 36 | 170 |
| Y20 | 0.17～0.25 | 0.70～1.00 | 0.15～0.35 | 0.08～0.15 | ≤0.06 | 450～600 | 20 | 30 | 175 |
| Y30 | 0.27～0.35 | 0.70～1.00 | 0.15～0.35 | 0.08～0.15 | ≤0.06 | 510～655 | 15 | 25 | 187 |
| Y40Mn | 0.37～0.45 | 1.20～1.55 | 0.15～0.35 | 0.20～0.30 | ≤0.05 | 590～850 | 14 | 20 | 229 |

### 6.3.9 超高强度钢

超高强度钢是指屈服强度大于 1400MPa 或抗拉强度大于 1500MPa,同时兼有优良韧性的合金钢。它是近 20 年来为适应航天和航空技术的需要而发展起来的一种新型钢种,具备更高的比强度和屈强比,足够的塑性、韧性及尽可能小的缺口敏感性,良好的加工工艺性能等,主要用于航天飞机、火箭、导弹的结构材料,如飞机的起落架和机翼大梁等。

工具钢

## 6.4 工 具 钢

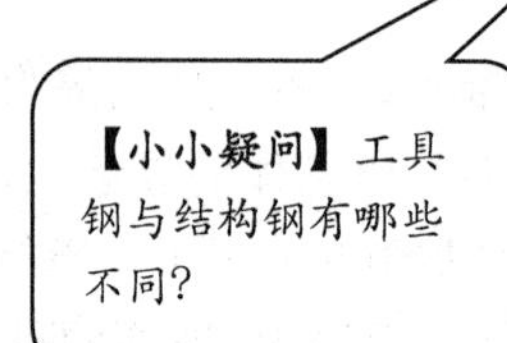


【问题解答】工具钢与结构钢最大的区别在于其一般为高碳钢,另外,在性能上更注重高的硬度和高的耐磨性。

工具钢是指制造各种刃具、模具、量具的钢。通常分为非合金工具钢、合金工具钢和高速工具钢。

### 6.4.1 非合金工具钢

非合金工具钢即为原碳素工具钢,主要用于制造刃部受热程度较低的手用工具和低速、小进给量的机用工具,亦可制作尺寸较小的模具和量具。其优点是锻造和切削加工性能好,价格便宜,用量大。缺点是热硬性差,当刃部温度高于 250℃时,其硬度和耐磨性会显著降低;淬透性低,容易产生淬火变形和开裂,只适于制作尺寸不大、形状简单的低速刃具。

**1. 成分特点**

非合金工具钢的含碳量一般在 0.65%～1.35%,以保证淬火后有较高的硬度和耐磨性。含碳量过高会使其韧性下降。

**2. 热处理特点**

非合金工具钢的热处理主要为球化退火、淬火和低温回火。

（1）球化退火，主要目的是降低硬度，改善组织，为切削加工和淬火做组织准备。如果锻件中有网状渗碳体存在，则应在球化退火之前安排正火处理以消除网状渗碳体。

T12钢球化退火前的显微组织如图6-12(a)所示，主要由片状珠光体与网状渗碳体组成。

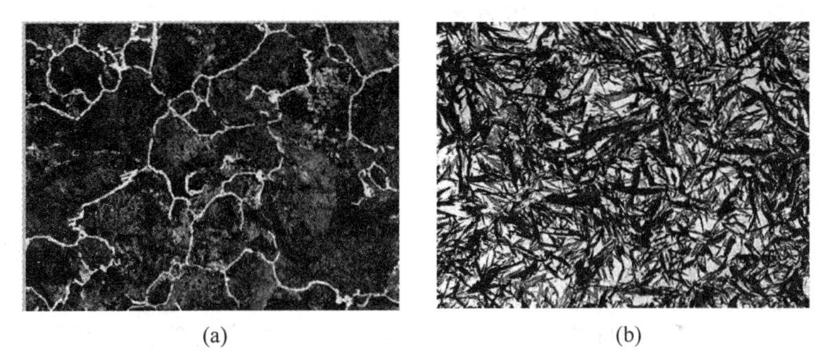

(a)　(b)

图6-12　T12钢球化退火前及淬火后的显微组织

(a) 退火前；(b) 退火后

（2）淬火+低温回火，主要目的是获得回火马氏体、粒状渗碳体及少量残余奥氏体组织，以达到工具所要求的高硬度(60HRC左右)和高耐磨性。T12钢淬火后的显微组织如图6-12(b)所示。

**3. 常用牌号及用途**

非合金工具钢的钢材以球化退火状态供应，其硬度值应符合国家标准GB/T 1299—2014的规定。非合金工具钢的牌号、化学成分及热处理见表6-14。

**表6-14　非合金工具钢的牌号、化学成分及热处理(摘自GB/T 1299—2014)**

| 牌号 | 化学成分(质量分数)$w$/% | | | 退火 | 试样淬火温度 | |
|---|---|---|---|---|---|---|
| | C | Mn | Si | 硬度/HBW | 淬火/℃<br>冷却剂 | 硬度/HRC |
| T7 | 0.65～0.74 | ≤0.40 | ≤0.35 | ≤187 | 800～820(水) | ≥62 |
| T8 | 0.75～0.84 | ≤0.40 | ≤0.35 | ≤187 | 780～800(水) | ≥62 |
| T8Mn | 0.80～0.90 | 0.40～0.60 | ≤0.35 | ≤187 | 700～800(水) | ≥62 |
| T9 | 0.85～0.94 | ≤0.40 | ≤0.35 | ≤192 | 760～780(水) | ≥62 |
| T10 | 0.95～1.04 | ≤0.40 | ≤0.35 | ≤197 | 760～780(水) | ≥62 |
| T11 | 1.05～1.14 | ≤0.40 | ≤0.35 | ≤207 | 760～780(水) | ≥62 |
| T12 | 1.15～1.24 | ≤0.40 | ≤0.35 | ≤207 | 760～780(水) | ≥62 |
| T13 | 1.25～1.35 | ≤0.40 | ≤0.35 | ≤217 | 760～780(水) | ≥62 |

注：退火是指球化退火。

T7、T8钢用于制造要求具有较高韧性的工具，如凿子、锤、冲头等。

T9、T10、T11钢用于制造要求较低韧性、较高硬度的工具，如小钻头、冲模、手丝锥等。

T12、T13钢用于制造要求具有高硬度和耐磨性的工具，如锉刀、量具等。

## 6.4.2　量具刃具用钢

量具刃具用钢是指用于制造一般量具(如千分尺、塞规)和切削速度较低的刃具(如铰刀、丝锥)等所使用的钢种。

**1. 性能特点**

量具在使用过程中经常与被测工件接触、摩擦和碰撞而磨损,丧失工作精度。刃具在低速切削过程中,由于受切削力、振动和摩擦作用,易引起刀刃温度升高和磨损,从而丧失切削能力。因此,量具刃具用钢应具备以下性能特点:

(1) 高的硬度和高的耐磨性;

(2) 足够的强度和韧性;

(3) 较高的淬透性等。

**2. 成分特点**

(1) 高碳。量具刃具用钢大多含碳量在0.8%~1.1%,以保证高的硬度和高的耐磨性要求。

(2) 低合金。量具刃具用钢中Cr、Si、Mn、W等合金元素的含量小于5%。合金元素的主要作用是提高淬透性和回火稳定性。

**3. 热处理特点**

量具刃具用钢的热处理主要是球化退火及淬火+低温回火,最终获得回火马氏体、粒状碳化物和少量残余奥氏体组织,硬度为60~62HRC。与非合金工具钢相比,量具刃具用钢的淬透性明显提高,可采用油淬,且淬火变形、开裂倾向性小;切削温度可达250℃,仍属于低速切削刃具钢。

**4. 常用牌号及用途**

量具刃具用钢的牌号有9SiCr、Cr06、Cr2等,其中9SiCr钢、Cr2钢是常用钢种。

9SiCr钢的淬透性较高,$\phi$40~50mm的工具在油中能淬透,变形较小,回火稳定性较高,且碳化物分布均匀,因此适宜制造要求淬火变形小和刀刃较薄的低速切削刀具,如板牙、丝锥、铰刀等,是目前广泛使用的量具、刃具钢。

Cr2钢由于冶金质量较差,常用于制造精度较低的量具,如塞规、卡尺、量柱等;精度高的量具常用GCrl5钢制造。

### 6.4.3 冷作模具用钢

冷作模具用钢是指用于制造冷冲模、冷挤压模、拉丝模等冷变形模具所使用的钢种,工作温度一般不超过300℃。其成分特点是高碳、高合金,以满足高硬度、高耐磨性及良好的淬透性和切削加工性要求。

**1. 热处理特点**

冷作模具用钢的热处理为淬火+低温回火,硬度为58~62HRC。

**2. 常用牌号及用途**

9Mn2V钢的淬透性和耐磨性均比碳素工具钢高,常用于制造截面尺寸较大的复杂的冷作模具。

CrWMn钢的淬透性比9Mn2V钢、9SiCr钢高,淬火变形小,但易形成网状碳化物,常用于制造要求变形小、形状复杂、高精度的冷作模具。

Cr12MoV钢由于含铬高,能保证高的硬度、高的耐磨性及高的淬透性,广泛用于制造承受重负荷、形状复杂的大型(截面直径<400mm)冷作模具,在油中可淬透且淬火变形很小。

### 6.4.4　热作模具用钢

热作模具用钢是指用于制造热锻模、热挤压模等热变形模具和压铸模所使用的钢种。其工作时型腔表面温度达 600℃以上，因此，对热作模具用钢的主要性能要求是在高温下应保持高强度、良好的韧性、高的抗热疲劳性、足够的耐磨性和良好的导热性。

**1. 成分特点**

(1) 中碳。热作模具钢的平均含碳量在 0.3%～0.6%，以保证良好的强度、韧性。

(2) 中、低合金。钢中的合金元素总含量不超过 10%。其中，Cr、Ni、Si、Mn 等元素的主要作用是提高钢的淬透性；Cr、W 含量高的主要作用是提高钢的抗热疲劳性；V 等元素的主要作用是提高钢的回火稳定性，减少高温回火脆性。

热作模具用钢的热处理是调质处理(淬火后 550℃左右高温回火)，以获得回火索氏体组织。热压模具钢淬火后在略高于二次硬化峰值的温度(600℃左右)下回火，其最终组织为回火马氏体、粒状碳化物和少量残余奥氏体。

**2. 常用牌号及用途**

5CrNiMo 钢主要用于制造形状复杂、承受重载荷的大型热锻模。

5CrMnMo 钢主要用于制造中小型热锻模。

4Cr5MoSiV 钢、4Cr5MoSiV1 钢、4Cr5W2VSi 钢等具有高的淬透性和回火稳定性，在 400～500℃温度下工作仍具有良好的强韧性，主要用于制造热压模具。

常用合金工具钢的牌号、化学成分和性能如表 6-15 所示。

**表 6-15　常用合金工具钢的牌号、化学成分和性能(摘自 GB/T 1299—2014)**

| 组别 | 牌号 | 化学成分(质量分数)$w$/% | | | | | | | | 退火 | 试样淬火硬度 | |
|---|---|---|---|---|---|---|---|---|---|---|---|---|
| | | C | Si | Mn | Cr | W | Mo | V | | 硬度/HBW | 淬火/℃ 冷却剂 | 硬度/HRC |
| 量具刃具用钢 | 9SiCr | 0.85～0.95 | 1.20～1.60 | 0.30～0.60 | 0.95～1.25 | | | | | 197～241 | 820～860(油) | ≥62 |
| | Cr06 | 1.30～1.45 | ≤0.40 | ≤0.40 | 0.50～0.70 | | | | | 187～241 | 780～810(油) | ≥64 |
| | Cr2 | 0.95～1.10 | ≤0.40 | ≤0.40 | 1.30～1.65 | | | | | 179～229 | 830～860(油) | ≥62 |
| 冷作模具钢 | Cr12 | 2.00～2.30 | ≤0.40 | ≤0.40 | 1.30～1.65 | | | | | 217～269 | 950～1000(油) | ≥60 |
| | Cr12MoV | 1.45～1.70 | ≤0.40 | ≤0.40 | 11.0～12.5 | | 0.04～0.60 | 0.15～0.30 | | 207～255 | 950～1000(油) | ≥58 |
| | 9Mn2V | 0.85～0.95 | ≤0.40 | 1.70～2.00 | | | | 0.10～0.25 | | ≤229 | 780～810(油) | ≥62 |

续表

| 组别 | 牌号 | 化学成分(质量分数)$w$/% | | | | | | | | 退火 | 试样淬火硬度 | |
|---|---|---|---|---|---|---|---|---|---|---|---|---|
| | | C | Si | Mn | Cr | W | Mo | V | | 硬度/HBW | 淬火/℃冷却剂 | 硬度/HRC |
| 冷作模具钢 | CrWMn | 0.90~1.05 | ≤0.40 | 0.80~1.10 | 0.90~1.20 | 1.20~1.60 | | | | 207~255 | 800~830(油) | ≥62 |
| | Cr4W2MoV | 1.12~1.25 | 0.40~0.70 | ≤0.40 | 3.50~4.00 | 1.90~2.60 | 0.80~1.20 | 0.80~1.10 | | ≤269 | 960~980(油) | ≥60 |
| | 6W6Mo5Cr4V | 0.55~0.65 | ≤0.40 | ≤0.60 | 3.70~4.30 | 6.00~7.00 | 4.50~5.50 | 0.70~1.10 | | ≤269 | 1180~1200(油) | ≥60 |
| 热作模具钢 | 5CrMnMo | 0.50~0.60 | 0.25~0.65 | 1.20~1.60 | 0.60~0.90 | | 0.15~0.30 | | | 197~241 | 820~850(油) | ≥60 |
| | 5CrNiMo | 0.50~0.60 | ≤0.40 | 0.50~0.80 | 0.50~0.80 | | 0.15~0.30 | | | 197~241 | 820~850(油) | |
| | 3Cr2W8V | 0.30~0.40 | ≤0.40 | ≤0.40 | 2.20~2.70 | 7.50~9.00 | | 0.20~0.50 | | ≤255 | 1075~1125(油) | |
| | 4Cr5MoSiV | 0.33~0.43 | 0.80~1.20 | 0.20~0.50 | 4.75~5.50 | | 1.10~1.60 | 0.30~0.60 | | ≤229 | 1010~1020(空冷),550(回火) | |
| | 4Cr5MoSiV1 | 0.32~0.45 | 0.80~1.20 | 0.20~0.50 | 4.75~5.50 | | 1.10~1.75 | 0.80~1.20 | | ≤229 | 1000~1010(空冷),500(回火) | |
| | 4Cr5W2VSi | 0.32~0.42 | 0.80~1.20 | ≤0.40 | 4.50~5.50 | 1.60~2.40 | | 0.60~1.00 | | ≤229 | 1030~1050(油或空冷) | |

注：钢中硫、磷的质量分数均低于0.030%。

## 6.4.5 高速工具钢

高速工具钢是指用于制造高速切削刃具的高合金工具钢。其主要特点是热硬性高，当切削温度达到600℃时，其硬度仍保持在55~60HRC，因而广泛用于制造车刀、铣刀、刨刀、拉刀及钻头等高速切削刀具。高速工具钢的淬透性高，空冷即可淬火，俗称“风钢”。

**1. 成分特点**

(1) 高碳。高速工具钢的含碳量为0.7%~1.6%，以保证能形成足够量的碳化物。

(2) 合金元素。高速工具钢中主要加入的元素是Cr、W、Mo、V，添加Cr的主要目的是提高淬透性，各高速工具钢的Cr含量大多在4%。Cr还能提高钢的耐回火性和抗氧化性。W、Mo的主要作用是提高钢的热硬性，因为在淬火后的回火过程中，析出了这两种元素的碳化物,使钢产生二次硬化。V 的主要作用是细化晶粒,同时由于 VC 硬度极高,可提高钢的硬度和耐磨性。

**2. 加工与热处理**

高速工具钢的加工工艺路线为:下料→锻造→退火→机加工→淬火+回火→喷砂→磨削加工。

(1) 锻造高速工具钢是莱氏体钢,其铸态组织为亚共晶组织,由鱼骨状莱氏体与树枝状马氏体和屈氏体组成(见图 6-13),这种组织脆性大且无法通过热处理来改善。因此,需要通过反复锻打来击碎鱼骨状碳化物,使其均匀地分布于基体中。可见,对于高速钢而言,锻造具有成形和改善组织的双重作用。

(2) 退火高速工具钢的预备热处理是球化退火,其目的是降低硬度,便于切削加工,并为淬火做组织准备。退火后组织为索氏体+细颗粒状碳化物,如图 6-14 所示。

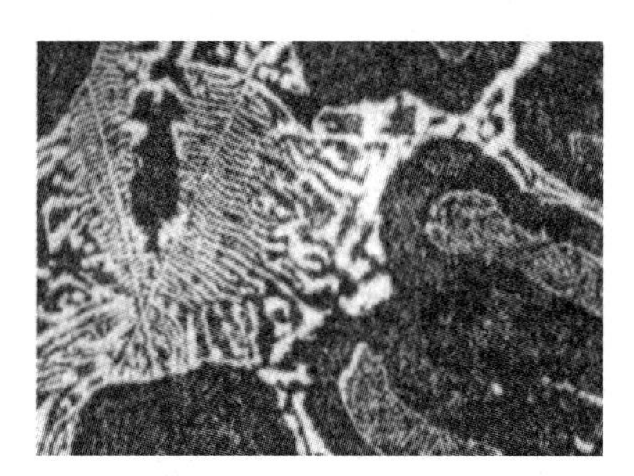

图 6-13　W18Cr4V 钢的铸态组织(400×)

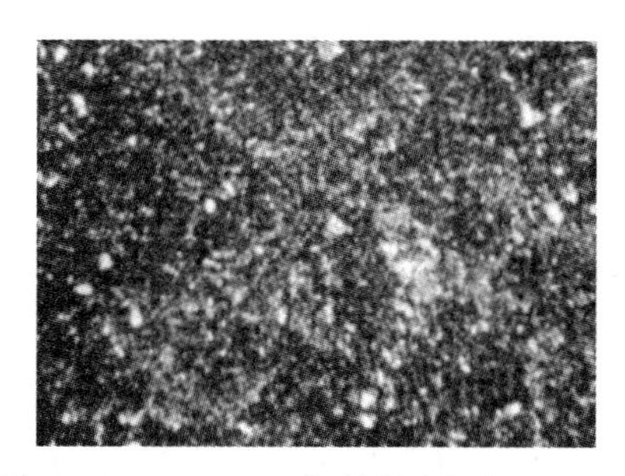

图 6-14　W18Cr4V 钢的退火组织(400×)

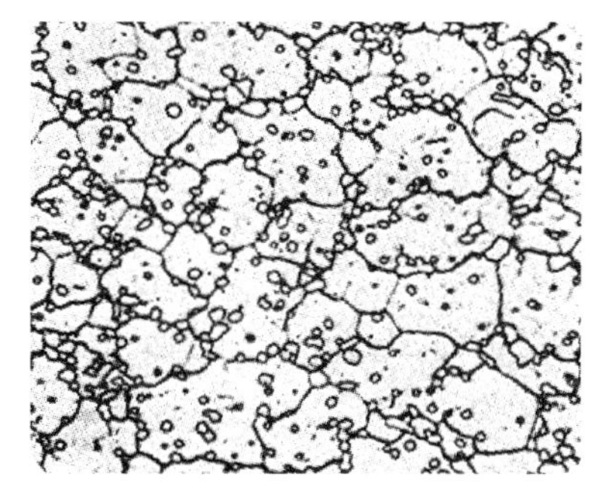

图 6-15　W18Cr4V 钢的淬火组织(400×)

(3) 淬火高速工具钢的导热性较差,故淬火加热时应在 600～650℃ 和 800～850℃ 预热两次,以防止变形与开裂。高速工具钢的淬火温度高达 1280℃,以使更多的合金元素溶入奥氏体中,达到淬火后获得高合金元素含量马氏体的目的。淬火温度不宜过高,否则易引起晶粒粗大。淬火冷却多采用盐浴分级淬火或油冷,以减少变形和开裂倾向。淬火后的组织为隐针马氏体+颗粒状碳化物和较多的残余奥氏体(约 30%),如图 6-15 所示,其硬度为 61～63HRC。

(4) 回火高速工具钢淬火后通常在 550～570℃ 进行三次回火,其主要目的是减少残余奥氏体量,稳定组织,并产生二次硬化。在回火过程中,随着温度的升高,大量细小弥散的钨、钼、钒碳化物从马氏体中析出,使钢的硬度不仅不下降,反而明显提高;同时由于残余奥氏体中的碳和合金元素含量下降,$M_s$ 点上升,在回火冷却时转变为马氏体,也使其硬度提高,产生二次硬化。W18Cr4V 钢的硬度与回火温度关系如图 6-16 所示。

采用多次回火是为了逐步减少残余奥氏体量,同时每次回火加热都使前一次回火冷却时产生的淬火马氏体回火。经淬火和三次回火后,高速工具钢的组织为回火马氏体、细颗粒状碳化物及少量残余奥氏体(<3%),如图 6-17 所示。图 6-18 为 W18Cr4V 钢热处理工艺示意图。

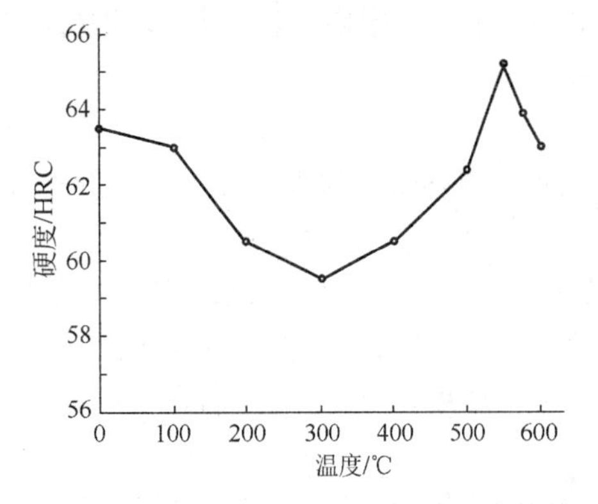


图 6-16　W18Cr4V 钢的硬度与回火温度的关系

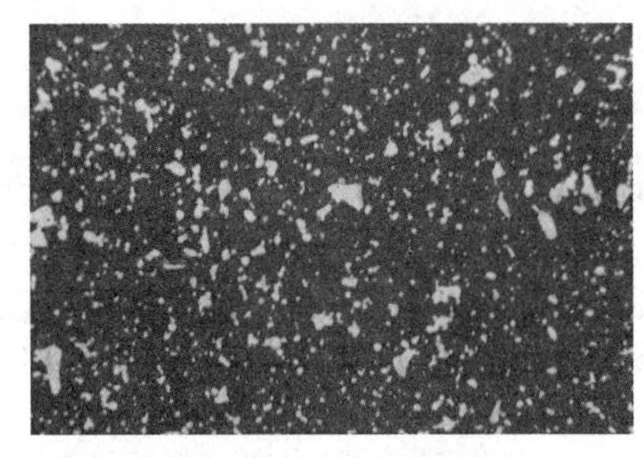

图 6-17　W18Cr4V 钢淬火、回火后的组织(400×)

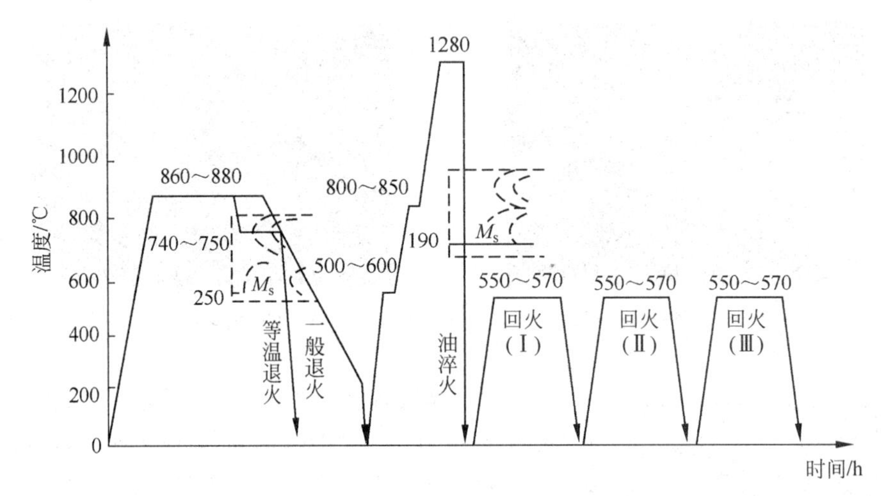


图 6-18　W18Cr4V 钢热处理工艺示意图

### 3. 常用钢种

常用的高速工具钢列于表 6-16。其中最常用的钢种为钨系的 W18Cr4V 钢和钨-钼系的 W6Mo5Cr4V2 钢。这两种钢的组织性能相似,但前者的热硬性较好,后者的耐磨性、热塑性和韧性较好,主要用于制造高速切削刃具,如车刀、刨刀、铣刀、钻头等。

**表 6-16　常用高速工具钢的牌号、成分、热处理及硬度(摘自 GB/T 9943—2008)**

| 牌　号 | 化学成分(质量分数)$w$/% | | | | | | | 热处理 | | 硬度(退火态)HBW |
|---|---|---|---|---|---|---|---|---|---|---|
| | C | Si | Mn | Cr | Mo | V | W | 淬火/℃ 冷却剂 | 回火/℃ | |
| W18Cr4V | 0.73~0.83 | 0.20~0.40 | 0.10~0.40 | 3.80~4.50 | ≤0.30 | 1.00~1.20 | 17.20~18.70 | 1250~1270(油) | 550~570 | ≤255 |
| W6Mo5Cr4V2 | 0.80~0.90 | 0.20~0.45 | 0.15~0.45 | 3.80~4.40 | 4.50~5.50 | 1.75~2.20 | 5.50~6.75 | 1200~1220(油) | 540~560 | ≤255 |

续表

| 牌　　号 | 化学成分(质量分数)w/% | | | | | | | 热处理 | | 硬度(退火态)HBW |
|---|---|---|---|---|---|---|---|---|---|---|
| | C | Si | Mn | Cr | Mo | V | W | 淬火/℃ 冷却剂 | 回火/℃ | |
| W9Mo3Cr4V | 0.77～0.87 | 0.20～0.40 | 0.20～0.45 | 3.80～4.40 | 2.70～3.30 | 1.30～1.70 | 8.50～9.50 | 1220～1240(油) | 540～560 | ≤255 |
| W4Mo3Cr4VSi | 0.88～0.98 | 0.50～1.00 | 0.20～0.40 | 3.80～4.40 | 2.50～3.50 | 1.20～1.80 | 3.50～4.50 | 1170～1190(油) | 540～560 | ≤255 |

注：① 钢中硫、磷的质量分数均低于0.030%。

② 所有牌号钢中残余元素 $w_{Ni}\leqslant 0.30\%$，$w_{Cu}\leqslant 0.25\%$。

③ 退火+冷拉态的硬度，允许比退火态指标增加50HBW。

## 6.5　特殊性能钢

特殊性能钢

特殊性能钢是指具有某些特殊的物理、化学性能，用来制造在特殊环境及工作条件下所使用的钢种。特殊性能钢通常包括不锈钢、耐热钢和耐磨钢等。

### 6.5.1　不锈钢

在腐蚀性介质中具有抗腐蚀性能的钢一般称为不锈钢。

**1. 金属腐蚀的概念**

腐蚀是指材料在外部介质作用下发生逐渐破坏的现象。金属的腐蚀分为化学腐蚀和电化学腐蚀两大类。化学腐蚀是指金属在非电解质中的腐蚀，如钢的高温氧化、脱碳等。电化学腐蚀是指金属在电解质溶液中的腐蚀，是有电流参与作用的腐蚀。大部分金属的腐蚀属于电化学腐蚀。

不同电极电位的金属在电解质溶液中构成原电池，使低电极电位的阳极被腐蚀，高电极电位的阴极被保护。金属中不同的组织、成分、应力区域之间都可能构成原电池。

为了防止电化学腐蚀，应采取以下措施：

(1) 得到均匀的单相组织，避免形成原电池。

(2) 提高合金的电极电位。

(3) 使表面形成致密稳定的保护膜，使其无法形成原电池。

**2. 用途及性能要求**

不锈钢主要在石油、化工、海洋开发、原子能、宇航、国防工业等领域用于制造在各种腐蚀性介质中工作的零件和结构。

对不锈钢的性能要求主要是耐蚀性。此外，根据零件或构件的不同工作条件，要求其具有适当的力学性能。对某些不锈钢还要求其具有良好的工艺性能。

**3. 成分特点**

(1) 含碳量。不锈钢的含碳量在0.03%～0.95%范围内。含碳量越低，则耐蚀性越好，故大多数不锈钢的含碳量为0.1%～0.2%；对于制造工具、量具等少数不锈钢，其含碳量较高，以获得高的强度、硬度和耐磨性。

(2) 合金元素。铬是提高耐蚀性的主要元素。铬能提高钢基体的电极电位，当铬的原子分数达到 1/8,2/8,3/8,…时，钢的电极电位呈台阶式跃增，称为 $n/8$ 规律。所以铬钢中的含铬量只有超过台阶值(如 $n=1$，换成质量百分数则为 11.7%)时，钢的耐蚀性才明显提高；铬是铁素体形成元素，当含铬量大于 12.7%时，可使钢形成单相铁素体组织；铬能形成稳定致密的 $Cr_2O_3$ 氧化膜，使钢的耐蚀性大大提高。加镍的主要目的是获得单相奥氏体组织。加钼主要是为了提高钢在非氧化性酸中的耐蚀性。钛、铌的主要作用是防止奥氏体不锈钢发生晶间腐蚀。晶间腐蚀是一种沿晶粒周界发生腐蚀的现象，危害很大。它是由于 $Cr_{23}C_6$ 析出晶界，使晶界附近的含铬量降到 12%以下，造成电极电位急剧下降，使钢在介质作用下发生强烈腐蚀，而加钛、铌可先于铬与碳形成不易溶于奥氏体的碳化物，避免了晶界贫铬。

**4. 常用的不锈钢**

目前应用的不锈钢，按其组织状态主要分为马氏体不锈钢、铁素体不锈钢、奥氏体不锈钢和奥氏体-铁素体型不锈钢等。常用不锈钢的牌号、热处理及力学性能见表 6-17。

**表 6-17　常用不锈钢的牌号、成分、热处理及力学性能(摘自 GB/T 4237—2015)**

| 类别 | 统一数字代号 | 新牌号 | 旧牌号 | 热处理 | 力学性能 | | | |
|---|---|---|---|---|---|---|---|---|
| | | | | | $R_{p0.2}$/MPa | $R_m$/MPa | $A$/% | HBW |
| | | | | | 不小于 | | | 不大于 |
| 奥氏体型 | S30210 | 12Cr18Ni9 | 1Cr18Ni9 | 1010～1150℃快冷(固溶处理) | 205 | 515 | 40 | 201 |
| | S30408 | 06Cr19Ni10 | 0Cr18Ni9 | 1010～1150℃快冷(固溶处理) | 205 | 515 | 40 | 201 |
| | S31658 | 06Cr17Ni12Mo2N | 0Cr17Ni12Mo2N | 1010～1150℃快冷(固溶处理) | 240 | 550 | 35 | 217 |
| | S32168 | 06Cr18Ni11Ti | 0Cr18Ni10Ti | 920～1150℃快冷(固溶处理) | 205 | 515 | 40 | 217 |
| 奥氏体-铁素体型 | S21860 | 14Cr18Ni11Si4AlTi | 1Cr18Ni11Si4AlTi | 9310～1050℃快冷(固溶处理) | — | 715 | 25 | — |
| | S21953 | 022Cr19Ni5Mo3Si2N | 00Cr18Ni5Mo3Si2 | 920～1150℃快冷(固溶处理) | 440 | 630 | 25 | 290 |
| | S22253 | 022Cr22Mn3Ni2MoN | — | 950～1200℃快冷(固溶处理) | 450 | 655 | 25 | 290 |
| | S22053 | 022Cr23Ni5Mo3N | — | 950～1200℃快冷(固溶处理) | 450 | 655 | 25 | 293 |
| 铁素体型 | S11203 | 022Cr12 | 00Cr12 | 700～820℃空冷或缓冷(退火) | 195 | 360 | 22 | 183 |
| | S11710 | 10Cr17 | 1Cr17 | 780～850℃空冷或缓冷(退火) | 205 | 420 | 22 | 183 |

续表

| 类别 | 统一数字代号 | 新牌号 | 旧牌号 | 热处理 | 力学性能 | | | |
|---|---|---|---|---|---|---|---|---|
| | | | | | $R_{p0.2}$/MPa | $R_m$/MPa | A/% | HBW |
| | | | | | 不小于 | | | 不大于 |
| 马氏体型 | S41010 | 12Cr13 | 1Cr13 | 950～1000℃油冷<br>700～750℃快冷 | 205 | 450 | 20 | 217 |
| | S42020 | 20Cr13 | 2Cr13 | 920～980℃油冷<br>600～750℃快冷 | 225 | 520 | 18 | 223 |
| | S42030 | 30Cr13 | 3Cr13 | 920～980℃油冷<br>600～750℃快冷 | 225 | 540 | 18 | 235 |
| | S42040 | 40Cr13 | 4Cr13 | 920～980℃油冷<br>600～750℃快冷 | 225 | 590 | 15 | — |
| | S43120 | 17Cr16Ni2 | 1Cr16Ni2 | 950～1050℃油冷 | 690 | 880～1080 | 12 | 262～326 |
| | | | | 275～350℃快冷 | 1050 | 1350 | 10 | 388 |
| | S44070 | 68Cr17 | 6Cr17 | 1010～1070℃油冷<br>100～180℃快冷 | 245 | 590 | 15 | 255 |

1）马氏体不锈钢

马氏体不锈钢主要是 Cr13 型不锈钢，典型的钢号有 12Cr13、20Cr13、30Cr13、40Cr13。随着含碳量的提高，钢的强度、硬度提高，但耐蚀性下降。

（1）12Cr13、20Cr13、30Cr13 不锈钢的热处理为调质处理，使用状态下的组织为回火索氏体。这三种钢具有良好的耐大气、蒸汽腐蚀能力及良好的综合力学性能，主要用于制造要求塑性、韧性较高的耐蚀件，如汽轮机叶片等。

（2）40Cr13 不锈钢的热处理为淬火加低温回火，使用状态下的组织为回火马氏体。这种钢具有较高的强度、硬度，主要用于要求耐蚀、耐磨的器件，如医疗器械、量具等。

2）铁素体不锈钢

铁素体不锈钢的典型钢号有 10Cr17 等。这类钢的成分特点是高铬低碳，组织为单相铁素体。由于铁素体不锈钢在加热冷却过程中不发生相变，因而不能进行热处理强化，可通过加入钛、铌等强碳化物形成元素或经冷塑性变形及再结晶来细化晶粒。铁素体不锈钢的性能特点是耐酸蚀、抗氧化能力强、塑性好，但有脆化倾向：

（1）475℃脆性，即将钢加热到 450～550℃停留时产生的脆化，可通过加热到 600℃后快冷消除。

（2）$\sigma$ 相脆性，即钢在 600～800℃长期加热时，因析出硬而脆的 $\sigma$ 相而产生的脆化。这类钢广泛用于硝酸和氮肥工业的耐蚀件。

3）奥氏体不锈钢

奥氏体不锈钢主要是 18-8(18Cr-8Ni)型不锈钢。这类钢的成分特点是低碳高铬镍，其组织为单相奥氏体，因而具有良好的耐蚀性、冷热加工性及可焊性，高的塑性、韧性，但该类钢无磁性。奥氏体不锈钢常用的热处理为固溶处理，即加热到 920～1150℃使碳化物溶解后水冷，获得单相奥氏体组织。对于含有钛或铌的钢，在固溶处理后还要进行稳定化处理，即将钢加热到 850～880℃，使钢中铬的碳化物完全溶解，而钛或铌的碳化物不完全溶解，然后缓慢冷却，使 TiC 充分析出，以防止发生晶间腐蚀。

常用的奥氏体不锈钢有 12Cr18Ni9 等，广泛用于化工设备及管道等。

奥氏体不锈钢在应力作用下易发生应力腐蚀，即在特定合金-环境体系中，应力与腐蚀共同作用引起的破坏。奥氏体不锈钢易在含 $Cl^-$ 的介质中发生应力腐蚀，裂纹呈枯树枝状。

4）其他类型不锈钢

（1）复相（或双相）不锈钢。其典型钢号有 06Cr26Ni4Mo2、022Cr19Ni5Mo3Si2N 等。这类钢的组织由奥氏体和δ铁素体两相组成（其中铁素体占 5%～20%），其晶间腐蚀和应力腐蚀倾向小，韧性和可焊性较好，可用于制造化工、化肥设备及管道，海水冷却的热交换设备等。

（2）沉淀硬化不锈钢。其典型钢号有 07Cr17Ni7Al、07Cr15Ni7Mo2Al 等，这类不锈钢经固溶、二次加热及时效处理后，其组织为在奥氏体-马氏体基体上分布着弥散的金属间化合物，主要用作高强度、高硬度且耐腐蚀的化工机械和航天用的设备、零件等。

奥氏体型不锈钢常用的热处理方法是固溶处理，即将不锈钢加热到 92～1150℃后，使其中的碳化物溶解后水冷至室温，获得单相的奥氏体组织。固溶处理后的不锈钢强度很低（$R_m \approx 600$MPa），不适于作结构材料用，但可通过冷变形强化提高其强度（$R_m \approx 1200 \sim 1400$MPa）。

对于含钛或铌的不锈钢，一般在固溶处理后还要进行稳定化处理，即将不锈钢加热到 850～880℃，使其中铬的碳化物完全溶解，而钛或铌的碳化物不充分溶解，然后缓慢冷却，使碳化物充分析出，以防止发生晶间腐蚀。

**“笔尖钢”的探索之路**

圆珠笔是我们常用的文具，可是你知道吗，前些年，笔尖上的球座体核心机密掌握在瑞士、日本等国家手中。无论是球座体生产设备还是原材料，中国都无法生产，长期以来一直依赖进口。一个圆珠笔头的所有制作有 20 多道工序，每一道工序所需的制作材料非常精细和复杂，这些材料要求有极高的精度。即使项目难度大，太钢集团的研发团队最终经过上百项的试验，终于攻克了圆珠笔头所用材料的稳定性、耐腐蚀性等难题，在此过程中，太钢集团掌握了许多项关键技术，并且在 2017 年实现了“笔尖钢”国内量产。

### 6.5.2 耐热钢

耐热钢是指在高温下具有高的热化学稳定性和热强性的特殊钢及合金。其广泛用于热工动力、石油化工、航空航天等领域制造工业加热炉、锅炉、热交换器、汽轮机、内燃机、航空发动机等在高温条件下工作的构件和零件。

**1. 性能要求**

（1）高的热化学稳定性。热化学稳定性是指金属在高温下对各种介质化学腐蚀的抗力。热化学稳定性最主要的是抵抗氧化的能力，即抗氧化性。提高抗氧化性的途径主要是通过在金属表面形成一层连续致密的结合牢固的氧化膜，阻碍氧的进一步扩散，使内部金属不被继续氧化。

（2）高的热强性。热强性是指金属在高温下的强度，其性能指标为蠕变极限和持久强度。所谓蠕变是指金属材料在长时间的高温、恒应力作用下，发生缓慢塑性变形的现象。金属材料在高温长时间载荷作用下的塑性变形抗力指标称为蠕变极限，如 700℃、1000h 内产生 0.2%变形量时的蠕变极限用 $\sigma_{0.2/1000}^{700}$ 表示；在一定温度、一定时间内发生断裂时的应力称为持久强度，如 700℃、1000h 内发生断裂时的应力用 $\sigma_{1000}^{700}$ 表示。提高热强性的途径主要有固溶强化、第二相强化和晶界强化。

**2. 成分特点**

（1）提高抗氧化性。加入 Cr、Si、Al 元素可在合金表面形成致密的 $Cr_2O_3$、$SiO_2$、$Al_2O_3$ 氧化膜。其中 Cr 的作用最大，当合金中含 Cr 量为 15%时，其抗氧化温度可达 900℃，当含 Cr 量为 20%～25%时，抗氧化温度可达 1100℃。

（2）提高热强性。①加入 Cr、Ni、W、Mo 等元素的作用是产生固溶强化，形成单相组织并提高再结晶温度，从而提高高温强度；②加入 V、Ti、Nb、Al 等元素的作用是形成弥散分布且稳定的 VC、TiC、NbC 等碳化物和稳定性更高的 $Ni_3Ti$、$Ni_3Al(\gamma')$、$Ni_3Nb(\gamma'')$ 等金属间化合物，它们在高温下不易聚集长大，可有效地提高高温强度；③加入 B、Zr、Hf、RE 等元素的作用是净化晶界或填充晶界空位，从而强化晶界，提高高温断裂抗力。

**3. 常用的耐热钢**

常用耐热钢的牌号、成分、热处理及应用举例见表 6-18。

**表 6-18　常用耐热钢的牌号、成分、热处理及应用举例（摘自 GB/T 1221—2007）**

| 类别 | 统一数字代号 | 新牌号 | 旧牌号 | 化学成分(质量分数)$w$/% | | | | | 热处理 | 应用举例 |
|---|---|---|---|---|---|---|---|---|---|---|
| | | | | C | Mn | Si | Ni | Cr | | |
| 铁素体型 | S12550 | 16Cr25N | 2 Cr25N | ≤0.20 | ≤1.50 | ≤1.00 | ≤0.60 | 23.00～27.00 | 退火 780～880℃(快冷) | 1050℃以下炉用构件 |
| | S11348 | 06Cr13Al | 0 Cr13Al | ≤0.08 | ≤1.00 | ≤1.00 | ≤0.60 | 11.50～14.50 | 退火 780～830℃(空冷) | 900℃以下承受应力不大的炉用构件 |
| 珠光体型 | — | 15CrMo | | 0.12～0.18 | — | — | — | 0.80～1.10 | 930～960℃正火 | 540℃以下锅炉热管、垫圈 |
| | — | 35CrMoV | | 0.30～0.38 | — | — | — | 1.00～1.30 | 980～1020℃正火或调质处理 | 520℃以下的汽轮机转子叶轮、压缩机转子 |
| 马氏体型 | S41010 | 12Cr13 | 1Cr13 | 0.08～0.15 | ≤1.00 | ≤1.00 | ≤0.60 | 11.50～13.50 | 950～1000℃油淬或 700～750℃回火(快冷) | 800℃以下耐氧化用部件 |
| | S45710 | 13Cr13Mo | 1Cr13Mo | 0.08～0.18 | ≤1.00 | ≤0.60 | ≤0.60 | 11.50～14.00 | 970～1000℃油淬或 650～750℃回火(快冷) | 汽轮机叶片、高温高压耐氧化用部件 |

续表

| 类别 | 统一数字代号 | 新牌号 | 旧牌号 | 化学成分(质量分数)w/% | | | | | 热处理 | 应用举例 |
|---|---|---|---|---|---|---|---|---|---|---|
| | | | | C | Mn | Si | Ni | Cr | | |
| 马氏体型 | S46010 | 14Cr11MoV | 1Cr11MoV | 0.11~0.18 | ≤0.60 | ≤0.50 | ≤0.60 | 10.00~11.50 | 1050~1100℃空淬或720~740℃回火(空冷) | 涡轮机叶片及导向叶片 |
| 马氏体型 | S48040 | 42Cr9Si2 | 4Cr9Si2 | 0.35~0.50 | ≤0.70 | 2.00~3.00 | ≤0.60 | 8.00~10.00 | 1020~1040℃油淬或700~780℃回火(油冷) | 内燃机气阀、轻负荷发动机的排气件 |
| 奥氏体型 | S31008 | 06Cr25Ni20 | 0Cr25Ni20 | ≤0.08 | ≤2.00 | ≤1.50 | 19.00~22.00 | 24.00~26.00 | 固溶处理1030~1180℃(快冷) | 1035℃以下炉用材料 |
| 奥氏体型 | S33010 | 12Cr16Ni35 | 1Cr16Ni35 | ≤0.15 | ≤2.00 | ≤1.50 | 33.00~37.00 | 14.00~17.00 | 固溶处理1030~1180℃(快冷) | 1035℃以下可反复加热 |
| 奥氏体型 | S42030 | 45Cr14Ni14W2Mo | 4Cr14Ni14W2Mo | 0.40~0.50 | ≤0.70 | ≤0.80 | 13.00~15.00 | 13.00~15.00 | 固溶处理820~850℃(快冷) | 内燃机重负荷排气阀 |

1）珠光体耐热钢

珠光体耐热钢常用的钢种为15CrMo和12Cr1MoV等。这类钢一般在正火＋回火状态下使用,组织为珠光体＋铁素体,其工作温度低于600℃。由于含合金元素量少,工艺性好,常用于制造锅炉、化工压力容器、热交换器、气阀等耐热构件。其中15CrMo钢主要用于锅炉零件。这类钢在长期使用过程中,易发生珠光体的球化和石墨化,从而显著降低钢的蠕变极限和持久强度。通过降低含碳量和含锰量,适当加入铬、钼等元素,可抑制球化和石墨化倾向。20G也是常用的珠光体耐热钢,主要用于壁温不超过450℃的锅炉管件及主蒸汽管道等。

2）马氏体耐热钢

马氏体耐热钢常用的钢种为Cr12型(14Cr11MoV,15Cr12WMoV)、Cr13型(12Cr13,20Cr13)和42Cr9Si2等。这类钢含铬量高,其抗氧化性及热强性均高于珠光体耐热钢,淬透性好。马氏体耐热钢多在调质状态下使用,组织为回火索氏体。其最高工作温度与珠光体耐热钢相近,多用于制造在600℃以下工作且受力较大的零件,如汽轮机叶片和汽车阀门等。

3）奥氏体耐热钢

奥氏体耐热钢的耐热性能优于珠光体耐热钢和马氏体耐热钢,其冷塑性变形性能和焊接性都很好,一般工作温度为600～900℃,广泛用于航空、舰艇、石油化工等工业领域制造汽轮机叶片、发动机气阀及炉管等。

奥氏体耐热钢最典型的牌号是06Cr18Ni11Ti,铬的主要作用是提高钢的抗氧化性,加镍是为了形成稳定的奥氏体,并与铬相配合提高钢的高温强度,钛的作用是通过形成碳化物产生弥散强化。

40Cr25Ni20(美国HK40)钢及4Cr25Ni35Nb(美国HP)钢是石化装置上大量使用的高

碳奥氏体耐热钢。这种钢在铸态下的组织是奥氏体基体＋骨架状共晶碳化物，其在高温运行过程中析出大量弥散的 $Cr_{23}C_6$ 型碳化物使钢产生强化，其在 900℃、1MPa 应力下的工作寿命可达 10 万 h。

45Cr14Ni14W2Mo 钢是用于制造大功率发动机排气阀的典型钢种。此钢的含碳量提高到 0.4%，目的在于形成铬、钼、钨的碳化物并呈弥散状态析出，以提高钢的高温强度。

### 6.5.3 高温合金

高温合金是指在高温下(600～1100℃)能承受一定应力并具有抗氧化性耐腐蚀性且合金元素含量很高的金属材料。制造航空发动机、火箭发动机及燃气轮机的零部件如燃烧室、导向叶片、涡轮叶片、涡轮盘和尾喷管等所用的材料，须在高温(一般为 600～1100℃)氧化气氛中和燃气腐蚀条件下承受较大的应力长期工作，要求具有更高的热稳定性和热强性。显然，耐热钢已不能满足这种要求，必须选用高温合金。高温合金按基体分为铁基、镍基和钴基三类，其牌号为“GH＋四位数字”，其中“GH”表示高温合金，第一位数字为 1、2 时表示铁基合金，为 3、4 时表示镍基合金，为 5、6 时表示钴基合金，这六个首位数字中，奇数代表固溶强化型合金，偶数代表时效硬化型合金。第 2～4 位数字表示合金编号。

常用的变形高温合金的牌号及化学成分列于表 6-19 中。

表 6-19　常用的变形高温合金的牌号及其化学成分(摘自 GB/T 14992—2005)

| 类别 | 牌号 | 化学成分(质量分数)$w$/% | | | | | | | | | | | | | |
|---|---|---|---|---|---|---|---|---|---|---|---|---|---|---|---|
| | | C | Cr | Ni | W | Mo | Al | Ti | Fe | Ce | Mn | Si | S | P | 其他 |
| 铁基高温合金 | GH1140 | 0.06～0.12 | 20.00～23.00 | 35.00～40.00 | 1.40～1.80 | 2.00～2.50 | 0.20～0.50 | 0.70～1.20 | 余 | ≤0.05 | ≤0.70 | ≤0.80 | ≤0.015 | ≤0.025 | |
| | GH2130 | ≤0.08 | 12.00～16.00 | 35.00～40.00 | 5.00～6.50 | | 1.40～2.20 | 2.40～3.20 | 余 | ≤0.02 | ≤0.50 | ≤0.60 | ≤0.015 | ≤0.015 | $w_B$≤0.02 |
| | GH2302 | ≤0.08 | 12.00～16.00 | 38.00～42.00 | 3.50～4.50 | 1.50～2.50 | 1.80～2.30 | 2.30～2.80 | 余 | ≤0.02 | ≤0.60 | ≤0.60 | ≤0.00 | ≤0.020 | $w_B$≤0.01，$w_{Zr}$≤0.05 |
| | GH2036 | 0.34～0.40 | 11.50～13.50 | 7.00～9.00 | | 1.10～1.40 | | ≤0.12 | 余 | | 7.5～9.5 | 0.3～0.8 | ≤0.030 | ≤0.035 | $w_{Nb}$=0.25～0.50，$w_V$=1.25～1.55 |
| | GH2132 | ≤0.08 | 13.50～16.00 | 24.00～27.00 | | 1.00～0.50 | ≤0.40 | 1.75～2.30 | 余 | | ≤2.00 | ≤1.00 | ≤0.020 | ≤0.030 | $w_V$=0.10～0.50，$w_B$=0.001～0.010 |
| | GH2136 | ≤0.06 | 13.00～16.00 | 24.50～28.50 | | 1.00～1.75 | ≤0.35 | 2.40～3.20 | 余 | | ≤0.35 | ≤0.75 | ≤0.025 | ≤0.025 | $w_V$=0.01～0.10，$w_B$=0.005～0.025 |
| | GH2135 | ≤0.08 | 14.00～16.00 | 33.00～36.00 | 1.70～2.20 | 1.70～2.20 | 2.00～2.80 | 2.10～2.50 | 余 | ≤0.03 | ≤0.40 | ≤0.50 | ≤0.020 | ≤0.020 | $w_B$≤0.015 |

续表

| 类别 | 牌号 | 化学成分(质量分数)$w$/% | | | | | | | | | | | | | |
|---|---|---|---|---|---|---|---|---|---|---|---|---|---|---|---|
| | | C | Cr | Ni | W | Mo | Al | Ti | Fe | Ce | Mn | Si | S | P | 其他 |
| 镍基高温合金 | GH3030 | ≤0.12 | 19.00~22.00 | 余 | | | ≤0.15 | 0.15~0.35 | ≤1.50 | | ≤0.70 | ≤0.80 | ≤0.020 | ≤0.030 | |
| | GH3039 | ≤0.08 | 19.00~22.00 | 余 | | 1.80~2.30 | 0.35~0.75 | 0.35~0.75 | ≤3.00 | | ≤0.40 | ≤0.80 | ≤0.012 | ≤0.020 | $w_{Nb}$=0.90~1.30 |
| | GH3044 | ≤0.10 | 23.50~26.50 | 余 | 13.00~16.00 | ≤1.50 | ≤0.50 | 0.30~0.70 | ≤4.00 | | ≤0.50 | ≤0.80 | ≤0.013 | ≤0.013 | |
| | GH3128 | ≤0.05 | 19.00~22.00 | 余 | 7.50~9.00 | 7.50~9.00 | 0.40~0.80 | 0.40~0.80 | ≤2.00 | ≤0.05 | ≤0.50 | ≤0.80 | ≤0.013 | ≤0.013 | $w_B$≤0.005 $w_{Zr}$≤0.06 |
| | GH4033 | 0.03~0.08 | 19.00~22.00 | 余 | | | 0.60~1.00 | 2.40~2.80 | ≤4.00 | ≤0.02 | ≤0.40 | ≤0.65 | ≤0.007 | ≤0.015 | $w_B$≤0.01 |
| | GH4037 | 0.03~0.10 | 13.00~16.00 | 余 | 5.00~7.00 | 2.00~4.00 | 1.70~2.30 | 1.80~2.30 | ≤5.00 | ≤0.02 | ≤0.50 | ≤0.40 | ≤0.010 | ≤0.015 | $w_V$=0.10~0.50, $w_B$≤0.02 |
| | GH4049 | 0.04~0.10 | 9.50~11.00 | 余 | 5.00~6.00 | 4.50~5.50 | 3.70~4.40 | 1.40~1.90 | ≤1.50 | ≤0.02 | ≤0.50 | ≤0.50 | ≤0.010 | ≤0.010 | $w_{Co}$=14.0~15.0, $w_V$=0.20~0.50, $w_B$≤0.015 |
| | GH4169 | ≤0.08 | 17.00~21.00 | 50.00~55.00 | | 2.80~3.30 | 0.20~0.60 | 0.65~1.15 | 余 | | ≤0.35 | ≤0.35 | ≤0.015 | ≤0.015 | $w_{Nb}$=4.75~5.50, $w_B$≤0.006 |

**1. 铁基高温合金**

铁基高温合金是在奥氏体耐热钢的基础上增加了 Cr、Ni、W、Mo、V、Ti、Nb、Al 等元素，以进一步提高其抗氧化性和热强性。常用的牌号有 GH1140、GH2130、GH2302、GH2132、GH2136 等。其中，GH1140 采用固溶处理，组织为单相奥氏体，具有良好的抗氧化性及冲压、焊接性能，适于制造在 850℃以下工作的喷气发动机燃烧室和加力燃烧室零部件；GH2130、GH2302、GH2132、GH2136 采用固溶＋时效处理，析出γ′第二相强化，因而高温强度高，用于制造在 650～800℃下工作的受力零件，如涡轮盘、叶片、紧固件等。

**2. 镍基高温合金**

镍基高温合金以镍为基，加入 Cr、W、Mo、Co、V、Ti、Nb、Al 等元素，其组织稳定性比铁基高温合金高，因而具有好的抗氧化性和高的高温强度。常用的牌号有 GH3030、GH3039、GH3128、GH4033、GH4037、GH4049 等。其中，前三者采用固溶处理，组织为单相奥氏体，抗氧化性、成形性及焊接性能好，用于制造在 800～950℃下工作的火焰筒及加力燃烧室等；后三者采用固溶＋时效处理，γ′相析出量大且尺寸稳定，具有更高的高温强度，用于制造在 750～950℃下工作的受力零件，如涡轮叶片等。

### 6.5.4 耐磨钢

耐磨钢是指在冲击载荷和摩擦条件下产生加工硬化的铸造高锰钢，也称奥氏体锰钢。其性能特征是具有良好的韧性和高的耐磨性，主要用于制造既能承受严重磨损又能承受强烈冲击的零件，如球磨机的衬板、破碎机的颚板、挖掘机的铲齿、拖拉机和坦克的履带板及铁路道岔等。

**1. 成分特点**

(1) 高碳。耐磨钢的含碳量为0.75%～1.45%，以保证高的耐磨性。

(2) 高锰。耐磨钢的含锰量为11%～14%，以保证形成单相奥氏体组织，获得良好的韧性。

**2. 热处理方法**

耐磨钢的铸态组织为奥氏体＋碳化物，性能硬而脆。为此，应对其进行“水韧处理”，即把钢加热到1100℃，使碳化物完全溶入奥氏体，并进行水淬，以获得均匀的过饱和单相奥氏体。此时，其强度、硬度并不高(180～200HB)，但塑性、韧性很好。为了获得高耐磨性，使用时必须伴随着强烈的冲击或强大的压力，在冲击或压力作用下，表面奥氏体迅速加工硬化，同时形成马氏体并析出碳化物，使表面硬度提高到500～550HB，从而获得高的耐磨性。而心部仍为奥氏体组织，具有高耐冲击能力。当表面磨损后，新露出的表面又可在冲击或压力作用下获得新的硬化层。

高锰钢水冷后不应当再受热，因加热到250℃以上时有碳化物析出，会使其脆性增加。这种钢由于具有很高的加工硬化性能，所以很难机械加工，但采用硬质合金、含钴高速钢等切削工具，并采取适当的刀角及切削条件，还是可以加工的。

**3. 常用的耐磨钢**

常用耐磨钢的牌号、化学成分和力学性能见表6-20。

**表6-20 耐磨钢的牌号、化学成分和力学性能(摘自GB/T 5680—2010)**

| 牌号 | 化学成分(质量分数)$w$/% | | | | | | 力学性能(不小于) | | | |
|---|---|---|---|---|---|---|---|---|---|---|
| | C | Si | Mn | P | S | Cr | $R_{eL}$/MPa | $R_m$/MPa | $A$/% | $K$/J |
| ZG120Mn13 | 1.05～1.35 | 0.3～0.9 | 11～14 | ≤0.060 | ≤0.040 | — | — | 685 | 25 | 118 |
| ZG120Mn13Cr2 | 1.05～1.35 | 0.3～0.9 | 11～14 | ≤0.060 | ≤0.040 | 1.5～2.5 | 390 | 735 | 20 | — |

## 本章小结

金属材料是现代工业、农业、国防、科学技术各个领域应用最广泛的材料，大量用于制造各种工程构件、机械设备、机械零件、加工工具、仪器仪表和日常生活用品。

**1. 结构钢**

用于工程结构的钢称为工程结构用钢。工程结构用钢通常是普通质量的结构钢，制造承受静载荷作用的工程结构件。用来制作机械零件的钢称为机械结构用钢。机械结构用钢通常是优质或高级优质结构钢，制作的机械零件一般要经过热处理，以提高零件的使用寿命。生产中常见结构钢的种类和应用举例见表 6-21。

**表 6-21　生产中常见的结构钢的种类和应用举例**

| 内容钢种 | 成分特点及性能 | 热处理工艺 | 典型牌号 | 应用举例 |
| --- | --- | --- | --- | --- |
| 碳素结构钢 | 含碳量较低(0.06%～0.38%)，硫、磷含量较高，强度较低，但塑性、韧性、冷变形性能好 | 不需要热处理 | Q235AF | 制成条钢、异型钢材、钢板，主要用于铁道、桥梁、各类建筑工程领域，制造承受静载荷的各种金属构件及不重要的机械零件和一般焊接件用钢 |
| 低合金高强度结构钢 | 含碳量较低(≤0.2%)，含硫和含磷量均不大于0.045%。具有较高的强度，具有良好的韧性、塑性、冷热加工性和焊接性 | 不需要热处理 | Q355C | 应用于桥梁、船舶、锅炉、车辆及重要建筑结构 |
| 优质碳素结构钢 | 含碳量较低，塑性好，易于拉拔、冲压、挤压、锻造和焊接 | 去应力退火 | 10、20 | 制造受力不大但要求高韧性的零件，如冲压件、焊接件 |
| | 含碳量中等，具有较好的综合力学性能 | 调质或正火 | 40、45 | 制造负荷较大的零件，如轴、丝杠、齿轮、连杆等。其中以 45 钢最为典型，在机械结构中用途最广 |
| | 含碳量较高，具有较高的强度、硬度、弹性和耐磨性 | 淬火＋中(高)温回火 | 65、70 | 制造要求弹性极限或强度较高的零件，如轧辊、弹簧、钢丝绳、偏心轮、轮箍 |
| 渗碳钢 | 含碳量较低(0.1%～0.25%)，加入的合金元素有 Cr、Mn、Ni、B 等，热处理后性能外硬内韧 | 渗碳＋淬火＋低温回火 | 20Cr、20CrMnTi | 制造一般机械中的较为重要的渗碳件，承受高速中载、冲击和磨损的零件，如汽车、拖拉机中的变速齿轮、轴、活塞销等 |
| 调质钢 | 中碳(含碳量 0.25%～0.50%)。合金调质钢中的主加合金元素有 Mn、Si、Cr、Ni、B 等，综合力学性能好 | 淬火＋高温回火(调质处理) | 45、40Cr<br>35CrMo、<br>40CrMn | 制造载荷较低、形状简单、尺寸较小的调质工件，如机器中传递动力的轴、连杆；制造中等截面、中等转速、受变动载荷的调质工件，如轴类、连杆螺栓、齿轮；制作截面较大、承受较重载荷的调质工件，如轧钢曲轴、大型电动机轴、镗床镗杆 |

续表

| 内容钢种 | 成分特点及性能 | 热处理工艺 | 典型牌号 | 应用举例 |
| --- | --- | --- | --- | --- |
| 弹簧钢 | 中高碳(碳素弹簧钢含碳量0.6%~0.9%,合金弹簧钢含碳量0.45%~0.7%),加入的合金元素有Si、Mn、Cr、W、V等,具有高的弹性极限和屈强比 | 冷成形+去应力退火<br>热成形+淬火+中温回火 | 65、70、60Si2Mn、55Si2Mn、 | 制造截面在直径12~15mm以下,不受冲击的小弹簧;制造10~12mm厚的板簧和直径20~25mm的螺旋弹簧 |
| 滚动轴承钢 | 高碳(含碳量0.95%~1.10%),主加合金元素是铬,具有高硬度和耐磨性 | 淬火+低温回火 | GCr15 | 制作钢球、圆锥滚子、球面滚子及滚针,还可用于制造量具、冲压模具、机床丝杠及柴油机泵嘴上的精密零件 |

**2. 工具钢**

工具钢用来制造切削刀具、量具、模具和其他工具。工具钢应具有高硬度、高耐磨性及足够的强度和韧性。生产中常见的工具钢的种类和应用举例见表6-22。

**表6-22 生产中常见工具钢的种类和应用举例**

| 内容钢种 | 成分特点及性能 | 热处理工艺 | 典型牌号 | 应用举例 |
| --- | --- | --- | --- | --- |
| 非合金工具钢 | 含碳量在0.65%~1.35%范围内,热处理后硬度高,耐磨性好 | 球化退火+淬火+低温回火 | T7、T8、T9、T10、T12、T13 | 制造凿子、钻子、钢印、木工工具;制造锉刀、丝锥、手锯条、冷作模具;制造钻头、丝锥、锉刀、板牙 |
| 量具刃具用钢 | 含碳量为0.80%~1.1%,加入的合金元素主要有Cr、Mn、Si、W;热处理后有高的硬度、耐磨性、淬透性和一定的热硬性 | 球化退火+淬火+低温回火 | 9SiCr、8MnSi | 制造要求耐磨性高、切削负荷不大、变形小的薄刃刀具,如板牙、丝锥、拉刀、铰刀、钻头等 |
| 冷作模具用钢 | 含碳量高,热处理后具有高的硬度和耐磨性,热处理变形较小 | 球化退火+淬火+低温回火 | T10、T10A、9Mn2V、CrWMn、9SiCr、Cr12、Cr12MoV | 制造尺寸小、形状简单、工作负荷不大的冷作模具;制造尺寸较大、形状复杂、易变形、精度要求较高的低中负荷冷作模具;制造大负荷、要求耐磨、热处理变形小、形状复杂的冷作模具 |

续表

| 内容钢种 | 成分特点及性能 | 热处理工艺 | 典型牌号 | 应用举例 |
| --- | --- | --- | --- | --- |
| 热作模具用钢 | 含碳量为0.3%～0.6%,加入Mo、W、V等元素,提高钢的回火稳定性,减少高温回火脆性;热处理后具有良好的热硬性、抗氧化性、热强性、热疲劳抗力 | 淬火＋高温回火 | 5CrMnMo、5CrNiMo | 制造中小型锤锻模;制造形状复杂、受冲击载荷大的大中型热锻模 |
| 高速工具钢 | 含碳量一般在0.70%～1.60%,含有大量的强碳化物形成元素W、Mo、Cr、V;热处理后具有高的热硬性和耐磨性 | 球化退火＋高温淬火＋560℃三次回火 | W18Cr4V、W6Mo5Cr4V2 | 制造各种成形刀具 |

**3. 特殊性能钢**

特殊性能钢具有特殊的物理和化学性能,用来制造除要求具有一定的力学性能外还要求具有特殊性能的零件。生产中使用的特殊性能钢主要包括不锈钢、耐热钢和耐磨钢,见表6-23。

**表6-23　特殊性能钢的种类和应用举例**

| 钢种 | | 成分特点 | 典型钢号 | 热处理工艺 | 性　能 | 应用举例 |
| --- | --- | --- | --- | --- | --- | --- |
| 不锈钢 | 奥氏体不锈钢 | 低碳、高Cr、Ni | 06Cr18Ni11Ti | 固溶处理 | 高耐蚀性,高塑性,低温韧性和加工硬化能力好,良好的焊接性能 | 制作强度要求不高、耐蚀性要求高的零件,如食品、化工设备中的容器、管道 |
| | 马氏体不锈钢 | 低碳、高Cr | 30 Cr13 | 淬火、回火 | 较高强度(相对其他不锈钢),耐蚀性良好 | 制作耐蚀耐磨的零件如医疗器械、热油泵轴 |
| | 铁素体不锈钢 | 低碳、高Cr | 10 Cr17 | 退火 | 相对马氏体不锈钢强度低 | 用于制作建筑装饰用品、家庭用具 |
| 耐热钢 | | 中、低碳＋Cr、Ni、W、Mo等元素 | 15Cr12WMoV | 淬火、回火 | 高热稳定性,高热强性 | 制作加热炉、汽轮机等 |
| 高温合金 | | 低碳钢＋Cr、Ni、W等元素 | GH1140 | 固溶处理 | 良好的抗氧化性及冲压焊接性能 | 制造在850℃以下工作的喷气发动机燃烧室和动力燃烧室零部件 |

续表

| 钢种 | 成分特点 | 典型钢号 | 热处理工艺 | 性　能 | 应用举例 |
| --- | --- | --- | --- | --- | --- |
| 耐磨钢 | 高碳、高锰 | ZGMn13 | 水韧处理 | 经水韧处理后的奥氏体组织，受剧烈冲击时，表面奥氏体迅速产生加工硬化，提高强度 | 制作坦克、拖拉机履带、破碎机牙板等 |

## 习题与思考题

### 1. 填空题

(1) 在生产中，1Cr18Ni9Ti 钢属于________。

A. 高速钢　　B. 工具钢　　C. 不锈钢　　D. 耐磨钢

(2) 45 钢属于________，在生产中由于具有优良的综合力学性能而被广泛应用。

A. 结构钢　　B. 工具钢　　C. 不锈钢　　D. 耐磨钢

(3) 高速钢 W18Cr4V 具有高的热硬性，在生产中常用来制造________。

A. 机床主轴　　B. 切削刀具　　C. 机车弹簧　　D. 滚动轴承

(4) 60Si2Mn 钢常用来制造________。

A. 机床主轴　　B. 滚动轴承　　C. 机车弹簧　　D. 大型支架

(5) T8 钢适宜制造________。

A. 渗碳零件　　B. 弹性零件　　C. 工具、模具　　D. 医用镊子

(6) 国家体育场“鸟巢”钢结构使用的钢材是________。

A. Q460　　B. 20CrMnTi　　C. 9SiCr　　D. 30Cr13

(7) 下列钢中，以球化退火作为预备热处理的是________。

A. 20Cr　　B. 20Cr　　C. 65Mn　　D. GCr15

### 2. 判断题

(1) 钢中的杂质都为有害杂质。　　(　　)

(2) 钢中的合金元素含量越高，其淬透性越好。　　(　　)

(3) 20 钢是工具钢。　　(　　)

(4) 铸铁与钢相比，抗拉强度较低，但是有着良好的抗振性能和切削加工性能。(　　)

(5) 在高温环境使用的钢应选用耐热钢。　　(　　)

(6) 工具钢一般都是用高碳钢或高碳合金钢制造的。　　(　　)

(7) W18Cr4V 钢的含碳量≥1%。　　(　　)

(8) 45 钢的含碳量比 T10 钢的高。　　(　　)

### 3. 简答题

(1) 合金钢中常加入的合金元素有哪些？其主要作用是什么？

(2) 何谓渗碳钢？如何由钢号判别渗碳钢？合金渗碳钢中常加入的合金元素有哪些？主加合金元素和辅加合金元素分别起什么作用？

(3) 何谓调质钢？如何由钢号判别调质钢？合金调质钢中常加入的合金元素有哪些？主加合金元素和辅加合金元素分别起什么作用？

(4) 弹簧钢中含碳量大约为多少？弹簧钢中常加入的合金元素有哪些？它们在钢中所起的主要作用是什么？

(5) 常用滚动轴承钢的化学成分的特点是什么？其含碳量大约为多少？轴承钢除了用于制造滚动轴承还有哪些用途？为什么？

(6) 简述刃具钢的常用钢号、热处理方法、性能特点和应用。

(7) 试比较冷作模具钢和热作模具钢的常用钢号、热处理特点和性能特点。

(8) 试比较 12Cr13、1Cr18Ni19 钢的耐蚀性、力学性能和用途。

(9) 简述特殊性能钢的种类和典型钢种。

(10) 假设仓库中混存了相同规格的 20 钢、45 钢和 T10 圆钢，请给出一种最简便的区分方法。

# 第7章　铸　　铁

【小小疑问】铸铁中的碳含量比钢中多，那这些碳是以什么形式存在的呢？

【问题解答】碳在铸铁中既可形成化合状态的渗碳体，也可形成游离状态的石墨。铸铁就是根据碳在铸铁中存在形式的不同进行分类的！

铸铁是碳质量分数大于2.11%的铁碳合金，并含有较多的硅、锰、硫、磷等多种元素。与钢相比，铸铁的抗拉强度、塑性和韧性较低，但具有优良的铸造性、切削加工性、减摩性、吸震性和低的缺口敏感性，可以满足生产中各方面的需要。且铸铁成本低廉，生产工艺简单，因此，铸铁在化学工业、冶金工业和各种机械制造工业中得到广泛应用。

根据碳在铸铁中存在形式的不同，铸铁可分为三类：白口铸铁、麻口铸铁和灰口铸铁。灰口铸铁的性能除了与成分及基体组织有关外，更主要的是取决于石墨(G)的形态(形状、数量、分布等)，因此，灰口铸铁一般根据石墨形态来进行分类。铸铁分类如图7-1所示。

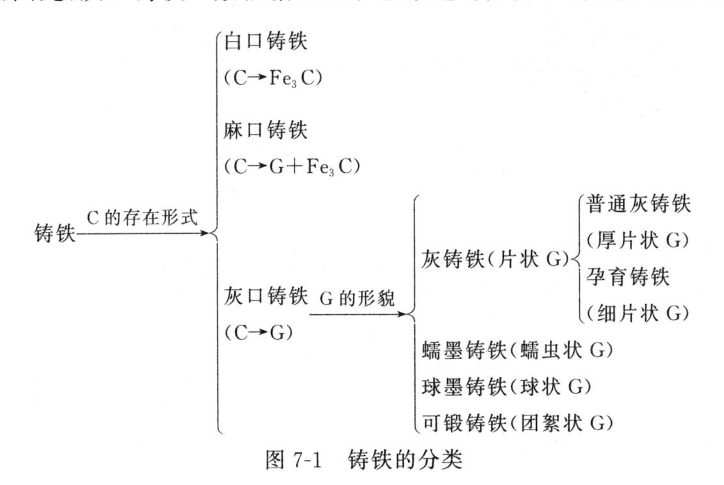


图7-1　铸铁的分类

## 7.1　铸铁的石墨化

铸铁的石墨化、灰铸铁

### 7.1.1　碳在铸铁中的存在形式

铸铁中的碳除少量溶于基体中外，主要以化合态的渗碳体($Fe_3C$)和游离态的石墨(G)两种形式存在。石墨是碳的单质态之一，具有特殊的简单六方晶格，如图7-2所示。石墨晶体中的碳原子呈层状排列，层内原子排列为正六方形连成的网，原子之间以共价键相结合，间距小，结合力强；层与层之间是通过分子键结合的，间距大，结合力较弱。因而石墨的强度、塑性和韧性几乎为零。

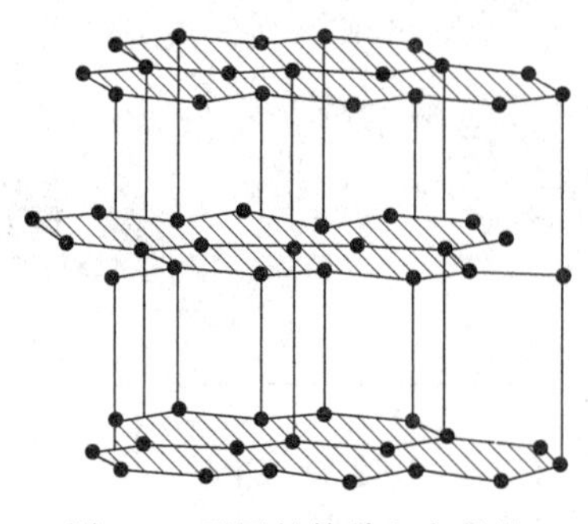

图 7-2 石墨的简单六方晶格

渗碳体是亚稳相，在一定条件下会发生分解反应：

$$Fe_3C \longrightarrow 3Fe + C$$

形成游离态石墨。因此，铁碳合金实际上存在双重相图，即 $Fe\text{-}Fe_3C$ 相图和 Fe-G 相图，这两个相图几乎重合，只是 $E$、$C$、$S$ 点的成分和温度稍有变化，如图 7-3 所示，图中实线表示 $Fe\text{-}Fe_3C$ 相图，虚线表示 Fe-G 相图。根据条件不同，铁碳合金可全部或部分按其中一种相图结晶。

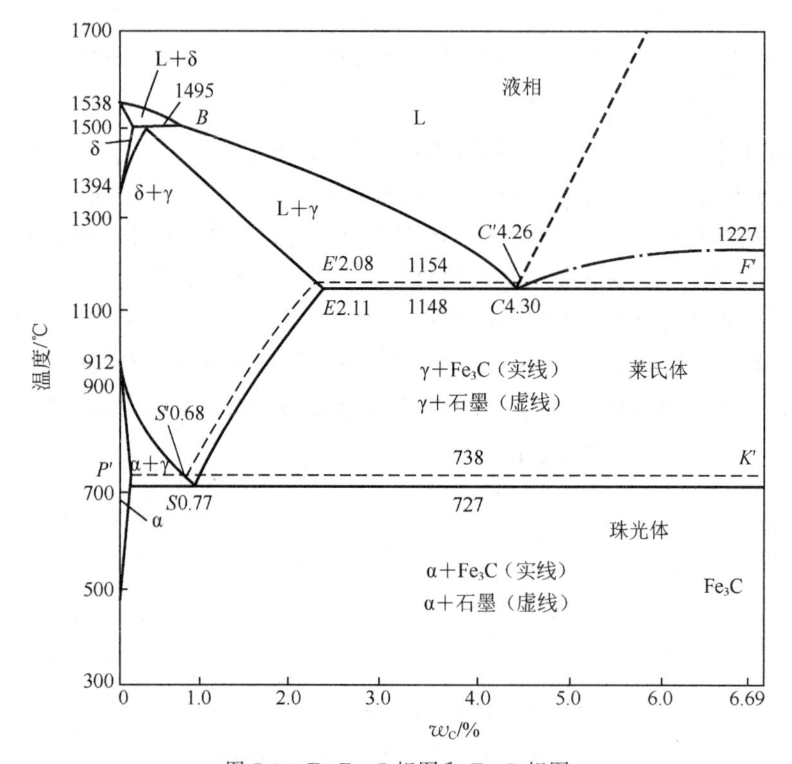


图 7-3 $Fe\text{-}Fe_3C$ 相图和 Fe-G 相图

## 7.1.2 铸铁的石墨化过程

铸铁组织中石墨的形成过程称为石墨化过程。

铸铁的石墨化方式有两种：

(1) 按照 Fe-G 相图，由液态和固态中直接析出石墨。

(2) 按照 $Fe\text{-}Fe_3C$ 相图结晶出渗碳体，随后渗碳体在一定条件下分解出石墨。

铸铁的石墨化过程分为三个阶段：

第一阶段，铸铁结晶时从液体中析出一次石墨，在共晶温度下通过共晶反应析出共晶石

墨 $L_{C'} \rightarrow \gamma_{E'} + G_{共晶}$。

第二阶段，在 $E'C'F'$ 线与 $P'S'K'$ 线之间冷却时从奥氏体中析出二次石墨，以及加热时一次渗碳体、二次渗碳体和共晶渗碳体的分解。

第三阶段，在 $P'S'K'$ 线以下发生的石墨化，包括冷却时在共析温度下通过共析反应析出共析石墨 $\gamma_S \rightarrow \alpha_P + G_{共析}$，以及加热时共析渗碳体的分解。

石墨化程度不同，所得到的铸铁类型和组织也不同，见表 7-1。工业上大量使用的铸铁主要是第一阶段石墨化完全进行的灰口铸铁。

**表 7-1　铸铁的石墨化程度与其组织之间的关系（以共晶铸铁为例）**

| 石墨化进行程度 | | | 铸铁的显微组织 | 铸铁类型 |
|---|---|---|---|---|
| 第一阶段石墨化 | 第二阶段石墨化 | 第三阶段石墨化 | | |
| 完全进行 | 完全进行 | 完全进行 | F+G | 灰口铸铁 |
| | | 部分进行 | F+P+G | |
| | | 未进行 | P+G | |
| 部分进行 | 部分进行 | 未进行 | Ld′+P+G | 麻口铸铁 |
| 未进行 | 未进行 | 未进行 | $Ld'+P+Fe_3C_{II}$ | 白口铸铁 |

## 7.1.3　影响石墨化的因素

影响铸铁石墨化的因素主要有化学成分和冷却速度。

1）化学成分

铸铁中的碳、硅、锰、硫等元素对石墨化有不同程度的影响。

（1）碳和硅。碳和硅对铸铁的组织和性能有着决定性影响。

碳是形成石墨的元素，硅是强烈促进石墨化的元素。碳、硅含量越多，析出的石墨越多、越粗大；碳的增加还使基体中的铁素体增多，珠光体减少。实践证明，若铸铁中含硅过少，即使含碳量高，石墨也难以形成。

碳、硅对石墨化的共同影响可用图 7-4 所示的组织图来说明。由图可知，调控碳、硅含量可使铸铁获得不同的组织。

碳、硅含量还将影响铸铁的铸造性能。通常碳、硅含量越高，铸造性能越好。

（2）锰和硫。硫是强烈阻碍石墨化的元素，它使铸铁的白口倾向增大；硫不仅会增加铸铁的热脆性，还会使其铸造性能变坏，促使浇不足、缩孔、裂纹、夹渣等缺陷的形成。因此，硫是有害元素，其含量常限制在 0.15%以下。

锰也是阻碍石墨化的元素。但它可与硫形成 MnS，上浮进入渣中排出，从而抵消硫的有害作用。此外，锰还可以提高铸铁基体的强度与硬度。因此，锰是有益元素。

（3）磷。磷对石墨化的影响不大，反而会增加铁的冷脆性，其含量常限制在 0.3%以下。

2）冷却速度

由图 7-3 铁碳合金双重相图可见，相同成分的铁液在冷却时，冷却速度不同，其组织和性能也不同。冷却速度越缓慢，即过冷度越小时，越有利于按 Fe-G 相图结晶，则石墨得以顺利析出；而冷却速度越快，即过冷度增大时，越有利于按 $Fe-Fe_3C$ 相图结晶，析出亚稳相渗碳体的可能性就越大，石墨析出受到抑制。为了确保铸件的组织和性能，必须认真考虑冷

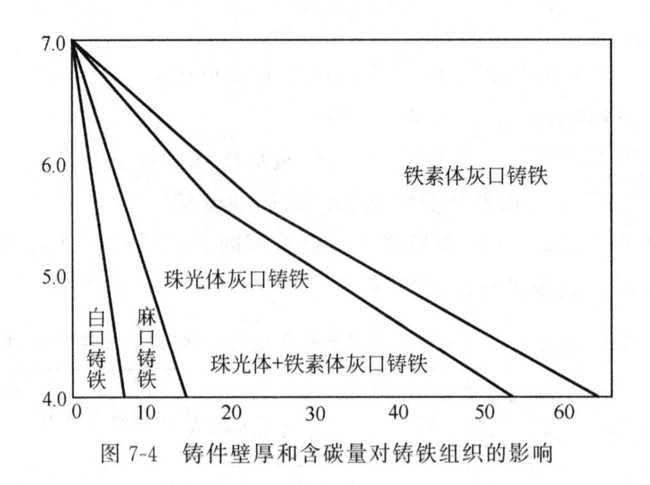


图 7-4　铸件壁厚和含碳量对铸铁组织的影响

却速度的影响，合理选定铸件的化学成分。

铸件的冷却速度主要取决于铸型材料和铸件壁厚。各种铸型材料的导热能力不同，很明显，金属型比砂型导热快。铸件壁厚的影响更大。铸件越薄，冷却速度越快，石墨化难以充分进行；铸件越厚，石墨越易析出。可见铸件壁厚也是选定铸件化学成分的因素之一。

## 7.2 灰 铸 铁

灰铸铁一般含碳、硅、锰量较高而含硫量较低，其中的碳大部分是以片状石墨存在，因其断口呈暗灰色而得名。灰铸铁生产工艺简单、价格低廉、应用广泛，其产量约占铸铁总产量的 70%。汽车业是灰铸铁的主要应用领域之一，近年来随着汽车轻量化要求的不断提高，薄壁高强度灰铸铁的应用迅速推进。

### 7.2.1 灰铸铁的化学成分和组织

目前生产中，灰铸铁的大致成分范围为 $w_C=2.6\%\sim3.6\%$，$w_{Si}=1.2\%\sim3.0\%$，$w_{Mn}=0.4\%\sim1.2\%$，$w_P<0.2\%$，$w_S=0.02\%\sim0.15\%$。

灰铸铁的组织是由液态铁水缓慢冷却时通过石墨化过程形成的，石墨化过程在第一阶段和第二阶段都充分进行，其显微组织特征是片状石墨分布在各种基体组织上。由于第三阶段石墨化程度的不同，可以获得三种不同基体组织的灰铸铁。

(1) 铁素体灰铸铁。第一、第二和第三阶段石墨化过程都充分进行，获得的组织为铁素体基体上分布的片状石墨，如图 7-5(a)所示。

(2) 铁素体＋珠光体灰铸铁。第一阶段和第二阶段能充分进行，而第三阶段石墨化过程仅部分进行，获得的组织为铁素体＋铁素体基体上分布的片状石墨，如图 7-5(b)所示。

(3) 珠光体灰铸铁。第一阶段和第二阶段能充分进行，而第三阶段石墨化过程完全没有进行，获得的组织为珠光体基体上分布的片状石墨，如图 7-5(c)所示。

### 7.2.2 灰铸铁的性能

灰铸铁组织相当于以钢为基体加片状石墨，基体中含有比钢更多的硅、锰等元素，这些

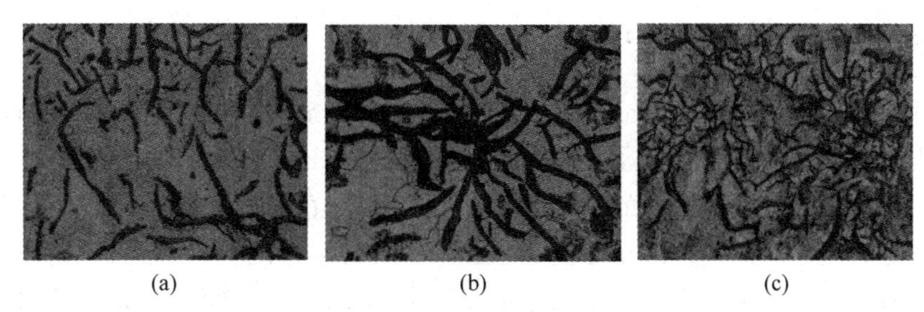

(a)　(b)　(c)

图 7-5　灰铸铁的显微组织

(a) 铁素体灰铸铁；(b) 铁素体＋珠光体灰铸铁；(c) 珠光体灰铸铁

元素溶于铁素体而使基体强化，因此，其基体的强度与硬度不低于相应的钢。但片状石墨的强度、塑性、韧性几乎为零，可近似地把它看成一些微裂纹，不但割断了基体的连续性，缩小了承受载荷的有效截面，而且在石墨片的尖端处导致应力集中，使材料形成脆性断裂，因此灰铸铁的抗拉强度、塑性、韧性和弹性模量远比相应基体的钢低。

### 7.2.3　灰铸铁的孕育处理

为提高灰铸铁的力学性能，常对灰铸铁进行孕育处理，以降低铁水的过冷倾向，细化片状石墨和基体组织，提高组织和性能的均匀性。常用的孕育剂有硅铁合金和硅钙合金等。浇注前在铁水中加 Si-Fe、Si-Ca 等孕育剂，可使珠光体细化、石墨细而均匀，灰铸铁的强度、塑韧性明显提高。目前生产的高牌号灰铸铁或薄壁铸件几乎都要经过孕育处理。经孕育处理的灰铸铁称为孕育铸铁，常用在力学性能要求较高，且断面尺寸变化大的大型铸件上。

### 7.2.4　灰铸铁的热处理

由于热处理不能改变石墨的形态与分布，而且石墨片对灰铸铁基体的连续性割裂严重，产生的应力集中大，因此热处理对灰铸铁的强化效果不大。灰铸铁常用的热处理包括以下几个方面：

**1. 去应力退火**

去应力退火主要是为了消除铸件在铸造冷却过程中产生的内应力，防止铸件在清砂和切削加工时发生变形或开裂。其工艺为将铸件以 60～120℃/h 的速度加热到 530～620℃，经过 2～6h 保温后，炉冷到 150～220℃出炉空冷。去应力退火常用于形状复杂的铸件，如机床床身、柴油机气缸等。

**2. 消除铸件白口、降低硬度的退火**

铸件的表层和薄壁处由于铸造时冷却速度快，易产生白口组织，使得硬度提高、加工困难，需进行退火以使渗碳体分解成石墨，降低铸件的硬度。其工艺为以 70～100℃/h 的速度将铸件加热到 850～900℃，保温 1～4h 后，炉冷至 250℃以下出炉空冷。

**3. 表面淬火**

对于一些表面需要高硬度和高耐磨件的铸件，如机床导轨、缸套内壁等，可进行表面淬火处理，表面淬火后的组织为回火马氏体＋片状石墨，珠光体基体灰铸铁经表面淬火后硬度可达 50HRC。

### 7.2.5　灰铸铁的牌号及用途

灰铸铁牌号表示方法为“HT＋三位数字”,“HT”为“灰铁”两字汉语拼音的首字母,其后的数字表示该材料的最低抗拉强度(MPa)。例如,HT200 表示抗拉强度 $R_m \geqslant 200$MPa 的灰铸铁。从铸铁的强度与铸件的壁厚大小有关系,由此在根据性能要求选择铸铁牌号时,必须注意铸件的壁厚。如铸件的壁厚超出表 7-2 所列的尺寸时,应根据具体情况适当提高或降低铸铁的牌号。灰铸铁主要用于制造承受压力和振动的零部件,如机床床身、床头箱、阀体、叶轮、飞轮等。其牌号、性能组织等见表 7-2。

表 7-2　灰铸铁的牌号、力学性能、显微组织及应用举例(摘自 GB/T 9439—2010)

| 牌号 | 铸件壁厚/mm | 力学性能 | | 基体组织 | 应用举例 |
|---|---|---|---|---|---|
| | | $R_m$/MPa | HBW | | |
| HT100 | 所有尺寸 | 100 | ＜170 | F | 低载荷不重要的零件,如盖、外罩、油盘、手轮、支架、座板等 |
| HT150 | 15～30 | 150 | 125～205 | F＋P | 一般机械制造业中铸件,如底座、手轮刀架等;机车用一般铸件,如水泵壳、阀体、阀盖等 |
| HT200 | 15～30 | 200 | 150～230 | P | 承受较大载荷的重要零件,如齿轮、支架、气缸、机体、飞轮、床身、齿轮箱、轴承座等 |
| HT250 | 20～30 | 250 | 180～250 | | |
| HT300 | 15～30 | 300 | 200～275 | 细 P | 受力较大的机床床身等;动力机械中的液压阀体、蜗轮;大型发动机气缸体 |
| HT350 | 15～30 | 350 | 220～290 | | |

球墨铸铁
蠕墨铸铁
可锻铸铁

## 7.3　球墨铸铁

球墨铸铁是通过球化和孕育处理得到球状石墨,有效地提高了铸铁的力学性能,特别是提高了塑性和韧性,从而得到比碳钢还高的强度。球墨铸铁是 20 世纪 50 年代发展起来的一种高强度铸铁材料,其综合性能接近钢,正是基于其优异的性能,已成功地用于铸造一些受力复杂,强度、韧性、耐磨性要求较高的零件。球墨铸铁已迅速发展为仅次于灰铸铁的、应用十分广泛的铸铁材料。所谓“以铁代钢”,主要指的是球墨铸铁。

### 7.3.1　球墨铸铁的化学成分和组织

与灰铸铁相比,球墨铸铁的化学成分特点是含碳与含硅量高,含锰量较低,含硫与含磷量低,并含有一定量的稀土元素与镁。

球墨铸铁的显微组织是由基体和球状石墨组成的,铸态下的基体组织有铁素体、铁素体＋珠光体和珠光体三种,如图 7-6 所示。球状石墨是液态铁水经球化处理得到的。加入铁水中能使石墨结晶成球形的物质称为球化剂,常用的球化剂为稀土镁合金。镁是阻碍石墨化的元素,为了避免白口,并使石墨细小且分布均匀,在球化处理的同时还必须进行孕育处理,常用的孕育剂为硅铁合金。

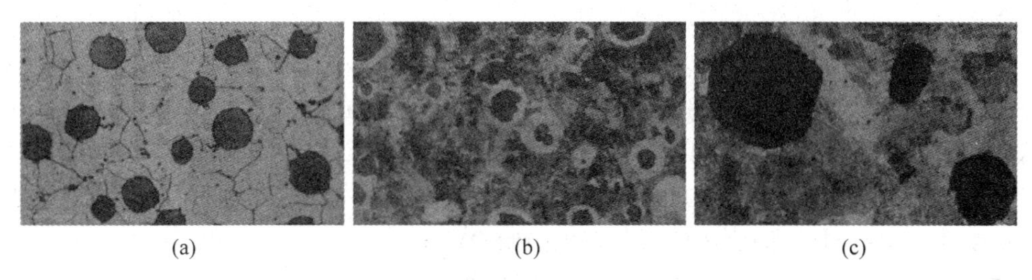

(a) (b) (c)

图7-6 球墨铸铁的铸铁组织

(a) 铁素体基体球墨铸铁；(b) 铁素体+珠光体基体球墨铸铁；(c) 珠光体基体球墨铸铁

## 7.3.2 球墨铸铁的性能

由于球状石墨圆整程度高，对基体的割裂作用和产生的应力集中小，基体强度利用率可达70%～90%，接近碳钢，其塑性和韧性比灰铸铁和可锻铸铁都高。球墨铸铁的突出特点是屈强比高，为0.7～0.8，而钢一般只有0.3～0.5。

球墨铸铁还具有较好的疲劳强度。带孔和带台肩球墨铸铁件的疲劳强度与45钢的相当，见表7-3。因此，多数带孔和台肩的重要零件可用球墨铸铁代替钢来制造。试验还表明，球墨铸铁的扭转疲劳强度甚至超过45钢。

**表7-3 球墨铸铁和45钢的疲劳强度**

| 材料 | 对称弯曲疲劳强度/MPa | | | |
|---|---|---|---|---|
| | 光滑试样 | 光滑带孔试样 | 带台肩试样 | 带孔、带台肩试样 |
| 珠光体球墨铸铁 | 255 | 205 | 175 | 155 |
| 45钢 | 305 | 225 | 195 | 155 |

## 7.3.3 球墨铸铁的热处理

球墨铸铁的热处理工艺主要包括退火、正火、淬火+回火、等温淬火等。

1) 退火

球墨铸铁在铸造过程中比普通灰铸铁的白口倾向大，内应力也较大，球墨铸铁件很难得到纯粹的铁素体或珠光体基体。为提高球墨铸铁件的延性或韧性，可将球墨铸铁件重新加热到900～950℃并保温足够的时间进行高温退火，再炉冷到600℃出炉变冷。在此过程中基体中的渗碳体会分解出石墨，奥氏体中会析出石墨，这些石墨集聚于原球状石墨周围，基体则全转换为铁素体，从而提高了球墨铸铁的韧性。如果铸态组织由(铁素体+珠光体)基体+球状石墨组成，那么只需将球墨铸铁件重新加热到700～760℃的共析温度上下经保温后炉冷至600℃出炉变冷，就能将珠光体中的渗碳体分解转换为铁素体及球状石墨来提高其韧性。

2) 正火

正火的目的是将基体组织转换为细珠光体组织。工艺过程是将基体为铁素体及珠光体的球墨铸铁件重新加热到850～900℃的温度，原铁素体及珠光体转换为奥氏体，并有部分球状石墨溶解于奥氏体，经保温后空冷奥氏体转变为细珠光体，从而提高球墨铸铁件的强度。

3）淬火＋回火

当球墨铸铁用作轴承等零件时往往需要比较高的硬度，此时可将球墨铸铁件淬火并进行低温回火处理。具体工艺：将球墨铸铁件加热到 860～900℃的温度，保温让原基体组织全部奥氏体化后再在油或熔盐中冷却实现淬火，后经 250～350℃加热保温回火，原基体转换为回火马氏体及残余奥氏体组织，原球状石墨的形态不变。处理后的球墨铸铁件具有较高的硬度和一定的韧性，同时还保留了石墨的润滑性能。

当球墨铸铁件用作轴类件，如柴油机的曲轴、连杆时，要求强度高同时韧性较好的综合力学性能，此时可对球墨铸铁件进行调质处理。具体工艺是将球墨铸铁件加热到 860～900℃的温度保温让基体组织奥氏体化，再在油或熔盐中冷却以实现淬火，后经 500～600℃高温回火，获得回火索氏体组织（一般尚有少量碎块状的铁素体），原球状石墨形态不变。处理后强度、韧性匹配良好，适用于轴类件的工作条件。

4）等温淬火

等温淬火处理的目的在于让球墨铸铁件的基体组织转换为强韧的下贝氏体组织，强度极限可超过 1100MPa，冲击吸收能量 $K \geqslant 32$J。处理工艺是将球墨铸铁件加热到 830～870℃的温度保温使基体奥氏体化后，投入 280～350℃的熔盐中保温，让奥氏体部分转变为下贝氏体，原球状石墨不变，从而获得较高强度的球墨铸铁。

此外，为了提高球墨铸铁件的表面硬度和耐磨性，还可以采用表面淬火、氯化、渗硼等工艺。总之，碳钢的热处理工艺对于球墨铸铁基本都适用。

### 7.3.4　球墨铸铁的牌号及用途

球墨铸铁牌号表示方法为“QT＋两组数字”，“QT”为“球铁”两字汉语拼音的首字母，两组数字分别表示该材料的最低抗拉强度（单位为 MPa）和断后伸长率。例如 QT600-3 表示 $R_m \geqslant 600$MPa、$A \geqslant 3\%$的球墨铸铁。

球墨铸铁主要用于制造受力复杂，强度、韧性和耐磨性要求高的零件。如在机械制造业中，珠光体球墨铸铁常用于制造拖拉机或柴油机的曲轴、连杆、悬轮轴，各种齿轮，机床的主轴、蜗杆、蜗轮，轧钢机的轧辊、大齿轮及大型水压机的工作缸、缸套、活塞等；铁素体球墨铸铁常用于制造受压阀门、机器底座、汽车后轮壳等。球墨铸铁的牌号、组织、力学性能及应用举例见表 7-4。

**表 7-4　球墨铸铁的牌号、组织、力学性能及应用举例（摘自 GB/T 1348—2009）**

| 牌　　号 | $R_m$/MPa | $R_{p0.2}$/MPa | $A$/% | 硬度/HBW | 基体组织 | 应 用 举 例 |
|---|---|---|---|---|---|---|
| QT350-22L | 350 | 220 | 22 | ≤160 | F | 汽车、拖拉机底盘的零件；阀门的阀体和阀盖等 |
| QT350-22R | 350 | 220 | 22 | ≤160 | F | |
| QT350-22 | 350 | 220 | 22 | ≤160 | F | |
| QT400-18L | 400 | 240 | 18 | 130～180 | F | |
| QT400-18R | 400 | 250 | 15 | 130～180 | F | |
| QT400-18 | 450 | 250 | 10 | 160～210 | F | |
| QT400-15 | 400 | 250 | 15 | 120～180 | F | |
| QT450-10 | 450 | 310 | 10 | 160～210 | F | |

续表

| 牌　　号 | $R_m$/MPa | $R_{p0.2}$/MPa | $A$/% | 硬度/HBW | 基体组织 | 应用举例 |
|---|---|---|---|---|---|---|
| QT500-7 | 500 | 320 | 7 | 170～230 | F+P | 机油泵齿轮等 |
| QT550-5 | 550 | 350 | 5 | 180～250 | F+P | |
| QT600-3 | 600 | 370 | 3 | 190～270 | F+P | 柴油机、汽油机的曲轴；磨床、铣床、车床的主轴；空气压缩机、冷冻机的缸体、缸套 |
| QT700-2 | 700 | 420 | 2 | 225～305 | P | |
| QT800-2 | 800 | 480 | 2 | 245～335 | P或S | |
| QT900-2 | 900 | 600 | 2 | 280～360 | 回火M或T+S | 汽车、拖拉机的传动齿轮等 |

## 7.4　蠕墨铸铁

蠕墨铸铁是指铸铁液经蠕化处理，使其石墨呈蠕虫状与少量球团状的铸铁，其石墨形状介于灰铁的片状石墨与球铁的球状石墨之间。

### 7.4.1　蠕墨铸铁的化学成分和组织

蠕墨铸铁的化学成分与球墨铸铁相似，即要求高碳、高硅、低磷并含有一定量的镁和稀土元素，其一般成分范围为 $w_C=3.5\%\sim3.9\%$，$w_{Si}=2.1\%\sim2.8\%$，$w_{Mn}=0.4\%\sim0.8\%$，$w_P<0.1\%$，$w_S<0.1\%$。

蠕墨铸铁的组织特征是蠕虫状石墨分布在金属基体上。与片状石墨相比，蠕虫状石墨的长径比值明显减小，一般在2～10范围内；同时，蠕虫状石墨往往还与球状石墨共存。在大多数情形下，蠕墨铸铁组织中的金属基体比较容易得到铁素体基体（其质量分数超过50%）；当然，若加入Cu、Ni、Sn等稳定珠光体的元素，可使基体中珠光体的质量分数高达70%，再加上适当的正火处理，珠光体的质量分数可增加到90%以上。

### 7.4.2　蠕墨铸铁的性能及应用

蠕墨铸铁的力学性能介于基体组织相同的优质灰铸铁和球墨铸铁之间，当成分一定时，蠕墨铸铁的抗拉强度、韧度、疲劳强度和耐磨性等都优于灰铸铁，对断面的敏感性也较小；但蠕虫状石墨是互相连接的，使蠕墨铸铁的塑性和韧度比球墨铸铁低，强度接近球墨铸铁；此外，蠕墨铸铁还有优良的抗热疲劳性能、铸造性能、减振能力，其导热性能接近灰铸铁，但优于球墨铸铁。因此，蠕墨铸铁广泛用来制造大功率柴油机的缸盖、气缸套、机座，电机壳，机床床身，钢锭模，液压阀等零件。

### 7.4.3　蠕墨铸铁的牌号

蠕墨铸铁的牌号、基本组织、力学性能及应用举例见表7-5，其牌号表示为“RuT+三位数字”，“RuT”为“蠕铁”两字汉语拼音的首字母，其后的三位数字表示最低抗拉强度。

表 7-5　蠕墨铸铁的牌号、组织、力学性能及应用举例(摘自 GB/T 26655—2011)

| 牌号 | $R_m$/MPa | $R_{p0.2}$/MPa | $A$/% | 硬度/HBW | 基体组织 | 应用举例 |
|---|---|---|---|---|---|---|
| RuT500 | 500 | 350 | 0.5 | 220～260 | P | 高负荷内燃机缸体、气缸套 |
| RuT450 | 450 | 315 | 1.0 | 200～250 | P | 汽车内燃机缸体、气缸套、载重卡车制动盘、泵壳和液压件、活塞环 |
| RuT400 | 400 | 280 | 1.0 | 180～240 | P+F | 内燃机缸体和缸盖、机床底座、载重卡车制动鼓、泵壳和液压件、钢锭模 |
| RuT350 | 350 | 245 | 1.5 | 160～220 | P+F | 机床底座、托架和联轴器、大功率机车、汽车和固定式内燃机缸盖、钢锭模、变速箱体、液压件 |
| RuT300 | 300 | 210 | 2.0 | 140～210 | F | 排气管、大功率机车、汽车和固定式内燃机缸盖、增压器壳体、纺织机、农机零件 |

## 7.5　可锻铸铁

可锻铸铁是由白口铁在固态下经长时间石墨化退火而得到的一种具有团絮状石墨的铸铁,如图 7-7 所示。由于石墨形状的改善,它比灰铸铁有更好的韧性、塑性及强度。为表明其韧、塑性特征,故称为可锻铸铁。这里“可锻”并非指可以锻造。

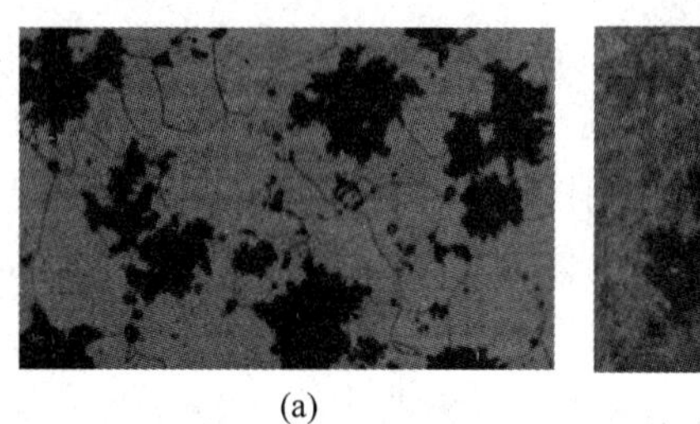

(a)

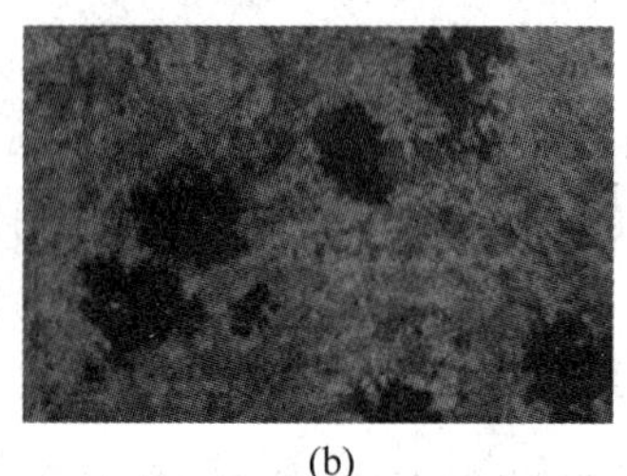

(b)

图 7-7　可锻铸铁的组织

(a) 铁素体可锻铸铁;(b) 珠光体可锻铸铁

### 7.5.1　可锻铸铁的化学成分和组织

典型的可锻铸铁的化学成分为 $w_C=2.2\%\sim2.8\%$,$w_{Si}=1.2\%\sim2.0\%$,$w_{Mn}=0.4\%\sim1.2\%$,$w_S\leqslant0.2\%$,$w_P\leqslant0.1\%$。因碳、硅含量低,其铸造性能较灰铸铁差。此外,因生产白口铸铁要求快速冷却,限制了可锻铸铁的尺寸与厚度。

可锻铸铁的组织与第二阶段石墨化退火的程度和方式有关。当第一阶段石墨化充分进行后(此时的组织为奥氏体+团絮状石墨),在共析温度附近长时间保温,使第二阶段石墨化也充分进行,得到铁素体+团絮状石墨组织,由于表层脱碳而使心部的石墨多于表层,断口心部呈灰黑色,表面呈灰白色,故称为黑心可锻铸铁。若通过共析转变区时冷却较快,第二阶段石墨化未能进行,则使奥氏体转变为珠光体,得到珠光体+团絮状石墨的组织,称为珠光体可锻铸铁。图 7-8 所示为获得上述两种组织的工艺曲线。

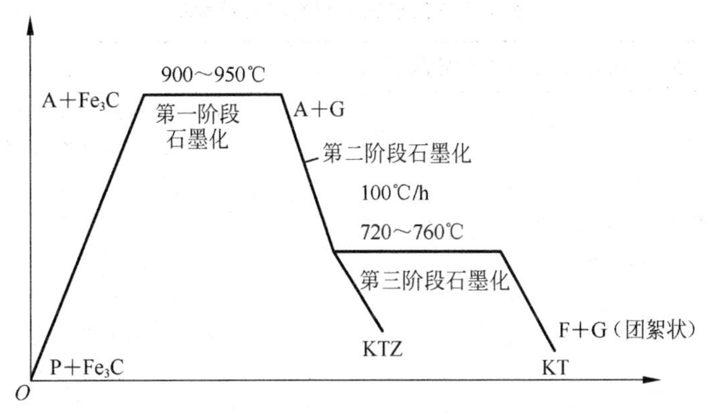


图 7-8　可锻铸铁的工艺曲线

## 7.5.2　可锻铸铁的性能及应用

由于可锻铸铁中的石墨呈团絮状，对基体的割裂作用较小，因此它的力学性能比灰铸铁高，塑性和韧性好，但可锻铸铁并不能进行锻压加工。可锻铸铁的基体组织不同，其性能也不一样，其中黑心可锻铸铁具有较高的塑性和韧性，而珠光体可锻铸铁具有较高的强度、硬度和耐磨性。生产中可锻铸铁常用于制作截面较薄而形状复杂、工作时受振动而强度、韧性要求较高的零件，如后桥外壳、低压阀门、管接头等。

## 7.5.3　可锻铸铁的牌号

可锻铸铁的牌号、性能及应用举例见表 7-6，牌号是由“KTH”（“可铁黑”三个字的汉语拼音首字母）或“KTZ”（“可铁珠”三个字的汉语拼音首字母）后附最低抗拉强度值（MPa）和最低断后伸长率的百分数表示。例如，牌号 KTH 350-10 表示最低抗拉强度为 350MPa、最低断后伸长率为 10％的黑心可锻铸铁，即铁素体可锻铸铁；KTZ 650-02 表示最低抗拉强度为 650MPa、最低断后伸长率为 2％的珠光体可锻铸铁。

**表 7-6　可锻铸铁的牌号、力学性能及应用举例（摘自 GB/T 9440—2010）**

| 牌　　号 | 试样直径/mm | $R_m$/MPa | $R_{p0.2}$/MPa | $A$/％ | 硬度/HBW | 应用举例 |
|---|---|---|---|---|---|---|
| KTH300-06 | 12 或 15 | 300 | | 6 | ≤150 | 弯头、接头、三通、中压阀门 |
| KTH330-08 | | 330 | | 8 | | 各种扳手、犁刀、犁柱、车轮壳等 |
| KTH350-10 | | 350 | 200 | 10 | | 汽车、拖拉机的前后轮壳、减速器壳、转向节壳、制动机等 |
| KTH370-12 | | 370 | | 12 | | |

# 本章小结

铸铁是含碳质量分数大于 2.11％的铁碳合金。铸铁的抗拉强度和塑性低于钢，但是铸铁具有优良的铸造性能、切削加工性能、减振性能和耐磨性能，且价格低廉、易于获得，是生产中广泛使用的材料。铸铁的种类和应用举例见表 7-7。

表 7-7 常见铸铁的种类和应用举例

| 名称 | 石墨形状 | 成分特点 | 典型牌号 | 热处理 | 性能特点 | 应用举例 |
|---|---|---|---|---|---|---|
| 灰铸铁 | 石墨呈片状 | 高碳＋Si、Mn、S、P等 | HT200 | 去应力退火、退火、表面淬火 | ① 抗拉强度低；② 抗压强度高，塑性、韧性非常低；③ 减振性能好；④ 耐磨性能好，润滑效果好；⑤ 加工性能好；⑥ 成本低 | 制作机床床身、箱体等 |
| 球墨铸铁 | 石墨呈球状 | 高碳＋Si、Mn、S、P等 | QT400-18 | 退火、正火、等温淬火、调质处理 | 相对灰铸铁强度、塑性提高 | 制作曲轴、连杆等 |
| 蠕墨铸铁 | 石墨呈蠕虫状 | 高碳＋高硅、低磷并含有一定量的镁和稀土元素 | RuT420 | | 介于基体组织相同的优质灰铸铁和球墨铸铁之间 | 柴油机缸盖、气缸套、机座，电机壳、机床床身等 |
| 可锻铸铁 | 石墨呈团絮状 | 高碳＋Si、Mn、S、P等 | KTH300-6 | | 高硬度、减振性能好 | 制作管道、阀门等 |

## 习题与思考题

**1. 填空题**

(1) HT200在生产中常用来制造________。

A. 机床床身　　B. 机床刀具　　C. 机车弹簧　　D. 机床主轴

(2) 铸造机器底座应选用________。

A. 白口铸铁　　B. 麻口铸铁　　C. 灰口铸铁　　D. 铸钢

(3) 下列铸铁中，可通过调质、等温淬火获得良好综合力学性能的是________。

A. 灰铸铁　　B. 球墨铸铁　　C. 可锻铸铁　　D. 蠕墨铸铁

(4) 灰铸铁的力学性能主要取决于________。

A. 基体组织　　B. 石墨的大小和分布

C. 热处理方法　　D. 石墨化程度

**2. 判断题**

(1) 采用球化退火可获得球墨铸铁。　(　　)

(2) 可锻铸铁可以锻造加工。　(　　)

(3) 白口铸铁由于硬度很高，因此可用作刀具材料。　(　　)

(4) 灰铸铁不能淬火。　(　　)

(5) 灰铸铁可以通过热处理改变石墨的形状。　(　　)

(6) 球墨铸铁可以通过热处理来提高其综合力学性能。　(　　)

**3. 简答题**

(1) 简述灰铸铁、可锻铸铁和球墨铸铁的化学成分、显微组织和性能的主要区别。

(2) 简述铁与碳钢的化学成分、显微组织和性能的主要区别。

(3) 填写下表,说明表中铸铁牌号的类别、符号和数字的含义、组织特点和应用。

| 铸铁牌号 | 符号和数字的含义 | 类　别 | 组织特点 | 应　用 |
|---|---|---|---|---|
| HT150 | | | | |
| HT250 | | | | |
| KTH350-10 | | | | |
| KTH700-02 | | | | |
| QT450-10 | | | | |
| QT700-2 | | | | |

(4) 生产中常用的零件和结构一般使用钢和铸铁制造,试举出一些应用实例。

(5) 钢和铸铁在组织结构上有什么不同? 由此引起的最主要的性能变化是什么?

(6) 现有形状和尺寸完全相同的白口铸铁、灰铸铁和低碳钢棒料各一根,请问用何种最简便的方法能迅速将它们区分出来?

(7) HT200、QT400-15、QT700-2、KTH300-06、KTZ550-04 等铸铁牌号中的数字分别表示什么性能? 具有什么显微组织?

(8) 为什么可锻铸铁适宜制造壁厚较薄的零件,而球墨铸铁却不宜制造壁厚较薄的零件?

(9) 铸铁中力学性能最好的是哪种铸铁,它的石墨形状是什么?

(10) 机床的床身、床脚和箱体为什么以采用灰铸铁铸造为宜? 能否用钢板焊接制造? 试将两者的使用性和经济性做简要的比较。

# 第8章　有色金属及其合金

有色金属及其合金泛指非铁类金属及合金，通常指除铁、锰、铬和铁基合金以外的所有金属。常用的有色金属包括铜、铝、铅、锌、镍、锡、锑、汞、镁及钛。

按照金属的性质、分布、价格、用途等综合因素，我国常将有色金属做如下分类：

(1) 轻有色金属。轻有色金属简称轻金属，是指密度小于 $4.5g/cm^3$ 的有色金属，包括铝、镁、钾、钠、钙、锶、钡。

(2) 重有色金属。重有色金属简称重金属，是指密度大于 $4.5g/cm^3$ 的有色金属，包括铜、铅、锌、镍、钴、锡、锑、汞、镉、铋等。

(3) 贵金属。贵金属是指在地壳中含量少，开采和提取都比较困难，对氧和其他试剂稳定，价格比一般金属贵的有色金属，包括金、银、铂、钯、锇、铱、钌、铑等。

(4) 稀有金属。稀有金属并不是说稀少，只是指在地壳中分布不广，开采冶炼较困难，在工业中应用较晚，故称为稀有金属，包括锂、铍、铷、铯、钛、锆、钒、铌、钽、钨、钼、铼、镓、铟、锗、铊等。

**【特别提示】** 有色合金的产量远低于钢铁材料，但是，它的作用是钢铁材料无法代替的。许多有色金属可以以纯金属状态应用于工业和科学技术中，如Au、Ag、Cu、Al用作电导体，Ti用作耐腐蚀构件，W、Mo、Ta用作高温发热体，Al、Sn箔材用于食品包装，Hg用于仪表，Si更是电子工业赖以生存和发展的材料。

铝及铝合金

## 8.1　铝及铝合金

### 8.1.1　纯铝

纯铝是银白色轻金属，熔点为660℃，相对密度为 $2.7g/cm^3$，仅为铁的1/3，具有良好的导电性和导热性(仅次于银和铜)，无低温脆性，无磁性，对光和热的反射能力强和耐辐射，冲击不产生火花，美观。纯铝的强度低($R_m$ 仅为80～100MPa)、硬度低，塑性高($A=60\%$，$Z=80\%$)，可进行冷、热压力加工。铝在空气中易氧化，使表面生成致密的氧化膜，可保护其内部不再继续氧化，因此在大气中耐蚀性较好。

纯铝材料按照纯度可分为高纯铝和工业纯铝两大类。

**1. 高纯铝**

高纯铝的纯度为99.93%～99.99%，主要用于科学研究及制作电容器等。

**2. 工业纯铝**

工业纯铝的纯度为98.0%～99.9%，按其纯度高低分别用于制作铝箔、电缆、器皿、焊条、装饰材料、热交换器等。

铝是地壳中最丰富的元素，制铝的第一步是将矿石(铝矾土)中的铝与杂质分离。通常使铝矾土在高温高压苛性钠溶液槽中浸取，使氧化铝成为铝酸钠溶液溶解出来，分离并优先沉淀成水合氧化铝，最后通过焙烧转变成纯 $Al_2O_3$。进一步处理是在铁板电解槽中进行电解，以碳作为阳极，电解槽中充满熔融的冰晶石，其中溶解约 16% 的 $Al_2O_3$。电解时，铝便沉积在电解槽的阴极上，周期性地取出铝，同时将粉末 $Al_2O_3$ 补充到电解槽中。电解得 1kg 铝需 15～18kW · h 电，因此重熔废铝可大大节约能源。

### 8.1.2　铝合金的分类及时效强化

#### 1. 铝合金的分类

在纯铝中加入硅、铜、镁、锰等合金元素制成铝合金，可大大提高其力学性能，而仍能保持其密度小、耐腐蚀的优点。采用各种强化手段后，铝合金可获得与低合金钢相近的强度，因此，比强度(强度/密度)很高。以铝为基的二元合金一般具有共晶型相图，如图 8-1 所示。根据该相图上最大溶解度 $D$ 点，把铝合金分为变形铝合金和铸造铝合金。

1) 变形铝合金

成分在 $D$ 点以左的合金，加热时能形成单相固溶体，塑性较高，适合进行压力加工，故称为变形铝合金。变形铝合金中，成分在 $F$ 点以左的合金，其 $\alpha$ 固溶体成分不随温度变化，不能用热处理强化，称为不可热处理强化铝合金；成分在 $F$～$D$ 的合金可进行热处理强化，称为可热处理强化铝合金。

2) 铸造铝合金

成分在 $D$ 点以右的合金，因出现共晶组织，故塑性差，不宜进行变形加工。但它熔点低，共晶点附近结晶温度范围小，流动性好，适于铸造生产，故称为铸造铝合金。

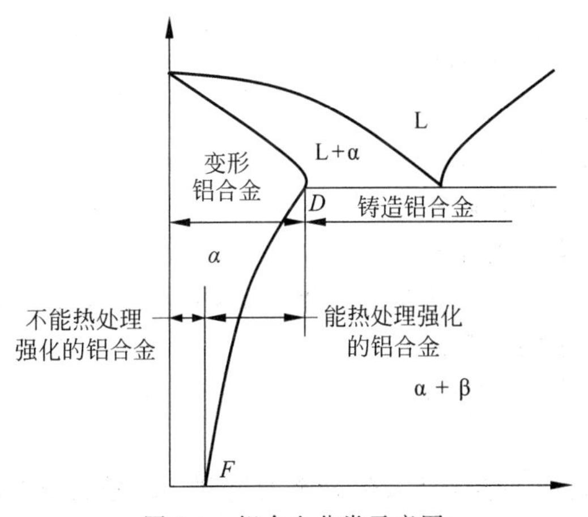


图 8-1　铝合金分类示意图

#### 2. 铝合金的时效强化

铝合金的时效热处理包括以下两个阶段：

(1) 固溶处理。含碳量较高的钢，在淬火后其强度和硬度会立即提高，而塑性会急剧降低，但热处理可强化的铝合金不同，将它加热到固溶线以上、固相线以下的温度保温，可获得成分均匀的固溶体组织，然后将固溶处理后的工件快冷到较低温度，得到过饱和单相固溶体。这个阶段铝合金的强度、硬度并没有明显升高，塑性却得到改善，这种热处理称为固溶处理，也称为固溶淬火。

(2) 时效强化(沉淀硬化)。淬火后的铝合金，在室温下放置或低温加热时，过饱和固溶体中会析出细小的弥散沉淀相，使铝合金的强度和硬度随时间而发生显著提高，这个过程称为时效强化或沉淀硬化。在室温下进行的时效称为自然时效，在高于室温(固溶温度与室温之差的15%～25%)的加热条件下进行的时效称为人工时效。铜含量为4%且含有少量镁、锰元素的铝合金，在退火状态下，抗拉强度$R_m$=180～200MPa，断后伸长率$A$=18%，经淬火后其抗拉强度$R_m$=240～250MPa，断后伸长率$A$=20%～22%，如再放置4～5天后，则强度显著增强，$R_m$达到420MPa，断后伸长率下降至18%。

**3. 铝合金的回归处理**

将已经时效强化的铝合金重新加热，短时间保温后在水中急冷，使合金恢复到淬火状态的处理称为回归处理。经回归处理后的合金和新淬火的合金一样，仍能进行正常的自然时效，但每次回归处理后，其再次时效后强度会逐次降低。

回归处理在生产中具有非常重要的实用意义，零件在使用过程中发生变形，可在校形修复前进行回归处理，如已时效强化的铆钉，在铆接前可进行回归处理。

### 8.1.3 变形铝合金

变形铝合金具有优良的塑性，可以在热态和冷态进行深加工变形。按其主要性能特点可分为防锈铝合金、硬铝合金、超硬铝合金和锻铝合金几类，其中防锈铝合金一般为不可热处理强化铝合金，其他三种为可热处理强化铝合金。

变形铝及铝合金的牌号采用国际四位字符体系牌号的编号方法。变形铝及铝合金的牌号以四位数字表示如下：

| | |
|---|---|
| 纯铝(铝含量不低于99.00%) | 1××× |
| 以铜为主要合金元素的铝合金 | 2××× |
| 以锰为主要合金元素的铝合金 | 3××× |
| 以硅为主要合金元素的铝合金 | 4××× |
| 以镁为主要合金元素的铝合金 | 5××× |
| 以镁和硅为主要合金元素及以$Mg_2Si$相为强化相的铝合金 | 6××× |
| 以锌为主要合金元素的铝合金 | 7××× |
| 以其他合金为主要合金元素的铝合金 | 8××× |
| 备用合金组 | 9××× |

其中，牌号的第一位数字表示铝及铝合金的组别。牌号的第二位字母表示原始纯铝或铝合金的改型情况，如果字母为"A"，则表示为原始纯铝或原始铝合金；如果是B～Y的其他字母，则表示已改型。牌号的最后两位数字用以标志同一组中不同的铝合金，表示铝的纯度。例如：

2A01：以铜为主要合金元素的铝合金。

4A11：以硅为主要合金元素的铝合金。

5A02：以镁为主要合金元素的铝合金。

7A03：以锌为主要合金元素的铝合金。

表 8-1 所列为常用变形铝合金的牌号、化学成分、力学性能及应用举例。

**表 8-1　常用变形铝合金的牌号、化学成分、力学性能及应用举例(摘自 GB/T 3190—2020)**

| 类别 | 合金系统 | 牌号 | 化学成分(质量分数)$w$/% | | | | | | | 力学性能 | | | 应用举例 |
|---|---|---|---|---|---|---|---|---|---|---|---|---|---|
| | | | Si | Fe | Cu | Mn | Mg | Zn | 其他 | $R_m$/MPa | $A$/% | HBW | |
| 防锈铝合金 | Al-Mg | 5A02 | 0.40 | 0.40 | 0.10 | 0.15～0.4 | 2.0～2.8 | — | — | 195 | 17 | 47 | 焊接油箱、油管及低压容器 |
| | | 5A05 | 0.50 | 0.50 | 0.10 | 0.3～0.6 | 4.8～5.5 | 0.20 | — | 280 | 20 | 70 | 焊接油管、铆钉及中载零件 |
| | Al-Mn | 3A21 | 0.60 | 0.70 | 0.20 | 1.0～1.6 | 0.05 | 0.10 | — | 130 | 20 | 30 | 焊接油管、铆钉及轻载零件 |
| 硬铝合金 | Al-Cu-Mg | 2A01 | 0.50 | 0.50 | 2.2～3.0 | 0.20 | 0.2～0.5 | 0.10 | — | 300 | 24 | 70 | 中等强度、温度低于 100℃ 的铆钉 |
| | | 2A11 | 0.70 | 0.70 | 3.8～4.8 | 0.4～0.8 | 0.4～0.8 | 0.10 | — | 420 | 18 | 100 | 中等强度结构件 |
| | | 2A12 | 0.50 | 0.50 | 3.8～4.9 | 0.3～0.9 | 1.2～1.8 | 0.3 | $w_{Ni}$=0.1 | 470 | 17 | 105 | 高强度结构件及 150℃ 下的工作零件 |
| | Al-Cu-Mn | 2A16 | 0.30 | 0.30 | 6.0～7.0 | 0.4～0.8 | 0.05 | 0.10 | — | 400 | 8 | 100 | 高强度结构件及 200℃ 下的工作零件 |
| 超硬铝合金 | Al-Zn-Mg-Cu | 7A04 | 0.50 | 0.50 | 1.4～2.0 | 0.2～0.6 | 1.8～2.8 | 5.0～7.0 | $w_{Cr}$=0.10～0.25 | 600 | 12 | 150 | 主要受力构件，如飞机起落架 |
| | | 7A09 | 0.50 | 0.50 | 1.2～2.0 | 0.15 | 2.0～3.0 | 5.1～6.1 | $w_{Cr}$=0.16～0.30 | 680 | 7 | 190 | 主要受力构件，如飞机大梁 |
| 锻铝合金 | Al-Cu-Mg-Si | 2A50 | 0.7～1.2 | 0.7 | 1.8～2.6 | 0.4～0.8 | 0.4～0.8 | 0.3 | $w_{Ni}$=0.1 | 420 | 13 | 105 | 形状复杂和中等强度锻件及模锻件 |
| | | 2A70 | 0.35 | 0.9～1.5 | 1.9～2.5 | 0.20 | 1.4～1.8 | 0.30 | $w_{Ni}$=0.9～1.5 | 415 | 13 | 120 | 用于 250℃ 温度下工作的零件 |

### 1. 防锈铝合金

防锈铝合金是在大气、水和油等介质中具有良好抗腐蚀性能的可进行压力加工的铝合金，主要包括不能热处理强化的 Al-Mn 系和 Al-Mg 系合金。这类防锈铝合金因时效强化效果不明显，主要通过冷加工塑性变形来提高其强度和硬度，通常在退火状态、冷作硬化或半冷作硬化状态下使用。

防锈铝合金强度低、塑性好，易于进行压力加工，具有良好的抗腐蚀性能和焊接性能，特别适宜于制造承受低载荷的深拉伸零件、焊接件和在腐蚀介质中工作的零件，如油箱、管道等。

常用的 Al-Mn 系防锈铝合金有 3A21，其抗腐蚀性较好，常用来制造需弯曲的、冷拉或冲压的零件，如管道、容器、油箱等。常用的 Al-Mg 系防锈铝合金有 5A02、5A03、5A05、

5A06 等,此类合金具有良好的疲劳性能和抗振性,强度高于 Al-Mn 系合金,但耐热性较差,广泛用于航空航天工业中制造油箱、管道、铆钉、飞机行李架等。这类合金主要通过冷加工塑性变形来提高强度和硬度。

另一类防锈铝合金是可热处理强化的 Al-Zn-Mg-Cu 系合金,其拉伸强度较高,具有优良的耐海水腐蚀性能、良好的断裂韧性、低的缺口敏感性和好的成形工艺性能。适于制造水上飞机蒙皮及其他要求耐腐蚀的高强度钣金零件。

**2. 硬铝合金**

硬铝合金是在铝铜系合金的基础上发展的具有较高力学性能的变形合金,又称杜拉铝,包括 Al-Cu-Mg 系和 Al-Cu-Mn 系合金。因其能经过固溶时效强化获得相当高的强度故称为硬铝合金,属可热处理强化铝合金。其强化相主要是 $\theta$ 相($CuAl_2$)和 S 相($CuMgAl_2$),因而合金中镁含量低时,强化效果小;铜、镁含量高时,强化效果显著。

常用 Al-Cu-Mg 系硬铝合金可分为低强度硬铝(铆钉硬铝),如 2A01、2A10 等,其强度比较低,有很高的塑性,主要作为铆钉材料;中强度硬铝(标准硬铝),如 2A11 等;高强度硬铝,如 2A12。Al-Cu-Mg 系硬铝合金的焊接性和耐蚀性较差,对其制品需要进行防腐保护处理,对于板材可包覆一层高纯铝,称为包铝处理,通常还要进行阳极氧化处理和表面涂装,为提高其耐蚀性一般采用自然时效。部分 Al-Cu-Mg 系硬铝合金具有较高的耐热性,如 2A11、2A12,可在较高的温度使用。Al-Cu-Mn 系硬铝为超耐热硬铝合金,具有较好的塑性和工艺性能,常用的代号有 2A16、2A17。硬铝合金常制成板材和管材,主要用于飞机构件、蒙皮、螺旋桨、叶片等。

**3. 超硬铝合金**

超硬铝合金主要为 Al-Zn-Mg-Cu 系合金,是在 Al-Cu-Mg 系硬铝合金的基础上添加锌发展起来的,是强度最高的变形铝合金。常用合金有 7A04、7A09 等。其强化相除了 $\theta$ 相($CuAl_2$)和 S 相($CuMgAl_2$),还能形成含锌的强化相,如 Y 相($MgZn_2$)和 T 相($Al_2Mg_3Zn_3$)等。超硬铝合金具有良好的热塑性,但疲劳性能较差,耐热性和耐蚀性也不高。超硬铝合金一般采用淬火+人工时效的热处理强化工艺,主要用于工作温度较低、受力较大的结构件,以及生产各种锻件和模锻件,制造飞机蒙皮、螺钉、大梁桁条、隔框、翼肋、起落架部件等。虽然超硬铝合金经时效处理后强度和硬度很高,但其耐热性较低,抗蚀性较差,且应力腐蚀开裂倾向大,其板材表面通常包围有 $w_{Zn}=1\%$的铝锌合金,零件要进行阳极化防腐蚀处理,也可通过提高时效温度改善其抗蚀性。

**4. 锻铝合金**

锻铝合金属于 Al-Cu-Mg-Si 系和 Al-Cu-Mg-Ni-Fe 系合金。其特点是合金中元素种类多但用量少,具有良好的热塑性、锻造性能和较高的力学性能。可用锻压的方法来制造形状较复杂的零件,一般在淬火+人工时效后使用。除了强化相($CuAl_2$)和 S 相($CuMgAl_2$),镁和硅还可以形成强化相 MgSi;铜可以改善热加工性能,并形成强化 W 相($Cu_4Mg_5Si_4Al$);锰可以防止加热时出现过热。

Al-Cu-Mg-Si 系锻铝合金具有优良的锻造性能,常用代号有 6A02、2A50、2B50、2A14 等,主要用于制造要求中等强度、高塑性和耐热性零件的锻件、模锻件,如各种叶轮、导风轮、接头、框架等。

Al-Cu-Mg-Ni-Fe 系锻铝合金耐热性较好，常用代号有 2A70、2A80、2A90 等，主要用于 250℃温度下工作的零件，如叶片、超音速飞机蒙皮等。

**5. 铝锂合金**

铝锂系合金是近年来引起人们广泛关注的一种新型超轻结构材料；它是以锂为主要合金元素的新型铝合金。其最大特点是密度低，比强度、比刚度高，耐热性和抗应力腐蚀性能好，可进行热处理强化。

锂是一种极为活泼且很轻的化学元素，密度为 $0.533g/cm^3$，为铝的 1/5、铁的 1/15。在铝合金中加入锂元素，可以降低其密度，并改善合金的性能。例如，添加 2%～3%的锂，合金密度可减小 10%，比刚度可增加 20%～30%，强度可与 2A12 相媲美。锂在铝中的溶解度随温度的变化而改变。当锂含量大于 3%时，铝锂合金的韧性明显下降，脆性增大。因此，其合金中的锂含量仅为 2%～3%。

铝锂合金具有密度小、比强度高、比刚度大、疲劳性能良好、耐蚀性及耐热性好等优点（在一定的热处理条件下）。但铝锂合金的塑性和韧性差，缺口敏感性大，材料加工及产品生产困难。因为其特性，这种新型合金受到了航空、航天及航海业的广泛关注。铝锂合金主要是为航空航天设备的减重而研制的，因此也主要应用于航空航天领域，用铝锂合金制作飞机结构件，可使飞机减重 10%～20%，大大提高了飞机的飞行速度和承载能力。另外，该合金还用于军械和核反应堆、坦克穿甲弹、鱼雷和其他兵器结构件方面，其在汽车、机器人等领域也有大量应用。

目前美国、英国、法国等国家已成功研制出铝锂合金并将其用于实际生产中，已开发的铝锂合金大致有三个系列：Al-Cu-Li 系合金、Al-Mg-Li 系合金和 Al-Li-Cu-Mg-Zr 系合金等。该合金已用于制造飞机构件、火箭和导弹的壳体、燃料箱等。

**【应用案例】**美国大力神运载火箭的液氧储箱、管道、有效载荷转接器，F16 战斗机后隔框，航天飞机超轻储箱及战略导弹弹头壳体等均采用铝锂合金；铝锂合金板材的韧性比其他铝合金明显提高，且各向异性及超塑性成形技术也获得突破，英国EAP战斗机用超塑性成形制造起落架，质量减轻20%，成本节约45%以上。

### 8.1.4　铸造铝合金

铸造铝合金是适于熔融状态下充填铸型获得一定形状和尺寸铸件毛坯的铝合金。铸造铝合金分为铝硅合金、铝铜合金、铝镁合金和铝锌合金。其代号用汉语拼音字母“ZL”加三位数字表示。第一位数字表示合金类别，1 为铝硅系，如 ZL101、ZL111 等；2 为铝铜系，如 ZL201、ZL203 等；3 为铝镁系，如 ZL301、ZL302 等。4 为铝锌系，如 ZL401、ZL402 等。后两位数仅代表编号。铸造铝合金的牌号用 ZAl 加主要合金元素的化学符号和平均质量分数表示，若平均质量分数小于 1%，一般不标数字。

**1. 铝硅合金**

铝硅合金又称“硅铝明”，是铸造铝合金中品种最多、用量最大的一类合金。其合金成分常在共晶点附近，熔点低、流动性好、热裂倾向小、补缩能力强、组织内部致密，且耐蚀性好，含硅量为10%～25%。

由于铝硅合金的共晶组织是由粗大的针状硅晶体和α固溶体组成的，因此其强度和塑性均差。为此，常用钠盐混合物作为变质剂进行变质处理，以细化晶粒，提高强度和塑性。图8-2(a)为铝硅合金变质处理前的组织，图8-2(b)为铝硅合金变质处理后的组织。标准铝硅合金的牌号/代号为ZAlSi12/ZL102。

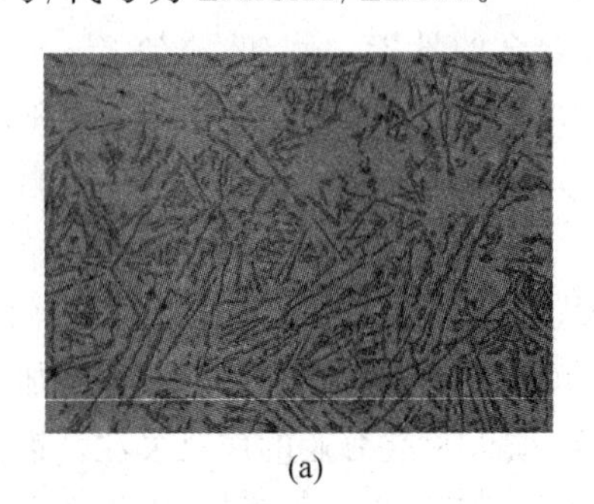
(a)

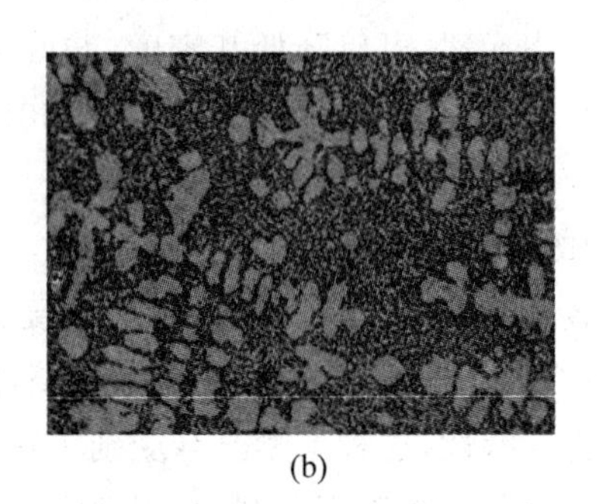
(b)

图8-2　铝硅合金变质处理前后的铸态组织
(a) 未变质处理；(b) 经钠盐变质处理

简单的硅铝合金不能采用热处理强化，为进一步提高其强度，常加入能与铝形成硬化相的铜、镁等元素，则不仅可以进行变质处理，还可以进行固溶-时效强化。添加0.2%～0.6%镁的硅铝合金广泛用于结构件，如壳体、缸体、箱体和框架等。添加适量的铜和镁能提高铝硅合金的力学性能和耐热性，此类合金广泛用于制造活塞等部件。例如，ZAlSi9Mg/ZL104中含有少量镁，ZAlSi7Cu4/ZL107中含有少量铜，ZA1Si5Cu1Mg/ZL105、ZAlSi2Cu1Mg1Ni1/ZL109中则同时含有少量的铜和镁。

**2. 铝铜合金**

铝铜合金主要包括Al-Cu-Mg合金、Al-Cu-Mg-Fe-Ni合金和A1-Cu-Mn合金等，属热处理可强化合金，其中铜的质量分数为4%～14%。铝铜合金具有较好的流动性和强度，但有热裂和疏松倾向，且耐蚀性差，加入镍、锰后，可提高其耐热性，常用的牌号/代号有ZAlCu5Mn/ZL201、ZAlCu10/ZL202等。铝铜合金主要用来制造要求在高强度或高温条件下工作的形状不复杂的砂型铸件，如内燃机缸盖、活塞等。

**3. 铝镁合金**

铝镁合金的主要元素是铝，再掺入少量的镁或其他金属材料来加强其硬度。该类合金的特点是密度小、强度高，比其他铸造铝合金耐蚀性好，但铸造性能不如铝硅合金好，流动性差、线线收缩率大，铸造工艺复杂。

铝镁合金常用牌号/代号有ZAlMg10/ZL301、ZAlMg5Si1/ZL303等。多用来制造在腐蚀性介质(如海水)中工作的零件，如舰船配件等。

此外，铝镁合金质坚量轻、密度低、散热性较好、抗压性较强，能充分满足 3C 产品高度集成化、轻量化、微型化、抗摔撞及电磁屏蔽和散热的要求，其硬度是传统塑料机壳的数倍，但重量仅为后者的 1/3，因而近年来常被用于中高档超薄型或尺寸较小的笔记本式计算机的外壳。由于铝镁合金性能出色、强度高、耐腐蚀、持久耐用、易于涂色，也可用来制作高档门窗。

**4. 铝锌合金**

铝锌合金为改善性能常加入硅、镁元素，因此也称为“锌硅铝明”。铝锌合金强度较高，价格便宜，铸造性能、焊接性能和切削加工性能都很好，但耐蚀性差、热裂倾向大。其常用牌号/代号有 ZAlZn11Si7/ZL401、ZAlZn6Mg/ZL402 等。在铸造条件下，该合金有淬火作用，即“自行淬火”，不经热处理就可使用，经变质热处理后，铸件有较高的强度。其经稳定化处理后，尺寸稳定，常用于制作模型、型板及设备支架等，工作温度一般在 200℃以下。

铝铜合金、铝镁合金、铝锌合金均可进行热处理强化。常用铸造铝合金的牌号、化学成分、性能和应用举例见表 8-2。

**表 8-2　常用铸造铝合金的牌号、化学成分、性能和应用举例(摘自 GB/T 1173—2013)**

| 类别 | 牌号 | 代号 | 化学成分(质量分数)$w$/% | | | | 铸造方法 | 力学性能(不低于) | | | 应用举例 |
|---|---|---|---|---|---|---|---|---|---|---|---|
| | | | Si | Cu | Mg | 其他 | | $R_m$/MPa | $A$/% | HBW | |
| 铝硅合金 | ZAlSi12 | ZL102 | 10.0～13.0 | | | | SB<br>JB<br>SB<br>J | 143<br>153<br>133<br>143 | 4<br>2<br>4<br>3 | 50<br>50<br>50<br>50 | 形状复杂、工作温度在 200℃以下的零件 |
| | ZAlSi9Mg | ZL104 | 8.0～10.5 | | 0.17～0.30 | $w_{Mn}$=0.2～0.5 | SRJK<br>J | 150<br>200 | 2<br>1.5 | 50<br>65 | 形状复杂、工作温度在 200℃以下的零件 |
| | ZAlSi5Cu1Mg | ZL105 | 4.5～5.5 | 1.0～1.5 | 0.4～0.6 | | SJRK<br>J | 155<br>235 | 0.5<br>0.5 | 65<br>70 | 强度和硬度较高，工作温度在 225℃以下的零件 |
| | ZAlSi2Cu1Mg1Ni1 | ZL109 | 11.0～13.0 | 0.5～1.5 | 0.8～1.3 | $w_{Ni}$=0.8～1.5 | J<br>J | 195<br>245 | 0.5<br>— | 90<br>100 | 工作温度为 175～300℃的零件 |
| 铝铜合金 | ZAlCu5Mn | ZL201 | | 4.5～5.3 | | $w_{Mn}$=0.6～1.0，$w_{Ti}$=0.10～0.35 | SJRK<br>S | 295<br>315 | 8<br>2 | 70<br>80 | 工作温度为 175～300℃的零件 |
| | ZAlCu10 | ZL202 | | 9.0～11.0 | | | SJ<br>SJ | 104<br>163 | | 50<br>100 | 高温下受冲击的零件 |

续表

| 类别 | 牌号 | 代号 | 化学成分(质量分数)$w$/% | | | | 铸造方法 | 力学性能(不低于) | | | 应用举例 |
|---|---|---|---|---|---|---|---|---|---|---|---|
| | | | Si | Cu | Mg | 其他 | | $R_m$/MPa | $A$/% | HBW | |
| 铝镁合金 | ZAlMg10 | ZL301 | | | 9.5～11.0 | | SJR | 280 | 9 | 60 | 承受冲击载荷、外形不太复杂，工作温度不超过150℃的零件 |
| | ZAlMg5Si1 | ZL303 | 0.8～1.3 | | 4.5～5.5 | $w_{Mn}$=0.1～0.4 | SJRK | 143 | 1 | 55 | |
| 铝锌合金 | ZAlZn11Si7 | ZL401 | 6.0～8.0 | 0.6 | 0.1～0.3 | $w_{Mn}$=0.5，$w_{Zn}$=9.0～13.0 | SRK<br>J | 195<br>245 | 2<br>1.5 | 80<br>90 | 工作温度不超过200℃的零件 |
| | ZAlZn6Mg | ZL402 | 0.3 | 0.25 | 0.5～0.65 | $w_{Mn}$=0.1，$w_{Zn}$=5.0～6.0 | J<br>S | 235<br>220 | 4<br>4 | 70<br>65 | 结构复杂的汽车、飞机、仪器零件 |

注：S为砂型铸造；J为金属型铸造；R为熔模铸造；K为壳型铸造；B为变质处理。

铜及铜合金

## 8.2 铜及铜合金

高的导电性、导热件易于成形及在一定条件下良好的耐蚀性是铜及其合金引人注目的三大特性。因而，铜及其合金被广泛应用于电气、轻工、机械制造、建筑工业、国防工业等领域，在金属材料中的应用范围仅次于钢铁，在有色金属材料中，铜的产量仅次于铝。

铜在电气、电子工业中应用最广、用量最大，占总消费量的一半以上，主要用于各种电缆和导线、电机和变压器的绕线、开关及印制线路板等；在机械和运输车辆制造中，主要用于制造工业阀门和配件、仪表、滑动轴承、模具、热交换器和泵等；在化学工业中广泛应用于制造真空器、蒸馏锅、酿造锅等；在国防工业中用于制造子弹、炮弹、枪炮零件等，每生产100万发子弹用铜13～14t；在建筑工业中，用作各种管道、管道配件、装饰器件等。

由于铜矿石中的铜含量一般很低，所以生产铜的第一步是精选。精选后加以适当的助溶剂在反射炉或电炉中熔炼，可使铜、铁、硫及其他贵重金属在炉底形成冰铜，而杂质形成熔渣被除去。将熔化的冰铜送入转炉中，通入压力空气，使铁氧化成渣，硫被氧化后吹走，从而得到纯度为99%的粗铜。将粗铜在还原性气氛中进一步熔化进行脱氧，最后对脱氧后的产品进行电精炼即可得到精炼铜(纯铜)。

纯铜又称紫铜，密度为8.9g/cm$^3$，熔点为1083℃，是面心立方晶格，有良好的塑性、电导性、热导性和耐蚀性，其导电、导热性能仅次于银。因铜的强度较低，不宜做成结构零件，所以广泛用作导电材料，散热器、冷却器用材及液压器件中的垫片、导管等。

工业纯铜有四个牌号，即T1、T2、T3、T4，其中T为“铜”的汉语拼音首字母，其纯度随着数字的增大而降低。

铜中加入适量的合金元素后，可获得较高的强度，且具备一些其他性能，适用于制造结构零件。铜合金主要分为黄铜、青铜和白铜三大类。

### 8.2.1　黄铜

黄铜是以锌为主要合金元素的铜合金，分为普通黄铜和特殊黄铜两类。

**1. 普通黄铜**

由铜、锌组成的黄铜就称为普通黄铜或简单黄铜，即铜锌合金。铜锌合金的强度比纯铜高，塑性较好，耐蚀性也好，价格比纯铜和其他铜合金低，加工性能也好。

黄铜的力学性能与其含锌量有关，图 8-3 所示为黄铜的含锌量与其力学性能的关系。当含锌量为 30%～32%时(实际生产时大多为 $w_{Zn}<32\%$)，Zn 能完全溶解于 Cu 内形成单相 α 固溶体，称为单相黄铜。单相黄铜塑性很好适宜冷、热压力加工。当含锌量为 30%～40%时，组织中出现以化合物 CuZn 为基的 β′固溶体，即黄铜中由 α+β′双相组织(双相黄铜)。少量的 β′对强度影响不大，因此强度仍然升高，但塑性下降。当含锌量超过 45%后，铜合金组织全部为 β′相，强度急剧下降，因而工业用黄铜的含锌量都不超过 45%。

普通黄铜的牌号用“黄”字的汉语拼音字首“H”加数字表示，数字代表平均含铜量的质量分数，如 H62 表示含铜 62%的铜锌合金。

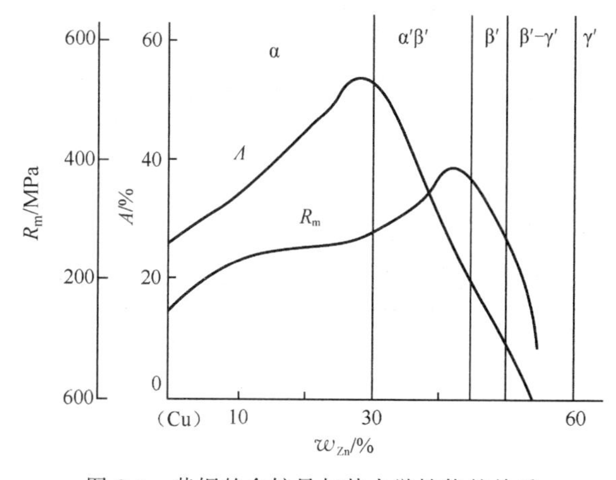


图 8-3　黄铜的含锌量与其力学性能的关系

普通黄铜中最常用的牌号有 H70 和 H62。其中 H70 含锌 30%，为单相 α 黄铜，其组织如图 8-4 所示，强度高，塑性好，可用冲压方式制造弹壳、散热器、垫片等，故有“弹壳黄铜”之称。H62 含锌 38%，属于双相 α+β 黄铜，有较好的强度，塑性比 H70 差，切削性能好，易焊接，耐腐蚀，价格便宜，工业上应用较多，主要用于制造散热器、油管、垫片、螺钉等。

**2. 特殊黄铜**

在铜锌合金中加入少量铝、锰、硅、锡、铅等元素的铜合金称为特殊黄铜或复杂黄铜。特殊黄铜又称特种黄铜，其具有更好的力学性能、耐蚀性和抗磨性。其牌号用“黄”字的汉语拼音字母“H”加主加元素及数字表示，数字代表合金中铜及主加元素的质量分数。

各种元素具有不同的作用，其中铝能提高黄铜的强度、硬度和耐蚀性，但能使其塑性降低，这种黄铜适合制作海轮冷凝管及其他耐蚀零件；锡能提高黄铜的强度和对海水的耐腐性，故称这种黄铜为海军黄铜，用于制造船舶热工设备和螺旋桨等；铅能改善黄铜的切削性能，这种易切削黄铜常用作钟表零件。

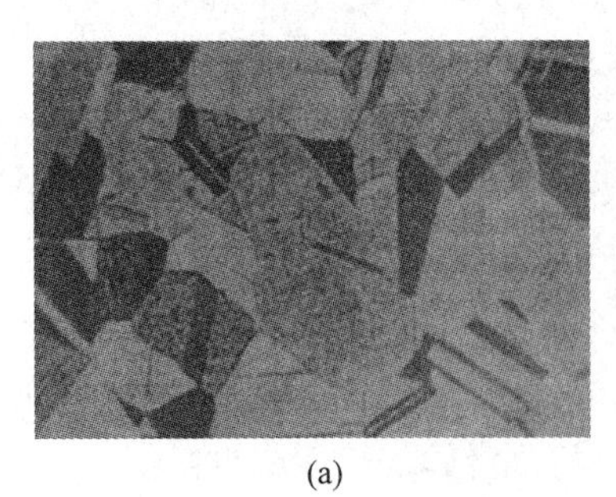
(a)

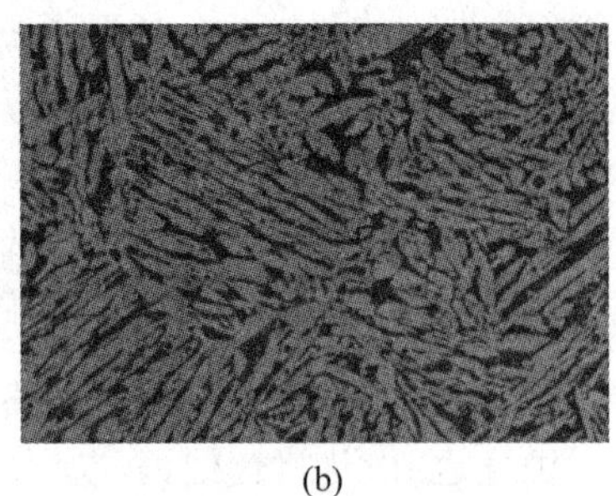
(b)

图 8-4　黄铜的显微组织

(a) 单相 α 黄铜；(b) 双相 α+β 黄铜

特殊黄铜可分为压力加工黄铜和铸造黄铜两种。

(1) 压力加工黄铜加入的合金元素少，塑性较高，具有较高的变形能力，又称为变形黄铜。常用的有铅黄铜 HPb59-1、铝黄铜 HAl59-3-2。HPb59-1 为加入 1%铅的黄铜，其含铜量为 59%，其余为锌。压力加工黄铜有良好的切削加工性，常用来制作各种结构零件，如销子、螺钉、螺母、衬套、垫圈等。HAl59-3-2 的含铝量为 3%，含镍量为 2%，含铜量为 59%，其余成分为锌，其耐蚀性较好，用于制造耐腐蚀零件。

(2) 铸造黄铜的牌号前有"铸"字的汉语拼音字首"Z"，例如在 ZCuZn16Si4 中，"Z"是"铸"字的拼音首字母，"Zn"表示主加元素，"16"为 Zn 含量，"4"是 Si 含量，其余为 Cu，即表示含锌 16%、含硅 4%、含铜 80%的铸造硅黄铜。其综合力学性能、耐磨性、耐蚀性、铸造性能、可焊性、切削加工性等均较好，常用作轴承衬套。

常用黄铜的牌号、化学成分、力学性能和应用举例见表 8-3。

**表 8-3　常用黄铜的牌号、化学成分、力学性能和应用举例(摘自 GB/T 2059—2017、GB/T 5231—2022)**

| 组别 | 牌　号 | 化学成分(质量分数)$w$/% | | 力学性能(软化退火态) | | | 应用举例 |
|---|---|---|---|---|---|---|---|
| | | Cu | 其他 | 抗拉强度 $R_m$/MPa | 断后伸长率 $A_{11.3}$/% | 维氏硬度 /HV | |
| 普通黄铜 | H90 | 89.0～91.0 | Zn：余量 | ≥245 | ≥35 | — | 双金属片、供水和排水管、艺术品、证章 |
| | H68 | 67.0～70.0 | Zn：余量 | ≥290 | ≥40 | ≤90 | 复杂的冲压件、散热器外壳、波纹管、轴套、弹壳 |
| | H62 | 60.5～63.5 | Zn：余量 | ≥290 | ≥35 | ≤95 | 销钉、铆钉、螺钉、螺母、垫圈、夹线板、弹簧 |
| 特殊黄铜 | HSn62-1 | 61.0～63.0 | Sn：0.7～1.1，Zn：余量 | ≥390 | ≥5 | — | 船舶零件、汽车和拖拉机的弹性套管 |
| | HMn58-2 | 57.0～60.0 | Mn：1.0～2.0，Zn：余量 | ≥380 | ≥30 | — | 弱电电路用的零件 |
| | HPb59-1 | 57.0～60.0 | Pb：0.8～1.9，Zn：余量 | ≥340 | ≥25 | — | 热冲压及切削加工零件，如销、螺钉、螺母、轴套 |

## 8.2.2　青铜

除了黄铜和白铜(铜和镍的合金)，所有的铜基合金称为青铜。按主加元素种类的不同，青铜可分为锡青铜、铝青铜、铍青铜和硅青铜等。

青铜的代号由"Q"＋主加元素的元素符号及含量＋其他加入元素的含量组成，其中 Q 表示青铜的"青"字汉语拼音字母的字首。例如 QSn4-3 表示含锡 4%，含锌 3%，其余为铜的锡青铜；QAl7 表示含铝量 7%，其余为铜的铝青铜。铸造青铜的牌号表示方法和铸造黄铜的牌号表示方法相同。

**1. 锡青铜**

锡青铜是由 Cu 与 Sn 为主加元素组成的铜合金。锡能溶于铜形成 α 固溶体，但比锌在铜中的溶解度小得多(小于 4%)。由于锡青铜在生产条件下不易达到平衡状态，因此在铸造状态下，含锡量超过 6%时就可能出现 α＋δ 共析体(δ 是一个硬而脆的相)。

铸态锡青铜的力学性能和含锡量的关系如图 8-5 所示(图中右侧的纵坐标变量 $A$ 表示断后伸长率)。由图可见，锡含量较少时，随着锡含量的增加，青铜的抗拉强度和塑性都增加。当锡含量超过 5%～6%时，因合金中出现 δ 相而使其塑性急剧下降，抗拉强度仍然高。当含锡量大于 10%时，塑性已显著降低。当含锡量大于 20%时，大量的 δ 相使抗拉强度显著降低，合金变得硬而脆，已无使用价值。故工业用的锡青铜，其含锡量一般在 3%～4%。

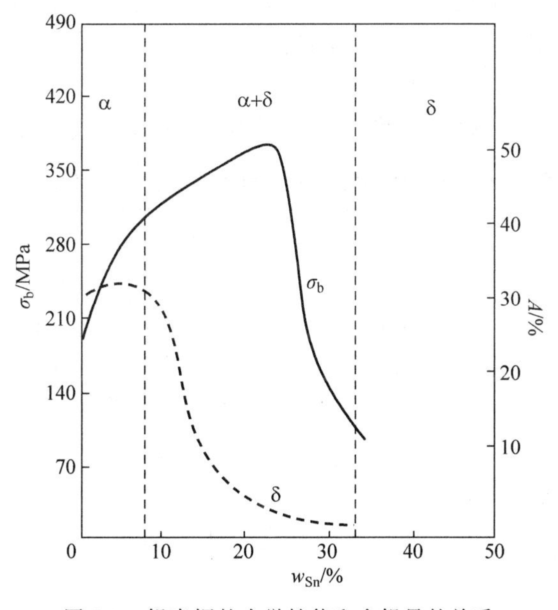


图 8-5　锡青铜的力学性能和含锡量的关系

锡青铜结晶温度间隔大，流动性差，不易形成集中缩孔，而易形成分散的显微缩松。锡青铜的铸造收缩率是有色金属与合金中最小的(<1%)。故适于铸造形状复杂、壁厚的铸件，但不适于制造要求致密度高和密封性好的铸件。

压力加工锡青铜的牌号用"青"字的汉语拼音字首"Q"加锡的元素符号和数字表示，如 QSn4-3 表示含锡量为 4%、含锌量为 3%，其余 93%为含铜量的锡青铜。

铸造锡青铜则在牌号前加"Z"字，例如，ZCuSn10P1 表示含锡量为 10%，含磷量为 1%，其余 89%为铜的铸造锡青铜。

锡青铜在大气及海水中的抗蚀性比纯铜和黄铜都高，抗磨性也好，多用来制造耐磨零件，如轴承、轴套、齿轮、蜗轮等，但在酸类及氨水中的耐蚀件较差，广泛用于制造蒸汽锅炉和海船的零构件。

**2. 铝青铜**

铝青铜是由 Cu 与 Al 为主加元素组成的铜合金。通常铝含量为 5%～12%。铝青铜不仅价格低廉，而且比黄铜和锡青铜具有更好的耐腐蚀性、耐磨性和耐热性，但铸造、切削性能较差，可焊接，但不易钎焊，在过热蒸汽中不稳定，热态下压力加工性良好。常用来铸造受重载的耐磨、耐蚀和弹性零件，如齿轮、蜗轮、轴套、弹簧及船舶零件等。

**3. 铍青铜**

铍青铜是由 Cu 与 Be 为主加元素组成的铜合金。常用铍青铜的含铍量为 1.7%～2.5%。由于铍在铜中的溶解度随着温度的增加而增加，因此，经淬火后加以人工时效可获得较高的强度、硬度、抗腐蚀性和抗疲劳性。

铍青铜还具有良好的导电性和导热性，是一种综合性能较好的结构材料，主要用于精密仪器、仪表的弹性元件、耐磨零件及防爆工具，而且铍青铜合金是海底电缆中继器构造体不可替代的材料。

**4. 硅青铜**

硅青铜是由 Cu 与 Si 为主加元素组成的铜合金。硅青铜具有很高的力学性能和耐腐蚀性能，并具有良好的铸造性能和冷、热加工性能，用于制造在海水中工作的弹簧等弹性元件，也可作通信用高强度架空线和导电极等。

常用青铜的牌号、化学成分、力学性能和应用举例见表 8-4。

**表 8-4　常用青铜的牌号、化学成分、力学性能和应用举例(摘自 GB/T 2059—2017、GB/T 5231—2022)**

| 牌　号 | 化学成分(质量分数)$w$/% | | 力学性能(软化退火态) | | | 应 用 举 例 |
|---|---|---|---|---|---|---|
| | 第一主加元素 | 其他 | 抗拉强度 $R_m$/MPa | 断后伸长率 $A_{11.3}$/% | 维氏硬度/HV | |
| QSn4-3 | Sn：3.5～4.5 | Zn：2.7～3.7，Cu：余量 | ≥290 | ≥40 | — | 弹性元件、管配件、化工机械中的耐磨零件及抗磁零件 |
| QSn6.5-0.1 | Sn：6.0～7.0 | Pb：0.1～0.25，Cu：余量 | ≥315 | ≥40 | ≤120 | 弹簧、接触片、振动片、精密仪器中的耐磨零件 |
| QSn4-4-4 | Sn：3.0～5.0 | Pb：3.5～4.5，Zn：3.0～5.0，Cu：余量 | ≥290 | ≥35 | — | 重要的耐磨零件，如轴承、轴套、蜗轮、丝杆、螺母 |
| QAl7 | Al：6.0～8.0 | Cu：余量 | 585～740 | ≥10 | — | 重要的弹性元件 |
| QAl9-2 | Al：8.0～10.0 | Fe：2.0～4.0，Cu：余量 | ≥440 | ≥18 | — | 耐磨零件，如轴承、蜗轮、齿面，在蒸汽及海水中工作的高强度、耐腐蚀零件 |

续表

| 牌　号 | 化学成分(质量分数)$w$/% | | 力学性能(软化退火态) | | | 应用举例 |
|---|---|---|---|---|---|---|
| | 第一主加元素 | 其他 | 抗拉强度 $R_m$/MPa | 断后伸长率 $A_{11.3}$/% | 维氏硬度/HV | |
| QBe2 | Be：1.9～2.2 | Ni：0.2～0.5，Cu：余量 | — | — | — | 重要的弹性元件，耐磨件及在高速、高压、高温下工作的轴承 |
| QSi3-1 | Si：2.75～3.5 | Mn：1.0～1.5，Cu：余量 | ≥370 | ≥45 | — | 弹性元件，在腐蚀介质下工作的耐磨零件，如齿轮 |

常用铸造青铜的牌号、化学成分、力学性能和应用举例见表 8-5。

**表 8-5　常用铸造青铜的牌号、化学成分、力学性能和应用举例(摘自 GB/T 1176—2013)**

| 牌　号 | 化学成分/% | | 力学性能 | | | | | 应用举例 |
|---|---|---|---|---|---|---|---|---|
| | 第一主加元素 | 其他 | 铸造方法 | 抗拉强度 $R_m$/MPa | 屈服强度 $R_{p0.2}$/MPa | 断后伸长率 $A$/% | 布氏硬度 HBW | |
| ZCuSn5Pb5Zn5 | Sn：4.0～6.0 | Zn：4.0～6.0<br>Pb：4.0～6.0<br>Cu：余量 | SJR<br>Li | 200<br>250 | 90<br>100 | 13<br>13 | 60<br>65 | 中负荷、低速的耐磨和耐蚀零件，如轴承、轴套及涡轮 |
| ZCuSn10Pb1 | Sn：9.0～11.5 | Pb：0.5～1.0<br>Cu：余量 | SR<br>J<br>Li<br>La | 220<br>310<br>330<br>360 | 130<br>170<br>170<br>170 | 3<br>2<br>4<br>6 | 80<br>90<br>90<br>90 | 重要的减摩零件，如轴承、轴套、涡轮、摩擦轮、机床丝杠螺母 |
| ZCuPb30 | Pb：27.0～33.0 | Cu：余量 | J | | | | 25 | 大功率航空发动机、柴油机曲轴及连杆的轴承、齿轮、轴套 |
| ZCuAl10Fe3 | Al：8.5～11.0 | Fe：2.0～4.0<br>Cu：余量 | S<br>J<br>Li、La | 490<br>540<br>540 | 180<br>200<br>200 | 13<br>15<br>15 | 100<br>110<br>110 | 耐磨零件(压下螺母、轴承、涡轮、齿圈)及在蒸汽、海水中工作的高强度耐蚀件 |

注：S 为砂型铸造；J 为金属型铸造；La 为连续铸造；Li 为离心铸造；R 为熔模铸造。

## 8.2.3　白铜

白铜是以镍为主加合金元素的铜合金。铜与镍在固态下能完全互溶，所以白铜的组织为单相固溶体，具有较好的强度和优良的塑性。白铜还具有优良的耐蚀性和抗腐蚀疲劳性能。白铜不能进行热处理强化，只能用固溶强化和加工硬化来提高其强度。

白铜分为普通白铜和特殊白铜两种，普通白铜是Cu-Ni二元合金，特殊白铜是在普通白铜的基础上添加锌、锰、铝等元素形成的，分别称为锌白铜、锰白铜、铝白铜等。普通白铜的牌号为B+镍的平均质量分数，如B5为含5%Ni的白铜。其常用牌号有B19、B5等，主要用于制造在蒸汽和海水环境下工作的精密机械、仪表中的零件及冷凝器、热交换器等。特殊白铜的牌号为B+主加元素符号(Ni除外)+镍的平均质量分数+主加元素的平均质量分数，如BMn40-1.5为含40%Ni、1.5%Mn的锰白铜。其常用牌号有BZn15-20、BMn3-12等，主要用于制造精密机械、仪表零件及医疗器械等。部分白铜的牌号、化学成分、力学性能及应用举例见表8-6。

**表8-6　部分白铜的牌号、化学成分、力学性能及应用举例(摘自GB/T 2059—2017、GB/T 5231—2022)**

| 牌　号 | 化学成分(质量分数)$w$/% | | | 力学性能(软化退火态) | | 应用举例 |
|---|---|---|---|---|---|---|
| | Ni+Co | 其他 | Cu | 抗拉强度 $R_m$/MPa | 断后伸长率 $A_{11.3}$/% | |
| B19 | 18.0～20.0 | | 余量 | 290 | 25 | 船舶、仪器零件，化工机械零件 |
| B5 | 4.4～5.0 | | 余量 | 215 | 32 | |
| BZn15-20 | 13.5～16.5 | 余量：Zn | 62～65 | 340 | 35 | 潮湿条件下和强腐蚀介质中工作的仪表零件 |
| BMn3-12 | 2.0～3.5 | $w_{Mn}$=11.5～13.5 | 余量 | 350 | 25 | 弹簧 |
| BMn40-1.5 | 39.0～41.0 | $w_{Mn}$=1.0～2.0 | 余量 | 390～590 | 实测 | 热电偶丝 |

# 8.3　镁及镁合金

## 8.3.1　镁合金的分类

纯镁的强度很低(抗拉强度仅为190MPa)，不宜用于承力构件，一般是在镁中加入某种合金元素，而以镁合金的形式应用于焊接结构上。由于镁合金的加工工艺不同，加入合金元素后可分为变形铝合金和铸造镁合金两类。常用的有镁-锰、镁-铝-锌、镁-锌-锆、镁-稀土金属等合金。

## 8.3.2　镁与镁合金的化学性能和力学性能

镁是最轻的工程结构材料之一，其熔点为651℃，密度为1.74g/$cm^3$，强度较高。镁合金具有极好的切削加工性能和良好的铸造性能。绝大多数镁可用气焊、氩弧焊、电阻焊、钎焊等方法焊接，目前通常用氩弧焊的方法焊接。氩弧焊适用于一切镁合金的焊接，它能得到较高的焊缝系数，焊接变形小，焊接时可不用熔剂，且铸件可用氩弧焊修补并能获得满意的焊接质量。

镁合金在汽油、煤油、酚、醇(甲醇除外)和其他矿物油中较为安全，在稀碱液、氟盐的中性和碱性溶液、$SO_2$气体的水溶液、液态和气态氨中均无腐蚀倾向。若镁合金经氧化处理后涂漆，则可在大气条件下长期使用而不被腐蚀，所以其广泛应用于航空、航天、光学仪器等领域。

镁、变形镁合金和铸造镁合金的牌号及化学成分见表8-7，常用镁合金的力学性能和相对焊接性见表8-8。

表 8-7　镁、变形镁合金和铸造镁合金的牌号及化学成分(摘自 GB/T 5153—2016、GB/T 1177—2018)

| 类别 | 合金牌号 | 合金代号 | 化学成分(质量分数)w/% | | | | | | | | | | | | |
|---|---|---|---|---|---|---|---|---|---|---|---|---|---|---|---|
| | | | Al | Zn | Mn | RE | Zr | Cu | Ni | Si | Fe | Nd | Ag | 杂质 | Mg |
| 纯镁 | 一号纯镁 | Mg1 | — | — | — | — | — | — | — | — | — | — | — | 0.5 | 99.5 |
| | 二号纯镁 | Mg2 | — | — | — | — | — | — | — | — | — | — | — | 1.0 | 99 |
| 变形镁合金 | AZ30M | — | 2.2～3.2 | 0.2～0.5 | 0.2～0.4 | 0.05～0.08 | — | 0.0015 | 0.005 | 0.01 | 0.005 | — | — | 0.15 | 余量 |
| | AZ30S | — | 2.24～3.6 | 0.5～1.5 | 0.15～0.4 | — | — | 0.05 | 0.005 | 0.1 | 0.005 | — | — | 0.3 | |
| | ZA73M | — | 2.5～3.54 | 6.5～7.5 | 0.01 | 0.3～0.9 | — | 0.001 | 0.001 | 0.005 | 0.01 | — | — | 0.3 | |
| | ZM21M | — | — | 1.0～2.5 | 0.5～1.50 | — | — | 0.1 | 0.004 | 0.01 | 0.005 | — | — | 0.3 | |
| | M1A | — | — | — | 1.2～2.0 | — | — | 0.05 | 0.01 | 0.1 | — | — | — | 0.3 | |
| 铸造镁合金 | ZMgZn5Zr | ZM1 | 0.02 | 3.5～5.5 | — | — | 0.5～1.0 | 0.01 | 0.01 | — | — | — | — | 0.3 | |
| | ZMgZn4RE1Zr | ZM2 | — | 3.5～5.0 | — | 0.75～1.75 | 0.5～1.0 | 0.01 | 0.01 | — | — | — | — | 0.3 | |
| | ZMgRE3ZnZr | ZM3 | — | 0.2～0.7 | — | 2.5～4.0 | 0.4～1.0 | 0.01 | 0.01 | — | — | — | — | 0.3 | |
| | ZMgAl8Zn | ZM5 | 7.5～9.0 | 0.2～0.8 | 0.15～0.50 | — | 0.01 | 0.01 | 0.01 | 0.3 | 0.05 | — | — | 0.5 | |

注：变形镁合金标准选用 GB/T 5153—2016，铸造镁合金标准选用 GB/T 1177—2018。

表 8-8 常用镁合金的力学性能和相对焊接性

| 合金牌号 | 合金代号 | 力学性能 | | | 相对焊接性 |
|---|---|---|---|---|---|
| | | $R_{p0.2}$/MPa | $R_m$/MPa | $A$/% | |
| ZM1 | T1 | 140 | 235 | 5.0 | 差 |
| ZM2 | T1 | 135 | 200 | 2.5 | 一般 |
| ZM3 | F | 85 | 120 | 1.5 | 良 |
| | T2 | 85 | 120 | 1.5 | |
| ZM5 | F | 75 | 145 | 2.0 | 良 |
| | T1 | 100 | 155 | 2.0 | |

# 8.4 钛及钛合金

钛及其合金是 20 世纪 50 年代出现的一种新型材料。钛及钛合金的比强度、比刚度高，抗腐蚀性能、接合性能、高温力学性能、抗疲劳和蠕变性能都很好，具有优良的综合性能，是一种新型的、很有发展潜力和应用前景的结构材料。目前，钛及其合金主要用于航天、航空、军事、化工、石油、冶金、电力、日用品等工业生产中，被誉为现代金属。

## 8.4.1 纯钛

纯钛是银白色的金属，在地壳中的含量为 0.63%，居地球各种元素含量的第九位，按金属元素计为第七位，而按金属结构材料计，则仅次于铝、铁、镁而居第四位。钛的密度小($4.58g/cm^3$)、熔点高(1677℃)、热膨胀系数小、塑性好、抗拉强度低，容易加工成形，可制成细丝、薄片；在 550℃以下有很好的抗腐蚀性，不易氧化，在海水和水蒸气中的抗腐蚀能力比铝合金、不锈钢和镍合金还高。可用于制造飞机骨架、发动机部件、热交换器、泵体、搅拌器、耐海水腐蚀的管道、阀门、泵，柴油发动机活塞、连杆等。

钛具有同素异构现象，在 882℃以下为密排六方晶格，称为 α-钛(α-Ti)；在 882℃以上为体心立方晶格，称为 β-钛(β-Ti)。工业纯钛的牌号、力学性能见表 8-9。

表 8-9 工业纯钛的牌号、力学性能(摘自 GB/T 3621—2022 和 GB/T 2965—2007)

| 牌号 | 材料状态 | 室温力学性能 | | |
|---|---|---|---|---|
| | | $R_m$/ MPa | $R_{p0.2}$/MPa | $A$/% |
| TA1 | 板材 | ≥240 | 140～310 | ≥30 |
| | 棒材 | ≥240 | ≥140 | ≥30 |
| TA2 | 板材 | ≥400 | 275～450 | ≥25 |
| | 棒材 | ≥400 | ≥275 | ≥30 |
| TA3 | 板材 | ≥500 | 380～550 | ≥20 |
| | 棒材 | ≥500 | ≥380 | ≥30 |

## 8.4.2 钛合金

钛合金中加入的主要元素有铝、铜、锡、铬、钼、钒等，根据各元素的作用不同可分为 α 相

稳定元素和 β 相稳定元素。其中，铝和锡为 α 相稳定元素，钼、钒等是 β 相稳定元素。铝和锡在 α 钛中的溶解度比在 β 钛中的大，使 α 钛向 β 钛的转变温度升高，扩大了 α 相稳定存在的范围。铜、铬、钼、钒和铁等则相反，它们在 β 钛中的溶解度比在 α 钛中的大，使 α 钛向 β 钛的转变温度下降，促使 β 相稳定。常用的钛合金有以下三类：

**1. α 钛合金**

α 钛合金的主要合金元素有铝和锡。由于此类合金的 α 钛向 β 钛转变温度较高，因而在室温或较高温度时，均为单相 α 固溶体组织，不能热处理强化。常温下，它的硬度低于其他钛合金，但高温(500～600℃)条件下其强度最高。α 钛合金组织稳定，焊接性能良好。

常用 α 钛合金的牌号、力学性能和应用举例见表 8-10。

**表 8-10　α 钛合金的牌号、力学性能和应用举例**

| 牌　号 | 力学性能(退火状态) | | 应用举例 |
|---|---|---|---|
| | $R_m$/MPa | $A$/% | |
| TA5 | 700 | 15 | 与纯钛的用途相似 |
| TA6 | 685 | 20 | 飞机骨架，气压泵壳体、叶片，温度低于 400℃ 环境下工作的焊接零件 |
| TA7 | 800 | 10 | 温度低于 500℃ 环境下长期工作的零件和各种模锻件 |

注：断后伸长率是指板材厚度在 0.8～1.5mm 的状态下测定的结果。

**2. β 钛合金**

铜、铬、钼、钒和铁等都是 β 相稳定元素，在正火或淬火时容易将高温 β 相保留到室温组织，得到较稳定的 β 相组织。β 钛合金具有良好的塑性，在 540℃ 以下具有较高的强度。其主要用途为高强度紧固件、杆类件及其他航空配件。β 钛合金的牌号、力学性能和应用举例见表 8-11。

**表 8-11　β 钛合金的牌号、力学性能和应用举例**

| 牌　号 | 力学性能(退火状态) | | 应用举例 |
|---|---|---|---|
| | $R_m$/MPa | $A$/% | |
| TB1 | 1300 | 5 | 在 350℃ 以下工作的零件；压气机叶片、轴、轮盘等重载荷旋转件；飞机构件等 |
| TB2 | 1370 | 7 | |

**3. α+β 钛合金**

α+β 钛合金除含有铬、钼、钒等 β 相稳定元素外，还含有锡、铝等 α 相稳定元素。在冷却到一定温度时，发生 β→α 相转变，室温下为 α+β 两相组织。

α+β 钛合金的强度、耐热性和塑性都比较好，并可以热处理强化，应用范围较广。其中应用最广的是 TC4(钛、铝、钒合金)，它具有较高的强度和良好的塑性，在 400℃ 时组织稳定、强度较高、抗海水腐蚀力强。

α+β 钛合金的牌号、力学性能和应用举例见表 8-12。

表 8-12 α+β 钛合金的牌号、力学性能和应用举例

| 牌号 | 力学性能(退火状态) | | 应用举例 |
|---|---|---|---|
| | $R_m$/MPa | $A$/% | |
| TC1 | 588 | 25 | 低于 400℃环境下工作的冲压件和焊接零件 |
| TC2 | 685 | 12 | 低于 500℃环境下工作的焊接零件和模锻件 |
| TC3 | 800 | 10 | 低于 400℃环境下工作的零件,如有一定高温强度的发动机零件 |
| TC4 | 920 | 10 | 低于 400℃环境下工作的零件,如各种锻件、各种容器、泵、坦克履带、舰船耐压壳体 |
| TC6 | 981 | 10 | 低于 300℃环境下工作的零件 |
| TC10 | 1050 | 12 | 低于 450℃环境下长期工作的零件,如飞机结构件、导弹发动机外壳、武器结构件 |

注:断后伸长率指在板厚 1.0～2.0mm 的状态下测定的结果。

在钛合金中,α+β 钛合金 Ti-6Al-4V 的综合性能最为优越,因而获得了最为广泛的应用,成为钛工业中的王牌合金,占全部钛合金用量的 80%左右,许多其他的钛合金牌号都是 Ti-6Al-4V 的改型。

### 8.4.3 钛和钛合金的应用领域

由于钛材料质轻、比强度(强度/密度)高,又具有良好的耐热和耐低温性能,因而是航空、航天工业的最佳结构材料。

钛与空气中的氧和水蒸气亲和力高,室温下钛表面会形成一层稳定性高、附着力强的永久性氧化物薄膜 $TiO_2$,使之具有惊人的耐腐蚀性。因此,在化工、热能、石油等工业领域得到广泛应用。

钛及钛合金在海水和酸性烃类化合物中具有优异的抗蚀性,无论是在静止的还是高速流动的海水中钛都具有特殊的稳定性,从而成为海洋,特别是在含盐的环境,如海洋和近海中进行石油和天然气勘探的优选材料。

钛及钛合金具有最佳的抗蚀性、生物相容性、骨骼融合性和生物功能性,因而被选作生物医用材料,在医学领域中得以广泛应用。

钛及钛合金还具有质轻、强度高、耐腐蚀并兼有外观漂亮等综合性能,因而被广泛用于人们的日常生活领域,诸如眼镜、自行车、摩托车、照相机、水净化器、手表、展台框架、打火机、蒸锅、真空瓶、登山鞋、渔具、耳环、轮椅、防护面罩、栅栏等的外防护罩等。表 8-13 列出了钛及钛合金制品在部分民用领域的应用情况。

表 8-13 钛及钛合金制品在部分民用领域的应用

| 应用领域 | 用途 | 优越性 |
|---|---|---|
| 化工工业 | 石油冶炼,染色漂白,表面处理,盐碱电解,尿素设备,合成纤维反应塔(釜),结晶器,泵、阀、管道 | 耐高温、耐腐蚀、节能 |
| 交通 | 飞机、舰船、汽车、自行车、摩托车等的气门、气门座、轴承座、连杆、消声器 | 减轻质量,降低油耗及噪声,提高效率 |
| 生物工程 | 制药器械,医用支撑、支架,人体器官及骨骼、牙齿矫形,食品工业,杀菌材料,污水处理 | 无臭、无毒、质轻耐腐,与人体亲和性好,强度高 |

续表

| 应用领域 | 用　途 | 优越性 |
| --- | --- | --- |
| 海洋与建筑 | 海上建筑、海水淡化，潜艇、舰船，海上养殖，桥梁，大厦的内外装饰材料 | 耐海水腐蚀、耐环境冲击性好 |
| 一般工业 | 电力、冶金、食品、采矿、油气勘探、地热应用、造纸 | 强度高、耐腐蚀、无污染、节能 |
| 体育用品 | 高尔夫球杆、马具、攀岩器械、赛车、体育器材 | 质轻、强度高、美观 |
| 生活用品 | 餐具、照相机、工艺品、文具、烟火、家具、眼镜架、轮椅、拐杖 | 质轻、强度高，无毒、无臭、美观 |

我国是钛资源大国，储量居世界首位。2006年，我国海绵钛和钛材的年产量双双超过万吨，进入世界产钛大国行列，并且形成了持续发展的态势，目前，钛材在航空、航天、航海、大飞机制造等方面的应用增长较快。

随着我国钛工业的发展，作为钛工业发展技术支撑的钛合金研究取得了良好成果。我国已研制出70多种钛合金，其中50多种钛合金列入国家标准，基本形成了我国的钛合金体系。

10多年来，我国新型钛合金的研究与开发十分活跃，主要集中在高温钛合金、高强钛合金、船用耐蚀钛合金、低成本钛合金、阻燃钛合金、低温钛合金和医用钛合金等方面，创新研制出许多具有中国知识产权的新型钛合金。参与钛合金研究的单位逐渐增加，形成了具有中国特色的工业钛合金牌号，基本满足了我国各行各业对不同牌号钛合金的需求。

## 8.5　其他有色金属及其合金

### 8.5.1　镍与镍合金

镍合金一部分作为耐热材料，其余大部分用于耐蚀材料。工业纯镍及固溶强化的镍合金的可焊性能好，以铝、钛为主的沉淀硬化镍合金及其他类型的热强镍合金可焊性比固溶强化镍合金的差。镍与镍合金的牌号、代号和力学性能见表8-14。

**表8-14　镍与镍合金的牌号、代号和力学性能**

| 牌　号 | 代号 | 力学性能(不小于) | | | |
| --- | --- | --- | --- | --- | --- |
| | | $R_m$/MPa | $R_{p0.2}$/MPa | $A$/% | $Z$/% |
| N2 | — | | | | |
| N4 | — | | | | |
| N6 | — | | | | |
| N7 | — | | | | |
| N8 | — | | | | |
| 0Cr30Ni70 | NS11 | 580 | 250 | 45 | 60 |

续表

| 牌　　号 | 代号 | 力学性能(不小于) | | | |
|---|---|---|---|---|---|
| | | $R_m$/MPa | $R_{p0.2}$/MPa | $A$/% | $Z$/% |
| 0NiMo28Fe5V | NS21 | 800 | 350 | 38 | 25 |
| 00Cr16Ni75Mo2Ti | NS31 | 550 | 200 | 35 | 50 |
| 00Cr18Ni60Mo17 | NS32 | 750 | 300 | 25 | 45 |
| 00Cr16Ni60Mo17W4 | NS33 | 700 | 350 | 25 | 45 |
| 00Cr26Ni35Mo3Cu4Ti | NS71 | 550 | 220 | 40 | 55 |
| 0Cr20Ni65Ti2AlNb | NS81 | 950 | 700 | 20 | 35 |
| NMn2-2-1 | — | 退火：500～600<br>冷轧：1000～1100 | | 35～40<br>2～5 | |
| NCr10 | | 退火：600～700<br>冷轧：1000～1100 | | 35～50<br>2～5 | |

## 8.5.2　锌与锌合金

锌具有较好的耐腐蚀性和较高的力学性能，可压力加工成板、带等，常应用在电池、印刷等工业部门。锌合金还用作日用五金制品，甚至可作为黄铜的代用品。

锌在常温下容易生成孪晶，因此常温加工时将迅速发生加工硬化，所以其加工比铜等金属困难。在干燥的空气中，锌几乎不氧化，但在潮湿的环境和碳化气体中容易生成碳酸盐薄膜，以防止锌继续氧化。锌中加入铜，可提高锌的硬度、强度和冲击韧性。锌的性能见表 8-15，锌合金的化学成分见表 8-16。

**表 8-15　锌的性能**

| 密度/($kg/m^3$) | 熔点/℃ | 热导率/(W/(m·K)) | 电阻率/(Ω·mm) | 抗拉强度/MPa | 断后伸长率/% |
|---|---|---|---|---|---|
| $7.13\times10^3$ | 419 | 0.263 | 0.062 | 70～100 | 10～20 |

**表 8-16　锌合金的化学成分(摘自 GB/T 1175—2018)**

| 序号 | 合金牌号 | 合金代号 | 合金元素(质量分数)$w$/% | | | | 杂质元素(质量分数)$w$/%(不大于) | | | | |
|---|---|---|---|---|---|---|---|---|---|---|---|
| | | | Al | Cu | Mg | Zn | Fe | Pb | Cd | Sn | 其他 |
| 1 | ZZnAl4Cu1Mg | ZA4-1 | 3.9～4.3 | 0.7～1.1 | 0.03～0.06 | 余量 | 0.02 | 0.003 | 0.003 | 0.0015 | Ni0.001 |
| 2 | ZZnAl6Cu1 | ZA6-1 | 5.6～6.0 | 1.2～1.6 | — | 余量 | 0.02 | 0.003 | 0.003 | 0.001 | Mg0.005<br>Si0.02<br>Ni0.001 |
| 3 | ZZnAl9Cu2Mg | ZA9-2 | 8.0～10.0 | 1.0～2.0 | 0.03～0.06 | — | 0.05 | 0.005 | 0.005 | 0.002 | Si0.05 |

## 8.5.3　铀与铀合金

### 1. 铀与铀合金的物理性能

铀是一种化学性能非常活泼的高密度材料，具有优良的核性能，在原子能工业和国防工业中得到了广泛的应用。纯铀的性能见表8-17。

表8-17　纯铀的性能

| 密度(13℃)/($kg/m^3$) | 熔点/℃ | 热导率(27℃)/(W/(m·K)) | 电阻率(20℃)/(Ω·mm) | 抗拉强度/MPa | 屈服强度/MPa | 断后伸长率/% |
|---|---|---|---|---|---|---|
| $18.7\times10^3$ | 1133 | 22.5 | 29 | >490 | >274 | 12 |

铀有三种同素异构体，其相变温度和晶体结构见表8-18。铀分为两种，可裂变铀$^{235}U$和不可裂变铀$^{238}U$。

表8-18　纯铀的相变温度和晶体结构

| 相　变 | 加热温度/℃ | 冷却温度/℃ | 稳定范围/℃ | 晶体结构 |
|---|---|---|---|---|
| α→β | 665.6 | 656.7 | <668 | 斜方 |
| β→γ | 771.1 | 766.5 | 668～775 | 正方 |
| γ→液相 | 1129.8 | 1129.6 | 775～1133 | 体心立方 |

铀合金通常是将Al、Au、Cr、Fe、Hf、Ir、Mo、Nb、Ni、Zr、Si、Ta、Th、Ti、V、W、Ag、Bi、Ca、Na、Co、Cu、Hg、Os、Pb、Pt、Re、Sn及某些稀土元素通过精炼或铸造方式分别加入，形成二元或多元合金。合金元素含量一般少于10%(质量分数)。表8-19是几种铀及铀合金的力学性能数据。在铀和铀合金焊接时，对焊接接头质量有影响的杂质元素见表8-20。

表8-19　铀及铀合金的力学性能

| 类别 | $R_m$/MPa | $R_{eL}$/MPa | A/% | Z/% | 类 别 | $R_m$/MPa | $R_{eL}$/MPa | A/% | Z/% |
|---|---|---|---|---|---|---|---|---|---|
| U铸态 | 490 | 274 | 12.0 | 10～12 | U-7.5Nb | 899 | 561 | 20.3 | 49.7 |
| U-2Mo | 1101 | 696 | 14.0 | 2.0 | U-0.26Th | 742 | 256 | 21.0 | 20.4 |
| U-0.5Nb | 1001 | 354 | 29.0 | 26.7 | U-0.26Yi | 832 | 354 | 9.0 | 7.9 |
| U-0.7Nb | 887 | 335 | 12.0 | 12.1 | U-0.5Ti | 933 | 415 | 7.0 | 6.1 |
| U-0.5Nb | 1030 | 447 | 18.0 | 16.0 | U-0.75Ti | 953 | 469 | 9.0 | 6.4 |

表8-20　影响铀及铀合金焊接质量的杂质元素及其含量限制值

| 不同元素含量/$10^{-6}$ | | | | | | | | | |
|---|---|---|---|---|---|---|---|---|---|
| C | Fe | Cr | Ni | Si | N | Al | Cu | W | H |
| ≤200 | ～100 | <30 | <20 | ～120 | ～33 | <50 | <10 | <100 | <3.5 |

**2. 铀与铀合金的焊接特点**

(1) 铀与铀合金具有良好的焊接性，可采用多种焊接方法，如电子束焊、激光焊、氩弧焊、等离子焊、电渣焊、扩散焊、摩擦焊及软钎焊等，而前三种方法应用效果较好。由于铀在空气中容易氧化，且氧化铀非常稳定，难以还原(纯铀为银灰色，氧化铀的颜色随氧化时间和环境温度不同，分别为淡黄、褐色和黑色)，因此，焊接铀时必须考虑避免氧化问题。因此，含有氧化气氛的焊接方法不宜采用。

(2) 铀与铀合金具有强烈的放射性，焊接时会产生很多气载粒子，它的危害性要比冷加工更大，整个焊接过程须在有通风设施的手套箱内进行，操作人员必须戴好防尘面具。

(3) 对$^{235}U$焊接时应考虑核临界状态。$^{235}U$是可裂变物质，其体积和密度大于某一临界限量值时便达到临界状态。在工作场所绝对不允许有临界事故发生，所以焊接时要特别注意工件的存放。

(4) 铀及铀合金焊接时，不希望用非铀金属作填料，因为过多的非铀材料会改变铀及铀合金的核性能。

(5) 铀及铀合金焊接前必须严格进行焊接部位的表面处理。若铀表面有局部厚度不均匀的氧化物或有较厚的腐蚀产物，可采用一般的机械清理法处理，即用砂布打磨或锉刀锉削去除，然后用丙酮擦洗。如采用化学清洗法，其工艺程序为：金属清洗剂清洗5min(40℃)→水洗→$HNO_3$浸蚀→水洗→干燥。

为了防止干净的铀表面再度氧化，可在铀及铀合金表面预镀银，银对铀的焊接无不良影响。填充金属表面镀银也有助于保护受热部分在焊接过程中不被氧化。

# 本 章 小 结

有色金属是指除钢和铸铁之外的其他所有金属材料。有色金属及合金具有钢铁材料所没有的许多特殊力学性能、物理和化学性能，在空间技术、原子能、计算机等新型工业部门中应用广泛。生产中常用有色金属的种类和应用见表8-21。

**表8-21　常用有色金属的种类和应用**

| 名称 | 成分特点 | | 典型代号 | 热处理工艺 | 性能 | 应用 |
|---|---|---|---|---|---|---|
| 铝及铝合金 | 变形铝合金 | Al+ Si等元素 | 2A11 | 固溶（淬火）+时效强化处理 | 重量轻，耐蚀性、耐热性好，加工性能好，强度不高 | 制作中等强度的零件和构件 |
| | 铸造铝合金 | | ZL105 | 淬火+人工时效 | 铸造性能好，强度中等 | 制作液压泵壳体 |
| 铜及铜合金 | 黄铜 | Cu+Zn | HMn58-2 | | 耐蚀性和耐磨性好 | 制作船舶零件、轴承零件 |
| | 青铜 | Cu+Sn等元素 | QSn4-3 | | 高的耐蚀性和耐磨性 | 制作弹簧、化工/机械耐磨零件 |
| 镁及镁合金 | 变形镁合金 | Mg+Al等元素 | AZ30M | | 比强度和比刚度高、导热导电性好 | 制作薄板、挤压件和锻件 |
| | 铸造镁合金 | Mg + Zn等元素 | ZM1 | | 良好的铸造性能 | 制作汽车零件、机件壳罩和电气构件 |
| 钛及钛合金 | α钛合金 | Ti+ Al等元素 | TA6 | 退火 | 高温(500～600℃)条件下其强度最高 | 制作飞机骨架、气压泵壳体 |
| | β钛合金 | Ti+Al等元素 | TB2 | 淬火+时效 | 良好的塑性 | 制作压气机叶片、轴、轮盘等 |
| | α+β钛合金 | Ti+Al等元素 | TC4 | 退火 | 强度、耐热性和塑性都比较好 | 制作各种锻件、各种容器、泵、坦克履带、舰船耐压壳体 |

## 习题与思考题

**简答题**

(1) 铝合金的热处理强化和钢的淬火强化有何不同? 铝合金是如何分类的?

(2) 简述纯铝及各类铝合金的牌号表示方法、性能特点及应用。

(3) 请解释铝及铝合金为什么能成为当今应用极为广泛的金属材料,并举出铝及铝合金在日常生活中的 3 种应用。

(4) 铝硅合金为什么要进行变质处理?

(5) 柴油机活塞常采用铝合金制造,试选用合适的铝合金。

(6) 简述纯铜及各类铜合金的牌号表示方法、性能特点及应用。

(7) 简述轻合金在汽车上的主要应用。

(8) 简述镁合金的分类及其应用。

(9) 常用的钛合金有哪三类,其特点是什么?

# 第9章　高分子材料、陶瓷材料及复合材料

高分子材料

## 9.1　高分子材料

【小小疑问】金属材料有很多的分类方法及相应的牌号，工业用的高分子材料有哪些种类呢？

【问题解答】工业用的高分子材料主要包括工程塑料、橡胶、合成纤维、合成胶黏剂和涂料等。

高分子材料是指以高分子化合物为主要成分，与各种添加剂配合形成的材料。高分子化合物是相对分子质量大于5000的有机化合物的总称，是由大量大分子构成的，而大分子是由一种或多种低分子化合物通过聚合连接起来的链状或网状分子，因此高分子化合物又称为高聚物或聚合物。

### 9.1.1　分子结构和物理状态

**1. 分子结构**

高聚物的分子是由无数个单体单元构成的，这些单体单元称为链节，这些链节相互连接构成很长的链状分子。如果聚合物的分子链呈不规则的线装(或团状)，聚合物是由一条条的分子链组成的，则称为线型聚合物(见图9-1(a))；还有一些大分子链上带有一些或长或短的小支链，整个分子链呈枝状，称为带有支链的线型聚合物(见图9-1(b))；如果在大分子链之间还有一些短链把它们相互交联起来，成为立体网状结构，则称为体型聚合物(见图9-1(c))。高分子聚合物的分子结构不同，其性能也不同。

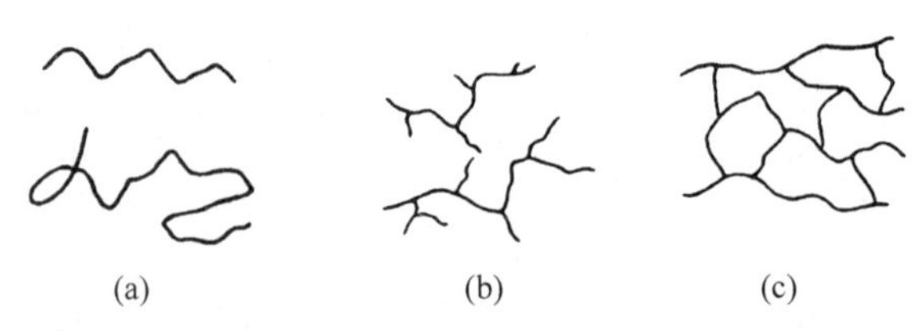


图9-1　聚合物分子结构示意图

(a) 线型聚合物；(b) 带有支链的线型聚合物；(c) 体型聚合物

聚合物由于分子特别大，且分子间力也比较大，容易聚集为液态或固态，而不形成气态。固体聚合物的结构按照分子排列的几何特点可分为结晶型和无定型两类。体型聚合物由于分子链间存在大量交联，分子链难以做有序排列，所以具有无定型结构。

**2. 物理状态**

聚合物在不同条件下表现出的分子热运动特征称为聚合物的物理状态。聚合物的物理状态和温度密切相关，温度变化时，聚合物的受力行为发生变化，呈现出不同的物理状态。

聚合物的物理状态和温度之间的关系如图 9-2 所示，其中 1 为线型无定型聚合物，2 为线型结晶型聚合物。

线型无定型聚合物明显存在三种物理状态：玻璃态、高弹态和黏流态。其在受热过程中有几个重要的温度点，分别是脆化温度 $T_b$、玻璃化温度 $T_g$、黏流温度 $T_f$（对于线型结晶型聚合物称为熔点 $T_m$）以及热分解温度 $T_d$。玻璃化温度 $T_g$ 是聚合物从玻璃态转变为高弹态（或高弹态转变为玻璃态）的临界温度，也是塑件的最高使用温度。当聚合物处于玻璃态时，强度、刚度等力学性能较好，可作为结构材料使用，但使用温度不能太低，当温度低于脆化温度 $T_b$ 时，物理性能将发生变化，在很小的外力作用下就会发生断裂，使塑料失去使用价值。因此脆化温度是塑料使用的下限温度。$T_f$ 称为黏流温度，是聚合物从高弹态转变为黏流态（或黏流态转变为高弹态）的临界温度。在玻璃化温度和黏流温度之间即为高弹态，聚合物处于高弹态时，在外力作用下会产生很大的弹性变形（可达 100%～1000%），此时的高聚物具有橡胶的特性。当温度高于黏流态温度时，高聚物呈液体熔体，在外力作用下会产生变形量很大的黏性流动，塑料的成型加工就是在此温度范围内进行的。当温度高于热分解温度（$T_d$）时，塑料会降解或气化分解，因此热分解温度是塑料的最高成型温度。

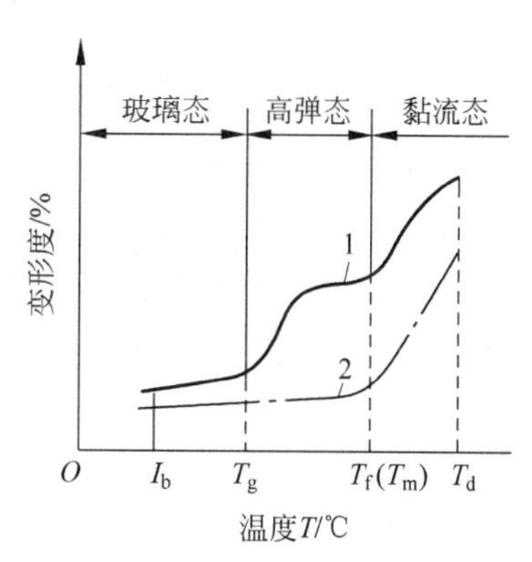


图 9-2　聚合物的变形度与温度的关系

线型结晶型聚合物与无定型聚合物相似，不同的是与 $T_f$ 对应的温度叫作熔点或结晶温度 $T_m$，是其熔融或凝固的临界温度，另外它通常不存在高弹态，使用温度范围可扩大到结晶温度。

### 9.1.2　成型过程中的物理化学变化

**1. 聚合物的结晶**

聚合物由非晶态转变为晶态的过程就是结晶过程，此过程是物理变化，同金属材料的结晶相类似，也有晶核形成和长大的过程。聚合物在成型时能否形成晶核结构，与它本身的分子结构和成型时的冷却速率有很大关系。具有结晶倾向的聚合物在成型时冷却速率快（比如当模具温度较低时），所得到的制品结晶度低、晶粒小，制品硬度低、韧性好，收缩率也较小，当冷却速率慢时（当模具温度较高时），则正好相反。

**2. 聚合物的取向作用**

聚合物高分子及其链段或结晶聚合物的微晶粒子在应力作用下形成的有序排列即称为取向（或定向）。取向分为在切应力作用下沿着熔体流动方向形成的流动取向和由拉应力引起的取向方位与应力方向一致的拉伸取向两类。如果这些取向单元继续存在于塑件中，则塑件就会出现各向异性。在塑料制品生产过程中，常常利用取向来改善制品在某个方向上的力学性能，如制造取向薄膜和单丝等，使塑件沿拉伸方向的抗拉强度与光泽度等都有所提高。取向也会对制品带来不利影响,会使制品在工作过程中由于解取向的进行而改变尺寸,产生变形甚至产生裂纹等。

**3. 聚合物的交联**

聚合物由线型结构转变为体型结构的化学反应过程称为交联反应。在成型工业中,交联一词常常用硬化、熟化等词代替。“硬化的好”“熟化的好”,并不意味着交联反应完全,而实际只是指成型固化过程中的交联反应发展到了一种最为适宜的程度,在这种程度下,塑件能获得最佳的物理和力学性能。

**4. 聚合物的降解**

聚合物分子在受到热、应力、微量水、酸、碱等杂质及空气中的氧作用时,导致聚合物链断裂、分子变小、相对分子质量降低的现象称为降解。在加工过程中,大多数情况下应设法减少和避免聚合物降解,如严格控制成型原料的技术指标,避免因原材料不纯对降解发生催化作用;成型前对物料进行充分的预热和干燥,严格控制其含水量;制定合理的成型工艺参数;成型设备和模具状态应该具有良好的结构;对热、氧稳定性较差的聚合物,加入稳定剂和抗氧化剂等。

### 9.1.3 高分子材料的分类

高分子材料的分类方法很多,按来源可将其分为天然高分子材料(如松香、天然橡胶、淀粉等)、半合成高分子材料和合成高分子材料(如塑料、合成橡胶等)。按用途可将其分为塑料、橡胶、合成纤维、胶黏剂、涂料等。按合成反应可将其分为加聚聚合物和缩聚聚合物。

### 9.1.4 常用的高分子材料

**1. 工程塑料**

塑料是以合成树脂为基本原料,加入各种添加剂后在一定温度、压力下塑制成型的材料。在机械工程中,塑料是应用最广泛的高聚物材料。

1) 塑料的组成

塑料因其具有良好的塑性而得名。塑料是由树脂和添加剂组成的。塑料可以利用不同的添加剂进行改性处理,从而得到具有各种所需性能的塑料,同时具有良好的加工性能,因此塑料在生产和生活中得到了广泛的应用。

(1) 合成树脂。

树脂是决定塑料性能和使用范围的主要组成物,起黏结其他组分的作用。树脂有天然树脂和合成树脂之分,天然树脂无论是在数量上还是质量上都不能满足实际需求,因而实际生产中所用的树脂都是合成树脂。合成树脂是人们按照天然树脂的分子结构和特性,用人工方法合成制造的,它是塑料中最基本、最重要的组成成分,约占塑料质量的40%～100%,它决定了塑料的基本性质,各种塑料都是由树脂的名字来命名的。有些合成树脂可以直接作为塑料使用,如聚乙烯、聚苯乙烯、尼龙等,但有些合成树脂必须在其中加入一些助剂,才能作为塑料使用,如酚醛树脂、氨基树脂、聚氯乙烯等。

(2) 添加剂。

填充剂——调整塑料的性能,提高强度,节约树脂用量,降低塑料成本。

增塑剂——用以提高树脂可塑性和柔性的添加剂。

稳定剂——防止受热、光等的作用使塑料过早老化。

润滑剂——防止成型时粘模，并增加其流动性。

固化剂——使树脂具有网状体型结构，成为稳定和坚硬的塑料制品。

着色剂——使塑料具有不同的色彩。

其他还有发泡剂、阻燃剂、固化剂、防静电剂、导电剂和导磁剂等。

2）塑料的分类

在机械工程中，塑料是应用最广泛的高聚物材料。按照使用范围，塑料可分为通用塑料和工程塑料两大类。通用塑料是指产量大、用途广且价廉的塑料，它是非结构塑料，如聚乙烯、聚丙烯、聚氯乙烯、聚苯乙烯、酚醛塑料和氨基塑料，总产量占全世界塑料总量的 80%左右；工程塑料是指具有较高性能，能替代金属用于制造机械零件和工程构件的塑料，在工程技术中常作为结构材料来使用，具有较高的强度和耐蚀、电绝缘、耐磨等优异性能，加工性良好，价格合理且工程性良好。

按树脂的热性能塑料可分为热塑性塑料和热固性塑料两类。热塑性塑料在加热时软化并熔融，可加工成型，并能反复使用，如聚氯乙稀、ABS 塑料等；热固性塑料在初加热时软化，可塑造成形，但固化后再加热便不再软化和熔融，也不溶于有机溶剂，如酚醛塑料。热塑性塑料和热固性塑料的特性及常用品种见表 9-1。

**表 9-1　热塑性塑料和热固性塑料的特性及常用品种**

| 类　别 | 特　征 | 常用塑料及代号 |
|---|---|---|
| 热塑性塑料 | 能溶于有机溶剂，加热可软化，易于加工成形，并能反复塑化成形 | 聚氯乙烯(PVC)、聚苯乙烯(PS)、聚乙烯(PE)、聚四氟乙烯(PTFE,F-4)、聚酰胺(PA)、聚砜(PSF)、聚甲醛(POM)、聚甲基丙烯酸甲酯(PMMA)、聚碳酸酯(PC)、苯乙烯-丁二烯-丙烯腈共聚体(ABS)、聚丙烯(PP) |
| 热固性塑料 | 固化后重新加热不再软化和熔融，亦不溶于有机溶剂，不能再成形使用 | 酚醛塑料(PF)、环氧树酯(EP)、氨基塑料(UF)、聚氨酯塑料(PUR)、有机硅塑料(SI) |

3）塑料的性能

塑料最大的特点是具有可塑性和可调性。所谓可塑性，就是通过简单的成型工艺，利用模具可以制造出所需要的各种不同形状的塑料制品；可调性是指在生产过程中可以通过变换工艺、改变配方，制造出不同性能的塑料。塑料的其他性能分述如下：

（1）物理性能

① 密度。塑料的密度在 0.9～2.2g/cm$^3$，仅相当于钢密度的 1/4～1/7。若在塑料中加入发泡剂，泡沫塑料的密度仅为 0.02～0.2g/cm$^3$。

② 电性能。塑料具有良好的电绝缘性。聚四氟乙烯、聚乙烯、聚丙烯、聚苯乙烯等塑料可作为高频绝缘材料；聚碳酸酯、聚氯乙烯、聚酰胺、聚甲基丙烯酸甲酯、酚醛、氨基塑料等可作为中频及低频绝缘材料。

③ 热性能。塑料遇热、光易老化、分解，大多数塑料只能在 100℃以下使用，只有极少数塑料(如聚四氟乙烯、有机硅塑料)可在 250℃左右长期使用；塑料的导热性差，是良好的绝热材料；塑料的线膨胀系数大，一般为钢的 3～10 倍，因而塑料零件的尺寸不稳定，常因受热膨胀产生过量变形而引起开裂、松动、脱落。

(2) 化学性能

塑料具有良好的耐腐蚀性能,大多数塑料能耐大气、水、酸、碱、油的腐蚀。因此工程塑料能制作化工设备及在腐蚀介质中工作的零件。

(3) 力学性能

① 强度与刚度。塑料的强度、刚度较差,其强度仅为 30～150MPa,且受温度的影响较大；塑料的刚度仅为钢的 1/10,但由于塑料的密度小,故比强度比较高。

② 蠕变与应力松弛。塑料在外力作用下,在应力保持恒定的条件下,变形随时间的延续而慢慢增加,这种现象称为蠕变。例如,架空的电线套管会慢慢变弯,这就是蠕变。蠕变会导致应力松弛,如塑料管接头经一定时间使用后,由于应力松弛会导致泄漏。

③ 减摩性和耐磨性。许多塑料的摩擦系数低,如聚四氟乙烯、尼龙、聚甲醛、聚碳酸酯等都具有小的摩擦系数,因此塑料具有良好的减摩性；同时塑料具有自润滑性,在无润滑或少润滑摩擦的条件下,其减摩性好于金属,工程上常用这类塑料来制造轴承、轴套、衬套、丝杠螺母等摩擦磨损件。

此外,塑料还具良好的减振性和消音性,用塑料制作零件可减小机器工作时的振动和噪声。

4) 常用的工程塑料

在全世界塑料的通用品种中,聚乙烯、聚苯乙烯、聚氯乙烯、聚丙烯四大品种的总产量在亿吨左右。其他的有透光性好的有机玻璃,被称为“塑料王”的耐腐蚀塑料聚四氟乙烯,作为工程塑料的聚砜、聚碳酸酯、聚甲醛、聚酰亚胺和常用作泡沫塑料的聚氨酯等。

(1) 聚酰胺(PA)

聚酰胺又称为尼龙或锦纶,是一种热塑性塑料,其突出的优点是耐磨性和自润滑性能好,韧性和强度等力学性能较好,能耐水、耐油、抗细菌。缺点是吸水性大、尺寸稳定性大。常用的尼龙有尼龙-6、尼龙-66、尼龙-610、尼龙-1010、MC 尼龙、芳香尼龙等。一般尼龙的使用温度在 100℃以下,主要用于制造要求耐磨、耐蚀的轴承、齿轮、螺钉、螺母、凸轮、导板、轮胎等零件。图 9-3 和图 9-4 分别为用尼龙制造的齿轮和轴承零件。

图 9-3　尼龙齿轮

图 9-4　尼龙轴承

(2) 聚甲醛(POM)

聚甲醛是继尼龙之后发展的又一个优良品种,也是一种热塑性塑料,它是以聚甲醛树脂为基的塑料。聚甲醛具有优异的综合性能,具有高强度(耐疲劳性在热塑性塑料中是最高的)、高弹性模量(高于尼龙 66、ABS 及聚碳酸酯),强度接近金属；摩擦系数低而稳定,在干摩擦条件下尤为突出,吸水性较小。缺点是热稳定性差,必须严格控制成形加工温度,遇火会燃烧,长期在大气中暴晒会老化。

聚甲醛塑料价格低廉，且综合性能好，可代替非铁金属和合金，制造受摩擦的各类零件，如轴承、齿轮、凸轮、辊子、阀杆等。尤其适用于制造不允许使用润滑油的齿轮、轴承和衬套。

(3) ABS塑料

ABS树脂是丙烯腈(A)、丁二烯(B)和苯乙烯(S)三种组元的共聚物，ABS塑料也是一种热塑性塑料，是以ABS树脂为基的塑料，兼有聚苯乙烯的良好成形性、聚丁二烯的橡胶态韧性和弹性，聚丙烯腈的高化学稳定性和高硬度。ABS塑料具有“韧、硬、刚”的混合特性，具有较高的综合性能、良好的耐热性和耐磨性、较高的化学稳定性，以及较高的强度和冲击韧性。缺点是耐高温、耐低温性能差，易燃、不透明。ABS塑料是一种原料易得、综合性能好、价格低廉的工程塑料，主要用于制造齿轮、泵叶轮、轴承、方向盘、手柄、仪表盘、仪器壳等，以及飞机舱内装饰板、窗框、隔音板等。图9-5和图9-6分别为用ABS塑料制作的充电座和各种零件。

图9-5 用ABS塑料制作的充电座

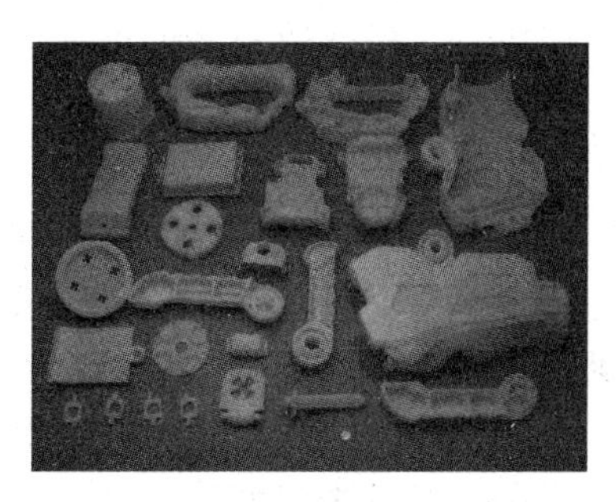

图9-6 用ABS塑料制作的各种零件

(4) 聚碳酸酯(PC)

聚碳酸酯也是一种热塑性塑料，是以透明的聚碳酸酯为基的塑料。其具有优良的综合力学性能，冲击韧性尤为突出；透明度高，可染成各种颜色，被誉为“透明金属”；耐热性比一般尼龙、聚甲醛略高，具有较好的耐低温性能，可在−100～130℃温度范围内长期使用。缺点是自润滑性差，耐磨性比尼龙和聚甲醛低，不耐碱；长期处于沸水中会发生水解或破裂；有应力开裂倾向，疲劳强度较低。聚碳酸酯的用途很广泛，主要用于制造高精度的结构零件，如齿轮、齿条、蜗轮、蜗杆等，由于透明性好，其用于航空及宇航工业中制造信号灯、挡风玻璃、座舱罩等。图9-7为用PC制作的挡风玻璃。

图9-7 用PC制作的挡风玻璃

(5) 聚四氟乙烯(F-4)

聚四氟乙烯又称为特氟龙，也是一种热塑性塑料，俗称塑料王。以聚四氟乙烯为基的塑料，具有优异的耐化学腐蚀性(耐强酸、强碱、强氧化剂)，几乎能耐所有的化学药品，包括“王水”，而且具有突出的耐高温和低温性能，可在−180～260℃范围内长期使用，力学性能几乎不发生变化。此外，其摩擦系数很小(仅为0.04)，并具有自润滑性能，吸水性很小，在极潮湿的条件下仍能保持良好的绝缘性。缺点是加工成形性差(不能用注射成形)，只能采用类似于粉末冶金的预压、烧结方法成形，硬度低，强度较低，特别是耐压强度不高，只能用于制作低载荷零件。聚四氟乙烯在 390℃以上会分解出剧毒气体。它主要用于制造化工耐蚀零件、减摩密封零件、绝缘元件等。图 9-8 和图 9-9 分别为用聚四氟乙烯制作的密封件和管件。

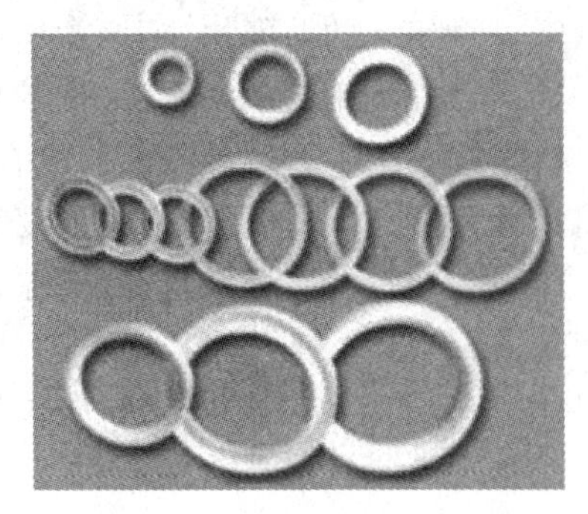
图 9-8 聚四氟乙烯密封件

图 9-9 聚四氟乙烯管件

(6) 酚醛塑料

酚醛塑料是一种以酚醛树脂为基的热固性塑料，通常称为胺木粉或电木粉。其具有较高的强度、硬度，特别是用玻璃布增强的层压酚醛塑料的强度可与金属相媲美，并且具有较高的刚度和尺寸稳定性，俗称为“玻璃钢”。酚醛塑料具有较高的耐热性、耐磨性、耐腐蚀性及良好的绝缘性，主要用于制造齿轮、耐酸泵、制动片、雷达罩及插头、开关和仪表外壳等。缺点是性脆易碎，抗冲击强度低，在阳光下易变色。

(7) 聚甲基丙烯酸甲酯(PMMA)

聚甲基丙烯酸甲酯又称为有机玻璃，也是一种热塑性塑料。其特点是密度小、透明度高(透光率可达92%)，具有高的强度和韧性，不易破碎，能耐紫外线和防大气老化，易于加工成形，但硬度略低于普通玻璃，耐磨性差，易溶于有机溶剂，耐热性(不超过 80℃)和导热性差，膨胀系数大。其主要用于制造飞机座舱盖、窗玻璃、电视、防弹玻璃、仪表外壳、汽车风挡、光学镜片等。图 9-10 为用有机玻璃制作的机箱。

图 9-10 有机玻璃机箱

## 9.1.5 橡胶与合成纤维

### 1. 橡胶

橡胶也是一种高分子材料，在很大的温度范围内具有高弹性、低弹性模量，又被称为高弹体。其在较小的外力作用下，能产生很大的变形，当外力去除后能迅速恢复到近似原来的状态。橡胶是以生胶为主，加入适量填料、增塑剂、硫化剂、防老剂等添加剂组成的高分子弹性材料。生胶按来源可分为天然橡胶和合成橡胶，是橡胶制品的主要组成部分，添加剂是为了改善生胶的性能，提高其使用价值。

1) 合成橡胶的分类

按应用范围合成橡胶可分为通用合成橡胶和特种合成橡胶。其中，通用合成橡胶主要用于制造轮胎、工业用品、日常生活用品等量大而广的橡胶。特种合成橡胶用于制造在特定条件(高温、低温、酸、碱、油、辐射等)下使用的零部件。图 9-11 和图 9-12 分别为橡胶轮胎和橡胶条。

图 9-11　橡胶轮胎

图 9-12　橡胶条

2) 橡胶制品的组成

人工合成用以制胶的高分子聚合物还不具备橡胶的各种性能,称为生胶。生胶要先进行塑炼,使其处于塑性状态,再加入各种添加剂,经过混炼成型、硫化处理,才能成为可以使用的橡胶制品。为了改善橡胶制品的性能而加入的添加剂主要有:

硫化剂——通过化学反应,使橡胶分子形成立体网状结构,变塑性生胶为弹性生胶。

硫化促进剂——降低硫化温度、加速硫化过程。

补强填充剂——提高橡胶的力学性能,改善其加工工艺性能,降低成本。

此外,还要加入防老化剂、增塑剂、着色剂、软化剂等。

3) 常用橡胶

(1) 丁苯橡胶。丁苯橡胶是由丁二烯和苯乙烯共聚而成的橡胶,与天然橡胶相比具有良好的耐磨性、耐热性和耐老化性能,并能与天然橡胶以任何比例混用,价格低。但是,生胶强度差、黏结性不好、成形困难、硫化速度慢,制成的轮胎弹性不如天然橡胶。丁苯橡胶主要与其他橡胶混合使用,并可代替天然橡胶,用于制造轮胎、胶带、胶管、胶鞋等。

(2) 氯丁橡胶。氯丁橡胶是由氯丁二烯聚合而成的橡胶,不仅具有可与天然橡胶相比拟的高弹性、高绝缘性、较高的强度和高的耐碱性,还具有耐油、耐溶剂、耐氧化、耐酸、耐碱、耐热、耐燃烧、耐挠曲等性能,被誉为"万能橡胶"。氯丁橡胶不易燃烧,一旦燃烧,便能够放出氯化氢(HCl)气体阻止燃烧,这是天然橡胶和其他橡胶所不具备的特性,可用于制作地下矿井的输送带、风管、电缆等。缺点是密度大,制作制品的成本高,耐寒性较差,在低温下易结晶,生胶稳定性差。

(3) 硅橡胶。硅橡胶是由二甲基硅氧烷与其他有机硅单晶共聚而成的橡胶,具有高的稳定性、柔和性、耐寒性、耐热性及优异的抗老化性能。其独特性能是能耐高温和低温,以及良好的耐臭氧性和电绝缘性。硅橡胶主要用于制造飞机和宇航飞行器中的密封件、薄膜和胶管及耐高温电线、电缆的绝热层等。

(4) 氟橡胶。氟橡胶是以碳原子为主链,含有氟原子的合成高分子弹性体,具有很高的化学稳定性。其突出优点是耐腐蚀,在酸、碱、强氧化剂中的耐蚀性高于其他橡胶;具有很好的耐热性,接近硅橡胶。缺点是成本高、耐寒性差、加工性能差。氟橡胶主要用于国防和高技术中的高级密封件、高真空密封件,如火箭、导弹的密封垫圈等。

**2. 合成纤维**

纤维是指长度比本身直径大 100 倍的均匀条状或丝状并具有一定柔韧性的纤细物质。

合成纤维是由高分子化合物加工制成的纤维，是以石油、煤、天然气为原料制成的，如图 9-13 所示。

1）合成纤维的制取

合成纤维的制取工艺包括单体的制备与聚合、纺丝和后加工三个基本环节。

（1）单体的制备与聚合。以石油、天然气、煤和石灰石等为原料，经分馏、裂化和分离得到有机低分子化合物，在一定的温度、压力和催化剂作用下，聚合而成的高聚物即为合成纤维的材料，又称为成纤高聚物。

图 9-13　合成纤维

（2）纺丝。将成纤高聚物的熔体或浓溶液，用纺丝泵连续、定量而均匀地从喷丝头的毛细孔中挤出，而成为液态细流，再在空气、水或特定的凝固溶液中固化成为初生纤维的过程称为“纺丝”，这是合成纤维生产过程中的主要工序。

（3）后加工。纺丝成形后得到的初生纤维的结构还不完善，力学性能较差，如强度低、伸长大、尺寸稳定性差，还不能直接用于纺织加工，必须经过一系列的后加工。后加工因合成纤维品种、纺丝方法和产品的要求而异，其中主要的工序是拉拔和热定型。

2）常用合成纤维

（1）锦纶纤维。锦纶纤维是聚酰胺类纤维的总称，主要包括锦纶-6（尼龙-6）、锦纶-66（尼龙-66）。锦纶纤维的特点是强度高、耐磨性好、耐冲击性好、弹性高、密度小、耐腐蚀、耐疲劳性好，但是耐热性和耐光性差，其软化温度为 180℃。其主要用于制作工业用布、轮胎帘子线、渔网、降落伞、帐篷、宇宙飞行服等。

（2）涤纶纤维。涤纶纤维又称为聚酯纤维，其化学成分为聚对苯二甲酸乙二酯。其特点是耐热性好、弹性模量和强度高、冲击强度高、耐磨性和耐光性好。但是着色困难，吸水性低。涤纶纤维的工业用途与锦纶纤维相似，俗称为“的确良”的布料就是涤纶纤维布料。

（3）腈纶纤维。腈纶纤维即丙烯腈高聚物或共聚物纤维，其弹性模量仅次于涤纶纤维，比锦纶纤维高，耐热性好，能耐酸、氧化剂、有机溶剂，但是耐碱性差。丙烯腈的染色性能和纺丝性能差，工业产品都是丙烯腈共聚物。腈纶纤维蓬松柔软、保暖性好，耐日晒，所以广泛用来生产绒线和仿毛制品，俗称“人造羊毛”；还可用于制备帆布、帐篷及碳纤维等。

### 9.1.6　胶黏剂和涂料

#### 1. 胶黏剂

胶黏剂是能够把两个固体表面黏合在一起，并且结合处具有足够强度的物质，具有良好的黏结力，可以黏结同种性能或不同性质的材料，如金属与金属、金属与陶瓷、金属与塑料、塑料与塑料等。

1）胶黏剂的分类及组成

胶黏剂又称为黏结剂、胶合剂或胶水，分为天然胶黏剂和合成胶黏剂。胶黏剂包括主体材料和辅助材料，其中主体材料是各种树脂、橡胶、淀粉等，在胶黏剂中起黏合作用，并赋予胶层一定的机械强度。辅助材料有增塑剂、固化剂、填料、溶剂、稳定剂、稀释剂等，用来改善主体材料的性能，或便于施工。

2）常用胶黏剂

（1）环氧树脂胶黏剂。环氧树脂胶黏剂是以环氧树脂为主体（如双酚 A 型），再配以固化剂、增塑剂和增韧剂、稀释剂、促进剂及填料等配制而成。环氧树脂胶黏剂具有很高的黏结力（超过其他胶黏剂），俗称"万能胶"。其操作简便，无需外力，有良好的耐酸、碱、油及有机溶剂的性能，但是固化后胶层较脆，主要用来对各种金属制件进行黏结和修补，对陶瓷、玻璃、塑料和木材等均适用。

（2）聚氨酯树脂胶黏剂。聚氨酯树脂胶黏剂是由多异氰酸酯与多元羟基化合物反应合成的。其特点是柔性好，有利于黏结大面积柔软材料及难以加压的工件；可低温使用，在－250℃以下具有较高的剥离强度，抗剪强度随着温度的下降而显著提高。其缺点是毒性大，组分固化时间长，本身强度不够高，耐热性不好，易发生水解反应。

（3）$\alpha$-氰基丙烯酸酯胶黏剂。$\alpha$-氰基丙烯酸酯胶黏剂为常温快速固化胶黏剂，又称为"瞬干胶"。$\alpha$-氰基丙烯酸酯的酯基有很多品种，$\alpha$-氰基丙烯酸乙酯就是502胶。此胶的黏结性能好，透明性好，但是其耐热性和耐溶性较差，且不耐水，性脆，有一定的气味。

（4）氯丁橡胶胶黏剂。氯丁橡胶是由氯代丁二烯经过乳液聚合制得的。氯丁橡胶胶黏剂对大多数材料具有良好的黏结能力，是应用很广的橡胶黏结剂制品。它具有良好的弹性和柔韧性，以及较大的内聚强度和较好的黏结力，初黏力强。缺点是耐热性不高，储存稳定性差，耐寒性不佳，溶剂有毒。

**2. 涂料**

涂料是一种特殊的有机高分子胶体的混合溶液，涂覆在物体的表面上能够固化成一层连续致密的保护膜。涂料可以对所涂覆的材料起到保护（避免碰伤、摩擦及气体、液体的腐蚀）、装饰作用（表面光亮美观）和特殊作用（绝缘、导电、杀菌、抗紫外线、抗红外线等）。

1）涂料的分类及组成

涂料一般由黏结剂和稀释剂两大部分组成。黏结剂是涂料的主要成膜物质，决定了涂层的性质，目前广泛使用的是合成树脂。颜料也是成膜物质之一，可以使涂料着色，提高膜的强度、耐磨性、耐久性和防锈能力。稀释剂即溶剂，用于稀释涂料，便于加工，固化后即挥发。除此之外，涂料还含有辅助成膜物质，包括催干剂、增塑剂、固化剂、稳定剂等。

2）常用涂料

（1）酚醛树脂涂料。酚醛树脂涂料是应用最早的涂料，常用的有清漆、绝缘漆、耐酸漆、地板漆等。

（2）环氧树脂涂料。环氧树脂涂料以环氧树脂为黏结剂，具有很强的附着力，涂层易于清洁，抗细菌、耐水、耐溶剂和耐化学药品，耐磨性好。无溶剂环氧涂料抗流挂性好、不收缩、化学性能好、耐磨、无缩孔，广泛用于外墙及地板漆。

（3）氨基树脂涂料。氨基醇酸烘漆是氨基树脂涂料的主要品种，具有光亮、耐磨、不燃、绝缘、较好的耐候性及化学稳定性等优点，适用于电风扇、缝纫机、化工仪表、医疗器械、电冰箱、玩具等的表面涂覆。

（4）聚氨酯涂料。聚氨酯涂料的综合性能好，物理性能、力学性能、防腐蚀性能良好，室温和加热均能固化，有良好的绝缘性能，可以和多种树脂配制成各种类型的涂料。其适用于列车、地板、舰船甲板及飞机外壳等。

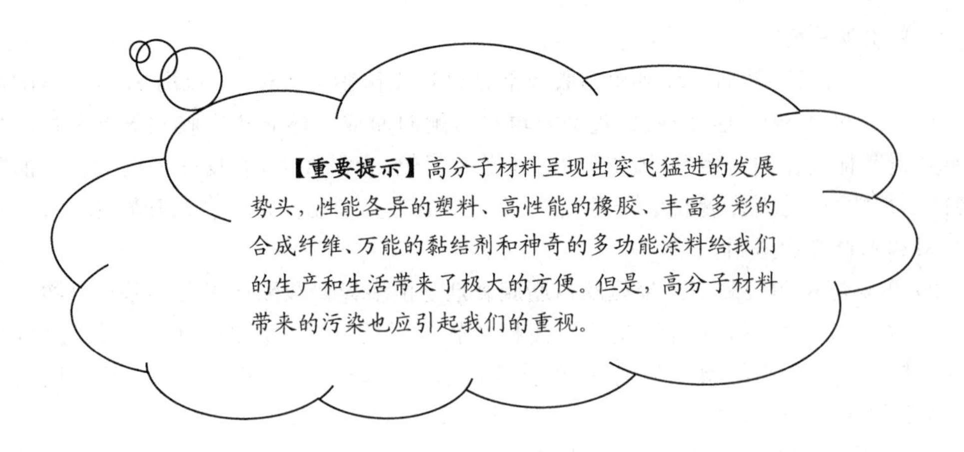

陶瓷材料

## 9.2 陶瓷材料

**【小小疑问】**日常使用的餐具都是陶瓷制作的，这与工程上使用的陶瓷有什么不同？

**【问题解答】**日用餐具属于传统陶瓷，使用天然原料烧结而成。工程用陶瓷为特种陶瓷，使用合成材料成形，因而具有较好的性能。

陶瓷是用天然或合成化合物经过成形和高温烧结制成的一类无机非金属材料。陶瓷的传统意义主要是指陶器和瓷器，也包括玻璃、搪瓷、砖瓦和耐火材料等，这些材料都是用黏土、长石、石灰石和石英等天然硅酸盐类矿物制成的，因此，传统的陶瓷材料是指硅酸盐类材料。现今意义上的陶瓷材料已经发生了巨大变化，许多新型陶瓷已经远远超出了硅酸盐的范畴，不仅在性能上有了重大突破，在应用上也已渗透到各个领域，所以，一般认为，陶瓷材料是各种无机非金属材料的统称。

陶瓷是由无数细小晶体聚集而成的多晶体，晶体内部和晶界上常有气孔和夹杂物，因此陶瓷的性能受到晶粒粗细、气孔和夹杂物的数量、大小及其分布等因素的制约。陶瓷的优点是熔点高、硬度高、抗压强度高、耐磨性好、耐蚀性好、耐高温和抗氧化能力强等。但缺点也较明显，如质脆易碎，延展性差，经不起急冷急热的突然变化等。

### 9.2.1 陶瓷的性能

不同的工程材料具有不同的结合键，而结合键决定了材料的性能。陶瓷为无机非金属材料，结合键为离子键和共价键，具有很强的方向性和高的结合能，陶瓷材料总的性能是强度高、硬度大、熔点高、化学稳定性高，因此陶瓷具有好的耐磨性、耐热性和耐蚀性。但是，与之相对应的塑性变形难、可加工性差、脆性大、裂纹敏感性强又成为陶瓷的致命弱点。其具体性能如下。

**1. 力学性能**

陶瓷是工程材料中刚度最好、硬度最高的材料，其硬度大多在 1500HV 以上。陶瓷的抗压强度较高，但抗拉强度较低，塑性和韧性很差。

**2. 热性能**

陶瓷材料一般具有高的熔点（大多在 2000℃ 以上），且在高温下具有极好的化学稳定性；陶瓷的导热性低于金属材料，陶瓷还是良好的隔热材料。同时，陶瓷的线膨胀系数比金属低，当温度发生变化时，陶瓷具有良好的尺寸稳定性。

**3. 电性能**

大多数陶瓷具有良好的电绝缘性，因此大量用于制作各种电压（1～110kV）的绝缘器件。铁电陶瓷（钛酸钡 $BaTiO_3$）具有较高的介电常数，可用于制作电容器；其在外电场的作用下，还能改变形状，将电能转换为机械能（具有压电材料的特性），可用于制作扩音机、电唱机、超声波仪、声呐、医疗用声谱仪等。少数陶瓷还具有半导体的特性，可用于制作整流器。

**4. 化学性能**

陶瓷在高温下不易氧化，并对酸、碱、盐具有良好的抗腐蚀能力。

此外，陶瓷还有独特的光学性能，可用作固体激光器材料、光导纤维材料、光储存器材料等，透明陶瓷可用于高压钠灯管等。磁性陶瓷（铁氧体，如 $MgFe_2O_4$、$CuFe_2O_4$、$Fe_3O_4$）在录音磁带、唱片、变压器铁芯、大型计算机记忆元件方面的应用有着广泛的前途。

## 9.2.2 陶瓷的分类及应用

陶瓷的分类有很多种，通常按材料的化学成分分为普通陶瓷和特种陶瓷两大类。

**1. 普通陶瓷**

普通陶瓷也称为传统陶瓷，是由黏土（$Al_2O_3 \cdot 2SiO_2 \cdot H_2O$）、长石（$K_2O \cdot Al_2O_3 \cdot 6SiO_2 \cdot Na_2O \cdot Al_2O_3$）、石英（$SiO_2$）等天然原料经粉碎、成形和烧结制成的，烧结的主要目的是固定制品的形状，使其获得所需的性能。由于原料主要是黏土等天然硅酸盐类矿物，又称为硅酸盐材料。组织中的主晶相为莫来石（$3Al_2O_3 \cdot 2SiO_2$），占 25%～30%；次晶相为 $SiO_2$，占 35%～60%；气相占 1%～3%。这类陶瓷质地坚硬、不发生氧化、耐腐蚀、不导电、成本低，但强度较低，耐热性及绝缘性不如其他陶瓷。当黏土或石英含量高时，陶瓷的抗电性能较差，但耐热性能和力学性能较好。

普通日用陶瓷一般具有良好的光泽度、透明度，热稳定性、机械强度较高。根据瓷质不同，有长石陶瓷、绢云母陶瓷、骨质陶瓷和日用滑石质瓷等，主要用作日用器皿和瓷器。现已研制成功的高石英质日用陶瓷的石英含量，在 40%以上，瓷质细腻、色调柔和、透光度好、机械强度和热稳定性好。

普通工业陶瓷有建筑陶瓷、电瓷、化工陶瓷等。建筑陶瓷用于装饰板、卫生间装置及器具等，通常尺寸较大，要求强度和热稳定性好。电瓷主要用于制作隔电、机械支持及连接用的瓷质绝缘器件，要求力学性能高、介电性能和热稳定性好。化工陶瓷主要用于化学、石油化工、食品、制药工业中制造试验器皿、耐蚀容器、反应塔、管道等，通常要求耐各种化学介质腐蚀的能力要强。

**2. 特种陶瓷**

特种陶瓷是以人工合成物为原料（如氧化物、氮化物、硅化物、硼化物）制成的陶瓷，其原料很多是经过人工提纯或合成的，组成配比范围已扩大到整个无机非金属材料的范围，区别于金属和有机材料，又称为无机非金属材料。其主要用于化工、冶金、机械、电子、能源工业及许多新技术中。

特种陶瓷按材料的化学成分不同，可分为氧化物陶瓷、碳化物陶瓷、氮化物陶瓷等。

(1) 氧化物陶瓷。氧化物陶瓷种类很多，也是使用最早、应用最广的陶瓷材料。最常用的氧化物陶瓷是 $Al_2O_3$、$SiO_2$、MgO、$ZrO_2$、$Ca_2O_3$ 及莫来石($3Al_2O_3 \cdot 2SiO_2$)和尖晶石($MgAl_2O_3$)，其中 $Al_2O_3$ 和 $SiO_2$ 应用最为广泛。

(2) 碳化物陶瓷。碳化物陶瓷的熔点比氧化物陶瓷高，但容易氧化。常用的碳化物有 SiC、WC、$B_4C$、TiC 等。

(3) 氮化物陶瓷。氮化物陶瓷包括 $Si_3N_4$、TiN、BN、AlN 等。其中应用最广泛的是 $Si_3N_4$，具有良好的综合力学性能和耐高温性能，正在发展的 $C_3N_4$，可能具有更为优越的、超过 $Si_3N_4$ 的性能。

(4) 其他化合物陶瓷。其他化合物陶瓷是指除上述几类陶瓷之外的无机化合物，包括硼化物陶瓷和硫族化合物陶瓷。

### 9.2.3 常用陶瓷材料

**1. 氧化物陶瓷**

1) 氧化铝陶瓷

氧化铝陶瓷的主要组成物为 $Al_2O_3$，一般含量大于 45%，含有少量的 $SiO_2$，其力学性能、使用温度和耐蚀性随氧化铝含量的增加而提高。氧化铝的含量越高，氧化铝陶瓷的强度越大、性能越好，但加工工艺越复杂，制作成本也越高。根据氧化铝的含量不同，氧化铝陶瓷可分为 75 瓷、95 瓷和 99 瓷。通常情况下，氧化铝含量大于 46%的称为高铝陶瓷，氧化铝含量为 90%～99.5%的氧化铝陶瓷称为刚玉瓷。

氧化铝陶瓷具有各种优良的性能。氧化铝陶瓷，尤其是刚玉陶瓷结构稳定，具有很高的耐热性，可在 1600℃下长期使用，蠕变小，而且不会氧化。氧化铝陶瓷具有优良的电绝缘性和耐蚀性，在酸碱腐蚀介质中能够安全工作。氧化铝陶瓷的硬度较高，仅次于金刚石、立方氮化硼、碳化硼和碳化硅。氧化铝陶瓷的缺点是脆性大、耐冲击性差、抗热及抗振性差，不能承受环境的突然变化。其主要用于各类高温、耐蚀和绝缘材料中，如坩埚、热电偶、发动机火花塞、切削刀具等。图 9-14～图 9-17 分别为 $Al_2O_3$ 陶瓷制作的密封配件、陶瓷气动配件、耐磨配件、坩埚和耐高温喷嘴。

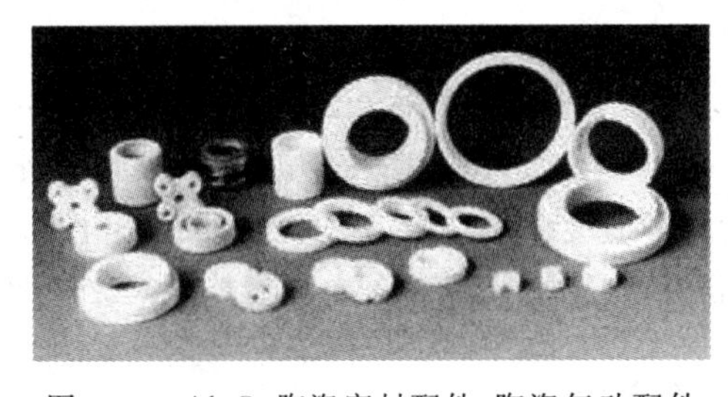

图 9-14 $Al_2O_3$ 陶瓷密封配件、陶瓷气动配件

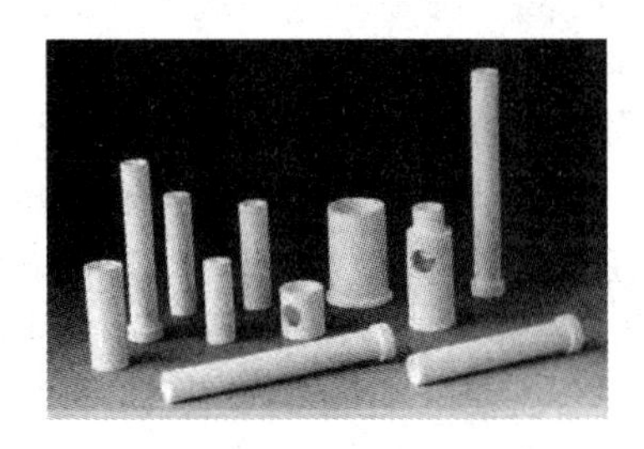

图 9-15 $Al_2O_3$ 陶瓷耐磨配件

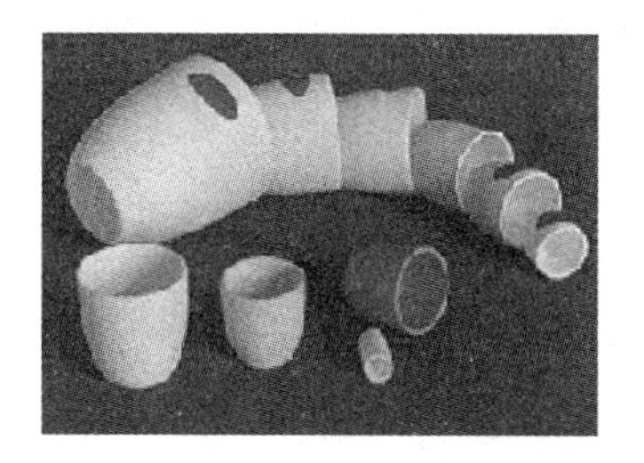
图9-16 $Al_2O_3$陶瓷坩埚

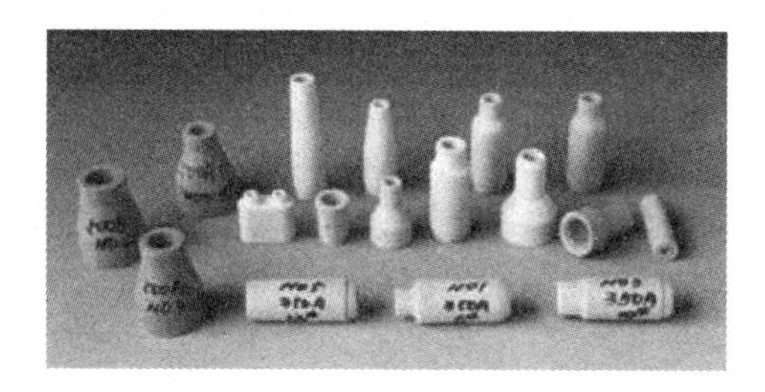
图9-17 $Al_2O_3$ 陶瓷耐高温喷嘴

2）氧化锆陶瓷

氧化锆陶瓷的熔点在2700℃以上，能耐2300℃的高温，其推荐使用温度为2000～2200℃。由于它还能抗熔融金属的侵蚀，所以多用作铂、锗等金属的冶炼坩埚和1800℃以上的发热体及炉子、反应堆绝热材料等。应特别指出，以氧化锆作添加剂可大大提高陶瓷材料的强度和韧性。氧化锆增韧陶瓷在工程结构陶瓷上的研究和应用不断取得突破。氧化锆增韧氧化铝陶瓷材料的强度达1200MPa、断裂韧度为15.0MPa·$m^{1/2}$，分别比原氧化铝提高了3倍和近3倍。氧化锆陶瓷的热导率小、化学稳定性好、耐腐蚀性高，可用于高温绝缘材料、耐火材料；硬度高，可用于制造切削刀具、模具、剪刀等；具有敏感特性，可做气敏原件，以及高温燃料电池、固体电解隔膜、钢液测氧探头等。

在$ZrO_2$中加入适量的MgO、$Y_2O_3$、CaO、$CaO_2$等氧化物后，可以显著提高陶瓷的强度和韧性，形成氧化锆增韧陶瓷。氧化锆增韧陶瓷可替代金属制造模具、拉丝模、泵叶轮等，还可以制造汽车零件，如凸轮、推杆、连杆等。由增韧氧化锆陶瓷制成的剪刀既不生锈也不导电。图9-18为氧化锆陶瓷叶片。

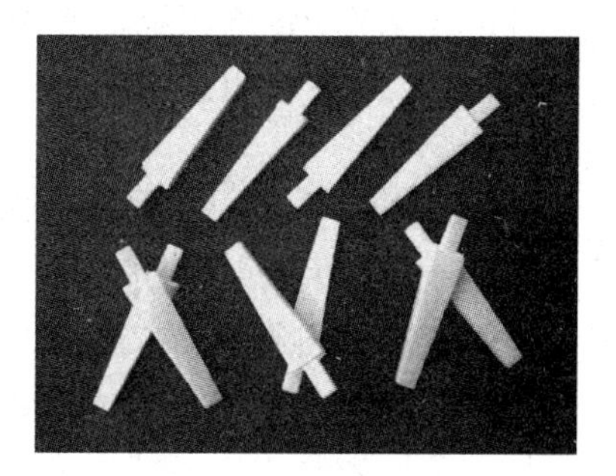
图9-18 氧化锆陶瓷叶片

3）氧化镁/钙陶瓷

氧化镁/钙陶瓷通常是由热白云石（镁/钙的碳酸盐）矿石除去$CO_2$制成的。其特点是能抗各种金属碱性渣的作用，因而常用来制作炉衬的耐火砖、坩埚、热电偶保护套、炉衬材料等。但这种陶瓷的缺点是热稳定性差，MgO在高温下易挥发，CaO甚至在空气中就能水化。

4）氧化铍陶瓷

除了具备一般陶瓷的特性，氧化铍陶瓷最大的特点是导热性好，因而具有很高的热稳定性。虽然其强度性能不高，但抗热冲击性较高。由于氧化铍陶瓷消散高辐射的能力强、热中子阻尼系数大等，所以经常用于制造坩埚，还可用作真空陶瓷和原子反应堆陶瓷等。另外，气体激光管、晶体管热片和集成电路的基片和外壳等也多用该种陶瓷制造。

**2. 碳化物陶瓷**

碳化物陶瓷的熔点比氧化物陶瓷高，但容易氧化。常用的碳化物有SiC、WC、$B_4C$、TiC等。

1）碳化硅陶瓷

碳化硅陶瓷是以SiC为主要成分的陶瓷，其在碳化物陶瓷中的应用最为广泛。碳化硅陶瓷高温强度高（在1400℃时，抗弯强度可达500～600MPa）、导热性好，热稳定性、抗蠕变能力、耐磨性、耐蚀性均较好；材料的热导率高，而热膨胀系数很小，但是在 900～1000℃时会慢慢氧化。通常用来制作加热元件、石墨表面保护层、砂轮和磨料等。

2）碳化硼陶瓷

碳化硼陶瓷的硬度极高，抗磨粒磨损能力很强，熔点高达 2450℃左右。但在高温下会快速氧化，并与热的或熔融的黑色金属发生反应，因此其使用温度限定在 980℃以下。其主要用途是制作磨料，有时用于超硬质工具材料。

3）其他碳化物陶瓷

碳化铈、碳化钼、碳化铌、碳化钽、碳化钨和碳化锆陶瓷的熔点和硬度都很高，通常在 2000℃以上的中性或还原气氛中用作高温材料；碳化铌、碳化钛等甚至可用于 2500℃以上的氮气气氛；在各类碳化物陶瓷中，碳化铪的熔点最高，可达 2900℃。

**3. 氮化物陶瓷**

1）氮化硅陶瓷

氮化硅陶瓷是以 $Si_3N_4$ 为主要成分的陶瓷，$Si_3N_4$ 为主晶相。有热压烧结（$\beta$-$Si_3N_4$）氮化硅陶瓷和反应烧结（$\alpha$-$Si_3N_4$）氮化硅陶瓷两种。前者强度较高，组织致密，气孔率接近零。后者是以硅粉或 Si-$SiN_4$ 粉为原料，压制后经氮化处理得到的，气孔率为 20%～30%。

氮化硅陶瓷硬度高，摩擦系数小，具有自润滑性，蠕变抗力高，热膨胀系数小，抗热振性佳，化学稳定性好；除氢氟酸外，能耐各种酸碱，还具有优良的电绝缘性。

反应烧结氮化硅陶瓷主要用于耐磨、耐腐蚀、耐高温、绝缘、形状复杂、尺寸精度要求高的制品，如石油、化工用泵的密封环轴承，石油、化工用泵的密封环，高温轴承，燃气轮机的转子叶片等。

热压烧结氮化硅陶瓷只能用于形状简单的耐磨、耐高温零件，如切削刀具、转子发动机的刮片、高温轴承等。图 9-19 为氮化硅（$Si_3N_4$）陶瓷轴承。

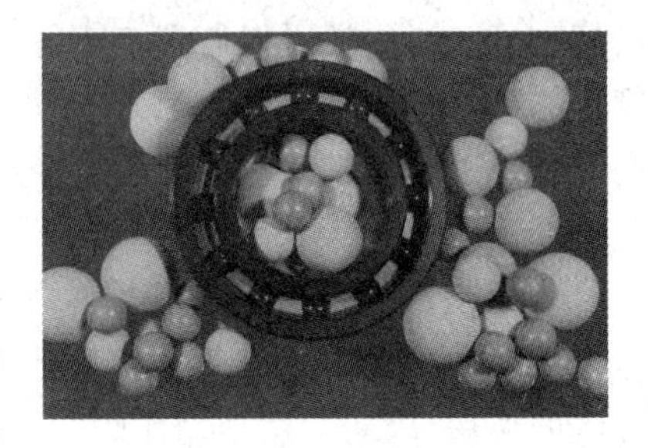

图 9-19　$Si_3N_4$ 陶瓷轴承

2）氮化硼陶瓷

低压型氮化硼（BN）为六方晶系，结构与石墨相似，又称为白石墨或六方型氮化硼。其具有良好的耐热性、热稳定性、导热性、化学稳定性、自润滑性和高温绝缘性，可进行机械加工。主要用于制造耐热润滑剂、高温轴承、坩埚、热电偶套管、散热绝缘材料、玻璃制品成形模具和刀具等。

高压型氮化硼为立方晶系，又称为立方型氮化硼，其硬度接近金刚石，主要用于制作磨料和金属切削刀具。

**4. 金属陶瓷**

金属陶瓷是由陶瓷硬质相与金属或合金黏结相组成的结构材料，即以金属氧化物（如 $Al_2O_3$、$ZrO_2$）或金属碳化物（如 TiC、WC 等）为主要成分，再加入适量的金属粉末（如 Co、Cr、Ni、Mo 等）通过粉末冶金方法制得。金属陶瓷既保持了陶瓷的高强度、高硬度、耐磨损、耐高温、抗氧化和化学稳定等特性，又具有较好的金属韧性和可塑性，因此是制造金属切削刀具、模具和耐磨零件的重要材料。硬质合金是将极细的金属粉末或金属与非金属粉末混合后用粉末冶金的方法制成的。“金属陶瓷”和“硬质合金”两个术语没有明确的分界，也很难划分界线，从材料的组元分析的话，硬质合金应归为金属陶瓷的一种。图 9-20 和图 9-21

分别为硬质合金刀具和硬质合金球。

图 9-20　硬质合金刀具

图 9-21　硬质合金球

目前常用的硬质合金有金属陶瓷硬质合金和钢结硬质合金。硬质合金主要分为以下三类：

1）钨钴类硬质合金

钨钴类硬质合金由碳化钨和钴组成，主要牌号有 YG3、YG6、YG8 等，其中“YG”表示钨钴类硬质合金，是“硬”“钴”两个字的汉语拼音字首，其后边的数字表示钴的含量（质量分数）。合金中钴的含量越高，材料的韧性越好，但硬度和耐磨性越差。

2）钨钴钛类硬质合金

钨钴钛类硬质合金由碳化钨、碳化钛和钴组成（碳化钛的硬度比碳化钨还高），主要牌号有 YT5、YT15、YT30 等，其中“YT”表示钨钴钛类硬质合金，是“硬”“钛”两个字的汉语拼音字首，后边的数字表示碳化钛的含量。该类硬质合金耐磨性好、热硬性好，但是强韧性较差。

3）通用硬质合金

通用硬质合金是在成分中添加了碳化钽或碳化铌，取代了部分碳化钛。其牌号用“硬”“万”两个字的汉语拼音字首“YW”加数字表示。TaC 使合金的热硬性显著提高。通用硬质合金的其他性能介于钨钴类硬质合金和钨钴钛类硬质合金之间，既可以用来加工钢材又能用来加工铸铁和有色金属，又称为万能硬质合金。

## 9.3　复合材料

复合材料

**【小小疑问】**与单一材料相比，复合材料性能如何？

**【定义解释】**复合材料是通过一定的方法将两种或两种以上具有不同性能的单一材料合为一体的材料，取长补短，可以得到良好的综合性能。

近年来，航天等尖端技术突飞猛进，对材料性能提出了越来越高的要求。材料的设计和制造已不仅仅局限于满足一定的强度、韧性、塑性和抗疲劳性等，对材料的比强度、比刚度、屈强比、耐热性也提出了更高的要求。使用单一的材料已无法满足要求，新型复合材料应运而生。复合材料能够克服传统的单一材料在某些性能方面的不足，实现材料综合性能的全面改善和提高。

复合材料是采用物理或化学的方法,使两种或两种以上的材料在相态与性能相互独立的形式下共存于一体之中,以提高材料的某些性能,或互补其缺点,或获得新的性能(或功能)。通常其中的一种材料作为基体起黏结作用,其他材料作为增强材料用以提高承载能力。复合材料不仅性能优于组分中任意一种单独的材料,还可具有单独组分所不具备的独特性能,从而使复合材料具有优良的综合性能。

复合材料是多相体系,通常分为基体相和增强相两个基本组成相。基体相是连续相,起黏结和固定作用。增强相是分散相,起承受载荷的作用。两相之间的界面特性会影响复合材料的性能。

关于复合材料的起源,一般公认为可以追溯到 1942 年,即美国 Pittsburgh Plate Glass 公司将玻璃纤维织网含浸于芳基酯系非饱和聚酯树脂之中,然后将含浸网叠合起来,施以固化处理,竟然意外地制得一种在性能上从未有过的高弹性率、高强度的树脂板,俗称玻璃钢。这一结果激发了世界规模的复合材料研究热潮,形成了复合材料的专门学科,并使得复合材料能在非常广泛的领域得以实际应用。然而,中国从两千多年前就采用的在黏性泥浆中加入稻草做成土坯建筑房子的方法,可以认为是纤维强化复合材料的原型。

## 9.3.1 复合材料的性能

复合材料通常由各不相同的组分构成,基体相和增强相的自身特性、含量、分布及界面情况使得复合材料的性能不尽相同。但是不同类型的复合材料仍具有一些相同的性能特点。

**1. 比强度与比模量高**

比强度和比模量分别为强度和弹性模量与密度的比值,是用来度量材料承载能力的性能指标。比强度越高,相同强度下,同一零件的自重越小;比模量越高,相同质量下,零件的刚性越大。复合材料的比强度和比模量高,有利于材料减重,其力学性能呈轻质高强的特点。

**2. 良好的抗疲劳性能**

疲劳破坏是材料在交变载荷作用下,由于裂纹的形成和扩展而形成的低应力破坏。而纤维增强复合材料对缺口应力集中的敏感性小,并且纤维和基体界面能够阻止疲劳裂纹扩展和改变裂纹扩展方向,因此具有较好的抗疲劳性能。大多数金属材料的疲劳强度极限是其拉伸强度的 40%～50%,而碳纤维增强树脂基复合材料的疲劳极限可以达到其拉伸强度的 70%～80%。

**3. 良好的高温性能**

大多数增强纤维在高温下仍能保持高的强度,用来增强金属和树脂基体,从而显著提高复合材料的耐高温性能。聚合物基复合材料可以制成具有较高比热容、熔融热和气化热的材料,以吸收高温烧蚀的大量热能。铝合金的弹性模量在 400℃时急剧下降并接近零,强度也明显降低,经碳纤维、硼纤维增强后,在相同的温度下,强度和弹性模量仍能保持室温下的水平。

**4. 减振性能好**

结构的自振频率除了与自身的形状有关,还与材料比模量的二次方根成正比。复合材料的比模量高，所以具有较高的自振频率，避免材料在工作时发生共振而产生破坏。另外，纤维与基体界面能吸收振动能量，具有较好的吸振能力，即使产生了振动也会很快衰减下来。利用相同形状和尺寸的梁进行试验时，金属材料梁停止振动的时间为9s，而碳纤维复合材料梁仅需2.5s。

**5. 耐磨性好**

复合材料的增强相可以是一些高硬度的、化学性能稳定的陶瓷纤维、晶须、增强颗粒，能够增强基体的强度和刚度，从而使得材料的硬度和耐磨性增大。复合材料具有良好的耐摩擦性能，用于汽车发动机、制动鼓、活塞等重要零件，能明显提高零件的性能和寿命。

**6. 安全性好**

复合材料每平方厘米截面上独立的纤维有几千甚至几万根，当构件过载并有少量纤维断裂后，会迅速进行应力重新分配，由未断裂的纤维来承载，使构件在短时间内不会失去承载能力，提高使用的安全性。

此外，复合材料一般具有良好的化学稳定性，而且制造工艺简单，这些优点使之得到广泛应用。复合材料是近代重要的工程材料，已大量用于飞机结构件、汽车、轮船、压力容器、管道、传动零件等，其应用量呈逐年增加的趋势。

各种材料的性能见表9-2。

**表9-2　各种材料的性能**

| 材料名称 | 密度/(g/cm$^3$) | 弹性模量/$10^2$(MPa) | 比模量/$10^{10}$(N·m/kg) | 抗拉强度/MPa | 比强度/$10^6$(N·m/kg) |
|---|---|---|---|---|---|
| 高强度钢 | 7.80 | 2100 | 0.27 | 1030 | 0.130 |
| 硬铝 | 2.80 | 750 | 0.26 | 470 | 0.170 |
| 玻璃钢 | 2.00 | 400 | 0.21 | 1060 | 0.530 |
| 碳纤维-环氧树脂 | 1.45 | 1400 | 0.21 | 1500 | 1.030 |
| 硼纤维-环氧树脂 | 2.10 | 2100 | 1.00 | 1380 | 0.660 |

## 9.3.2　复合材料的分类及应用

复合材料的种类因分类方法不同而异。

**1. 按照增强相的种类分类**

按照增强相的种类分类，复合材料包括纤维增强复合材料、颗粒增强复合材料和晶须增强复合材料。

1）纤维增强复合材料

（1）玻璃纤维增强复合材料。玻璃纤维增强复合材料是指以树脂为基体，以玻璃纤维增强的复合材料，俗称玻璃钢。玻璃纤维是由玻璃熔化后以极快的速度抽制而成的，直径多为5～9μm，柔软如丝，单丝的抗拉强度达到1000～3000MPa，且具有很好的韧性，是目前复合材料中应用最多的增强纤维材料。

玻璃钢成形工艺简单，力学性能优良，抗拉强度和抗压强度都超过一般钢和硬铝，且比强度更为突出，但是其在高温下长期受力易发生蠕变及老化现象。玻璃钢作为轻质结构材料，现在已广泛应用于各种机器护罩、复杂壳体、车辆、船舶、仪表、化工容器、管道等。例如：

波音 747 喷气式客机上，有 1 万多个用玻璃钢制作的部件；越来越多的帆船、游艇、交通艇、救生艇、渔轮及扫雷艇等改用玻璃钢制造；意大利、法国等国家的汽车公司制造的玻璃钢壳体汽车已达数百万辆；在化学工业中，采用玻璃钢反应罐、储罐、搅拌器、管道，节省了大量金属；玻璃钢在建筑业的作用越来越大，许多新建的体育馆、展览馆、商厦的巨大屋顶是由玻璃钢制成的，因其不仅质轻、强度大，还能透过阳光。

根据复合材料基体不同玻璃钢可分为热塑性和热固性两种。

热固性玻璃钢是以环氧树脂、酚醛树脂、有机硅树脂、不饱和聚酯等各种热固性树脂为基体，加入增强纤维复合而成其应用较为普遍。

热塑性玻璃钢是以聚酰胺、聚乙烯、聚丙烯、聚苯乙烯、聚碳酸酯等热塑性树脂为基体，其中应用最广泛、增强效果最明显的是聚酰胺树脂基玻璃钢。热塑性树脂加热时软化或熔化，而冷却时固化，以热塑性树脂为基体的玻璃钢的机械强度通常要低于热固性玻璃钢。

(2) 碳纤维增强复合材料。碳纤维是将有机纤维(黏胶纤维、聚丙烯腈纤维等)在惰性气氛中经高温碳化制成，一般在 2000℃烧成的是碳纤维，若在 2500℃以上石墨化后可得到石墨纤维(或称高模量碳纤维)。

与玻璃纤维比，碳纤维密度更小，强度较高，其弹性模量是玻璃纤维的 4～6 倍，比强度和比模量远高于玻璃纤维，同时还具有优良的抗疲劳、耐冲击、自润滑、减摩及耐磨性。碳纤维可以和树脂、碳、金属以及陶瓷等组成复合材料。常与环氧树脂、酚醛树脂、聚四氟乙烯等复合，不仅保持了玻璃钢的优点，而且许多性能优于玻璃钢。如碳纤维-环氧树脂复合材料的弹性模量接近高强度钢，而其密度比玻璃钢小，同时还具有优良的耐磨、减摩、耐热和自润滑性。不足之处是碳纤维与树脂的结合力不够大，各向异性明显。

碳纤维复合材料多用于齿轮、活塞、轴承密封件，航天器外层、人造卫星和火箭机架、壳体等，也可用于化工设备、运动器材(如羽毛球拍、钓鱼杆等)、医学领域；发达国家还大量采用碳纤维增强的复合建筑材料，使建筑物具有良好的抗震性能。

(3) 其他纤维增强复合材料：

① 硼纤维增强复合材料。硼纤维增强复合材料是在直径约为 10μm 的钨丝、碳纤维上或其他芯线上沉积硼元素制成的直径约为 100μm 的增强材料。其强度和弹性模量高，耐辐射，导电、导热。

② 有机纤维增强复合材料。常用的有机纤维增强复合材料以芳香族聚酰胺纤维(芳纶)增强，以合成树脂为基体。这类纤维的密度是所有纤维中最小的，其强度和弹性模量都很高。其主要有凯芙拉(Kevlar)、诺麦克斯(Nomex)等，凯芙拉材料在军事上有“装甲卫士”之称，可提高坦克、装甲车的防护性能。有机纤维与环氧树脂结合的复合材料已在航空、航天工业方面得到应用，可用于轮胎帘子线、皮带、电绝缘件等。

2) 颗粒增强复合材料

颗粒增强复合材料是由一种或多种金属、非金属或陶瓷颗粒弥散强化后制成的复合材料，根据基体的不同，颗粒增强复合材料可分为金属基复合材料、高分子基复合材料和金属陶瓷。在复合材料制备过程中，增强相可以由外部引入，也可以通过反应合成(通常称为原位复合材料)。增强相通常选用高模量、高强度，且在物理、化学上能与基体相匹配的材料。例如，碳化硅颗粒与铝有良好的界面结合强度，铝基体经碳化硅增强后可以显著提高材料的弹性模量、抗拉强度和耐磨性。

3）晶须增强复合材料

晶须是在人工控制条件下以单晶形成生长成的一种纤维，作为塑料、金属、陶瓷的改性增强材料时显示出极佳的物理、化学性能和优异的机械性能。晶须增强复合材料分为晶须增强金属基复合材料和晶须增强非金属基复合材料两类。在航空航天领域，金属基和树脂基的晶须增强复合材料由于质量轻、比强度高，可用作直升机的旋翼、机翼、尾翼、空间壳体、飞机起落架及其他宇宙航空部件。在机械工业中，陶瓷基晶须增强复合材料已用作切削工具，在镍基耐热合金加工中发挥作用；塑料基晶须增强复合材料可用作零部件的黏结接头，并局部增强零部件应力集中、承载力大的关键部件。

**2. 按基体相的种类分类**

按基体相的种类分类，复合材料可分为金属基复合材料、无机非金属基复合材料、聚合物基复合材料。

1）金属基复合材料

金属基复合材料是一种新型工程材料，具有高的比刚度、比强度，优良的高温性能，低的热膨胀系数及良好的耐磨性能。金属基复合材料所选用的基体主要有铝、镁、钛、镍及其合金，而增强相可以是颗粒、纤维和晶须。

按照基体类型分类，金属基复合材料又可分为铝基复合材料、镍基复合材料、钛基复合材料和镁基复合材料。

（1）铝基复合材料。铝基复合材料是金属基复合材料中应用最广的一种，按照增强体的不同，铝基复合材料可分为纤维增强铝基复合材料和颗粒增强铝基复合材料。纤维增强铝基复合材料中，应用最广的是硼纤维增强铝基复合材料，由硼纤维与纯铝、变形铝合金、铸造铝合金组成，具有比强度、比模量高，尺寸稳定性好等一系列优异性能，优于铝合金和钛合金，主要用于飞机、航天器蒙皮、大型壁板、航空发动机叶片等。颗粒增强铝基复合材料比强度与钛合金相近，比模量略高于钛合金，还具有良好的耐磨性，可用来制造卫星支架、结构连接件等航空航天结构件，以及发动机缸套、衬套、活塞等汽车零部件。

（2）镍基复合材料。镍基复合材料是以镍及镍合金为基体制造的。镍具有良好的高温性能，此类复合材料主要用于制造高温条件下使用的零件。目前研究镍基复合材料的目的之一就是希望用其制造燃气轮机的叶片，以提高燃气轮机的工作温度，但是目前的制造工艺尚未具体实施到实际中。

（3）钛基复合材料。作为基体的钛密度较低，与其他结构材料相比具有更高的比强度，在中温时比铝合金能更好地保持其强度。对于飞机结构来说，要实现提速，钛比铝合金显示出了更大的优越性，另外还需要改变飞机的结构设计，采用更细长的机翼和其他翼型，这就需要高刚度材料，而纤维增强钛可以达到刚度要求。

（4）镁基复合材料。以陶瓷颗粒、纤维或晶须作为增强体可以制成镁基复合材料，具有超轻、高比强度、高比刚度的良好性能。该类材料的密度更小，比强度和比刚度更高，是航空航天的优选材料之一。

金属基复合材料的成功应用是在航空航天工业。美国航空航天局成功采用铝基复合材料制造了飞机中部20m长的货舱桁架；Martin公司使用 $TiB_2$ 颗粒增强铝制造了机翼；英国航空航天公司研究了颗粒和晶须增强铝合金制造导弹制导元件；美国DWA公司和英国BP公司制造了专门用于飞机和导弹的复合材料薄板型材及航空结构导槽等。图9-22为

Lockheed 公司生产的飞机上用以放置电气设备的设备架，长度为 2m，使用的是 SiC 增强铝基复合材料。

金属基复合材料在汽车和发动机上也有广泛应用。使用非连续体增强铝基复合材料制造汽车的重要零部件可以大大减小整车质量，提高燃油利用率，例如汽车的驱动轴、发动机缸体、气缸缸套、刹车轮、发动机连杆、活塞等。另外，由于 SiC 颗粒增强 Al-Si 复合材料耐磨性好、密度低、热传导性高，可用于制动器转盘的制造，以取代铸铁。图 9-23 和图 9-24 分别为铝基复合材料制造的柴油发动机活塞和制动器转盘。

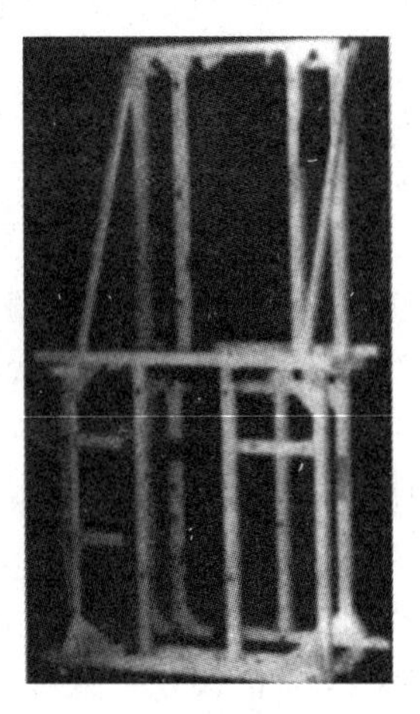

图 9-22 SiC 增强铝基复合材料制作的设备架

图 9-23 由铝基复合材料制作的柴油发动机活塞

图 9-24 由铝基复合材料制作的制动器转盘

2）无机非金属基复合材料

按照基体不同可以将无机非金属复合材料分为陶瓷基复合材料、碳基复合材料和水泥基复合材料。

（1）陶瓷基复合材料。陶瓷基复合材料的基体为陶瓷，目前研究较多的是碳化硅、氮化硅和氧化铝等，它们普遍具有耐高温、耐腐蚀、强度高的优点。增强体主要是晶须和颗粒。可按使用温度分为高温陶瓷基复合材料（以多晶陶瓷为基体，可以在 1000～1400℃温度范围内工作）和低温陶瓷基复合材料（以玻璃及玻璃陶瓷为基体，使用温度低于 1000℃）。陶瓷基复合材料的优点是耐磨性和耐蚀性好，但是脆性大，对裂纹和气孔等缺陷敏感。

（2）碳基复合材料。碳基复合材料是以碳为基体，以碳或其他物质为增强体的复合材料，其中以碳/碳复合材料的研究最为普遍。碳/碳复合材料是以碳纤维及其制品（碳布等）为增强体的碳基复合材料，具有石墨和碳材料的优点，如密度低、热导性好、热膨胀系数低、对热冲击不敏感等。碳/碳复合材料在高温下具有高强度、高断裂韧性、低蠕变特性，其强度随温度的升高而升高，是目前唯一可以在 2800℃下使用的高温复合材料，在航空航天、核能、军事领域获得了广泛应用。

（3）水泥基复合材料。水泥基复合材料以水泥为基体。按照增强体的种类可分为混凝土、纤维增强水泥基复合材料和聚合物混凝土复合材料。

混凝土是由硅酸盐水泥、水和粗细集料按照适当比例搅拌均匀，经浇捣成形后硬化而成的。通常所说的混凝土是指由水泥、水、砂和石头组成的普通混凝土，是建筑领域应用最为广泛的水泥基复合材料。

纤维增强水泥基复合材料是由不连续的短纤维均匀分散于水泥混凝土基材中形成的，常用的纤维有钢纤维、玻璃纤维、碳纤维。韧性及抗拉强度较高的短纤维均匀分布于混凝土中，纤维与水泥基材的黏结比较牢固，纤维间相互交叉和牵制，形成了遍布结构全体的纤维网，使得复合材料的抗拉、抗弯、抗裂、抗疲劳、抗振和抗冲击能力得以显著改善。

3）聚合物基复合材料

按基体不同，聚合物基复合材料可以分为热固性树脂基复合材料和热塑性树脂基复合材料，增强相可以是颗粒、晶须和纤维，其中以玻璃纤维和碳纤维为主。

**3. 按用途分类**

按用途不同，复合材料可分为结构复合材料和功能复合材料。结构复合材料主要作为承力结构使用的材料；功能复合材料是指除力学性能，还具备其他物理、化学、生物等特殊性能的复合材料。

### 9.3.3 复合材料的增强机制

**1. 粒子增强型复合材料的增强机制**

粒子增强型复合材料按照颗粒尺寸大小和数量多少可以分为：弥散强化复合材料（粒子直径一般为0.01～0.1μm，粒子体积分数为1%～15%）和颗粒增强复合材料（粒子直径为1～50μm，粒子体积分数大于20%）。

1）弥散强化复合材料的增强机制

弥散强化复合材料是将一种或几种材料的颗粒弥散、均匀分布在基体材料的内部，在受外力作用时，基体承受主要的载荷，而均匀弥散的增强粒子会阻碍导致基体塑性变形的位错运动（金属基）或分子链运动（树脂基），从而提高了变形抗力。作为增强体的弥散粒子一般为高熔点、高硬度且高稳定的氧化物、碳化物或氮化物，加入之后，不但使常温下材料的强度、硬度有较大提高，还会提高材料的高温强度和蠕变抗力。对于陶瓷基复合材料，粒子会起到细化晶粒、使裂纹转向并分叉的作用，从而提高其强度和韧性。弥散强化的效果与粒子的直径和体积分数有关，尺寸越小、体积分数越大，强化效果越好。

2）颗粒增强复合材料的增强机制

颗粒增强复合材料是以金属或高分子聚合物为黏结剂，把具有耐热、硬度高但不耐冲击的金属氧化物、碳化物、氮化物黏结在一起而形成的。强化相的颗粒比较大，对位错的滑移（金属基）和分子链运动（聚合物基）没有多大的阻碍，强化效果并不显著，却大大提高了材料的耐磨性和综合力学性能。

**2. 纤维增强型复合材料的增强机制**

1）短纤维及晶须增强复合材料

短纤维及晶须增强复合材料的强化机制与弥散强化机制类似，但是纤维具有方向性，在复合材料中其分布也具有一定的方向性，导致其强化效果各向异性。短纤维或晶须增加了基体与增强体的界面面积，裂纹偏转和阻止裂纹扩展的效果与颗粒增强体对陶瓷的强化和韧化相比更明显。

2）长纤维增强复合材料

纤维往往具有强度高、弹性模量高的特点，与基体复合形成的材料在受力时，高弹性、高模量的增强纤维承受大部分载荷，而基体主要是作为媒介，起到传递力的作用。当纤维受力而产生断裂时其断口不可能在同一平面上，材料整体断裂时，大量纤维要从基体中拔出，这一过程要克服基体与纤维的黏结力，从而使材料的断裂强度提高。材料的力学性能还与纤维与基体性能、纤维体积分数、纤维与基体的界面结合强度及纤维的排列分布方式和断裂形式有关。

## 本章小结

高分子材料以高分子化合物为主要成分，而高分子化合物是由大量的大分子（由一种或多种低分子化合物通过聚合连接起来的链状或网状分子）构成的，高分子化合物又称为高聚物或聚合物。高分子材料按来源分为天然高分子材料、半合成和合成高分子材料。工业用的高分子材料包括工程塑料、橡胶、合成纤维、合成胶黏剂和涂料等。

工程塑料具有较高的强度和耐蚀、电绝缘、耐磨等优异性能，可以代替金属制造机械零件和工程结构。橡胶在很大的温度范围内具有高弹性，被称为高弹体。通用合成橡胶主要用于制造轮胎、工业用品、日常生活用品，量大而广。特种合成橡胶是用于制造在特定条件（高温、低温、酸、碱、油、辐射等）下使用的零部件。合成纤维是以石油、煤、天然气为原料制成的纤维，长度与直径比例很大。合成胶黏剂（黏结剂、胶合剂或胶水）能把两个固体表面黏合在一起而获得具有一定强度的胶层。涂料涂覆在物体的表面上能够固化成一层连续致密的保护膜，是一种特殊的有机高分子胶体混合溶液。

陶瓷为无机非金属材料，包括普通陶瓷和特种陶瓷。普通陶瓷采用天然原料，包括日用陶瓷和工业陶瓷，前者用于日用器皿和瓷器，后者包括建筑卫生瓷（装饰、器具）、电工瓷（绝缘）、化学化工瓷（耐蚀）。特种陶瓷采用合成材料制成，按照化学成分分为氧化物陶瓷（氧化铝陶瓷、氧化锆陶瓷、氧化镁/钙陶瓷、氧化铍陶瓷等）、碳化物陶瓷（碳化硼陶瓷、碳化硅陶瓷、其他碳化物陶瓷）、氮化物陶瓷（氮化硅陶瓷、氮化硼陶瓷）、金属陶瓷（硬质合金）等。陶瓷具有硬度高，抗压强度高，耐磨性好，耐蚀性好，耐高温和抗氧化能力强等优点；其缺点为塑性和韧性很差，质脆易碎，延展性差，经不起急冷急热的突然变化等。

复合材料是采用物理或化学的方法，使两种以上的材料在相态与性能相互独立的形式下共存于一体之中，取长补短，得到良好的综合性能。复合材料通常包括基体相和增强相。按照基体材料可分为金属基复合材料（以金属及其合金为基体）、无机非金属基复合材料（以陶瓷、玻璃和水泥等为基体）、聚合物基复合材料（以热固性树脂、热塑性树脂为基体）。常用金属基复合材料包括铝基复合材料、镍基复合材料、钛基复合材料和镁基复合材料；常用无机非金属基复合材料包括陶瓷基复合材料、碳基复合材料和水泥基复合材料；常用聚合物基复合材料包括玻璃纤维增强树脂基复合材料和碳纤维增强树脂基复合材料。

## 习题与思考题

**1. 填空题**

(1) 常用的工程塑料有________、________、________、________、________、聚碳酸酯和聚甲醛。

(2) 聚酰胺又称为________，酚醛塑料又称为________，聚甲基丙烯酸甲酯又称为________。

(3) 橡胶由于具有高弹性，又称为________。常用的合成橡胶有________、________、________和________。

(4) 纤维是指________大 100 倍的均匀条状或丝状并具有一定柔韧性的纤细物质。合成纤维是由________加工制成的纤维。

(5) 胶黏剂主要分为两种材料：________和________，分别起到黏合和增加胶黏剂性能的作用。

(6) 陶瓷按照其化学成分可分为________、________、________和其他化合物陶瓷。

(7) 陶瓷的结合键为________，具有很强的方向性和高的结合能，塑性变形难。

(8) 根据氧化铝的含量不同，氧化铝陶瓷可分为________、________和________。氧化铝含量大于 46% 的称为________，氧化铝含量为 90.0%～99.5% 的氧化铝陶瓷称为________。

(9) 金属陶瓷是由________与________组成的结构材料，又称为________。

(10) 硬质合金主要有________、________和________三类，区别在于其硬质相使用的成分不同。

(11) 复合材料是多相体系，通常分为两个基本组成相：________和________。

(12) 按照基体材料分类，复合材料可分为________复合材料、________复合材料和________复合材料。

(13) 按组成复合材料的各成分在复合材料中的集散(分布)情况来划分，可分为________复合材料、________复合材料和________复合材料。

(14) 复合材料的增强相的形貌主要有________与________两种，分别对应着两种不同的增强机制。

(15) 按照基体材料不同，金属基复合材料可分为________、________、________和________四类，聚合物基复合材料可分为________和________。

**2. 简答题**

(1) 试说明高聚物的分子结构特征及高聚物的物理状态与温度的关系。

(2) 简述常用工程塑料的种类、性能特点及应用。

(3) 塑料是由哪些成分组成的？各组成成分的作用是什么？

(4) 塑料是如何分类的？热塑性塑料和热固性塑料有什么区别？

(5) 聚合物在成型过程中有哪些物理、化学变化？

(6) 塑料使用时是什么状态？橡胶使用时是什么状态？这两种材料的玻璃化温度是高好还是低好？

(7) 什么塑料可以用来制造轴承？依据是什么？
(8) 工程塑料与金属材料相比，在性能和应用上有哪些区别？
(9) 使用橡胶制作减振零部件的主要原因是什么？
(10) 简述常用橡胶的种类、性能特点及应用。
(11) 简述常用合成纤维、胶黏剂和涂料的种类、性能特点及应用。
(12) 传统陶瓷和特种陶瓷的区别是什么？
(13) 简述陶瓷的种类、性能特点及应用。
(14) 陶瓷的优点是什么？什么原因使得陶瓷具有本征脆性？
(15) 简述金属陶瓷(硬质合金)的种类、性能特点及应用。
(16) 玻璃钢与金属材料相比，在性能和应用上有哪些特点？
(17) 什么是复合材料？复合材料的分类方法有哪些？
(18) 简述复合材料的增强机制。
(19) 简述复合材料的性能特点。
(20) 在常用的无机非金属基和金属基复合材料中，常用的基体材料有哪几种？

# 第10章　新型及特种用途材料

## 10.1　纳米材料

### 10.1.1　纳米材料概述

材料的显微组织结构是影响材料性能的关键因素之一，其中晶粒的尺寸是显微组织结构中的要素，晶粒细化可以使材料的性能得到很大程度的提高，如强化、韧化等。当材料从微米级发展到纳米级时，材料呈现出许多新性能和新现象，出现了纳米材料的概念。

纳米材料是指晶粒尺寸为纳米级的超细材料。纳米(nanometer)是一个长度单位，单位符号为nm，换算关系为：$1\text{nm}=10^{-3}\mu\text{m}=10^{-6}\text{mm}=10^{-9}\text{m}$。从材料的结构单元层次来说，其介于宏观物质和微观原子、分子的中间领域。纳米材料中，界面原子占极大比例，而且原子排列互不相同，界面周围的晶格结构互不相关，构成了一种与晶态和非晶态均不同的新的结构状态。

纳米材料分为两个层次，即纳米超微粒子与纳米固体材料。纳米超微粒子指的是粒子尺寸为1～100nm的超微粒子。纳米固体材料指由纳米超微粒子制成的固体材料，通常人们把组成相或结构控制在100nm以下长度尺寸的材料称为纳米材料。纳米超微粒子是介于原子、分子与块体材料之间的尚未被人们充分认识的新领域。纳米材料是纳米科技的重要组成部分。

### 10.1.2　纳米材料的性能

**1. 表面效应**

表面效应是指纳米超微粒子的表面原子数与总原子数之比随着纳米粒子尺寸的减小而大幅增加，即比表面积急剧增加。纳米粒子表面原子数增多，而其表面原子配位数不足，因而具有高的表面能及表面张力，使这些原子容易与其他原子相结合而稳定下来，从而引起纳米粒子性质的变化。

当粒子直径小于100nm时，其表面原子数激增，超微粒子的比表面积总和可达$100\text{m}^2/\text{g}$。如此高的比表面积会出现一些奇特的现象，例如，刚刚制备出的纳米金属超微粒子如果不经过钝化处理在空气中会自燃，以及无机纳米粒子会吸附气体等。

**2. 小尺寸效应**

当超微颗粒尺寸不断减小，与光波波长、传导电子的德布罗意波长及超导态的相干长度、透射深度等物理特征尺寸相当或更小时，其周期性边界被破坏，从而在一定条件下会引起材料宏观物理、化学性质上的变化，如声、光、电、磁、热力学等性能呈现“新奇”的现象，称为小尺寸效应。例如：铜颗粒达到纳米尺寸就变得不导电；绝缘的二氧化硅颗粒在20nm时开始导电；高分子材料加纳米材料制成的刀具比金刚石制品还坚硬。利用这些特性可以高效率地将太阳能转变为热能、电能,或用于红外敏感元件、红外隐身技术等。

**3. 量子尺寸效应**

量子尺寸效应是指当粒子尺寸下降到纳米量级时,金属费米能级附近的电子能由准连续变为离散的现象。即纳米半导体微粒存在不连续的被占据的最高分子轨道能级,并且存在未被占据的最低分子轨道能级,同时,能系变宽。由此导致纳米微粒的催化电磁、光学、热学和超导等微观特性和宏观性质与宏观块体材料显著不同。

**4. 纳米固体材料的力学性能**

由于大量的晶界间的短距离,与此相联系的固有应力总是存在于纳米材料中。此外,还可能存在与特定的合成方法相关的外来应力。

由于超微粒子制成的固体材料具有很大的界面,界面原子排列相当混乱,原子在外力变形条件下自己容易迁移,因此表现出甚佳的韧性与一定的延展性。例如,由纳米超微粒子制成的纳米陶瓷材料有良好的韧性,被称为“摔不碎的陶瓷”。

**5. 热学、光学、化学、磁性**

纳米材料的尺寸被限制在 100nm 以下,这是由各种限域效应引起的特性开始有相当大的改变时的尺寸范围。当材料或那些特性产生的机制被限制在小于某些临界长度尺寸空间之内时,特性就会改变。

(1) 特殊的光学性质。金属超微粒对光的发射率很低,一般低于 1%,一般几纳米就可以消光。实际上所有的金属超微粒子均为黑色,尺寸越小,颜色越黑。

(2) 特殊的磁性。小尺寸超微粒子的磁性比大块材料强许多倍,20nm 的纯铁粒子的矫顽力是大块铁的 1000 倍;但当尺寸再减小时,其矫顽力反而会下降到零,表现出超顺磁性。

(3) 特殊的热学性质。减少组成相的尺寸到一定程度的时候,由于在限制的原子系统中的各种弹性和热力学参数的变化,平衡相的关系将被改变。固体物质在粗晶粒尺寸时有其固定的熔点,超微化后其熔点降低。

(4) 特殊的化学特性。气相沉积的原子簇具有高的比表面积,再借助于固化组装,在这些自组装的样品中可以实现对总的比表面积的控制。

### 10.1.3　纳米材料的应用

**1. 纳米材料在表面工程上的应用**

用分布很窄的纳米粒子作磨光材料,可以加工表面粗糙度为 0.1～1nm 的超光滑表面,比传统的磨光加工提高了一个数量级。通过热喷涂材料得到的纳米结构涂层比传统热喷涂涂层的强度、韧性、抗蚀性、耐磨性和抗热疲劳性等有显著提高。如果将纳米微粒以一定方式分散在润滑油中,每升油中就含有数亿个纳米颗粒,在摩擦过程中这些颗粒吸附在摩擦副表面,通过“微轴承”作用形成光滑的保护层。同时填充表面的微坑和损伤部位以增加润滑,减少磨损,使润滑效果大大提高。

**2. 纳米材料在催化方面的应用**

纳米粒子的表面活性中心多,为其作催化剂提供了必要条件。纳米粒子作催化剂,可大大提高反应效率,控制反应速度,甚至使原来不能进行的反应也能进行。

**3. 纳米材料在生物医学方面的应用**

纳米微粒的尺寸常常比生物体内的细胞、红血球还要小,这就为医学研究提供了新的契机。目前已得到较好的应用实例有利用纳米 $SiO_2$ 微粒实现细胞分离的技术，纳米微粒特别是纳米金(Au)粒子的细胞内部染色，以及使用表面包覆磁性纳米微粒的新型药物或抗体进行局部定向治疗等。

**4. 纳米材料在其他精细化工方面的应用**

在橡胶中加入纳米 $SiO_2$，可以提高橡胶的抗紫外线辐射和红外线反射能力。将纳米 $Al_2O_3$ 和 $SiO_2$ 加入普通橡胶中，可以提高橡胶的耐磨性和介电特性，而且弹性也明显优于用白炭黑作填料的橡胶。塑料中添加一定的纳米材料，可以提高塑料的强度和韧性，而且其致密性和防水性也相应提高。将纳米 $SiO_2$ 作为添加剂加入密封胶和黏合剂中，可以使其密封性和黏合性大为提高。

除了在上述领域的应用，纳米材料在诸如海水净化、航空航天、环境能源、微电子学等领域也有着逐渐广泛的应用。目前，纳米材料还未达到普及性应用，但是凭借其独特的性质和无可比拟的优势，发展前景十分广阔。

## 10.2　非晶态合金

### 10.2.1　非晶态合金概述

非晶态合金也称"金属玻璃"，它是由熔融状态的合金以极高的速度冷却，使其凝固后仍保持液态结构而得到的。理想的非晶态合金的结构是长程无序结构，可以认为是均匀的、各向同性的。

非晶态合金是由超急冷凝固的，因此合金凝固时原子来不及有序排列结晶，组成它的物质的分子(或原子、离子)不呈空间有规则周期性排列，因此没有晶态合金的晶粒、晶界存在。这种非晶态合金具有许多独特的性能，由于它的性能优异、工艺简单，从20世纪80年代开始成为国内外材料科学界的研究开发重点。

### 10.2.2　非晶态合金的性能

**1. 力学性能**

非晶态合金的力学性能特点是具有高的强度和硬度，例如，非晶态铝合金的抗拉强度(1140MPa)是超硬铝抗拉强度(520MPa)的两倍。非晶态合金 Fe80B20 的抗拉强度达3630MPa，而晶态超高强度钢的抗拉强度仅为1820～2000MPa，可见非晶态合金的强度远非合金钢所及。非晶态合金强度高的原因是由于其结构中不存在位错，没有晶体那样的滑移面，因而不易发生滑移。

**2. 耐蚀性**

非晶态合金具有很强的耐腐蚀能力。不锈钢在含有氯离子的溶液中易发生点腐蚀、晶间腐蚀，甚至应力腐蚀和氢脆。而非晶态的 Fe-Cr 合金可以弥补不锈钢的这些不足。含 Cr 不低于8%的铁基非晶态合金在各种介质中都显示出其优越的抗蚀特性，如在1mol的盐酸溶液中，在30℃下浸泡168h后，Fe70Cr10P13C7 和 Fe65Cr10Ni5P13C7 非晶态合金的腐蚀速度为零，而晶态的18-8不锈钢腐蚀速率则为10mm/a。

**3. 软磁性**

非晶态合金磁性材料具有高导磁率、高磁感、低铁损和低矫顽力等特性，而且无磁，各向异性。这是由于非晶态合金中没有晶界、位错及堆垛层错等钉扎磁畴壁的缺陷。

**4. 其他性能**

非晶态合金还具有好的催化特性，高的电性能、吸氢能力，超导电性，低居里温度等特性。在这些领域有着广阔的应用前景。

### 10.2.3　非晶态合金的应用

非晶态合金具有优良的性能，在受到广泛关注的同时，也被逐渐应用到生活中的方方面面，但是主要集中在磁性材料方面的应用。

**1. 非晶态合金带材在软磁材料中的应用**

优异的磁学性能使非晶态合金成为当今软磁材料的首选材料，同时磁性材料是迄今为止非晶态合金应用最成功的领域。在传统电力工业中，非晶态软磁合金带材正逐渐取代硅钢片，除了居里温度与饱和磁感外，铁基非晶态合金的各项性能(抗拉强度、硬度、最大磁导率、激磁功率密度等)都大大优于冷轧硅钢片，尤其是矫顽力大大小于冷轧硅钢片，使得其磁致损耗远低于冷轧硅钢片，这就使得非晶态铁芯电机的效率大大提高。

**2. 块体非晶态合金的应用**

块体非晶态合金，又称为大块非晶态合金，因其尺寸较大，打破了带状非晶态合金和非晶态粉末的尺寸限制，可以方便地制成各种机械零件，作为结构材料大规模使用，因而成为目前非晶态合金领域研究最热的方向。例如非晶态钢，与传统钢材相比，大块非晶态钢性能优异：其屈服强度是传统高强钢的 2～3 倍，在室温下不具有铁磁性，热稳定性高(玻璃转变温度接近或高于 900K)，抗海水腐蚀能力强，因而可以用作未来海军舰船的表面防护。由无磁非晶态钢制造的船体，在反探测、抗打击能力方面具有传统钢材无法比拟的优势。还有轻量化结构材料，铝基非晶态合金、镁基非晶态合金等低密度材料的强度和硬度都大大超过了普通钢铁材料。

**3. 其他方面**

非晶态合金对某些化学反应具有明显的催化作用，可以用作化工催化剂；某些非晶态合金通过化学反应能够吸收和放出氢，可以用作储氢材料。

非晶态合金因弹性极限大大高于普通晶态合金，加上优良的抗疲劳性能、高屈服强度等优点，成为精密仪器弹簧的首选材料。

## 10.3　功能材料

### 10.3.1　功能材料概述

**【小小疑问】**金属、陶瓷和高分子材料用于结构上承受载荷的情形随处可见，而那些依靠电、磁、光热、声等性能的材料属于什么材料呢？

**【问题解答】**这些属于功能材料，不要求力学性能，主要依靠自身的物理和化学性质得到一些特殊的功能。

现代工程材料按性能特点和用途大致可分为结构材料和功能材料两大类。结构材料要求材料具备强度、硬度、韧性及耐磨性等力学性能，用来制造工程结构、机械零件和各种工具。而随着高新技术的发展，具有某些特殊物理、化学性能的功能材料成为现代材料科学研究、发展和应用的重点。功能材料是指具有特殊的电、磁、光、热、声、力、化学性能和生物性能及其相互转化的功能，用以实现对信息和能量的感受、计量、显示控制和转化的非结构性高新材料。

铜、铝导线及硅钢片等都是最早的功能材料。随着电力技术工业的发展，电工合金、电功能材料、磁功能材料得到较大发展。20 世纪 50 年代，微电子技术的发展带动了半导体功能材料的迅速发展；60 年代激光技术的出现与发展，又推动了光功能材料的发展；70 年代以后，光电子材料、形状记忆合金、储能材料等发展迅速；90 年代起，纳米功能材料、智能功能材料等逐渐引起了人们的兴趣。太阳能、原子能的利用，以及微电子技术、激光技术、传感器技术、工业机器人、空间技术、海洋技术、生物医学技术、电子信息技术等的发展，使材料的开发重点由结构材料转向了功能材料。

### 10.3.2　功能材料的分类及应用

按材料的功能不同，功能材料可分为电功能材料、磁功能材料、热功能材料、光功能材料等。

**1. 电功能材料**

电功能材料是指具有特殊的电学性能和各种电效应的材料，以金属材料为主，其种类和数量较多，下面介绍金属导电材料、金属电阻材料和金属电接点材料三种。

1) 金属导电材料

导电材料是用以传递电流又没有或有很少电能损失的材料，要求有良好的导电性，其基本性质以电阻率表征，主要用于制造传输电能的电线电缆及传导信息的导线引线与布线。

最常用的导电材料是纯铜、纯铝及其合金，主要性能要求是导电性，用电导率 $\sigma$ 或电阻率 $\rho$ 表示。作为导电材料的铜大都是电解铜，含铜量为 99.97%～99.98%，含有少量杂质和氧，杂质会降低电导率，氧会使产品性能下降。铝导线的电导率比铜导线低，但密度仅为铜的 1/3，主要用于送电线和配电线。

另外还发展了复合金属导电材料，如铜包铝线、镀锡铜线等。除了这些常规导电技术材料，还有一些特殊的导电材料，如膜(薄膜或厚膜)导体布线材料、导电高分子材料和超导电材料。

(1) 膜(薄膜或厚膜)导体布线材料。贵金属(如 Au、Pb、Pt、Ag 等)厚膜导体是厚膜混合集成电路最早采用的膜导体材料。近年来发展了 Cu、Al、Ni、Cr 等廉金属系厚膜导体布线材料，大大降低了成本。

(2) 导电高分子材料。高分子材料是良好的电绝缘体，但是通过严格精确的分子设计，可以合成具有不同特性的导电高分子材料。导电高分子材料具有类似金属的电导率，且由于具有轻质、柔韧、耐蚀、电阻率可调节等优点，可望代替金属作为导电材料、电池电极材料、电磁屏蔽材料和发热伴体等。

导电高分子材料按其导电原理可分为结构型导电高分子材料及复合型导电高分子材料。结构型导电高分子材料是指高分子结构上原本就显示出良好导电性的材料。复合型导电高分子材料是指高分子与各种导电填料通过分散复合、层积复合或使其表面形成导电膜等方式制成的材料。

(3) 超导电材料。有些导体的直流电阻率在某一低温 $T_c$ 陡降为零,同时完全排斥磁场,被称为零电阻或超导电现象。具有超导电现象的物体被称为超导体。超导体有电阻时称为"正常态",而处于零电阻时称为"超导态"。导体由正常态转变为超导态的温度,即电阻突变为零的温度称为超导转变温度或临界温度 $T_c$。温度低于 $T_c$ 时,磁场强度会破坏超导态,当磁场强度超过某一临界值 $H_c$ 时,就转回正常态,$H_c$ 称为临界磁场。

2) 金属电阻材料

电阻材料是利用物质固有的电阻特性来制造不同功能元件的材料。它主要用于电阻元件、敏感元件和发热元件。按其特性与用途可分为精密电阻材料、膜电阻材料和电热材料。

精密电阻材料是指具有低的电阻温度系数、高精度、高稳定性和良好的工艺性能的一类金属或合金,如贵金属电阻合金、Ni-Cr 系电阻合金、Cu-Mn 系电阻合金、Cu-Ni 系电阻合金等。

3) 金属电接点材料

电接点材料是指用来制造建立和消除电接触的所有导体构件的材料。电力、电机系统和电气装置中电接点的工作电载荷较大,称为强电或中电接点,而仪器仪表、电信和电子装置中电接点的工作电载荷较小,为几毫安到几安培,且压力小,称为弱电接点,实际上三者之间没有严格的界限。

(1) 强电接点材料。强电接点材料要求为低接触电阻、耐电蚀、耐磨损及具有较高的耐高压强度、灭弧能力和一定的机械强度等。单一金属很难满足以上要求,故采用合金材料,例如真空开关接点材料(Cu-Bi-Ce、Cu-Fe-Ni-Co-Bi、W-Cu-Bi-Zr 等)和空气开关接点材料(Ag-CdO、Ag-W、Ag-石墨、Cu-W、Cu-石墨等)。

(2) 弱电接点材料。弱电接点的工作载荷(电信号及电功率)与机械载荷均很小,因此弱电接点材料应具有极好的导电性、极高的化学稳定性、良好的耐磨性及抗电火花烧损性。大多采用贵金属合金来制造,主要有 Ag 系、Au 系、Pt 系及 Pd 系金属合金四种。Ag 系金属合金具有较高的化学稳定性,多用于弱电流、高可靠性精密接点;Au 系合金的现代应用主要基于其优良物理性质和抗腐蚀能力,在饰品材料行业广泛应用;Pt 系、Pd 系金属合金多用于耐蚀、抗氧化、弱电流场合。

**2. 磁功能材料**

磁功能材料是指利用材料的磁性能和磁效应(电磁互感效应、压磁效应、磁光效应、磁阻及磁热效应等)实现对能量及信息的转换、传递、调制、存储、检测等功能作用的材料。磁化率大于 1 的强磁性材料通常称为磁性材料,区别于磁化率远小于 1 的弱磁性材料。磁功能材料的种类很多,按应用可分为软磁材料、硬磁(永磁)材料及信息磁材料。

1) 软磁材料

软磁材料在较低的磁场中被磁化而呈强磁性,但磁场去除后磁性基本消失。它包括金属软磁材料及铁氧体软磁材料等类型。其中金属软磁材料的饱和磁化强度高(适于能量转换场合)、磁导率高(适于信息处理场合)、居里温度高,但电阻率低,有集肤效应,涡流损失大，故一般限于在低频领域中应用。纯铁及硅钢片是应用较早的金属软磁材料，其中硅钢片用量较大。后来又研制了铁镍合金、铁钴合金及非晶、微晶软磁材料。

2）硬磁（永磁）材料

硬磁（永磁）材料是指材料在磁场充磁后，当磁场去除时其磁性仍能长时间被保留的一类磁功能材料。硬磁（永磁）材料的应用很广，但主要是利用硬磁合金产生的磁场和利用硬磁合金的磁滞特性产生转动力矩。

硬磁（永磁）材料种类繁多、性能各异，按成分可分为永磁合金（Al-Ni-Co系永磁合金和Fe-Cr-Co系永磁合金）、永磁铁氧体（钡/锶铁氧体材料）和稀土永磁材料。

3）信息磁材料

信息磁材料是指用于光电通信、计算机、磁记录和其他信息处理技术中的存取信息的磁功能材料。它包括磁记录材料、磁泡材料、磁光材料、特殊功能磁性材料等。

（1）磁记录材料。由磁记录材料制作的磁头和磁记录介质（磁带、磁盘、磁卡片及磁鼓等）可对声音、图像、文字等信息进行写入、记录、存储，并在需要时输出。从结构上又可分为磁粉涂布型介质和连续薄膜型介质。

（2）磁泡材料。在垂直薄膜平面的外磁场作用下，能产生圆柱形磁畴的薄膜材料，可作高速、高存储密度存储器。

（3）磁光材料。磁光材料是指应用于激光、光通信和光学计算机方面的磁性材料。其磁特性是法拉第旋转角度高、损耗低及工作频带宽。

（4）特殊功能磁性材料。应用于雷达、卫星通信、电子对抗、高能加速器等高新技术中的微波设备的材料，称为微波磁材料。在磁场作用下可产生磁化强度和电极化强度，在电场作用下可产生电极化强度和磁化强度的材料称为磁电材料。

**3. 热功能材料**

材料在受热或温度变化时，会出现性能变化，产生一系列现象，例如，热膨胀、热传导、热辐射等。热功能材料是指利用材料的热学性能及其热效应来实现某种功能的一类材料。按热性能可将其分为膨胀材料、测温材料、形状记忆材料、热释电材料、热敏材料、隔热材料等。广泛应用于仪器仪表、医疗器械、导弹等新式武器、空间技术和能源开发等领域。

1）膨胀材料

热膨胀是材料的重要热物理性能之一。绝大多数金属和合金具有热胀冷缩的现象，其程度可用膨胀系数来表示。根据膨胀系数的大小可将膨胀材料分为三种：低膨胀材料、定膨胀材料和高膨胀材料。

2）形状记忆材料

形状记忆材料是指具有形状记忆效应的金属（合金）、陶瓷和高分子等材料。材料在高温下形成一定的形状后，冷却到低温经塑性变形成为另外一种形状，再经加热后通过马氏体逆相变，即可恢复到高温时的形状，这就是形状记忆效应。因常见的形状记忆材料多由两种以上的金属元素构成，所以也称其为形状记忆合金。

按形状恢复形式，形状记忆效应可分为单程记忆、双程记忆和全程记忆三种。单程记忆是指材料在低温下经塑性变形后，加热时会自动恢复其高温时的形状，再冷却时不能恢复到低温形状。双程记忆是指材料加热时恢复其高温形状，冷却时恢复到低温形状，即温度升、降时，高、低温形状反复出现。全程记忆即材料在实现双程记忆的同时，如冷却到更低温度时出现与高温形状完全相反的形状。

3）测温材料

利用材料的热膨胀、热电阻和热电动势等特性来制造仪器仪表测温元件的一类材料称为测温材料。测温材料按材质可分为高纯金属及合金，单晶、多晶和非晶半导体材料，陶瓷、高分子及复合材料；按使用温度可分为高温、中温和低温测温材料；按功能原理可分为热膨胀、热电阻、磁性、热电动势等测温材料。目前，工业上应用最多的是热电偶和热电阻材料。

**4. 光功能材料**

光功能材料种类繁多。按材质可分为光学玻璃、光学晶体、光学塑料等；按用途可分为光学材料、固体激光器材料、信息显示材料、光纤、隐形材料等。

1）光学材料

光学材料包括光学玻璃、光学晶体和光学塑料。光学玻璃用于光学仪器仪表的核心部分，如透镜、反射镜、棱镜、滤光镜等。光学晶体是指用于光学、电学仪器上的结晶材料，有单晶和多晶两种。光学晶体按用途可分为光学介质材料和非线性光学材料，前者用于光学仪器的透镜、棱镜和窗口材料，后者用于光学倍频、声光、电光及磁光材料。光学塑料是指在加热加压下能产生塑性流动并能成形的透明有机合成材料，可以代替光学玻璃，其还有独特的应用，如制作隐形眼镜、无碎片眼镜、仪器发射镜面等。

2）固体激光器材料

固体激光器材料可分为激光玻璃和激光晶体两大类，它们均由基质与激活离子两部分组成。激光玻璃透明度高、易于成形、价格便宜，适于制造输出能量大、输出功率高的脉冲激光器；激光晶体的荧光线宽度比玻璃的窄，量子效率高，热导率高，应用于中小型脉冲激光器，特别是连续激光器或高重复率激光器。

3）信息显示材料

信息显示材料是指能够将人眼看不到的电信号变为可见的光信息的一类材料。按显示光的形式分为两类：主动式显示用发光材料和被动式显示用发光材料。

主动式显示用发光材料是指在某种方式激发下的发光材料。如在电子束激发下发光的称为阴极射线发光材料；在电场直接激发下发光的称为电致发光材料；能将不可见光转换为可见光的材料称为光致发光材料。

被动式显示用发光材料在电场等作用下不能发光，但能形成着色中心，再在可见光照射下才能够着色并显示出来。此类材料包括液晶材料、电着色材料、电泳材料，其中应用最广泛、最成熟的是液晶材料。

4）光纤

光纤是由高透明电介质材料制成的极细的低损耗导光纤维，具有传输从红外线到可见光区间的光和传感的两重功能，在通信领域和非通信领域都有广泛的应用。

通信光纤由纤芯与包层构成，其中纤芯是用高透明固体材料（高硅玻璃、多组分玻璃、塑料等）或低损耗透明液体（四氟乙烯等）制成的；表面包层是由石英玻璃、塑料等有损耗的材料制成的。非通信光纤主要用于光纤测量仪表的光学探头（传感器）、医用内窥镜等。

# 本章小结

纳米材料的晶粒尺寸达到纳米级。纳米粒子具有表面与界面效应、小尺寸效应、量子尺寸效应等特点。纳米材料凭借其独特的性质和无可比拟的优势，发展前景十分广阔。

非晶态合金也称“金属玻璃”，是由熔融状态的合金以极高的速度冷却，使其凝固后仍保持液态结构而得到的。理想的非晶态合金的结构是长程无序结构，可以认为是均匀的、各向同性的。

工程材料按性能特点和用途大致分为结构材料和功能材料两大类。前者注重的是力学性能，用于工程结构、机械零件和各种工具。后者注重的是特殊的物理、化学性能，用于非结构性材料，以实现对信息和能量的感受、计量、显示控制和转化。

功能材料按功能可分为电功能材料、磁功能材料、热功能材料、光功能材料等。电功能材料是利用材料的电学性能和各种电效应，包括金属导电材料、金属电阻材料和金属电接点材料；磁功能材料是利用材料的磁性能和磁效应(电磁互感效应、压磁效应、磁光效应、磁阻及磁热效应等)实现对能量及信息的转换、传递、调制、存储、检测等，包括软磁材料、硬磁(永磁)材料和信息磁材料；热功能材料是利用材料的热学性能及其热效应来实现某种功能，包括膨胀材料、测温材料、形状记忆材料、热释电材料、热敏材料、隔热材料等；光功能材料可以是玻璃、晶体和塑料，包括光学材料、固体激光器材料、信息显示材料、光纤、隐形材料等。

# 习题与思考题

**1. 填空题**

(1) 按材料的功能划分，功能材料可分为________、________、________、________等。

(2) 磁场去除后，按照磁性存在时间的长短，磁功能材料可分为________和________。

(3) 纳米材料是指晶粒尺寸为________的超细材料。1nm=________ m。

(4) 表面效应是指纳米超微粒子的________与________之比随着纳米粒子尺寸的减小而大幅增加的现象。

(5) 金属超微粒对光的发射率很低，所以实际上所有的金属超微粒子均为________色，尺寸越小，色彩越________。

**2. 简答题**

(1) 什么是功能材料？功能材料包括哪些种类？

(2) 什么是纳米材料？纳米材料具有哪些特殊性质？为什么？

# 第 4 篇　选材及应用篇

# 第 11 章　机械零件的失效与选材

【小小疑问】“失效”等同于“事故”吗？它们是什么关系呢？

【问题解答】“失效”与“事故”，是两个不同的概念。事故是一种结果，其原因可能是失效引起的，也可能不是失效引起的。同样，失效可能导致事故的发生，但也不一定就导致事故的发生。

在机械制造中，合格的零部件要达到三个要求：结构设计正确、材料选择合理及加工质量良好。机械零件(或构件)的设计质量再高，也不能永久地使用，总有一天会达到其使用寿命而失效。为了避免零件发生早期失效，在选材初期，就必须对零件在使用中可能发生失效的原因及失效机制进行分析、了解，为选材和加工质量控制提供参考依据。

## 11.1　机械零件的失效形式与分析

### 11.1.1　零件的失效

**1. 失效的概念**

各类机电产品的机械零部件、微电子元件和仪器仪表等，以及各种金属及其他材料形成的构件(工程上习惯统称为零件)都具有一定的功能，承担一定的工作任务，如承受载荷、传递能量、完成某种规定的动作等。当这些零件失去了它应有的功能时，就称该零件失效。

零件失效包括以下三种情况：

(1) 零件完全丧失其功能，即完全不能工作，如断裂、磨损、腐蚀或严重变形等。

(2) 零件虽然能够工作，但已不能完成规定的功能，如由于磨损导致的尺寸超差等。

(3) 零件能工作，也能完成规定的功能，但零件有严重损伤，如果继续使用不能确保安全。如在高温条件下长期运行的压力容器发生内部组织变化，如继续使用就会存在爆裂的危险。

应当特别指出，失效与事故是两个不同的概念。事故是一种后果，可能是由于失效或其他原因造成的。传统零件的失效一般是指金属材料制备的零件，金属材料使用性能优良，能满足绝大多数机械零件的工作要求，且具有良好的加工工艺性能，不仅能方便地通过各种成形加工方法制成所需要的产品，还能通过多种热处理工艺提高和改善材料的性能，充分发挥材料的潜力。因此广泛用于制造各种重要的机械零件和工程结构。零件的早期失效会带来巨大的经济损失，甚至严重威胁到人身安全。

**2. 零件的失效形式**

零件的失效形式是多种多样的，为了便于对失效现象进行研究和处理产品失效的具体问题，人们从不同的角度对失效的类型进行了分类。

1）按照产品失效的形态对失效进行分类

在工程上，通常按照产品失效后的外部形态将失效分为三种形式，即过量变形、断裂和表面损伤。这种分类方法便于将失效的形式与失效的原因结合起来，也便于在工程上进行更进一步的分析研究，因此是工程上常用的分类方法，见表 11-1。一般情况下，也习惯将工程结构件的失效分为断裂、磨损与腐蚀三大类，这种分类方法便于从失效模式上对失效件进行更深入的分析和理解。

**表 11-1　零件的失效类型与具体形式**

| 序号 | 失效类型 | 失效形式 | 直接原因 |
|---|---|---|---|
| 1 | 过量变形 | ①扭曲；②拉长；③胀大超限；④高、低温下的蠕变；⑤弹性元件发生永久变形 | 在一定载荷条件下发生过量变形 |
| 2 | 断裂 | 一次加载断裂 | 载荷或应力强度超过材料的承载能力 |
| | | 环境介质引起的断裂 | 环境介质、应力共同作用引起的低应力脆断 |
| | | 疲劳断裂 | 周期作用力引起的低应力破坏 |
| 3 | 表面损伤 | 磨损 | 两个相互接触的物体产生相对运动造成材料流失 |
| | | 腐蚀 | 由环境气氛的化学和电化学作用引起 |

断裂失效是机械零件的主要失效形式，根据断裂的性质和断裂的原因，对常见的断裂分类如下：

（1）根据断裂时变形量的大小，将断裂失效分为两大类，即脆性断裂和延性断裂。

（2）按裂纹走向与金相组织（晶粒）的关系，将断裂失效分为穿晶断裂和沿晶断裂。

（3）金属物理工作者通常着眼于断裂机制与形貌的研究，因此习惯上对断裂失效作如下分类：

① 按断裂机制进行分类，可分为微孔型断裂、解理型（准解理型）断裂、沿晶断裂及疲劳断裂等。

② 按断口的宏观形貌分类，可分为纤维状断裂、结晶状断裂、细瓷状断裂、贝壳状断裂、木纹状断裂、人字形断裂、杯锥状断裂等。

③ 按断口的微观形貌分类，可分为微孔状断裂、冰糖状断裂、河流花样断裂、台阶断裂、舌状断裂、扇形花样断裂、蛇形花样断裂、龟板状断裂、泥瓦状断裂及辉纹断裂等。

按断口的微观形貌分类，可以详细揭示断裂的微观过程，有助于断裂机制的研究。

（4）工程技术人员习惯于按加工工艺或产品类别对断裂（裂纹）进行分类：

按加工工艺分类，分为铸件断裂、锻件断裂、磨削裂纹、焊接裂纹及淬火裂纹等。

按产品类别分类，分为轴件断裂、齿轮断裂、连接件断裂、压力容器断裂和弹簧断裂等。

按产品类别分类的优点主要是便于生产管理，有利于分清技术责任。

（5）从致断原因（断裂机理或断裂模式）的角度出发，可将机械零件的断裂失效分为以下几种类型：

① 过载断裂失效。

② 疲劳断裂失效。

③ 材料脆性断裂失效。

④ 环境诱发断裂失效。

⑤ 混合断裂失效。

2) 根据失效的诱发因素对失效进行分类

失效的诱发因素包括力学因素、环境因素及时间(非独立因素)三个方面。根据失效的诱发因素对失效进行分类,可分为:

(1) 机械力引起的失效,包括弹性变形、塑性变形、断裂、疲劳及剥落等。

(2) 热应力引起的失效,包括蠕变、热松弛、热冲击、热疲劳、蠕变疲劳等。

(3) 摩擦力引起的失效,包括黏着磨损、磨粒磨损、表面疲劳磨损、冲击磨损、微动磨损及咬合磨损等。

(4) 活性介质引起的失效,包括化学腐蚀、电化学腐蚀、应力腐蚀、腐蚀疲劳、生物腐蚀、辐照腐蚀及氢致损伤等。

3) 根据产品的使用过程对失效进行分类

一批相同的产品,在使用中可能会出现一部分产品在短期内发生失效,另一部分产品要经过相当长的时间才失效。失效率按使用时间可分为三个阶段:早期失效期、偶然失效期和耗损失效期。

(1) 早期失效是指产品使用初期的失效。在产品的使用初期,容易暴露设计和制造上的缺陷而导致失效,因此产品的早期失效率很高。随着使用时间的延长,失效率则很快下降。产品的早期失效期相当于人的"幼年期"。

(2) 偶然失效是指产品在正常使用状态下发生的失效,其特点是失效率低且稳定。在理想的情况下,产品在发生磨损或老化以前,应是无"失效"的,但是由于环境的偶然变化、操作时的人为偶然差错或者由于管理不善造成的"潜在缺陷"仍有产品的偶然失效。产品的偶然失效率是随机分布的、很低的和基本上是恒定的,故又称为随机的失效期。偶然失效期相当于人的"青壮年期",这一时期是产品的最佳工作时期。

(3) 耗损失效是指产品进入老龄期的失效。经过偶然失效期后,设备中的元件已到了寿命终止期,于是失效率开始急剧增加,如果在进入耗损失效期之前,进行必要的预防维修,它的失效率仍可保持在偶然失效率附近,从而延长产品的偶然失效期。通常情况下,产品发生的耗损失效生产厂可以不承担责任。但如果产品过早地进入耗损失效期,低于生产厂规定的使用寿命,则仍属于产品质量问题。

4) 从经济法的观点对失效进行分类

在失效分析工作中,特别是对重大失效事故的处理上,往往涉及有关单位和有关人员的责任问题,此时对失效从经济法的观点进行分类。通常可以分为以下几种类型:

(1) 产品缺陷失效,又称本质失效,是由产品质量问题产生的早期失效。失效的责任自然应由产品的生产单位来承担。

(2) 误用失效,属于使用不当造成的失效。通常情况下,应由用户及操作者负责。但如果产品的生产单位提供的技术资料中没有明确说明有关的注意事项及防范措施,产品的生产单位也应当承担部分责任。

(3) 受用性失效,属于他因失效,如火灾、水灾、地震等不可抗拒的原因导致的失效。

(4) 耗损失效,属于正常失效。生产单位一般不承担责任,但如果生产单位没有明确规定其使用寿命,并且过早地发生失效,生产单位也要承担部分责任。

除此之外,对失效尚有许多其他的分类方法,如按失效的模式(失效的物理、化学过程)对失效进行分类、按失效零件的类型对失效进行分类等。了解并正确运用失效的分类方法,对于研究失效的性质、分析失效的原因及确定相应的预防措施是十分重要的。上述分类方法在失效分析的实践中均得到了广泛应用,并予以相互补充。在运用上述知识进行失效分析时,将失效的模式、失效的诱发因素及失效后的表现形式联系起来考虑,对于获得正确的分析结果至关重要。

**3. 零件失效的来源**

引起零件早期失效的原因很多,涉及零件的结构设计、材料选择与使用、加工制造、装配、使用保养等,主要的失效原因可以归纳为以下几个方面。

1) 设计问题

有些失效是由于设计引起的,例如:

(1) 在高应力部位存在沟槽、机械缺口及圆角半径过小等。

(2) 应力计算方面的错误。对于结构比较复杂的零件,所承受的载荷性质、大小等缺少足够的资料,易引起计算方面的错误。

(3) 设计判据不正确。由于对产品的服役条件了解不够,设计判据的选用错误造成失效的事例时有发生。例如,对有脆断危险的零件、可能承受冲击载荷的零件、有交变载荷及在腐蚀介质环境下工作的零件,仅以材料的抗拉强度和屈服强度指标作为承载能力的计算判据就很不可靠,并且还会因为追求过高的材料强度而导致过早失效。

2) 材料选择的问题

(1) 选材判据有误。对于每种失效模式来说,均存在着特定的材料判据,即材料的特定性能指标。除此之外,还应权衡材料的成本、工艺性及工作寿命等因素,在选材时要进行全面考虑。但目前并无通用的选材规则,多数情况下是凭经验进行选材。对于特定的失效模式、载荷类型、应力状态及工作温度、介质等情况,有些规则是不能违背的,例如:

对于脆性断裂,其选材的通用判据应是材料的韧脆转变温度、缺口韧性及冲击吸收能量 $K$ 或冲击韧度 $a_K$。

对于韧性金属的韧性断裂,其通用判据应是抗拉强度及剪切屈服强度。

对于应力腐蚀开裂,选材的判据应是材料对介质的腐蚀抗力及临界应力场强度因子 $K_{ISCC}$ 等。

对于蠕变,应以在对应的工作温度和设计寿命中的蠕变率或持久强度为其选材判据。

材料选择比较困难的原因之一是材料的实验室数据要推广应用到长期工作的使用条件下,由于对使用条件模拟不准确会产生早期失效。

(2) 材料中的缺陷。许多失效是由于材料本身存在缺陷引起的。内部和外部的缺陷会起到缺口的作用而显著降低材料的承载能力。例如:铸件中的冷隔、夹杂、疏松、缩孔等,锻件中的折叠、接缝、空洞及锻造流线分布不合理等,使裂纹在此处易于产生和扩展或成为易腐蚀的部位,焊接残余应力、烧伤等缺陷也是如此。

由于材料选择是产品设计中的组成部分,并且直接涉及产品的尺寸及形状,所以材料选择上的缺点也属于设计方面的问题。

3）加工制造及装配中存在的问题

加工方法不正确、技术要求不合理及操作者失误也是引起设备过早失效的重要原因。例如：冷变形、机加工、焊接等产生的残余应力、微裂纹及表面损失等，常常是导致失效的内在原因。

热处理不当也是常见的失效原因之一。常见的有过热、回火不充分、加热速度过快及热处理方法选用不合理等。热处理过程中的氧化脱碳、变形开裂、晶粒粗大及材料的性能未达到规定要求等时有发生。

酸洗及电镀时，引起对材料的充氢而导致的氢致损失也是常见的失效形式。

不文明施工、不按要求安装等容易造成零件表面损失或导致残余应力、附加应力等，都会引起零件的早期失效。

4）不合理的服役条件

不合理的启动和停车、超速、过载服役、温度超过允许值、流速波动超出规定范围及异常介质的引入都可能成为设备过早失效的根源。

据调查统计，在失效的原因中，设计和制造加工方面的问题占 56%以上。这是一个重要方面，在失效分析和设计制造中都必须引起足够的重视。

### 11.1.2　零件失效分析

**1. 失效分析方法**

1）失效分析的思想方法

在对具体的失效问题进行分析时，除要求失效分析工作人员具有必要的专业知识外，正确的思想方法也是十分重要的。失效分析理论、技术和方法的核心是其思维学、推理法则和方法论。在实际工作中，应遵守并能正确运用以下基本原则。

(1) 整体观念原则。失效分析工作者在分析失效问题时，始终要树立整体观念。因为一套设备在运转中某个部件失效引起停车，往往有这样一些联系：它与相邻的其他部件有关；它与周围环境的条件或状态有关；它与操作人员的使用情况及管理与维护有关。因此，一旦失效就要把设备、环境、人(管理)当作一个整体(系统)来考虑。尽可能地设想设备可能出现哪些问题，环境可能造成哪些问题，人为因素可能造成哪些问题。然后根据调查资料及检验结果，采用“排除法”把不成为问题的问题逐个审查排除。如果孤立地对待失效部件，或局限于某一个小环境，往往会使问题得不到解决。

对于大型构件失效事故的分析必须遵从整体观念的原则，即使对于不大的、个体的零件失效，也应遵循这一原则。实际上，任何一个失效分析活动都是一次系统工程的实践。例如，某工厂生产的继电器，春天存放在仓库里，到秋天就发现大批继电器的弹簧片沿晶界断裂，经失效分析判定是氨引起的应力腐蚀开裂。但仓库里从来没有存放过能释放氨气的化学物质，因此，分析结论中的腐蚀介质还得不到证实。问题就出在把系统局限于仓库这个小环境上。后来查明，在仓库大门南面附近的田野里有一个大鸡粪堆，是鸡粪放出的氨气经春、夏的南风送进仓库，提供了应力腐蚀必要的介质，而引起了损坏。可见，如果不与更广的环境联系起来，就得不到正确的结论。

(2) 从现象到本质的原则。从现象分析问题导入，进而找到产生现象的原因，即失效的本质问题，才能解决失效问题。例如分析一个断裂件，它承受的是交变载荷，并且在断口上发现有清晰的贝壳花样，很容易得出疲劳断裂的结论。但是，这仅仅是一个现象的诊断，而不是失效本质的结论。一个零部件失效的表象是由其内在的本质因素决定的。对于一个疲劳断裂的零件，仅仅判断其是疲劳失效是不够的，而更难、更关键的问题，是要确定为什么会发生疲劳断裂。导致疲劳失效的原因很多，常见的不下 40 个。因此，在失效分析中，不应只满足于找到断裂或其他失效机制，更重要的是要找到致断或失效的原因，才有助于解决问题。

(3) 动态原则。所谓动态原则是指机械产品相对周围的环境、条件或位置，总在做相对运动。产品在服役中是如此，存放在仓库里也是如此。例如，一个部件的受力条件，环境的温度、湿度和介质等外部条件的变化，产品本身的某些元素随时间发生的偏聚及亚稳组织状态的转变等内在变化，甚至操作人员的变化，都应包括在这一原则中。在失效分析时，应将这些变化条件考虑进去。如某电厂一电调油管道运行 2 年，发现有油渗漏现象。油管材料为 1Cr18Ni9Ti，规格为 $\phi$32mm×3.5mm，管内油压力为 13.7MPa。经分析电调油管发生了应力腐蚀开裂，在裂纹内检测到 $Cl^-$。对调油管使用环境和外包覆保温材料分析和检验，没有找到 $Cl^-$ 的来源。后经过对调油管制造运输和安装过程调查分析，确认调油管在运输过程中有与 $Cl^-$ 接触的机会，当表面黏附微量 $Cl^-$ 后，在以后的高温过程中就会发生 $Cl^-$ 的凝聚，使局部区域 $Cl^-$ 的含量急剧升高，从而增加不锈钢应力腐蚀开裂的可能性。

(4) 一分为二原则(两分法原则)。这个认识论的原则用于失效分析时，常指对进口产品、名牌产品等不要盲目地以为没有缺点。大量事实表明，我国引进的设备中很多失效原因是属于设计、用材、制造工艺或漏检引起的。如对某进口离心机叶片的断裂分析中，开始时有几家单位认为是使用问题，有的人认为这样的设备对于制造方而言是不会出现加工缺陷的。而经过深入分析，确证是焊接缺陷引起的失效。

(5) 纵横交汇原则(立体性原则)。既然客观事物总是在不同的时空范围内变化，那么同一设备在不同的服役阶段、不同的环境，就具有不同的性质或特点。所有机电设备的失效率与时间的关系都服从“浴盆曲线”，但这是从设备本身来看的特点；另外，同一温度、介质或外界强迫振动，在服役不同阶段的介入所起的作用也是不同的。这就使产品的失效问题变得更加复杂化。例如，同一产品在不同的工况条件下可能产生不同的失效模式。不同工况条件下产生的同一失效模式，又可能是由不同的因素引起的。即使同一构件，在相同的工况条件下，在构件的不同部位也会产生不同的失效模式，典型的如在腐蚀性环境中服役的奥氏体不锈钢结构件，会同时产生点蚀、应力腐蚀或者腐蚀疲劳失效等。

除上述基本原则外，在分析方法上还应当注意以下几点：

(1) 尽可能采用比较方法。选择一个没有失效的而且整个系统能与失效系统一一对比的系统，将其与失效系统进行比较，从中找出差异。这样将有利于尽快找出失效的原因。

(2) 尽可能参考历史方法。历史方法的客观依据是物质世界的运动变化和因果制约性，就是根据设备在同样的服役条件下过去表现的情况和变化规律，来推断现在失效的可能原因。这主要依赖过去失效资料的积累，运用归纳法和演绎法来分析失效的原因。

(3) 充分运用逻辑方法。运用逻辑方法就是根据背景资料(设计、材料、制造的情况等)和失效现场的调查材料及分析、测试获得的信息进行分析、比较、综合、归纳，做出判断和推论，进而得出可能的失效原因。

另外，在实际分析中，还要注意抓关键问题。在众多的影响因素和失效模式中，要抓住导致零件失效的关键因素。一个零件的失效表观上可能有多种表象，一定要排除次要因素。并不是说这些因素不能导致零件失效，但针对一个具体零件的具体失效，这些因素可能不是关键因素。但同时要注意，关键问题解决了，原来不是关键的问题就变成了关键问题，这就要遵循动态原则，提出防止失效的措施。

上述基本原则和方法的掌握和运用水平，决定着失效分析的速度和结论正确的程度。掌握了这些原则和方法，可以防止失效分析人员在认识上的主观片面性和技术运用上的局限性。

在判断和推论上应实事求是，不能做无事实根据的推论。

2）相关性分析的思路及方法

所谓相关性分析思路，是从失效现象寻找失效原因或"顺藤摸瓜"的分析思路。一般用于具体零部件及不太复杂的设备系统的失效分析中。常用的有以下几种具体的分析方法。

(1) 按照失效件制造的全过程及使用条件分析的方法。一个具体零部件发生失效，比如一个轴件在使用中发生断裂，为了分析断裂原因通常依次进行如下分析工作：

① 审查设计，如对使用条件估计不足进行的设计、标准选用不当、设计判据不足、高应力区有缺口、截面变化太陡、缺口或倒角半径过小及表面加工质量要求过低等均可能是致断因素。

② 材料分析，如材料选用不正确、热处理制度不合理、材料成分不合格、夹杂物超标、显微组织不符合要求、材料各向异性严重、冶金缺陷等均可能是致断因素。

③ 加工制造缺陷分析，如铸、锻、焊、热处理缺陷，冷加工缺陷，酸洗、电镀缺陷，碰伤，工序间锈蚀严重，装配不当，异物混入及漏检等均可能是致断因素。

④ 使用及维护情况分析，如超载、超温、超速，启动、停车频繁或过于突然，润滑制度不正确，润滑剂不合格，冷却介质中混有硬质点，未按时维修保养，意外灾害预防措施不完善等均可能是致断因素。

(2) 根据产品失效形式及失效模式分析的思路及方法。根据产品失效形式及失效模式分析也是较为常用的分析方法。一个具体的零件失效后，其表现形式一般不外乎过量变形、表面损伤和断裂三种。根据其表现形式进一步分析失效模式，然后分析导致这种失效模式的内部因素和外部因素，最后找出失效的原因。

(3) "4M"分析思路及方法。所谓"4M"分析法，是指将 Man(人)、Machine(机器设备)、Media(环境介质)和 Management(管理)作为一个统一的系统进行分析的方法。对于一个比较复杂的系统常采用此种方法，依次进行以下4个方面的分析工作：

① 操作人员情况分析，主要指的是分析操作人员是否存在工作态度不好、责任心不强、玩忽职守、主观臆断和违章作业等不安全行为，以及缺乏经验、反应迟钝和技术低劣等局限性。

② 环境情况分析，主要指的是分析产品在使用状态下所处的环境条件，如载荷状态、大小、方向的变化，温度，湿度，尘埃，以及是否存在腐蚀介质等。

③ 设备情况分析，主要指的是分析材料的选择，结构设计，加工制造水平及安装、运输保护措施等。

④ 管理情况分析，主要指的是分析管理情况是否存在缺乏适当的作业程序，保护措施

不健全,辅助工作太差,使用的工具、设施不当,没有按规定的作业程序操作,缺乏严格的维修保养制度等问题。

“4M”分析法又称撒大网式的逐个因素分析法。该方法分析的思路较宽,不易丢失可能的因素,但工作量较大。国外在一些重要失效事故的分析和军事部门应用较多。在一般实际应用时应有所侧重。

3) 系统工程的分析思路及方法

对于一个复杂的设备系统,其失效因素除众多物的因素外,通常还可能包括人的许多因素和软件方面的因素(如计算机程序错误等)。对于这类失效问题,如果仅限于相关性思路的分析方法,利用物理检测技术是无法解决问题的,而必须采用系统工程的分析思路及相应的分析方法。

系统工程(system engineering)是一门综合技术,它综合运用多种现代科学技术,并与各领域的具体问题相结合,从而应用于各个领域。

失效系统工程是把复杂的设备或系统和人的因素当作一个统一体,运用数学方法和计算机等现代化工具来研究设备或系统失效的原因与结果之间的逻辑联系,并计算出设备或系统失效与部件之间的定量关系。

**2. 失效分析的程序及步骤**

1) 失效分析的程序

失效分析是一项复杂的技术工作,它不仅要求失效分析工作人员具有多方面的专业知识,还要求多方面的工程技术人员、操作者及有关科学工作者相互配合,才能圆满地解决问题。因此,在分析以前需要设计出一个科学的分析程序和实施步骤。失效分析工作又是一项关系重大的严肃工作,工作中切忌主观和片面,对问题的考虑应从多方面着手,严密而科学地进行分析工作才能得出正确的分析结果和提出合理的预防措施。制定一个科学的分析程序,是保证失效分析工作顺利而有效进行的前提条件。

但是,机械零件失效的情况是千变万化的,分析的目的和要求也不尽相同,因而很难规定一个统一的分析程序。一般说来,在明确了失效分析的总体要求和目标之后,失效分析程序大体上包括:调查失效事件的现场;收集背景材料,深入研究分析,综合归纳所有信息并提出初步结论;重现性试验或证明试验,确定失效原因并提出建议措施;写出分析报告。

2) 失效分析的步骤

(1) 现场调查,包括:

① 保护现场。在防止事故进一步扩大的前提下,应力求保护现场不被破坏,如果必须改变某些零件的位置,应先拍照或做出标记。

② 查明事故发生的时间、地点及失效过程。

③ 收集残骸碎片,标出相对位置,保护好断口。

④ 选取进一步分析的试样,并注明位置及取样方法。

⑤ 询问目击者及其他有关人员,了解相关情况。

⑥ 写出现场调查报告。

(2) 收集背景材料,包括:

① 设备的自然情况,包括设备名称、出厂及使用日期、设计参数及功能要求等。

② 设备的运行记录,要特别注意载荷及其波动、温度变化、腐蚀介质等。

③ 设备的维修历史情况。

④ 设备的失效历史情况。

⑤ 设计图样及说明书、装配程序说明书、使用维护说明书等。

⑥ 材料选择及其依据。

⑦ 设备主要零部件的生产流程。

⑧ 设备服役前的经历，包括装配、包装、运输、储存、安装和调试等阶段。

⑨ 质量检验报告及有关的规范和标准。

在进行一项失效分析工作时，现场调查和收集背景材料是至关重要的，可以说是前提和根本。只有做好现场调查和背景材料的分析、归纳，才能正确地制定下一步的分析程序。因此，作为失效分析工作，必须重视和学会掌握与失效设备（构件）相关的各种材料。有时，由于各种原因，分析人员难以到达失效现场，这样就必须明确地提出需要收集材料的内容，由现场工作人员收集。收集背景材料时应遵循实用性、时效性、客观性及尽可能丰富和完整等原则。

(3) 技术参量复验，包括：

① 材料的化学成分。

② 材料的金相组织和硬度及其分布。

③ 常规力学性能。

④ 主要零部件的几何参量及装配间隙。

(4) 深入分析研究，包括：

① 失效产品的直观检查（变形、损失情况，裂纹扩展，断裂源）。

② 断口的宏观分析及微观形貌分析（常用扫描电子显微镜）。

③ 无损探伤检查（涡流、着色、磁粉、同位素、X 射线、超声波等）。

④ 表面及界面成分分析（俄歇电子能谱等）。

⑤ 局部或微区成分分析（辉光光谱、能谱、电子探针等）。

⑥ 相结构分析（X 射线衍射法）。

⑦ 断裂韧度检查，强度、韧性及刚度校核。

(5) 综合分析归纳，推理判断，提出初步结论。根据失效现场获得的信息、背景材料及各种实测数据，运用材料学、机械学、管理学及统计学等方面的知识，进行综合归纳、推理判断，去伪存真、由表及里地分析后，初步确定失效模式，并提出失效原因的初步意见和预防措施。

(6) 重现性试验或证明试验。为了验证所得结论的可靠性，对于重大事件，在条件允许的情况下，应进行重现性试验或对其中的某些关键数据进行证明试验。如果试验结果同预期的结果一致，则说明所得结论是正确的，预防措施是可行的。否则，尚需做进一步分析。

应该注意，在进行重现性试验时，试验条件应尽量与实际相一致。快速试验得出的结果在与实际对比时，应进行合理的数学处理，而不应简单放大或直接应用。

(7) 撰写失效分析报告。失效分析报告与科学研究报告相比较，除了都应条理清晰、简明扼要、合乎逻辑，二者在格式和侧重点等许多方面有所不同。失效分析侧重于失效情况的调查、取证和验证，在此基础上通过综合归纳得出结论，而不着重探讨失效机理，这就有别于断裂机理的研究报告。

机械产品的失效分析报告通常应包括如下内容：

① 概述。首先介绍失效事件的自然情况，即事件发生的时间、地点，失效造成的经济损失及人员伤亡情况；受何部门或单位的委托；分析的目的及要求；参加分析人员的情况；起止时间等。

② 失效事件的调查结果。简明扼要地介绍：失效部件的损坏情况，当时的环境条件及工况条件；当事人和目击者对失效事件的看法；失效零部件的服役史、制造史及有关的技术要求和标准。

③ 分析结果。为了寻找失效原因，采用了何种方法和手段，做了哪些分析工作，有何发现，按照认识的自然过程一步步介绍清楚。在这时重要的是证据而不是议论。对于断裂件的分析，断口的宏观和微观分析、材料的选择及冶金质量情况分析、力学性能及硬度的复检、制造工艺及服役条件的评价等分析内容通常是不可缺少的。

④ 问题讨论。必要时，对分析工作中出现的异常情况、观点上的分歧、失效机理的看法等问题进行进一步的分析讨论。

⑤ 结论与建议。结论意见要准确，建议要具体、切实可行。遗留的问题、尚需进一步观察和验证的问题也应当写清楚。但涉及法律程序方面的问题，比如，甲方对本次失效事件负责，应赔偿乙方多少经济损失等，则不属于失效分析报告的内容。

## 11.2 机械零件的材料选择

选材合理性的标志应是在满足零件性能要求的条件下，最大限度地发挥材料的潜力，做到“物尽其用”。既要考虑提高材料强度的使用水平，同时也要减少材料的消耗和降低加工成本。因此要做到合理选材，对设计人员来说，必须进行全面分析及综合考虑。

### 11.2.1 选材的一般原则

选材的一般原则是：先满足使用性能，再考虑工艺性能和经济性。就是说，选用的材料首先必须保证零件在使用过程中具有良好的工作能力，另外要便于加工制造，保证较低的成本。

**1. 选材的使用性能原则**

材料的使用性能是指零件在正常使用的情况下应具备的性能，包括力学性能、物理性能和化学性能等。这是保证零件实现规定功能的必要条件，在大多数情况下，这也是选材时首先要考虑的问题。对于机械零件来说，主要考虑其力学性能。同时，还需要考虑抵抗环境介质（如温度、湿度、接触介质等）侵蚀的能力。

零件的工作条件是复杂多样的。按受力状态分析，有压、弯、扭等应力；按载荷性质分析，有静载、动载、疲劳载荷等；按工作温度分析，有低温、室温、高温等；按环境介质分析，有酸、碱、盐、海水等。

一般零件按力学性能进行选材时，只要正确地分析零件的服役条件和失效形式，确定零件对使用性能的具体要求，并对零件的危险部位进行力学分析计算，正确计算所选材料的许用应力，则零件在服役期间，一般不会发生由于机械损伤造成的早期失效。但由于存在诸多其他因素会影响材料的性能和零件的使用寿命。因此，按力学性能选材时，还必须考虑以下情况。

（1）必须考虑材料及其零件的服役条件。实际采用的材料可能会存在夹杂物和宏观及微观冶金缺陷，直接影响材料的力学性能。此外，材料的力学性能都是通过实验室试样测定的，而试样在实验过程中受到的拘束状态及其实验过程与零件的实际服役条件存在差异，致使试样测定的材料力学性能与零件的实际力学性能有一定出入。因此，材料的性能指标无论是利用试样测定的，还是由相关手册查到的，在选用时还需通过模拟实验进行确定。

（2）充分考虑加工时材料的尺寸。钢材的截面尺寸不同，其力学性能会有所差别。一般随着截面尺寸的增大，钢材的力学性能是降低的，该现象称为尺寸效应。特别对于需要热处理的零件，由于材料具有尺寸效应，导致零件截面不能获得与试样相同的均一组织，从而造成零件性能上的差异。

（3）综合考虑材料的强度、塑性、韧性等力学性能指标。零件在服役时不仅处于复杂的应力状态下，还经常发生短时间的过载。如果片面地提高材料的强度，而忽视了材料的塑性及其韧性，则可能会造成零件的脆性断裂。因此，在对零件进行选材时，要综合考虑材料的力学性能。

**2. 选材的工艺性能原则**

材料的工艺性能是指材料的加工难易程度。在对零件进行选材时，一般应预先制备与成品形状尺寸相近的毛坯，再进行机加工处理。由于毛坯不同，其工艺性能也不同。因此，在满足材料力学性能的同时，必须考虑材料的工艺性能。金属材料的加工工艺复杂，要求的工艺性能较多，如铸造性能、锻造性能、焊接性能、切削加工性能、热处理工艺性能等。

（1）铸造性能，包括流动性、收缩性、热裂倾向性、偏析及吸气性等。

不同的金属材料，其铸造性能有很大的差异。表 11-2 列出了不同金属材料的铸造性能。根据零件要求的性能及其结构特点，如采用铸造工艺，必须考虑所选材料应具有良好的铸造性能，才能制造出合格的铸件。

**表 11-2　常用金属材料的铸造性能**

| 材　料 | 铸造性能 | | | | | | |
|---|---|---|---|---|---|---|---|
| | 流动性 | 收缩性 | | 偏析倾向 | 熔点 | 对壁厚的敏感性 | 其　他 |
| | | 体收缩 | 线收缩 | | | | |
| 灰铸铁 | 很好 | 小 | 小 | 小 | 较低 | 较大，厚处强度低 | — |
| 球墨铸铁 | 比灰铸铁稍差 | 大（与铸钢相近） | 小 | 小 | 较低 | 较灰铸铁小 | 易形成缩孔、缩松，白口倾向较大 |
| 可锻铸铁 | 比灰铸铁差，比铸钢好 | 很大（比铸钢大） | 退火后比灰铸铁小 | 小 | 较灰铸铁高 | 较大 | — |
| 铸钢 | 差（比低碳钢更差） | 大 | 大（2%） | 较大 | 高 | 小，壁厚增加，强度无明显降低 | 含碳量增加，收缩率增加、导热性差，高碳铸钢易发生冷裂，低合金铸钢比碳素铸钢易裂 |

续表

| 材料 | | 铸造性能 | | | | | | |
|---|---|---|---|---|---|---|---|---|
| | | 流动性 | 收缩性 | | 偏析倾向 | 熔点 | 对壁厚的敏感性 | 其　他 |
| | | | 体收缩 | 线收缩 | | | | |
| 铸造铜合金 | 黄铜 | 较好 | 小 | 小 | 较小 | 比铸铁低 | — | 易形成集中缩孔 |
| | 锡青铜 | 较黄铜差 | 最小 | 不大 | 大 | 比铸铁低 | — | 易产生缩松 |
| | 特殊青铜 | 好 | 大 | — | 较小 | 比铸铁低 | — | 易吸气及氧化并形成集中缩孔 |
| 铸造铝合金 | | 尚好 | — | 小 | 大 | 比铸铁低 | 大,强度随壁厚增大,显著下降 | 易吸气、氧化 |

(2) 锻造性能,包括可锻性、冷镦性、冲压性、锻后冷却要求等。

在碳钢中,低碳钢的可锻性最好,中碳钢次之,高碳钢较差。低合金钢的可锻性近似于中碳钢。高合金钢的可锻性比碳钢差,因为它的变形抗力大(比碳钢高好几倍),硬化倾向大,塑性低,并且高合金钢导热性差,锻造温度范围间隔窄(仅为 100～200℃),增加了锻造时的困难。

铝合金虽然跟低碳钢一样能够锻出各种形状的锻件,但铝合金在锻造时,需要比低碳钢多的能量,锻造温度下的塑性也比低碳钢低,而且模锻时的流动性较差,锻造温度范围间隔窄(一般为 100～150℃)。

铜合金的可锻性较好,黄铜在 20～200℃低温及 600～900℃高温下都具有较高的塑性,即在冷态和热态下均可锻造,锻造所需能量要比碳钢低。

(3) 焊接性能,金属的焊接性能是指在一定生产条件下金属能够接受焊接的能力。通常以焊接接头出现裂纹、气孔或其他缺陷的倾向及对使用要求的适应性来衡量金属材料焊接性的好坏。

通常情况下,$w_C \leqslant 0.25\%$的低碳钢及 $w_C < 0.18\%$的合金钢的焊接性较好；$w_C > 0.45\%$的碳钢及 $w_C > 0.38\%$的合金钢的焊接性较差。铜合金、铝合金的焊接性一般比碳钢差,因为它们焊接时,易产生氧化物而形成脆性夹杂物,易吸气而形成气孔,膨胀系数大而易变形,导热快,故需功率大而集中的热源或采用预热方式等。

(4) 可加工性,可加工性是指金属材料接受切削加工的能力。一般用切削抗力的大小、加工零件的表面粗糙度、加工时切屑排除的难易程度及刃具的磨损大小来衡量。

金属材料的可加工性与材料的化学成分、力学性能及显微结构有密切关系。其中零件材料的硬度对其可加工性的影响尤为明显,硬度在 160～230HBW 范围内的材料的可加工性较好。材料硬度过高不但难以加工,而且会增大刀具的磨损；硬度过低则易造成切屑过长,缠绕在刀具及工件上,造成刀具发热与磨损,零件加工后,表面粗糙度数值大,故可加工性较差。常用材料的可加工性见表 11-3。

**表 11-3　常用材料的可加工性**

| 切削加工性等级 | 各种材料的可加工性 | | 相对加工性 $K_v$ ① | 代表性材料 |
|---|---|---|---|---|
| 1 | 一般有色金属 | 很容易加工 | 8～20 | 铝镁合金、锡青铜(ZCuSn5Pb5Zn5) |
| 2 | 易切削钢 | 易加工 | 2.5～3.0 | 易切削钢($R_b$=400～500MPa) |
| 3 | 较易切削的钢材 | | 1.6～2.5 | 30 钢正火($R_b$=500～580MPa) |

续表

| 切削加工性等级 | 各种材料的可加工性 | | 相对加工性 $K_v$ ① | 代表性材料 |
|---|---|---|---|---|
| 4 | 一般碳钢、铸铁 | 普通 | 1.0～1.5 | 45 钢、灰铸铁 |
| 5 | 稍难切削的材料 | | 0.7～0.9 | 85 钢(轧材)、20Cr13 调质钢($R_b$=850MPa) |
| 6 | 较难切削的材料 | 难加工 | 0.5～0.65 | 65Mn 调质钢($R_b$=950～1000MPa)、易切不锈钢 |
| 7 | 难切削的材料 | | 0.15～0.5 | 不锈钢(06Cr18Ni11Ti) |
| 8 | 很难切削的材料 | | 0.04～0.14 | 耐热合金钢、钛合金 |

① 材料可加工性通常用刃具耐用度为 60min 时的切削速度 $v_{60}$ 来表示。$v_{60}$ 越高,表示材料的可加工性越好,并以 $R_b$=600MPa 的 45 钢的 $v_{60}$ 为基准,简写为 $(v_{60})_f$。若以其他材料的 $v_{60}$ 与 $(v_{60})_f$ 相比,其比值 $K_v=v_{60}/(v_{60})_f$ 称为该材料的相对加工性。

(5) 黏结固化性,高分子材料、陶瓷材料、复合材料及粉末冶金制品,大多数靠黏结剂(包括基体本身的黏结作用),在一定条件下黏结、固化成型。因此,在成型过程中,应当注意各组分间的黏结固化倾向,才能保证成型及其成型质量。

(6) 热处理工艺性能,包括淬透性、变形开裂倾向、过热敏感性、回火脆性倾向、氧化脱碳倾向等。

在选择零件材料时,除了考虑材料的淬硬性和淬透性,还需要考虑材料在热处理中的变形、开裂等问题。含碳量高的碳钢,在零件结构形状及其冷却条件一定时,淬火后的变形与开裂倾向较含碳量低的碳钢严重。由于碳钢淬火时一般冷却速度很快,在其他相同条件下,变形与开裂倾向较合金钢大,选材时必须充分考虑这一因素。

对于心部要求具有良好综合力学性能,表面又要有高耐磨性的零件,在选材时除了考虑淬透性因素,还应该使零件有利于表面强化处理,并使表面处理后能获得较好的效果;在选择弹簧材料时,要特别注意材料的氧化脱碳倾向;选择渗碳用钢时,要注意材料的过热敏感性;选择调质用钢时,应注意材料的高温回火脆性。

此外,当工艺性能和力学性能相矛盾时,有时从工艺性能方面考虑不得不放弃某些力学性能能够满足要求的材料,这对大批量生产的零件尤为重要。因此,大批量生产零件时,工艺周期的长短和加工费用的高低,常常是生产的关键。

**3. 选材的经济性原则**

材料的经济性是零件选择的重要原则之一。一般包括材料的价格、零件的总成本与国家的资源等。从选材的经济性原则考虑,应尽可能选择价廉、货源充足、加工方便、总成本低的材料,而且尽量减少所选材料的品种、规格,以便简化供应、保管等工作。

材料的价格在产品的总成本中占有较大的比重,据有关资料统计,在许多工业部门中材料价格能够占到产品价格的 30%～70%,因此要求设计人员熟悉材料的市场价格。

零件材料的价格无疑应该尽量低,必须保证其生产和使用的总成本最低。零件的总成本与其使用寿命、质量、加工费用、研究费用、维修费用和材料价格有关。

同时必须注意,选材时不能片面强调材料的费用及零件的制造成本,因为在对零件进行经济效果评定时,还要考虑零件在使用过程中的经济效益问题。如机械零件在使用中,即使发生失效也不会对整个机械设备造成损坏事故,而且拆换方便,同时该零件的需用量又较大时,从成本方面考虑,一般希望该零件的制造成本要低,从而售价低;但有些机械零件(如发动机的曲轴、连杆等)，其质量的好坏会直接影响整台机器的使用寿命，一旦该零件失效，将会造成整台机器损坏的事故，因此为了确保这类零件的使用寿命，即使材料价格和制造成本较高，从整体来看，其经济性仍然是合理的。

随着工业的发展，资源和能源的问题日益严重，选用材料时必须对此有所考虑，特别是对于大批量生产的零件，选用的材料应该资源丰富并顾及我国的资源状况。另外，还要注意生产所用材料的能源消耗，尽量选用耗能低的材料。

### 11.2.2　选材的步骤

在选择零件材料时通常按照如下步骤进行：

(1) 在对零件的服役条件、形状尺寸与应力状态进行分析后，确定零件的技术条件。

(2) 通过分析或试验，同时结合类似零件的失效分析结果，找出零件在实际使用中主要和次要的失效抗力指标，作为选材的依据。

(3) 通过力学性能计算，确定零件应具有的主要力学性能指标，综合考虑材料是否满足失效抗力指标和工艺性能要求，通过比较选择合适的材料。

(4) 审核所选材料的生产经济性(包括热处理的生产成本等)。

(5) 试验、投产。

轴类、齿轮类零件选材

## 11.3　典型零件的选材及工艺路线设计

根据零件在机器中的作用和结构形状特征，大致可将其分为四类：

(1) 轴套类零件，包括各类轴、衬套等。轴套类零件结构的主体部分大多是同轴回转体，一般起支承转动零件、传递动力的作用，常带有键槽、轴肩、螺纹及退刀槽等结构。

(2) 盘盖类零件，包括端盖、阀盖、齿轮等零件，一般为不同直径的回转体或其他形状的扁平板状，其厚度相对于直径小得多，常有均匀分布的凸台和凹坑，以安装孔、轮辐和键槽等结构。

(3) 叉架类零件，包括拨叉、连杆、支座等。此类零件多数由铸造或模锻制成毛坯，经机械加工而成，结构复杂，一般分为支承部分、工作部分和连接安装部分。其上常有凸台、凹坑、销孔、螺纹孔及倾斜结构。

(4) 箱体类零件，主要用来支承、包容和保护运动零件或其他零件，也起定位和密封作用，包括阀体、泵体、减速器箱体等。该类零件结构较复杂，内部有空腔、轴承孔、凸台或凹坑、肋板及螺孔等结构，毛坯多为铸件，经机械加工而成。

此外，还有其他零件如弹性元件等，此类零件利用弹性工作，比如机械设备中的弹簧主要起缓冲、减振、夹紧和复位等作用。

### 11.3.1　轴类零件的选材

在机床、汽车等制造工业中，轴类零件是一类相对重要的结构件，一切回转运动的零件都装在轴上，轴类零件为旋转零件，其长度大于直径，结构简单。根据轴的作用与所承受的载荷，可分为芯轴和转轴两类。芯轴只承受弯矩不传递扭矩，可以转动也可以不转动。转轴按负荷情况分为以下几种：只承受弯曲负荷的轴，如车辆轴；以承受扭转负荷为主的传动轴；同时承受弯曲和扭转负荷的轴，如曲轴；同时承受弯、扭、拉、压负荷的轴，如船舶螺旋桨推进轴。

**1. 轴类零件的工作条件及失效形式**

轴是机械中重要的零件之一，主要用于支承零件(如齿轮、凸轮等)，传递运动和动力，是影响机械设备运行精度和寿命的关键零件，如图 11-1 所示。工作时主要受交变弯曲应力和扭转应力的复合作用，有时也承受拉、压应力；轴与轴上的零件有相对运动，相互间存在摩擦和磨损；在高速运转过程中会产生振动，使轴承承受冲击载荷；多数轴在工作过程中，常常要承受一定的过载载荷，若刚度不够，会产生弯曲变形和扭曲变形。

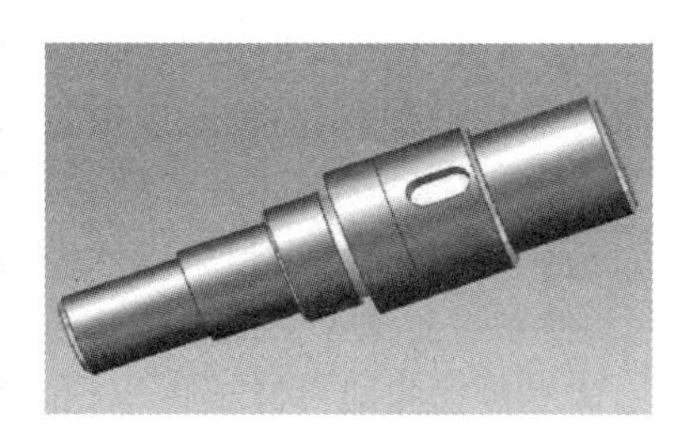

图 11-1　轴类零件

轴类零件的失效形式主要是断裂和磨损。长期的交变载荷作用易导致疲劳断裂(包括扭转疲劳和弯曲疲劳断裂)；承受大载荷或冲击载荷作用会引起过量变形和断裂；若长期承受较大的摩擦，轴颈及花键表面易出现过量磨损。

**2. 轴类零件的性能要求**

根据工作条件和失效形式，轴类零件必须具有：良好的综合力学性能，即强度、塑性和韧性的良好配合，以防止过载断裂和冲击断裂；高疲劳强度，降低应力集中敏感性，以防止疲劳断裂；轴颈、花键等处有较高的硬度和耐磨性，以提高轴的运转精度和使用寿命；足够的刚度，以防止工作过程中，轴发生过量弹性变形而降低加工精度；足够的淬透性，以防磨损失效；良好的切削加工性。在特殊情况下工作的轴，如高温下工作的轴，抗蠕变性能要好；在腐蚀性介质中工作的轴，要求耐蚀性好等。

**3. 轴类零件的选材及热处理**

选材的主要依据是载荷的性质、大小和类型等，转速高低，精度和粗糙度的要求，轴的尺寸大小及有无冲击、轴承种类等。常用的轴类材料主要是经锻造或轧制的低、中碳钢或中碳合金钢。

(1) 对于轻载、低速的一般轴(芯轴、拉杆、螺栓等)，常用 Q235 或 Q275 等普通非合金钢，这类钢不需要进行热处理。

(2) 对于中等载荷、要求刚性好的轴，可采用优质非合金钢，如 35 钢、45 钢正火使用；若还有一定的耐磨性要求时，则选用 45 钢，正火后在轴颈处进行高频感应加热淬火、低温回火。

(3) 重载、高精度或恶劣条件下的轴根据受力情况区分。机床主轴、曲轴等可采用合金钢 40Cr、40MnB，这类轴在载荷作用下，主要承受弯曲、扭转作用，应力在轴的截面上分布不均匀，表面的应力值最大，越往中心应力越小，至心部达到最小。所以不需要选用淬透性高的材料，一般只需淬透轴半径的 1/3～1/2 即可，先经过调质处理，后在轴颈处进行高、中频感应加热淬火及低温回火。同时承受弯曲、扭转及拉、压应力的轴，如锤杆、船用推进器等，其整个截面上的应力分布基本均匀，应选用淬透性较高的材料，比如 30CrMnSi、40CrNiMo 等，一般先进行调质处理，再进行高频感应加热淬火和低温回火。对于既承受较大冲击载荷又要求耐磨性高的形状复杂的轴，如汽车、拖拉机的变速轴等，可选用低碳合金钢

(18Cr2NiWA、20CrMnTi 等)，并经渗碳、淬火、低温回火处理。

(4) 要求轴颈处耐磨的轴，常选中碳钢经高频感应加热淬火，将硬度提高到 52HRC 以上。

(5) 要求有较好的力学性能和很高的耐磨性，并且在热处理时变形量小、长期使用时要求尺寸稳定的轴，如高精度磨床主轴，选用渗氮钢 38CrMoAlA，进行氮化处理，使表面硬度达到 1100～1200HV(69～72HRC)，心部硬度达 230～280HBS。

近年来，越来越多地采用球墨铸铁代替钢作为内燃机曲轴材料，热处理主要是退火、正火、调质和表面淬火。球墨铸铁的塑、韧性远低于锻钢，但在一般发动机中对塑、韧性要求不高；球墨铸铁的缺口敏感性小，通过表面强化可大大提高其疲劳强度，效果优于锻钢，因而在性能上可以代替非合金调质钢。

**4. 典型的轴类零件**

1) 机床主轴

主轴是机床中最主要的零件之一，工作时高速旋转，传递动力，具有一般综合机械性能即可满足要求。但还应考虑主轴上不同部位的不同性能要求。下面以 C620 车床主轴为例，介绍其选材方法并进行热处理工艺分析，C620 车床主轴简图如图 11-2 所示。

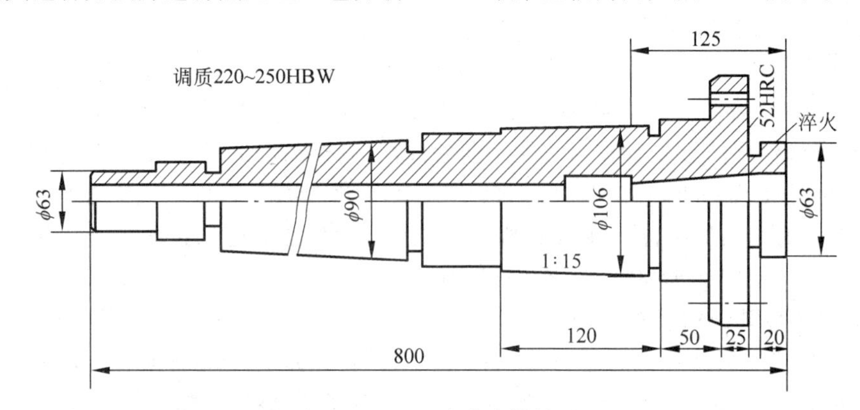


图 11-2　C620 车床主轴简图

该轴工作时承受弯曲扭转、冲击等多种载荷作用，但受力不大，运转较平稳，工作条件较好。轴头锥面和锥孔高精度配合且要求有一定的耐磨性。该主轴在滚动轴承中运转，因此滚动轴承的轴颈需要高的耐磨性，轴颈处的硬度要求为 220～250HBW。当弯曲载荷较大、转速很高时，机床主轴承受很高的交变应力，而当轴表面硬度较低、表面质量不良时常发生因疲劳强度不足而产生的疲劳断裂，这是轴类零件最主要的失效形式。此外，轴颈与轴瓦的摩擦会加剧轴颈的磨损而失效。

根据上述工作条件分析，主轴材料应具有较好的综合力学性能，轴颈等部位淬火后应具有高的硬度和耐磨性。常采用碳素钢和合金钢，其中 45 钢应用较广泛。热处理工艺及应达到的技术条件是：整体调质，硬度为 220～250HBW；内锥孔和外锥面处的硬度为 45～50HRC；花键部位高频感应淬火，其硬度为 48～53HRC。该主轴的加工工艺路线如下：

下料→锻造→正火→粗加工→调质→半精加工→局部淬火、回火→粗磨→铣花键→花键高频感应淬火、回火→精磨

正火主要是消除锻造应力，并获得合适的硬度(180～220HBW)，改善切削加工性能，为

调质处理做准备；调质处理可使主轴得到好的综合力学性能和疲劳强度；内锥孔和外锥面采用盐浴炉快速加热并淬火，经过回火后可达到所要求的硬度，以保证装配精度和耐磨性；花键部位采用高频感应淬火、回火，以减少变形并获得表面硬度要求。

45 钢价格低，锻造性能和切削加工性能比较好，虽然淬透性不如合金调质钢，但主轴工作时应力主要分布在表面层，结构形状较简单，调质、淬火时一般不会出现开裂，所以能满足性能要求。

2）内燃机曲轴

曲轴是内燃机中形状复杂而又重要的零件之一，它通过连杆与内燃机气缸中的活塞连接在一起，其作用是在工作中将活塞连杆的往复运动变为旋转运动，驱动内燃机内的其他运动机构。气缸中气体的爆发压力作用在活塞上，使曲轴承受弯曲、扭转、剪切、拉压、冲击等交变应力，还可造成曲轴的扭转和弯曲振动，使之产生附加应力。因曲轴形状极不规则，所以应力分布很不均匀，另外，曲轴颈与轴承还发生滑动摩擦。因此，曲轴的主要失效形式是疲劳断裂和轴颈严重磨损。

根据曲轴的失效形式，要求制造曲轴的材料必须具有高的强度，一定的冲击韧性，足够的弯曲、扭转疲劳强度和刚度，轴颈表面还应有高的硬度和耐磨性。

实际生产中，按制造工艺把曲轴分为锻钢曲轴和铸造曲轴两种。锻钢曲轴主要由优质中碳钢和中碳合金钢制造，如 35 钢、40 钢、45 钢、35Mn2、40Cr、35CrMo 等，用于重载及中高速内燃机。铸造曲轴主要使用铸钢（ZG230-450）、球墨铸铁（QT600-3、QT700-2）、珠光体可锻铸铁及合金铸铁（KTZ450-06、KTZ550-04）等，适用于轻、中载荷及低中速内燃机。

内燃机曲轴的选材原则主要根据内燃机的类型、功率大小、转速高低和相应的轴承材料等条件确定。同时也需要考虑加工条件、生产批量和热处理工艺及制造成本等。目前，高速大功率内燃机曲轴常用合金调质钢制造，中、小型内燃机曲轴常用球墨铸铁或 45 钢制造。

图 11-3 所示柴油机的轴功率和承受载荷不大，故曲轴承受的弯曲、扭转、冲击等载荷也不大。由于在滑动轴承中工作，要求轴颈处有较高的硬度和耐磨性。一般性能要求是 $R_m \geqslant 750$MPa，整体硬度在 240～260HBW，轴颈表面硬度≥625HV，$A \geqslant 2\%$。根据上述要求，曲轴材料可选用 QT700-2 球墨铸铁。其加工工艺过程如下：

铸造→高温正火→高温回火→切削加工→轴颈气体渗氮

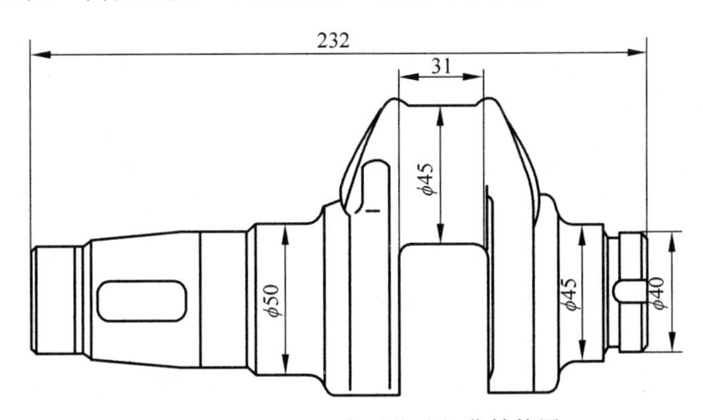


图 11-3　175A 型农用柴油机曲轴简图

高温正火（950℃）是为了获得基体组织中珠光体的数量并细化珠光体，提高强度、硬度和耐磨性。高温回火(560℃)是为了消除正火时产生的内应力。轴颈气体渗氮(渗氮温度570℃)是在保证不改变组织及加工精度的前提下,提高轴颈表面的硬度和耐磨性。也可采用对轴颈进行表面淬火来提高其耐磨性。还可对轴颈进行喷丸处理和滚压加工,以提高疲劳强度。

### 11.3.2　齿轮类零件的选材

齿轮作为一种重要的机械传动零件,在工业上应用十分广泛,在汽车、机床、起重机械及矿山机械等产品中起着重要作用,主要用来调节速度和传递功率。与其他机械传动零件相比,齿轮传动效率高、使用寿命长、结构紧凑、工作可靠,且保证恒定不变的传动比。缺点是传动噪声较大,对冲击比较敏感,制造和安装精度要求高,成本较高,一般不用于中心距较大的传动。

**1. 齿轮的工作条件及失效形式**

齿轮工作时,通过齿面接触传递动力,齿根受到很大的交变弯曲应力的作用;齿面相互滚动或者滑动接触,因而承受很大的接触压应力,并发生强烈的摩擦作用;在启动、换挡或啮合不良时,轮齿将承受一定的冲击载荷;因加工、安装不当或齿轮轴变形等引起的齿面接触不良,以及外来灰尘、金属屑末等硬质微粒的侵入,都会产生附加载荷,使工作条件恶化。

齿轮的失效,一般是轮齿失效,常见的失效形式有以下五种。

(1) 轮齿断裂。轮齿断裂大多数情况下是由于齿轮在交变应力作用下齿根处产生疲劳破坏造成的,即发生了疲劳断裂,如图11-4(a)、(c)所示。轮齿受到短时意外的严重过载或冲击载荷作用也易造成过载断裂。增大齿根圆角半径,提高齿面精度,降低模数,可以降低应力集中。在齿根处施以喷丸、辗压等冷作强化处理方法,都可以提高轮齿的抗折断能力。

(2) 齿面剥落。轮齿工作时,当齿面接触应力超过材料的疲劳极限时,就会产生接触疲劳破坏。齿面的表层会产生细微的疲劳裂纹,裂纹的蔓延、扩展会造成许多微粒从工作表面上脱落下来,致使齿轮不能正常工作而失效。根据疲劳裂纹产生的位置,可分为裂纹产生于表面的麻点剥落、裂纹产生于接触表面下某一位置的浅层剥落及裂纹产生于硬化层与心部交界处的深层剥落。齿面抗剥落能力主要与齿面硬度有关。齿面硬度越高,抗剥落能力越强。开式齿轮传动(齿轮外露、润滑不良的齿轮传动),由于磨损严重,一般不会出现麻点剥落。

(3) 齿轮磨损。这是啮合齿面相对滑动时互相摩擦的结果。齿轮磨损主要有两种类型,即黏着磨损和磨粒磨损。黏着磨损产生的原因主要是油膜厚度不够,黏度偏低,油温过高,接触负荷大而转速低,当以上某一因素超过临界值时就会造成温度过高而产生断续的自焊现象,从而形成黏着磨损。磨粒磨损则是由切削作用产生的,其原因可能是接触面粗糙,存在外来的硬质点或互相接触的材料硬度不匹配等。为降低磨损,低速传动可选用黏度大的润滑油,高速传动则选用含抗胶合剂的润滑油。此外,适当提高表面硬度及降低表面粗糙度也都是有效的方法。

(4) 齿面磨损。在载荷作用下,齿面会产生磨损,使齿侧间隙增大,齿根厚度减小,从而产生冲击和噪声,如图11-4(b)所示。对于开式齿轮传动,齿面磨损是不可避免的失效形式。因此采用闭式传动,保持润滑油的清洁,提高齿面硬度,减小齿面粗糙度,均可有效减少齿面磨损。

(5) 齿面塑性变形。在重载作用下,当齿面硬度不够时,会产生一定的塑性变形。在从动轮齿面节线处出现凸棱,主动轮齿面节线处出现凹沟,从而破坏齿廓形状,影响齿轮的正常啮合。适当提高齿面硬度,可防止或减轻齿面的塑性变形。

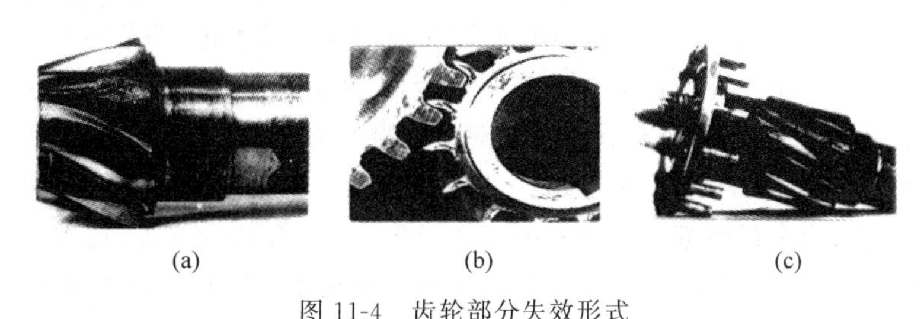

(a) (b) (c)

图 11-4 齿轮部分失效形式

(a) 螺旋伞齿轮根部弯曲疲劳断裂;(b) 齿面严重磨损;(c) 轮齿冲击断裂

**2. 齿轮的性能要求**

(1) 具有高的弯曲疲劳强度,使运行中的齿轮不致因根部弯曲应力过大而造成疲劳断裂。因此,齿根圆角处的金相组织与硬度非常重要。一般该处的表层组织应是马氏体和少量残余奥氏体。齿根圆角处表面残余压应力的存在有利于提高弯曲疲劳强度。此外,一定的心部硬度和有效淬火层深度对弯曲疲劳强度也有很大影响。齿轮心部的最佳硬度一般控制在 36～40HRC,有效层深度为齿轮模数的 15%～20%。

(2) 具有高的接触疲劳抗力,使齿面不致在受到较高接触应力时发生齿面剥落现象。通过提高齿面硬度,特别是采用渗碳、渗氮、碳氮共渗及其他齿面强化措施可大幅度提高齿面抗剥落的能力。一般来说,渗碳淬火后齿轮表层的理想组织是细晶粒马氏体加上少量残余奥氏体,不允许有贝氏体、珠光体,因为这两者对提高疲劳强度、抗冲击能力、抗接触疲劳能力均不利。心部金相组织应是马氏体和贝氏体的混合组织。另外,齿轮表层组织中含有少量均匀分布的细小碳化物对提高表面接触疲劳强度和抗磨损能力都是有利的。

总之,提高材料的冶金质量及热处理质量,减少钢中的非金属夹杂物,细化显微组织,改善碳化物的形态、尺寸及分布,减少或避免表面脱碳层及淬火时的表面非马氏体组织,使表面获得残余压应力状态等均可使齿轮的弯曲疲劳强度、接触疲劳强度及耐磨性得到改善,并提高其使用寿命。

**3. 齿轮的常用材料及热处理**

选材时应充分考虑齿轮的工作条件、尺寸大小、载荷性质、经济性和制造方法等。

1) 机床齿轮选材

机床齿轮的载荷一般较小,冲击不大,运转较平稳,其工作条件较好。机床齿轮的选材主要根据齿轮的具体工作条件,如运转速度、载荷大小、性质及传动精度等来确定。

常用材料包括中碳钢、中碳合金钢及低碳钢和低碳合金钢。中碳钢常选用 45 钢,经高频感应加热淬火,低温或中温回火后,硬度值达 45～50HRC,主要用于中小载荷齿轮,如变速箱次要齿轮等。中碳合金钢常选用 40Cr 或者 42SiMn。钢经调制后感应加热淬火、低温回火,硬度值可达 50～55HRS,主要用于中小载荷、冲击不大的齿轮,如铣床工作台变速箱齿轮等。低碳钢一般选用 15 钢或 20 钢,经渗碳后直接淬火,低温回火后使用,硬度可达 58～63HRC,一般用于低载荷、耐磨性高的齿轮。低合金结构钢常采用 20Cr、20CrMnTi 等渗碳用钢,经渗碳后淬火,低温回火后使用,硬度值可达 58～63HRS,主要用于高速、重载及受一定冲击的齿轮，如机床变速箱齿轮等。

2）汽车、拖拉机齿轮选材

汽车、拖拉机齿轮主要分装在变速箱和差速器中。在变速箱中，通过齿轮来改变发动机、曲轴和主轴齿轮的转速；在差速器中，通过它来增加扭转力矩，调节左右两车轮的转速，并将发动机动力传给主动轮，推动汽车、拖拉机运行，所以这类齿轮传递的功率、承受的冲击载荷及摩擦压力都很大，工作条件比机床齿轮要复杂得多。因此，对其疲劳强度、心部强度、冲击韧性及耐磨性等方面有更高的要求。选用合金渗碳钢经渗碳、淬火及低温回火后使用非常合适。常用的合金渗碳钢为 20CrMo、20CrMnTi、20CrMnMo 等，这类钢淬透性较高，低温回火后齿面硬度为 58～63HRC，具有较高的疲劳强度和耐磨性，心部硬度为 33～45HRC，具有较高的强度及韧性，且齿轮的变形较小，可以满足工作条件的要求。大批量生产时，齿轮坯宜采用模锻生产，既节约金属，又提高了齿轮的力学性能。齿轮坯常采用正火处理，齿轮常用的渗碳温度为 920～930℃，渗碳层深度一般为(0.2～0.3)$m$($m$ 为齿轮模数)，表层碳含量为 0.7%～1.0%。表层组织应为细针状体和少量残余奥氏体及均匀弥散分布的细小碳化物。

对于运行速度更快、周期长、安全可靠性好的齿轮，如冶金、电站设备、铁路机车、船舶的汽轮发动机等设备上的齿轮，可选用 12CrNi2、12CrNi3、12CrNi4、20CrNi3 等淬透性更高的合金渗碳钢。对于传递功率更大、齿轮表面载荷高、冲击更大、结构尺寸大的齿轮，可选用 20CrNi2Mo、20Cr2Ni4、18Cr2Ni4W 等高淬透性合金渗碳钢。

另外，对于高精密传动齿轮，可选用渗氮钢，一般用途(表面耐磨)的选用 40Cr、20CrMnTi 渗氮；在冲击载荷下工作的齿轮要求表面耐磨和心部韧性高，可选用 18Cr2Ni4WA 30CrNi3 等钢；在重载荷下工作的齿轮，要求表面耐磨和心部强度高，宜采用 35CrMoV、40CrNiMo 等钢，在重载及冲击下工作的齿轮，除了表面耐磨，还要求心部强韧性高，可采用 35CrNiMoA；精密传动(表面耐磨、畸变小)的齿轮可采用 38CrMoAlA 渗氮。

除了钢，铸铁、有色金属等也可以用作齿轮材料。铸铁可用于制造大尺寸(≥400mm)、力学性能要求较高、形状复杂的齿轮，常用的材料有 ZG340-640、ZG310-570 等。在机械加工前应进行正火，以消除铸造应力和硬度不均，改善切削加工性能，在机械加工后，一般进行表面淬火。对于耐磨性和疲劳强度要求较高，而冲击载荷较小的齿轮，可用球墨铸铁制造，如 QT600-3 等；对于轻载、低速、不受冲击的低精度齿轮，可选用灰铸铁制造，如 HT350 等。铸铁齿轮一般在铸造后进行去应力退火、正火或机械加工后表面淬火。仪器、仪表及在某些腐蚀介质中工作的轻载齿轮，常选用耐蚀、耐磨的有色金属材料，如铜合金、铝合金等，锡青铜作为涡轮材料可以减轻摩擦。

**4. 齿轮的选材示例**

1）机床齿轮

机床变速箱齿轮(见图 11-5)担负传递动力、改变运动速度和方向的任务。机床齿轮的负荷特点是运转平稳、负荷不大，工作条件较好，对齿轮的耐磨性及抗冲击能力要求不高。常选用中碳钢制造，为了提高淬透性，也可以选用中碳合金钢，其经高频感应淬火后，虽然在耐磨和耐冲击方面比渗碳钢齿轮差，但能满足要求，且高频感应淬火变形小，生产效率高。心部要具有较好的综合力学性能，调质后硬度为 200～250HBW；表面具有较高的硬度、耐磨性和接触疲劳强度，采用高频淬火后，齿面硬度为 45～50HRC。根据以上分析，选用

40Cr 钢可满足性能要求。其加工工艺路线为：

下料→锻造→正火→粗加工→调质→精加工→轮齿高频感应淬火→低温回火→精磨

图 11-5　机床变速箱齿轮

正火是锻造齿轮毛坯必要的热处理，它可改善齿面加工质量，便于切削加工，使组织均匀，消除锻造应力，一般齿轮的正火处理可作为高频感应淬火前的预备热处理；经调质后，可使齿轮具有较高的综合力学性能，心部有足够的强韧性，能承受较大的弯曲应力和冲击载荷；高频感应淬火及低温回火是决定齿轮表面性能的关键工序，高频感应淬火后齿面的硬度可达 52HRC，提高了其耐磨性，且使轮齿表面具有残留压应力，从而提高了疲劳抗力；低温回火可以消除淬火应力，防止产生磨削裂纹，提高抗冲击能力。

冲击载荷小的低速齿轮可采用 HT250、HT350、QT500-5、QT600-2 等铸铁制造。机床齿轮除选用金属齿轮外，有的还可改用塑料齿轮，如用聚甲醛齿轮、单体浇铸尼龙齿轮，工作时传动平稳，噪声减少，长期使用磨损很小。

图 11-6　汽车后桥齿轮

2)汽车后桥齿轮

如图 11-6 所示，汽车后桥齿轮的承载、磨损及冲击负荷较大。因此，对耐磨性、疲劳强度、心部强度和韧性等要求比机床齿轮高。汽车后桥齿轮要求齿面硬度为 58～62HRC、心部硬度为 33～45HRC。为满足上述要求，可选用合金渗碳钢 20CrMnTi，经渗碳、淬火和低温回火处理。其加工工艺路线为：

下料→锻造(模锻)→正火→粗加工、半精加工→渗碳淬火、低温回火→喷丸→精磨齿

正火是为了均匀和细化组织，消除锻造缺陷(晶粒粗大、应力)，调整硬度，以获得好的切削加工性能；渗碳后淬火及低温回火是使齿面具有高的硬度和高的耐磨性，心部具有足够的强度和韧性，渗碳层深 1.2～1.6mm，表面含碳量 1.0%；喷丸处理可增大渗碳表层的压应力，提高疲劳强度，同时也可以清除氧化皮。

## 11.3.3　连杆类零件的选材

连杆类、箱体类零件选材

### 1. 连杆类零件的工作条件及失效形式

连杆类零件是发电机和其他活塞结构设备当中主要的组成部分，其将活塞与曲轴进行连接，进而保障两个结构能够稳定地运转，使发电机、发动机等设备保持一定的输出功率。由于受到空间的限制，连杆类零件本身的体积必须尽可能减小，而这就使得其加工工艺更加精细。连杆多为钢件，是汽车发动机中的重要零件。

连杆在很复杂的应力状态下工作，既受交变的拉压应力，又受弯曲应力，主要包括：

(1) 承受燃烧室燃气膨胀产生的压力。

(2) 承受活塞连杆做往复运动的惯性力作用(承受拉伸载荷)。

(3) 承受连杆高速做往返运动所产生的纵向和横向惯性力(承受弯曲载荷)作用。

连杆的主要失效形式是疲劳断裂和过量变形。通常疲劳断裂的部位是在连杆上的三个高应力区域,即杆部中间、小头和杆部的过渡区及大头和杆部过渡区(螺栓孔附近)。这要求连杆既要具有较高的强度和抗疲劳性能,又要具有足够的刚性和韧性。一般经调质处理,硬度值为 20～30HRC,显微组织为均匀细小晶粒的索氏体。

**2. 连杆的常用材料及热处理**

一般采用中碳钢或合金钢模锻或辊锻而成,常见的材料有 45 钢、40Cr 钢、35CrMo 钢等,也有少数采用稀土镁球墨铸铁制造,经过机械加工和热处理。截面尺寸较小或不要求完全淬透的连杆,可采用 45 钢,经过调质处理后,硬度可达到 20～25HRC,表面淬火之后硬度值为 48～52HRC,但过多的铁素体组织会降低其力学性能。淬透性较高的连杆可采用 40Cr 钢,经调质处理后,硬度值可达 20～25HRC,具有良好的综合力学性能。对于承受较高的抗拉压力、对弯曲和疲劳强度要求较高的连杆,可采用 35CrMo 钢,可以提高淬透性和回火稳定性。汽车发动机连杆(见图 11-7)一般采用 35CrMo 钢,其主要加工路线为:

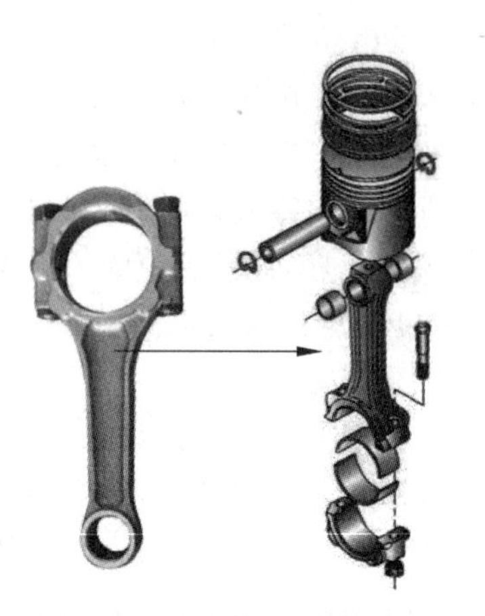

图 11-7　汽车发动机活塞连杆组中的连杆

下料→模锻→正火→粗加工→调质→表面抛丸→精加工

## 11.3.4　箱体类零件的选材

**1. 箱体类零件的工作条件及失效形式**

箱体类零件一般起支承、容纳、定位及密封等作用,因此,要求箱体类零件具备:较高的抗压强度,以便有足够的支承力;高的尺寸、形状精度,使定位准确;较高的稳定性。

箱体类零件在使用中产生的主要失效形式有:

(1) 变形失效。这多是由于箱体类零件铸造或者热处理工艺不当造成尺寸、形状精度达不到设计要求及承载力不够而产生弹、塑性变形。

(2) 断裂失效。箱体类零件的结构设计不合理或铸造工艺不当造成内压力过大,导致某些薄弱部位开裂。

(3) 磨损失效。这主要是由于箱体类零件中某些支承部位的硬度不够造成耐磨性不足、工作部位磨损较快而影响工作性能。

箱体类零件对材料的主要性能要求为:具有一定的硬度和抗压强度、较小的热处理变形量、良好的铸造工艺性。

**2. 箱体类零件的常用材料及热处理**

制造箱体类零件常用的材料有铸铁和铸钢。对于受力小的箱体可选用低牌号的灰铸铁,比如 HT100、HT150 等;对于受力较大、较重要的箱体应选用高牌号的灰铸铁,如 HT200、HT300 等;对于强度、韧性和耐磨性要求较高的箱体,可用 QT400-18、QT500-07 等球墨铸铁来生产;对于承受较大的交变应力、较大冲击载荷和对焊接性要求高的箱体,应采用铸钢生产,如 ZG270-500、ZG310-570。

采用灰铸铁生产的箱体，其热处理工艺常采用去应力退火来消除铸造内应力，减少变形，防止开裂，还可以用退火消除白口组织、改善切削加工性。采用球墨铸铁生产的箱体，一般采用去应力退火消除较大的内应力，也可以用正火或淬火提高强度和耐磨性。采用铸钢生产的箱体，内应力比铸铁大，必须采用去应力退火消除，再通过调质来提高箱体的综合力学性能。

减速箱壳体尺寸较大、形状复杂，且精度要求高，另外有很多紧固螺钉定位箱孔，加工工艺复杂。由于结构复杂，采用铸造的方法制备，但铸造时会产生较大的残余应力，为了消除残余应力，减少加工后的变形和保证精度稳定，铸造之后安排人工时效处理。选用 HT200 等灰铸铁材料，一般的加工工艺路线为：

铸造→人工时效→粗加工→半精加工→精加工→精磨

### 11.3.5　弹簧类零件的选材

弹簧是利用材料的弹性变形储存能量以缓存振动和冲击作用的零件。大多是在冲击、振动或周期性弯曲、扭转等交变应力下工作，利用弹性变形来达到储存能量、吸振、缓和冲击的目的。因此，用作弹簧类零件的材料应具有高的弹性极限和弹性比功、高的疲劳极限、足够的塑性和韧性。对于特殊条件下工作的弹簧，还需要有耐热性、耐蚀性等特殊性能要求。各种弹簧的种类见图 11-8。

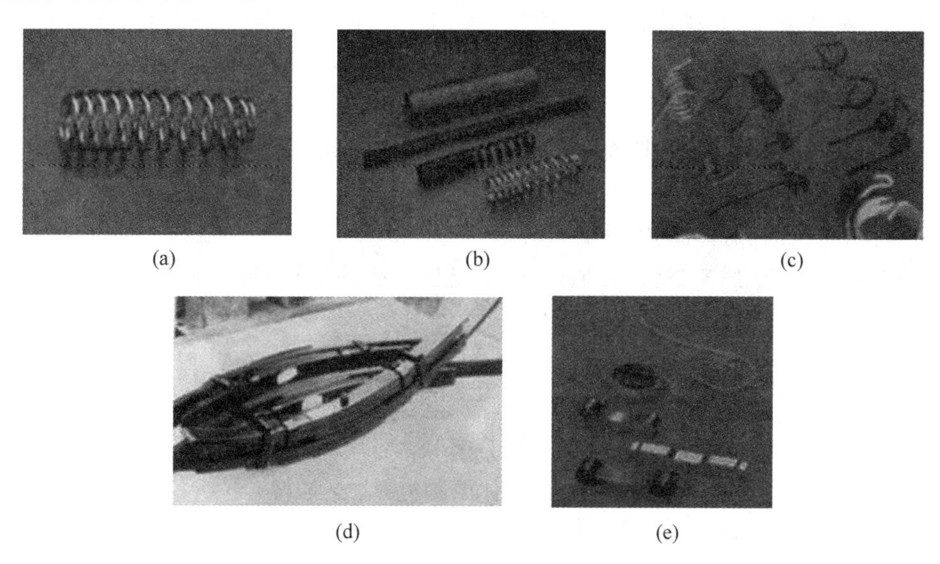

(a)　(b)　(c)

(d)　(e)

图 11-8　弹簧的种类

(a) 压缩螺旋弹簧；(b) 拉伸螺旋弹簧；(c) 扭转螺旋弹簧；(d) 板弹簧；(e) 片弹簧

#### 1. 弹簧类零件的工作条件及失效形式

弹簧在外力作用下压缩、拉伸、扭转时，材料将承受弯曲应力或扭转应力；缓冲、减振或复原用的弹簧承受交变应力和冲击载荷的作用；某些弹簧受到腐蚀介质和高温的作用。

弹簧的失效形式主要有以下几种：

(1) 塑性变形，即载荷去掉后，弹簧不能恢复到原始尺寸和形状。

(2) 疲劳断裂，即在交变应力作用下，产生疲劳源，使裂纹扩展造成的断裂。

（3）快速脆性断裂，即弹簧存在缺陷，当受到过大的冲击载荷时，发生突然的脆性断裂。

（4）腐蚀断裂及永久变形，即在腐蚀性介质中使用的弹簧产生的应力腐蚀断裂；高温下使用的弹簧易出现蠕变和应力松弛，产生永久变形。

**2. 弹簧类零件的性能要求**

（1）高的弹性极限和高的屈强比。弹簧工作时不允许有永久变形。弹性极限越大，弹簧可承受的外载荷越大。当材料直径相同时，碳素弹簧钢丝和合金弹簧钢丝的抗拉强度相差很小，但屈强比差别较大。65 钢为 0.7，60Si2Mn 钢为 0.75，50CrVA 钢为 0.9。屈强比高，可充分发挥材料的承载潜力。

（2）高的疲劳强度。弯曲疲劳强度和扭转疲劳强度越大，弹簧的抗疲劳性能越好。

（3）好的材质和表面质量。夹杂物含量少，晶粒细小，表面质量好，缺陷少，对于提高弹簧的疲劳寿命和抗脆性断裂十分重要。

（4）某些弹簧需要材料有良好的耐蚀性和耐热性，可在腐蚀性介质和高温条件下使用。

**3. 弹簧材料的选择**

1）弹簧钢

（1）热轧弹簧用材。通过热轧的方法加工成圆钢、方钢、盘条、扁钢，制造尺寸较大，承载较重的螺旋弹簧或板簧。弹簧热成型后要进行淬火及回火处理。

（2）冷轧（拔）弹簧用材。以盘条、钢丝或薄钢带（片）供应，用来制作小型冷成型螺旋弹簧、片簧、涡卷弹簧等，主要弹簧钢有 65 钢、70 钢、65Mn、55Si2Mn、55Si2MnB、60Si2Mn、50CrVA、50CrMn。

2）不锈钢

通过冷轧（拔）加工成带或丝材，制造在腐蚀性介质中使用的弹簧。主要有 06Cr19Ni10、12Cr18Ni9、06Cr18Ni11Ti。

3）黄铜、锡青铜、铝青铜、铍青铜

具有良好的导电性、非磁性、耐蚀性、耐低温性及弹性，用于制造电器、仪表弹簧及在腐蚀性介质中工作的弹性元件。

**4. 弹簧选材示例**

1）汽车板簧

汽车板簧主要用于缓冲和吸振，因此要承受很大的交变应力和冲击载荷的作用，需要高的屈服强度和疲劳强度。轻型汽车板簧采用 65Mn 钢、60Si2Mn 钢；中型或重型汽车板簧采用 50CrMn 钢、55SiMnVB 钢；重型载重汽车的大截面板簧采用 55SiMnMoV 钢、55SiMnMoVNb 钢。其加工工艺路线为：

热轧钢带（板）冲裁下料→压力成型→淬火→中温回火→喷丸强化

淬火温度为 850～860℃（60Si2Mn 钢为 870℃），油冷，淬火后的组织为马氏体。回火温度为 420～500℃，回火后的组织为回火屈氏体。屈服强度 $\sigma_{0.2} \geqslant 1100$MPa，硬度为 42～47 HRC。

2）火车螺旋弹簧

火车螺旋弹簧（见图 11-9）的主要用途是机车和车箱的缓冲和吸振，其使用条件和性能要求与汽车板簧相近。使用材料为 50CrMn 钢、55SiMnMoV 钢。其加工工艺路线为：

热轧钢棒下料→两头制扁→热卷成形→淬火→中温回火→喷丸强化→端面磨平

淬火与回火工艺同汽车板簧。

3）气门弹簧

内燃机气门弹簧是一种压缩螺旋弹簧，其用途是在凸轮、摇臂或挺杆的联合作用下，使气门打开和关闭，承受的应力不是很大。采用淬透性比较好、晶粒细小且有一定耐热性的 50CrVA 钢制造。其加工工艺路线为：

冷卷成形→淬火→中温回火→喷丸强化→两端磨平

图 11-9　火车螺旋簧

将冷拔退火后的盘条用卷簧机卷制成螺旋状，切断后两端并紧。在 850～860℃下加热后油淬，再经 520℃回火，所得组织为回火屈氏体。弹簧弹性好，屈服强度和疲劳强度高，有一定的耐热性。气门弹簧也可用冷拔后经油淬及回火的钢丝制造，冷卷簧后经 300～350℃去应力退火。

4）自行车手闸弹簧

手闸弹簧是一种扭转弹簧，可使手闸复位，其承受的载荷小，不受冲击和振动作用，精度要求不高。其用 60 钢或 65 钢制造，经过冷拔加工获得的钢丝直接冷卷、弯钩成形即可。卷后可在 200～220℃加热消除内应力，也可不进行热处理。

## 本章小结

本章介绍了零件的失效形式与分析方法，并根据选材的一般原则，分析了轴类、齿轮、连杆、箱体、弹簧等典型零件的选材及工艺设计路线。

失效是指零件失去了它应有的功能。在工程上，习惯将工程结构件的失效分为断裂、磨损与腐蚀三大类，断裂失效是机械零件的主要失效形式；也可根据产品的使用过程对失效进行分类，失效率按使用时间可分为三个阶段：早期失效期、偶然失效期和耗损失效期。另外，从经济法的观点对失效进行分类，通常可以分为产品缺陷失效、误用失效、受用性失效、耗损失效。

引起零件早期失效的原因很多，涉及零件的结构设计、材料选择与使用、加工制造、装配、使用保养等，主要的失效原因可归纳为设计问题、材料选择的问题、加工制造及装配中存在的问题及不合理的服役条件。针对零件的失效，要从思想、思路和系统性工程方面进行有效的分析。失效分析工作又是一项关系重大而严肃的工作，首先制定一个科学的分析程序，是保证失效分析工作顺利而有效进行的前提条件。一般说来，在明确了失效分析的总体要求和目标之后，失效分析程序大体上包括：调查失效事件的现场；收集背景材料，深入研究分析，综合归纳所有信息并提出初步结论；重现性试验或证明试验，确定失效原因并提出建议措施；写出分析报告。

选材既要考虑提高材料强度的使用水平，同时也要减少材料的消耗和降低加工成本。因此要做到合理选材，对设计人员来说，必须要进行全面分析及综合考虑。一般原则是使用性能原则、工艺性能原则和经济性原则。

根据零件的失效和分析方法及选材原则，对轴类、齿轮、弹簧的工作条件、失效形式、性能要求及选材进行了分析，并结合生产实践说明了典型工件的工艺路线。

## 习题与思考题

**1. 填空题**

(1) 在工程上，习惯将工程结构件的失效分为________、________与________三大类，其中，________失效是机械零件的主要失效形式。

(2) 零件早期失效的原因很多，涉及零件的结构设计、材料选择与使用、加工制造、装配、使用保养等，主要的失效原因可归纳为________、________、________、________方面。

(3) 分析零件失效的主要目的是________。

(4) 材料选用的一般原则包括________、________、________。

**2. 简答题**

(1) 有一轴类零件，工作中主要承受交变弯曲应力和交变扭转应力，同时还受到振动和冲击，轴颈部分还受到摩擦、磨损。该轴直径为30mm，选用45钢制造。试拟定该零件的加工工艺路线，说明每项热处理工艺的作用，并分析轴颈部分从表面到心部的组织变化。

(2) 请从下列材料中选择合适的材料用于机车动力传动齿轮(高速、重载、大冲击)、大功率柴油机曲轴(大截面，传动大扭矩，承受大冲击，轴颈处要耐磨)及机床床身的材料：ZG45、B3、Q235-AF、42CrMo、60Si2Mn、T8、W18Cr4V、HT200、20CrMnTi、65钢。

(3) JN-150型载重汽车(载重量为8t)变速箱中的第二轴二、三挡齿轮，要求心部抗拉强度$R_m \geqslant 1100$MPa；齿表面硬度≥58～60HRC，心部硬度≥33～35HRC。试合理选择材料，制定生产工艺流程及各热处理工序的工艺规范。

工程材料
应用实例

# 第12章　工程材料应用实例

【小小疑问】生产中常用的机械、如汽车、机床、仪器仪表、热能设备，化工设备，航空航天设备等，你能否区分这些机械各部件所用的材料？

【问题解答】这些机械用材都以金属材料为主，塑料、橡胶、陶瓷等非金属材料也占有相当大的比例。

随着科技的进步，新技术、新结构、新材料被采用，开发了大量适应我国市场需要的机械产品，实现了产品的更新换代。但材料的有效利用是节约材料，解决我国资源缺乏的有效手段。

## 12.1　汽车用材

汽车的主要结构包括发动机、底盘、车身、电气设备四部分。汽车发动机和传动系统示意图如图12-1所示。

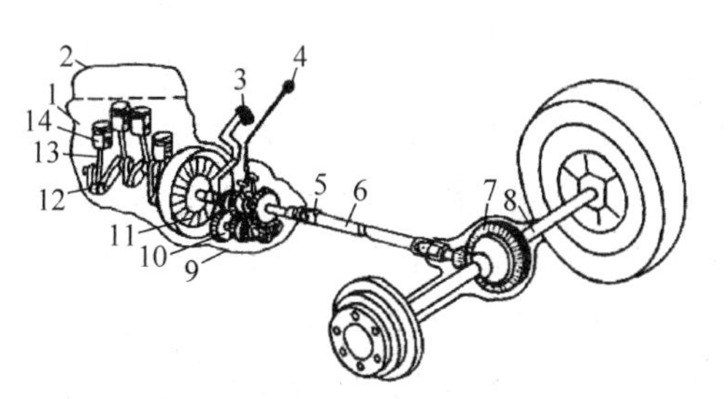


1—缸体；2—气缸盖；3—离合器踏板；4—变速手柄；5—万向节；6—传动轴；7—后桥齿轮；8—半轴；9—变速箱；10—变速齿轮；11—离合器；12—曲轴；13—连杆；14—活塞。

图12-1　汽车发动机和传动系统示意图

### 12.1.1　汽车用金属材料

汽车的发动机提供动力，由缸体、缸盖、活塞、连杆、曲轴，以及配气、燃料供给、润滑、冷却等系统组成。

缸体是发动机的骨架和外壳，在缸体内外安装有发动机主要的零部件。缸体在工作时，承受气压力的拉伸和气压力与惯性力联合作用下的倾覆力矩的扭转和弯曲，以及螺栓预紧力的综合作用。因此，缸体材料应有足够的强度和刚度，良好的铸造性和切削性，且价格低。常用的缸体材料有灰铸铁和铝合金两种。铝合金的密度小，但刚度差、强度低、价格高，除了某些发动机为减轻质量而采用，一般均用灰铸铁HT200。

缸盖主要用来封闭气缸构成燃烧室，它承受高温、高压、机械负荷、热负荷的作用，所以，缸盖应用导热性好、高温机械强度高、能承受反复热应力、铸造性能良好的材料制造。目前，使用的材料有两种：一种是灰铸铁或合金铸铁；另一种是铝合金。铸铁缸盖具有高温强度高、铸造性能好、价格低等优点，但其热导性差、质量大。铝合金缸盖的主要优点是导热性好、质量轻，但其高温强度低，使用中容易变形、成本较高。我国汽车工业在铝和铝镁合金的应用方面已接近世界先进水平，同时也解决了铝焊接工艺。发动机缸体、缸盖等已成功地应用蠕墨铸铁，与钢制零部件相比，可使质量下降 15%～20%。

活塞用材要求热强度高、导热性好、膨胀系数小、密度小，减摩性、耐磨性、耐蚀性和工艺性好等。常用的材料是铝硅合金。活塞销材料一般用 20 钢、20Cr、18CrMnTi。活塞销外表面应进行渗碳或氢化处理，以满足外表面硬而耐磨、材料内部韧而耐冲击的要求。活塞环用合金铸铁或球墨铸铁，经表面处理后使用。表面处理方法有镀铬、喷钼、磷化、氧化和涂覆合成树脂等。

连杆连接活塞和曲轴，它既受交变的拉、压应力，又受弯曲应力的作用，其主要损坏形式是疲劳断裂和过量变形。因此要求连杆既具有较高的强度和抗疲劳性能，又具有足够的刚性和韧性。连杆材料一般用 45 钢、40Cr 或 40MnB 等调质钢。

曲轴材料一般用球墨铸铁 QT600-2，也可用锻钢件。

### 12.1.2 汽车用非金属材料

汽车用非金属材料包括内饰塑料、工程塑料、外装及结构件用复合材料、橡胶、陶瓷等。

(1) 内饰塑料主要为聚氨酯(PU)、聚氯乙烯(PVC)、聚丙烯(PP)和 ABS 等，这些材料用于坐垫、仪表板、扶手、门内衬板、顶棚衬里、毛毯、转向盘等。聚氨酯汽车座椅如图 12-2 所示。

(2) 汽车用工程塑料主要有聚丙烯(通风采暖系统、发动机的某些配件及外装件)、聚乙烯(制造汽油箱、挡泥板等)、聚苯乙烯(用作各种仪表外壳、灯罩及电器零件)、ABS(制作汽车用车轮罩、保险杠垫板、手柄等)、聚酰胺(制造燃油滤清器、空气滤清器)。

(3) 汽车外装及结构件用纤维增强塑料复合材料，常用的是玻璃纤维和热固性树脂基复合材料，用于制造汽车顶棚、空气导流板、前灯壳、发动机罩、挡泥板等外装件。用碳纤维增强塑料复合材料制成的汽车零件有传动轴、悬挂弹簧、保险杠、转向节、车门、座椅骨架、发动机罩等。

(4) 汽车用橡胶。汽车的主要橡胶件是轮胎，此外还有各种橡胶软管、密封件、减振垫等。生胶是轮胎最重要的原材料，其中轿车轮胎以合成橡胶为主，载重轮胎以天然橡胶为主。图 12-3 为橡胶轮胎。

图 12-2　聚氨酯汽车座椅

图 12-3　橡胶轮胎

(5) 汽车用陶瓷。汽车发动机火花塞采用 $Al_2O_3$ 制造。绝热发动机上采用工程陶瓷，使用的陶瓷有 $ZrO_2$、$Si_3N_4$ 等。一般采用 $Si_3N_4$ 制造气阀头、活塞顶、气缸套、摇臂镶块、气门挺杆等。

## 12.2 机床用材

常用的机床零部件有机座、轴承、导轨、轴类、齿轮、弹簧、紧固件、刀具等，它们在工作时将承受拉伸、压缩、弯曲、剪切、冲击、摩擦、振动等力的作用，或几种力的同时作用。因此，机床材料应具有良好的热加工性能及切削加工性能。常用的机床材料有各种结构钢、轴承钢、工具钢、铸铁、有色金属、橡胶和工程塑料等。

### 12.2.1 机身、底座用材

机身、机床底座、油缸、导轨、齿轮箱体、轴承座等大型零件，以及其他一些如牛头刨床的滑枕、皮带轮、导杆、摆杆、载物台等零件质量大、形状复杂，所用材料有灰铸铁(HT150、HT200)、孕育铸铁(HT250、HT300、HT350、HT400)、球墨铸铁(QT400-17、QT420-10、QT500-5、QT600-2)。这些材料成本低、铸造性好、切削加工性优异、对缺口不敏感、减振性好，有良好的耐磨性，非常适合铸造上述零部件。另外，石墨有良好的润滑作用，并能储存润滑油，很适宜制造导轨。

### 12.2.2 机床齿轮用材

开式齿轮选用灰铸铁 HT250、HT300 和 HT400；与铸铁大齿轮啮合的小齿轮可用 Q235、Q255 制造；闭式齿轮多采用调质处理的 40 钢、45 钢；高速、重载或受强烈冲击的齿轮，采用 40Cr 或 20Cr、20CrMnTi；不重要的齿轮可使用未热处理的 Q255；尺寸较大或形状复杂的传动齿轮可采用球墨铸铁 QT450-5，可锻铸铁 KTZ450-5、KTZ500-4 制造。机床齿轮箱体和齿轮如图 12-4 所示。

图 12-4　机床齿轮箱体和齿轮

### 12.2.3 机床轴类零件用材

一般轴类零件采用 45 钢(调质)制造；不重要的或低载的轴可以采用 Q235 钢、Q255 钢等制造；承受重载、轴颈耐磨性高的轴，用 40Cr 钢等调质钢或 20Cr 钢等渗碳钢制造；曲轴和主轴用 QT600-2、KTZ600-3 等球墨铸铁和可锻铸铁制造。另外还有其他的机床零件用材，比如螺旋传动件用材、涡轮传动件用材、滑动轴承材料、滚动轴承材料等。

随着对产品外观装饰效果的日益重视，12Cr13、12Cr18Ni9 等不锈钢，H62、H68 等黄铜的使用也日趋增多。非金属材料，尤其是工程塑料和复合材料，力学性能大幅度提高，颜色鲜艳、不锈蚀、成本低，已经大量应用于机床行业中。

## 12.3 仪器仪表用材

### 12.3.1 壳体材料

仪器仪表的壳体(包括面板、底盘)用材广泛，主要有低碳钢(Q195、Q215、Q235)、不锈钢(12Cr13、12Cr18Ni9)、铝(工业纯铝 L5 及防锈铝 5A05、3A21)、黄铜(H62、H68)等。ABS 可制造仪表壳、仪表盘等，聚甲醛用作各种仪表板和外壳材料，玻璃纤维增强尼龙可制作仪表盘，玻璃纤维增强聚乙烯可制作转矩变换器、干燥器壳体。

### 12.3.2 轴类零件材料

仪器仪表中的轴可以使用 Q235 等钢、聚甲醛等工程塑料制造。2A12、2A11 和 HAL60-1-1 多用于制造需要耐蚀的轴销等零件。

### 12.3.3 凸轮与齿轮用材

凸轮多用 Q235、45 钢制造。轻载凸轮可以使用尼龙等工程塑料或玻璃纤维增强尼龙等复合材料制造。

仪器齿轮可用普通碳素钢 Q275(不热处理)制造；QA110-4-4、QA111-6-6 可用来制造 400～500℃以下工作的齿轮；QBe2、QBe1.7 用于制造钟表等仪表齿轮；ABS、聚甲醛、聚碳酸酯、酚醛等工程塑料也用于可制造仪表齿轮。

## 12.4 热能设备用材

### 12.4.1 锅炉设备用钢

**1. 锅炉管道用钢**

锅炉管道在高温、应力和腐蚀介质作用下长期工作，会产生蠕变、氧化和腐蚀。因此要求锅炉管道用钢具有足够高的蠕变极限和持久温度，高的抗氧化性能和耐腐蚀性能，良好的组织稳定性，以及良好的工艺性能，特别是焊接性能要好。

(1) 壁温较低的过热器管和蒸汽管道常用 20 钢等优质碳素结构钢。

(2) 壁温较高的过热器管和蒸汽管道可以用 15CrMo 钢，该种钢在 500～550℃具有较高的热强性、足够的抗氧化性和良好的工艺性能。

(3) 12Cr1MoV 钢在壁温高的过热器管和蒸汽管道中应用最广泛。该钢加入 0.2%的钒，其耐热性能比铬钼钢高，工艺性能也很好。

(4) 壁温超过 600℃的过热器管和壁温超过 550℃的蒸汽管道采用 12Cr2MoWVB 和 12Cr3MoVSiTiB 钢。由于采用微量多元合金化，钢具有更高的组织稳定性和化学稳定性，耐热性能更好，使用温度更高。

(5) 过热器壁温超过 650℃、蒸汽管道壁温超过 600℃时，使用奥氏体耐热钢，其有较高的高温强度和耐蚀性，最高使用温度可达 700℃左右。

**2. 锅炉汽包用钢**

锅炉汽包分为低压锅炉汽包和高压锅炉汽包。低压锅炉汽包采用 12Mng、16Mng、15MnVg(g 表示锅炉专用钢)，其综合力学性能不仅比碳钢高，还可以减轻锅炉汽包的质量；高压锅炉汽包包括屈服强度较高的 14MnMoVg、14MnMoVBREg 和 14CrMnMoVBg。

### 12.4.2　汽轮机用钢

汽轮机的主要零部件包括汽轮机叶片、汽轮机转子、汽轮机定子。汽轮机示意如图 12-5 所示。

图 12-5　汽轮机示意图

**1. 汽轮机叶片用钢**

(1) 铬不锈钢(12Cr13 和 20Cr13)。铬不锈钢在工作温度下具有足够的强度，有高的耐腐蚀性和减振性，是使用最广泛的汽轮机叶片材料。12Cr13 在汽轮机中用于前几级动叶片，20Cr13 多用于后几级动叶片。12Cr13 和 20Cr13 钢的热强性不高，当温度超过 500℃时，热强性明显下降。12Cr13 钢的最高工作温度为 480℃左右，2Cr13 为 450℃左右。

(2) 强化型铬不锈钢。在 12Cr13 和 20Cr13 基础上加入钼、钨、钒、铌、硼等强化元素，可得到 14Cr11MoV、13Cr11Ni2W2MoV 等强化型铬不锈钢，它们的热强性比 12Cr13 和 20Cr13 高，可在 560～600℃下长期工作。

(3) 铬-镍不锈钢。在 600℃温度以上工作的叶片，应选用铬-镍奥氏体不锈钢或高温合金，如 022Cr17Ni12Mo2N。

**2. 汽轮机转子用钢**

(1) 34CrMo。34CrMo 采用正火(或淬火)＋高温回火处理，用于制造工作温度在 480℃以下的汽轮机叶轮和主轴，可使其有较好的工艺性能和较高的热强性，长时期使用组织比较稳定。但工作温度超过 480℃时热强性明显降低。

(2) 35CrMoV。在 35CrMo 中加入了钒，使其室温和高温强度均超过 34CrMo，用于制造要求较高强度的锻件，如用于工作温度 500～520℃以下的叶轮和汽轮机叶轮。

(3) 34CrNi3Mo、33Cr3MoWV、20Cr3WMoV。用于制造工作温度为 450～550℃的发电机转子和汽轮机整锻转子及叶轮。

## 12.5　化工设备用材

化工生产的主要设备有压力容器、换热器、塔设备和反应釜等。这些设备使用条件比较复杂，温度从低温到高温；压力从真空(负压)到超高压；物料有易燃、易爆、剧毒或强腐蚀等。

### 12.5.1　化工设备用金属材料

**1. 化工设备用合金钢**

(1) 低合金结构钢。化工设备用合金钢除要求强度外，还要求有较好的塑性和焊接性，以利于设备的加工制造。常用的钢种有 16MnR、15MnVR、18MnMoNbR。

(2) 不锈钢。12Cr13、20Cr13 不锈钢在海水、蒸汽和潮湿大气中有足够的耐蚀性，但在硫酸、盐酸中耐蚀性较低。其主要用作受力不大的耐蚀零件，如轴、活塞杆、阀件、螺栓等。06Cr13Al不锈钢具有较好的塑性，耐氧化性酸和硫化氢气体腐蚀，可用于化工生产设备。

另外，还有铬镍不锈钢，如12Cr18Ni9，这种钢适用于有耐蚀要求的压力容器。其经固溶处理后有良好的耐蚀性、耐热性。

(3) 耐热钢。珠光体型耐热钢具有较好的导热性，冷、热加工性和焊接性能，广泛应用于制造工作温度小于600℃的锅炉、管道、汽轮机转子和压力容器等，常用钢号有15CrMo、12Cr1MoV等。马氏体型耐热钢淬透性好，用于制造汽轮机叶片，也称为叶片钢，常用钢号有14Cr11MoV、15Cr12WMoV等。奥氏体型耐热钢具有高的抗氧化性和热强性，高的塑性、韧性，良好的可焊性和冷成形性，用于制造高压锅炉过热器、承压反应管等，常用钢号有06Cr18Ni11Ti、06Cr17Ni12Mo2等。

**2. 化工设备用有色金属及其合金**

(1) 纯铜。纯铜耐中等浓度的盐酸、醋酸、氢氟酸的腐蚀，对淡水、大气和碱类溶液的耐蚀能力很好，不耐硝酸、氨和铵盐溶液腐蚀，用于制造有机合成和有机酸工业上用的蒸发器、蛇管等。

(2) 黄铜。黄铜的耐蚀性与纯铜相似，但大气中耐蚀性要比铜好，应用很广。H80、H68塑性好，用于制造容器零件。H62力学性能较高，可做深冷设备的筒体、管板、法兰和螺母等。

(3) 锡青铜。锡青铜强度、硬度高，铸造性能好，耐蚀性好，用于铸造耐蚀和耐磨零件，如泵外壳、阀门、齿轮、轴瓦、蜗轮等零件。

(4) 工业纯铝。工业纯铝广泛应用于制造硝酸、含硫石油工业、橡胶硫化和含硫药剂等所用生产设备，如反应器、热交换器、槽车和管件等。

(5) 防锈铝。防锈铝的耐蚀性比纯铝高，应用于空气分离的蒸馏塔、热交换器、各式容器和防锈蒙皮等。

(6) 铅及其合金。铅在许多介质中，特别是在热硫酸和冷硫酸中，具有很高的耐蚀性。铅的强度和硬度低，不适宜单独制作化工设备零件，主要作设备衬里。

### 12.5.2 化工设备用非金属材料

**1. 无机非金属材料**

(1) 化工陶瓷。化工陶瓷的化学稳定性很高，主要用于制作塔、泵、管道、耐酸瓷砖和设备衬里。陶瓷密封圈如图12-6所示。

图12-6 陶瓷密封圈

(2) 玻璃。化工生产上常见的玻璃是硼-硅酸玻璃(耐热玻璃)和石英玻璃，用来制造管道、离心泵、热交换器管、精馏塔等设备。

(3) 天然耐酸材料。花岗石耐酸性高，常用以砌制硝酸和盐酸吸收塔，以替代不锈钢和某些贵重金属。中性长石热稳定性好，耐酸性高，可以衬砌设备或配制耐酸水泥。石棉可用作绝热(保温)和耐火材料，也可用于设备密封衬垫和填料。

**2. 有机非金属材料**

(1) 工程塑料。耐酸酚醛塑料用于制作搅拌器、管件、阀门、设备衬里等。硬聚氯乙烯塑料可用于制造塔器、储槽、离心泵、管道、阀门等。聚四氟乙烯塑料常用作耐蚀、耐温的密封元件,无油润滑的轴承、活塞环及管道。

(2) 不透性石墨。用各种树脂浸渍石墨消除其孔隙可得到不透性石墨。它具有很高的化学稳定性,可制作换热设备,如氯乙烯车间的石墨换热器等。

## 12.6 航空航天器用材

航空航天器用材很广泛,包括工程塑料、橡胶、陶瓷材料和各种金属。这些材料或是比强度高,或是具有特殊的使用性能,如较好的热强性、抗氧化性和耐蚀性等。

### 12.6.1 中碳调质钢

中碳调质钢用于火箭发动机外壳、喷气涡轮机轴、喷气式客机的起落架、超音速喷气机机体等。其主要包括以下钢种:

(1) Cr-Mn-Si,如 30CrMnSiA、30CrMnSiNi2A、40CrMnSiMoVA。

(2) Cr-Ni-Mo,如 40CrNiMoA、34CrNi3MoA。

(3) 超高强钢,如 H-11(0.35C-5Cr-1.5Mo-1.0Si-0.4V)。

### 12.6.2 高合金耐热钢

用于制造涡轮泵及火箭发动机,航空发动机转子和其他零件,如 12Cr13、16Cr25N、06Cr25Ni20。

### 12.6.3 高温合金

TD-Ni、TD-NiCr(在镍或镍-20%铬基体中加入2%弥散分布的氧化钍($ThO_2$)颗粒,产生弥散强化的高温合金)合金用来制造燃气涡轮发动机的燃烧室等高温工作构件和航天飞机的隔热材料;K403(Ni-11Cr-5.25Co-4.65W-4.3Mo-5.6Al)等铸造镍基合金用于制造涡轮工作叶片和导向器叶片;铁基高温合金 GH2018(Fe-42Ni-19.5Cr-2.0W-4.0Mo-0.55Al-2.0Ti)用于制造在 500~700℃下承受较大应力的构件,如机匣、燃烧室外套等。航天飞机的外观如图 12-7 所示。

图 12-7　航天飞机

### 12.6.4 镍基耐蚀合金

镍与镍基耐蚀合金是在高温、高压、高浓度等苛刻的腐蚀环境工作的结构材料。锻造镍(镍 200、镍 201)的韧性、塑性优良,能适应多种腐蚀环境,用于制造航天器及导弹元件。镍基耐蚀合金,如 Monel K-500(Ni-29.5Cu),强度与硬度较高;Ni-19Cr-18.5Fe-5.1Nb-3Mo-0.9Ti 在-250~705℃范围内均具有优良的力学性能,用于制造泵轴、涡轮等航空发动机零部件。

### 12.6.5　铝及其合金

5A05、5A11、3A21 用于制造油箱、油管，以及铆钉；2A11 用于制造螺旋桨叶片、蒙皮、梁、螺栓和铆钉等中等强度的结构零件；7A04、7A06 用于制造飞机大梁、起落架等结构中的主要受力件；2A70、2A14 适合制造高温下工作的复杂锻件，板材可做高温下工作的结构件；ZAlSi7Mg、ZAlSi9Mg、ZAlSi12Cu1Mg1Ni1、ZAlCu5Mn 用于铸造飞机零件、壳体、发动机机匣、气缸体、活塞、支臂、挂架梁等。

### 12.6.6　镁合金

镁合金具有较高的比强度和比刚度，并具有高的抗振能力，能承受比铝及其合金更大的冲击载荷，切削加工能力优良，易于铸造和锻压。镁合金在航天航空工业中获得了较大应用，主要用于铸造高强镁合金 ZM1(Mg-4.5Zn-0.75Zr)和变形耐热镁合金 ME20M(Mg-2.0Mn-0.2Ce)。

### 12.6.7　钛及钛合金

TA7 钛合金用于制造机匣，压气机内环等；TC4、TC10 用于制造机翼转轴、进气道框架、机身桁条、发动机壳体、压气机盘、叶片、压力容器、卫星蒙皮、航天飞机机身、尾翼、梁等。

### 12.6.8　钨、钼、铌及其合金

钨、钼及其合金可作为火箭发动机喷管材料；铌为航天热防护材料和结构材料。

### 12.6.9　复合材料

玻璃纤维增强尼龙、玻璃纤维增强聚苯乙烯、玻璃纤维增强聚乙烯广泛应用于直升机的机身、机翼，各种航天器内置结构件，如仪表盘、底盘、仪器壳体等；碳纤维树脂复合材料和硼纤维树脂复合材料用于制造宇宙飞船、人造卫星壳体。图 12-8 为人造地球卫星示意图。

图 12-8　人造地球卫星示意图

## 本 章 小 结

(1) 汽车用材以金属材料为主，塑料、橡胶、陶瓷等非金属材料也占一定的比例。常用材料有调质钢、渗碳钢、铸铁、铸铝、轴瓦合金等。

(2) 机床常用的材料有铸铁、调质钢、铜合金、工程塑料等。

(3) 仪器仪表用材主要有调质钢、铜合金、铝合金、工程塑料等。

(4) 热能设备(锅炉和汽轮机)的主要零件采用耐热钢、高温合金等制造。

(5) 化工设备用材主要有不锈钢、耐热钢、铜合金、铝合金、非金属材料(陶瓷、工程塑料)。

(6) 航空航天用材主要有高合金耐热钢、高温合金、镍基耐蚀合金、铝合金、镁合金和钛合金等。

## 习题与思考题

**1. 填空题**

(1) 汽车缸盖使用的材料有________、________、________。

(2) 机床开式齿轮选用的材料有________、________和________；与铸铁的大齿轮啮合的小齿轮可用________、________制造；闭式齿轮多采用________处理的 40 钢、45 钢；高速、重载或受强烈冲击的齿轮，采用________或________、________。

(3) 用于航空航天器的中碳调质钢包括________、________、________。

(4) 在航空航天器用材中，________可用于制造宇宙飞船、人造卫星壳体。

**2. 简答题**

(1) 试说明锅炉汽包中低压和高压锅炉汽包的材料。

(2) 化工设备使用的合金钢有哪些？

# 第13章 实 验

## 13.1 金相显微镜使用及铁碳合金的显微组织观察

**1. 实验目的**

(1) 了解和掌握金相显微镜的基本构造、工作原理和使用方法。

(2) 观察、识别铁碳合金在平衡状态下的平衡组织及特征。

(3) 分析成分(含碳量)对铁碳合金显微组织的影响,从而加深理解成分、组织与性能之间的相互关系。

**2. 概述**

碳钢和铸铁都是铁碳合金,是工业上应用最广泛的金属材料,它们的性能与组织有密切联系,因此,熟悉并掌握其组织特征是很重要的。平衡状态的显微组织是指合金在极为缓慢的冷却条件下(如退火状态即接近平衡状态)所得到的组织,可根据 Fe-$Fe_3C$ 相图来进行分析。

铁碳合金的平衡组织主要是指碳钢和白口铸铁的室温组织。由 Fe-$Fe_3C$ 相图可知,碳钢和白口铸铁的室温组织均由铁素体和渗碳体两个基本相组成。但是由于含碳量不同,铁素体和渗碳体的相对数量、析出条件以及分布情况均有所不同,因而呈现各种不同的组织形态。铁碳合金在室温下的显微组织如表13-1所示。

**表13-1 各种铁碳合金在室温下的显微组织**

| 类型 | | 含碳量/% | 显微组织 | 侵蚀剂 |
|---|---|---|---|---|
| 工业纯铁 | | ≤0.0218 | 铁素体 | 4%硝酸酒精溶液 |
| 碳钢 | 亚共析钢 | 0.0218~0.77 | 铁素体+珠光体 | 4%硝酸酒精溶液 |
| | 共析钢 | 0.77 | 珠光体 | 4%硝酸酒精溶液 |
| | 过共析钢 | 0.77~2.11 | 珠光体+二次渗碳体 | 苦味酸钠溶液(可使渗碳体变黑或呈棕红色) |
| 白口铸铁 | 亚共晶白口铁 | 2.11~4.3 | 珠光体+二次渗碳体+莱氏体 | 4%硝酸酒精溶液 |
| | 共晶白口铁 | 4.3 | 莱氏体 | 4%硝酸酒精溶液 |
| | 过共晶白口铁 | 4.3~6.69 | 莱氏体+二次渗碳体 | 4%硝酸酒精溶液 |

**3. 金相显微镜**

金相显微分析法是研究金属材料微观结构最基本的一种实验技术,它在金属材料研究领域中占有很重要的地位,可以观察研究金属中的细小组织及曲线。金相显微镜是进行显微分析的主要工具。

1) 金相显微镜的成像原理

金相显微镜的主要部分包括物镜、目镜及一些辅助光学零件,放大作用主要由焦距很短的物镜和焦距较长的目镜来完成。为了减少像差，显微镜的目镜和物镜都是由透镜组构成的复杂的光学系统，如图 13-1 所示，其中物镜的构造尤其复杂。物体 $AB$ 位于物镜的前焦点外但很靠近焦点的位置上，经过物镜形成一个倒立放大的实像 $A'B'$（称为中间像），这个像位于目镜的焦距内但很靠近焦点的位置上，目镜将物镜放大的实像 $A'B'$ 再放大成虚像 $A''B''$，位于观察者的明视距离（距人眼 250mm）处，供眼睛观察。因此人眼在显微镜中看到的就是这个虚像 $A''B''$。

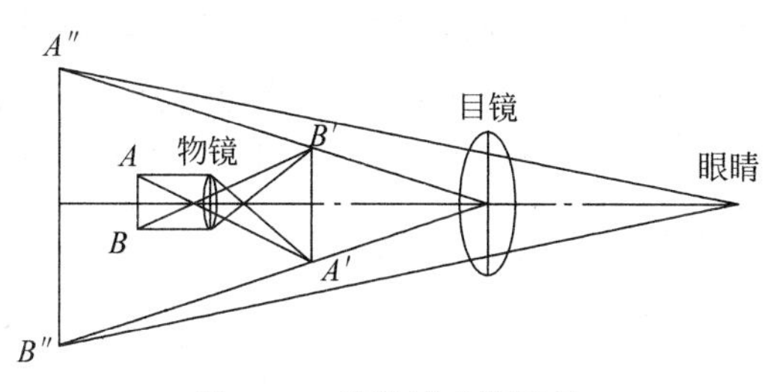

图 13-1　显微镜成像原理

2）显微镜的放大倍数

$$M = M_{物} \times M_{目} \tag{13-1}$$

式中，$M$ 为显微镜的放大倍数；$M_{物}$ 为物镜的放大倍数；$M_{目}$ 为目镜的放大倍数。

3）显微镜的基本构造

（1）显微镜的照明系统。金相显微镜的光源通常采用钨丝灯、卤素灯、碳弧灯及氙灯等。

① 钨丝灯。一般中小型显微镜照明部分采用 6～8V 钨丝灯泡做光源。其原理是光线通过物镜射至试样表面，然后靠金属本身反射能力，由试样表面反射，再通过物镜进行放大，这种灯适合于金相显微组织的观察。

② 氙灯。其特点是光强高，输出稳定，寿命较长，此外，它具有类似日光性质的连续光谱，可用于彩色照相，是金相显微组织观察的最新光源之一。氙灯容易爆炸，因此，在使用时要特别注意安全。使用时间最多不得超过规定时间的 125%，尽量减少启动次数可以显著延长氙灯的使用寿命。

③ 其他照明系统。目前金相显微镜中供观察用的低压钨丝灯已逐渐为卤素灯所取代，卤素灯的灯泡必须用耐高温的石英玻璃制造。另外还有碳弧灯，它是利用两支暴露在空气中而相互靠近的碳棒，通电后产生强烈的电弧发出亮度很高的光，但由此产生的电弧跳动，导致光源不稳定，特别不利于照明，这是它的缺点。

（2）显微镜的光程调节部分。光程中主要调节部分是光阑。在金相显微镜光源系统中常放置着两个孔径可变的光阑，分别为孔径光阑和视场光阑。总的目的是提高最后影像的质量。

① 孔径光阑。主要调节入射光线粗细，具体调节将根据直接观察影像清晰度判定。

② 视场光阑。主要是为减少镜筒内的反射光和炫光，从而提高影像的衬度，因此，常将视场光阑缩小到最低限度。

除光阑外，还常常在孔径光阑后加滤光片，以提高影像质量。

（3）显微镜的物镜及目镜。物镜是靠近观察物体的一组透镜。物镜是显微镜中的主要零件。物镜的主要特性参数有：放大率、数值孔径、分辨率。

① 放大率。物镜放大率取决于物镜的焦距，它与光学镜筒的长度有关，焦距越短，放大倍数越高。所以，物镜放大率除直接用放大倍数表示外，也可以用焦距表示。

② 数值孔径。表示物镜收集光线的能力。物镜对试样上各点的反射光收集的越多，成像质量就越好。它取决于物镜的角孔径大小和介质的折光系数。

③ 分辨率。显微镜的分辨率用它能清晰分辨试样上两点间的最小距离 $d$ 表示。分辨率是物镜对于试样最细微组织形式清晰可辨影像的能力。物镜的作用是使物体放大成实像，目镜的作用是使这个实像再次放大；这就是说目镜只能放大物镜已分辨的细节，物镜未能分辨的细节，绝不会通过目镜放大而变得可分辨。因此，显微镜的分辨率主要取决于物镜的分辨率。物镜分辨率的表达式如下：

$$d=\frac{\lambda}{2N}\cdot A \tag{13-2}$$

由式(13-2)可看出，物镜分辨率 $d$ 与光源波长成正比，波长越短，$d$ 越小，因而越高。放大率和数值孔径常常刻在物镜的外壳上。

目镜是靠近人眼的一组透镜，目镜的作用在于将经过物镜放大的实像再次放大。目镜放大倍数通常为 5×、7.5×、10×、15×、20×数种。

(4) 操作方法如下：

① 首先将显微镜的光源插头插在变压器上，通过低压变压器接通电源。

② 根据放大倍数选用所需的物镜和目镜，分别安装在物镜座上及目镜筒内。

③ 显微镜各构件认知：观察显微镜的构造，了解各部件的作用。

④ 将试样放在样品台中心，使观察面朝下。

⑤ 转动粗调手轮先使载物台下降，同时用眼观察，使物镜尽可能接近试样表面(但不得与试样相碰)，然后反向转动粗调手轮，使载物台渐渐上升以调节焦距，当视物亮度增强时，再改用微调手轮调节，直到物像调整到最清晰为止。

⑥ 观察工业纯铁、亚共析钢(45 钢)、共析钢(T8 钢)、过共析钢(T12 钢)、亚共晶白口铸铁、共晶白口铸铁、过共晶白口铸铁样品的显微组织，研究每一个样品的组织特征，绘出所观察样品的显微组织示意图，并将组织组成物名称以箭头引出标明。

⑦ 分析一个未知试样，通过观察显微组织，指出它是何种钢，是什么组织。

**4. 注意事项**

(1) 操作时必须特别细心，不能有任何剧烈的动作，光学系统不允许自动拆卸。

(2) 严禁手指直接接触显微镜镜头的玻璃部分和试样磨面，若镜头中落有灰尘，可用镜头纸、软毛刷轻轻擦拭。

(3) 显微镜的灯泡插头，切勿直接插在 220V 的电源插头上，应当插在变压器上，否则灯泡立即烧坏，观察结束时关闭电源。

(4) 作显微观察用的金相样品要干净，不得残留有酒精和腐蚀剂，以免腐蚀镜头；在移动金相试样时，不得用手指触摸试样表面或将试样重叠起来，以免引起显微组织模糊不清，影响观察效果。

(5) 调焦时，应先粗调，后微调。为了避免试样与物镜碰撞，应先使物镜靠近试样(但不能接触)，然后一面从目镜中观察，一面用双手调焦，使物镜慢慢离开试样，直到看清楚为止。

在旋转粗调(或微调)手轮时动作要慢,碰到某种阻碍时应立即停止操作,报告指导老师查找原因,不得用力强行转动,否则会损坏机件。

(6) 显微镜使用完毕后,应将载物台降到最低点,这样可避免粗调和细调螺丝因长期受载而发生变形,增加磨损。

(7) 在观察显微组织时,可先用低放大倍数全面进行观察,找出典型组织,再用高放大倍数放大,对部分区域进行详细的观察。

(8) 画组织图时,应抓住组织形态的特点,画出典型区域的组织,注意不要将磨痕或杂质画在图上。

**5. 实验报告要求**

(1) 写出实验目的、实验仪器(名称、型号)。

(2) 简述实验基本原理。

(3) 简述金相显微镜的操作规程。

(4) 填写实验结果。

① 将所观察的样品材料填入表 13-2 中,说明材料名称、处理状态、金相组织、浸蚀剂和放大倍数。

**表 13-2　实验结果**

| 材料名称 | 处理状态 | 金相组织 | 浸蚀剂 | 放大倍数 |
|---|---|---|---|---|
| | | | | |
| | | | | |
| | | | | |
| | | | | |
| | | | | |
| | | | | |
| | | | | |
| | | | | |

② 绘出所观察样品的显微组织示意图,并将组织组成物名称以箭头引出标明。

③ 观察未知试样,得到其显微组织为________,因此该试样为________材料。

**6. 思考题**

(1) 金相显微镜主要由哪几大主要部分组成?各部分又由哪几个零件组成?

(2) 什么是显微镜的有效放大倍数?

(3) 根据所观察的组织,说明含碳量对铁碳合金组织和性能的影响规律。

(4) 分析铁碳合金中的相与组织组成物的形态与分布特征。

## 13.2　硬度计使用及金属材料硬度试验

**1. 实验目的**

(1) 了解洛氏、布氏硬度的试验方法。

(2) 掌握洛氏硬度计、布氏硬度计的操作方法。

(3) 分析不同的工艺过程对碳钢硬度的影响。

（4）分析不同的含碳量对碳钢硬度的影响。

**2. 概述**

金属的硬度可以认为是金属材料表面在接触应力作用下抵抗塑性变形的一种能力。硬度测量能够给出金属材料软硬程度的数量概念。硬度值越高，表明金属抵抗塑性变形的能力越大，材料产生塑性变形越困难。硬度值的大小对于机械零件或工具的使用性能及寿命起决定性的作用。

硬度的试验方法很多。在机械工业中广泛采用压入法来测定硬度，压入法又可分为布氏硬度、洛氏硬度、维氏硬度等。这里采用布氏、洛氏硬度试验法进行硬度实验。

**3. 布氏硬度（HB）**

1）布氏硬度试验的基本原理

布氏硬度试验是施加一定大小的载荷 $F$，将直径为 $D$ 的钢球压入被测金属表面，保持一定的时间，然后卸除载荷，根据钢球在金属表面上所压出的凹痕面积 $S$，求出平均压力值，以此作为硬度值的计量指标，并用符号 HB 表示。

$$\mathrm{HB}=F/A \tag{13-3}$$

式中，HB 为布氏硬度值；$F$ 为载荷，kgf；$A$ 为压痕的球缺面积，$\mathrm{mm}^2$。

为了方便起见，通常测出压痕直径，直接查表得到布氏硬度值。

2）氏硬度试验的操作

（1）据材料和布氏硬度范围由表 13-3 选择 $F/D^2$，确定压头直径、载荷及载荷的保持时间。

**表 13-3　布氏硬度试验规范**

| 金属类型 | | 布氏硬度值范围/HB | 试样厚度/mm | $F/D^2$ | 钢球直径 $D$/mm | 载荷 $F$/kgf | 载荷保持时间 $t$/s |
|---|---|---|---|---|---|---|---|
| 黑色金属 | 退火、正火调质状态中的碳钢和高碳钢、灰口铸铁等 | 140～450 | 3～6 | 30 | 10 | 3000 | 10 |
| | | | 2～4 | | 5 | 750 | |
| | | | <2 | | 2.5 | 187.5 | |
| | 退火状态的低碳钢、工业纯铁等 | <140 | >6 | 10 | 10 | 1000 | 10 |
| | | | 3～6 | | 5 | 250 | |
| | | | <3 | | 2.5 | 62.5 | |
| 有色金属 | 特殊青铜、钛及钛合金等 | >130 | 3～6 | 30 | 10 | 3000 | 30 |
| | | | 2～4 | | 5 | 750 | |
| | | | <2 | | 2.5 | 187.5 | |
| | 铜、黄铜、青铜铁合金等 | 36～130 | 3～9 | 10 | 10 | 1000 | 30 |
| | | | 3～6 | | 5 | 250 | |
| | | | <3 | | 2.5 | 62.5 | |
| | 铝及轴承合金等 | 8～35 | >6 | 2.5 | 10 | 250 | 60 |
| | | | 3～6 | | 5 | 62.5 | |
| | | | <3 | | 2.5 | 15.6 | |

（2）将压头装在主轴衬套内，先暂时将压头固定螺钉轻轻地旋压在压头杆扁平处。

（3）将试样和工作台的台面揩擦干净，将试样放在工作台上，顺时针转动工作台升降手轮使工作台缓慢上升，并使压头与试样接触，直到手轮与升降螺母产生相对运动时为止，接着再将压头固定螺钉旋紧。

(4) 按动加载按钮，启动电动机施加载荷，将钢球压入试样，施加载荷时间为2～8s。钢铁材料试验载荷的保持时间为10～15s；非铁金属为30s；布氏硬度小于35时为60s。

(5) 逆时针转动手轮，降下工作台，取下试样。

(6) 用读数显微镜在两个垂直方向测出压痕直径 $d_1$ 和 $d_2$ 的数值，取平均值。

(7) 根据压痕平均直径，由"布氏硬度换算表"查得布氏硬度值。

3) 布氏硬度测定的技术要求

(1) 试样表面必须平整光洁，以便压痕边缘清晰，保证精确测量压痕直径 $d$。

(2) 压痕距离试样边缘应大于钢球直径，两压痕之间的距离应不小于 $D$。

(3) 用读数显微镜测量压痕直径时，应从相互垂直的两个方向进行，取平均值。

(4) 布氏硬度的测量一般用于黑色金属、有色金属入厂或出厂的原材料检验，也可测一般退火、正火和调质后试验的硬度。

**4. 洛氏硬度(HR)**

1) 洛氏硬度试验的基本原理

洛氏硬度试验是用锥顶角为120°的金刚石圆锥或直径为1/16″(1.588mm)和1/8″(3.176mm)淬火钢球作压头和载荷配合使用，分别在规定初始试验力和总试验力(初始试验力＋主试验力)作用下压入试样(见图1-8)，由主试验力引起的塑性变形而产生的残余压痕深度为 $h=h_3-h_1$，并以此来衡量被测试金属的硬度高低。$h$ 越大，则硬度越低，反之，则越高。

为了符合习惯上数值越大硬度越高的概念，被测试样的硬度值尚须用以下的公式进行变换：

$$\mathrm{HR}=N-h/S \tag{13-4}$$

式中，HR为洛氏硬度值，无量纲数；$N$ 为常数，当采用金刚石圆锥时，$N=100$；当采用钢球压头时，$N=130$；$S$ 为常数，表示给定标尺的单位，通常以0.002为一个硬度单位。

采用不同的压头和载荷，组成了15种不同的洛氏硬度标尺，其中最常用的HRA、HRB、HRC三种试验规范如表13-4所示。

**表13-4　常用三种洛氏硬度标尺试验规范**

| 符号 | 压头类型 | 载荷/kgf | 硬度值有效范围 | 使用范围 |
|---|---|---|---|---|
| HRA | 120°金刚石圆锥体 | 60 | 70～85 | 适用于测量硬质合金，表面淬火层或渗碳层 |
| HRB | 直径为1.588mm的钢球 | 100 | 25～100<br>(相当HB60～230) | 适用于测量有色金属，退火、正火钢等 |
| HRC | 120°金刚石圆锥体 | 150 | 20～67<br>(相当HB230～700) | 适用于调质钢、淬火钢等 |

2) 洛氏硬度试验机的操作

(1) 根据试样材料及预计硬度范围，选择压头类型和初、主载荷。

(2) 将符合要求的试样放置在试样台上，顺时针转动手轮，使试样与压头缓慢接触，直至表盘小指针指到"0"为止，此过程即完成预加载荷10kgf，然后将表盘大指针调整至零点。

(3) 按动手柄，平稳地加上主载荷，当表盘中大指针反向旋转若干格并停止时，持续3～

4s,再顺时针旋转摇柄,使压头离开试样,由表盘上直接读出洛氏硬度值。

(4) 顺时针旋转手轮,降下工作台,取下试样,或移动试样选择新的部位,继续进行试验。

3) 测定洛氏硬度的技术要求

(1) 试样表面应平整光洁,不得有氧化皮或油污以及明显的加工痕迹。

(2) 试样的厚度应不小于压入深度的 10 倍。

(3) 两相邻压痕及压痕离试样边缘的距离应均不小于 3mm。

(4) 加载时力的作用线必须垂直于试样表面。

(5) 洛氏硬度主要用于金属加热处理后的产品性能检验,还可测硬质合金、有机玻璃等的硬度。

**5. 注意事项**

(1) 加载时应细心操作,以免损坏压头。

(2) 加预载时若发现阻力太大,应停止加载,立即报告,检查原因。

(3) 测定硬度值,卸掉载荷后,必须使压头完全离开试样后再取下试样。

**6. 实验报告**

(1) 写出实验目的、实验仪器(名称、型号)。

(2) 简述实验基本原理。

(3) 简述布氏硬度计、洛氏硬度计的操作规程。

(4) 填写实验结果。

① 测定 45 钢正火试样的布氏硬度值

| 钢球直径 $D$/mm | 载荷 $F$/kgf | 持续时间 $t$/s | 压痕直径 $d$/mm |
|---|---|---|---|
| | | | 第一次________;<br>第二次________ |
| 布氏硬度值 | 第一次________;第二次________;平均________ | | |

② 测定 45 钢淬火加三种回火试样的洛氏硬度值

| 试样材料 | 压头 | 载荷/kgf | HRC | | | |
|---|---|---|---|---|---|---|
| | | | 淬火 | 低温回火 | 中温回火 | 高温回火 |
| | | | 第一次______;<br>第二次______;<br>平均________ | 第一次______;<br>第二次______;<br>平均________ | 第一次______;<br>第二次______;<br>平均________ | 第一次______;<br>第二次______;<br>平均________ |

③ 测定 T12 钢淬火试样的洛氏硬度值

| 试样材料 | 压头 | 载荷/kgf | HRC |
|---|---|---|---|
| | | | 淬火 |
| | | | 第一次______;<br>第二次______;<br>平均________ |

**7. 思考题**

(1) 根据测定的试样硬度,分别绘出 45 钢、T12 钢硬度与含碳量关系曲线图。

(2) 分析退火状态非合金钢含碳量与硬度间的关系。

(3) 比较 45 钢、T12 钢淬火后硬度值与含碳量的关系。

(4) 根据实验分析,试推断:$w_C=0.20\%$,$w_C=2.0\%$的铁碳合金硬度比 45 钢、T12 钢硬度高?还是低?

(5) 分析 45 钢在不同温度回火后硬度的变化,并分析其原因。

## 13.3　碳钢的热处理

**1. 实验目的**

(1) 了解钢的热处理的基本工艺方法。

(2) 了解不同热处理方法对钢的组织与性能的影响。

(3) 研究冷却条件与钢性能的关系。

**2. 实验原理**

本实验选用 15 钢、45 钢、T8 钢和 T12 钢进行热处理。钢的热处理是对钢在固态范围内进行加热、保温和冷却,以改变其内部组织,从而获得所需要的性能的一种加工工艺。热处理的基本工艺有退火、正火、淬火、回火等。进行热处理时,加热温度(包括加热时间、保温时间)和冷却方式是最重要的三个基本工艺因素。正确选择这三者,是热处理成功的基本保证。

1) 加热温度

热处理加热电炉有箱式、井式、盐浴或碱浴式等。实验室常采用箱式电炉,其结构如图 13-2 所示。按加热温度不同,箱式电炉分为低温、中温和高温三种。

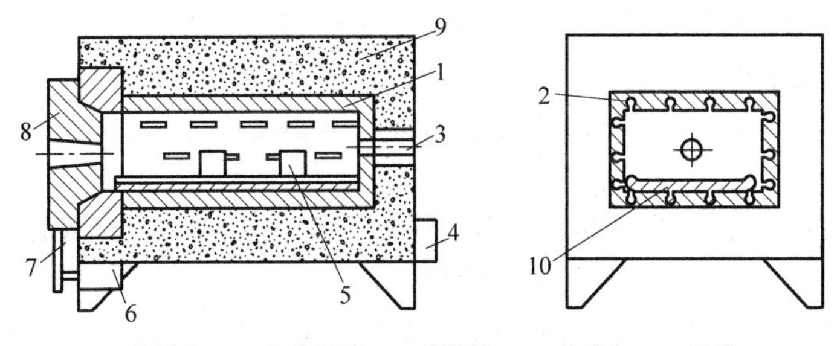


1—加热室;2—电热丝孔;3—测温孔;4—接线盒;5—试样;6—控制开关;7—挡铁;8—炉门;9—隔热层;10—炉底板。

图 13-2　箱式电炉结构示意图

热处理的加热温度能够实现自动测量及控制。箱式电炉工作时利用热电偶将炉内的温度信号转换成电势信号,电势信号通过测量机构、温度指示机构转换成仪表指针的指示值。同时,温度调节器把测得的实际炉温与给定机构给定的温度进行比较得到偏差值,调节机构根据偏差值发出相应的信号,驱动执行机构改变输出至电炉的电流,以消除偏差值,从而将炉温控制在某一给定值附近。

碳钢普通热处理的加热温度,可按表 13-5 选定。但在生产中,应根据工件的实际情况作适当调整。热处理的加热温度不能过高，否则会使工件的晶粒粗大，氧化、脱碳严重，变形开裂倾向增加。但加热温度过低，也达不到要求的效果。

**表 13-5　热处理方法**

| 工艺 | | 加热温度 | 冷却方式 |
| --- | --- | --- | --- |
| 退火 | | $Ac_3$+(30～50℃) | 炉冷 |
| 正火 | | $Ac_3$(亚共析钢)或 $Ac_{cm}$(过共析钢)以上 30～50℃ | 空冷 |
| 淬火 | | $Ac_3$(亚共析钢)或 $Ac_1$(共析、过共析钢)以上 30～50℃ | 水冷<br>油冷 |
| 回火 | 低温 | 150～250℃ | 任意 |
| | 中温 | 350～500℃ | |
| | 高温 | 500～650℃ | |

2) 加热时间

通常按工件的有效厚度，用经验公式计算加热时间：

$$T = \alpha D \tag{13-5}$$

式中，$T$ 为加热时间，min；$\alpha$ 为加热系数，min/mm；$D$ 为工件有效厚度，mm。

当碳钢工件 $D \leqslant 50$mm，在 800～960℃箱式电炉中加热时，$\alpha = 1 \sim 1.2$min/mm。回火的保温时间要保证工件热透并使组织充分转变。实验时组织转变时间可取 0.5h。

3) 冷却方式(见表 13-5)。

**3. 实验注意事项**

(1) 在取放试样时，操作者应戴上手套，夹钳应擦干，炉门开、关要快。

(2) 淬火冷却时，试样要用夹钳夹紧，动作要迅速，并要在冷却介质中不断搅动。

**4. 实验设备**

箱式电炉(随温控装置)，淬火水槽、油槽，夹钳等。

**5. 实验方法及步骤**

(1) 检查加热炉温度是否与实验要求相符。如发现问题，应在指导教师指导下进行调整。

(2) 为了使各试样的编号与其热处理工艺相一致，应按照一定的顺序向加热炉内放置试样。加热保温完毕，再按一定顺序出炉冷却。

(3) 炉内试样应互相间隔，距离不小于试样直径或厚度。不允许堆放或靠近炉门。

(4) 试样经充分加热保温后，即可打开炉门，用夹钳夹试样迅速与水槽中冷却，并使试样在淬火介质中不断运动。

(5) 炉冷的试样使其随炉缓冷在 650℃左右，即可出炉空冷或水冷。空冷的试样最后出炉。

(6) 在测定试样硬度前，用砂布打磨试样的被测表面和支撑面。

(7) 分别使用硬度计测定热处理试样的硬度。

45 钢、T8 钢、T10 钢、T12 钢不同温度回火后的硬度如表 13-6 所示。

**表 13-6　45 钢、T8 钢、T10 钢、T12 钢不同温度回火后的硬度**

| 回火温度/℃ | 洛氏硬度 HRC | | | |
|---|---|---|---|---|
| | 45 钢 | T8 钢 | T10 钢 | T12 钢 |
| 150～200 | 54～60 | 55～64 | 62～64 | 62～65 |
| 200～300 | 50～54 | 45～55 | 56～62 | 57～65 |
| 300～400 | 40～50 | 45～55 | 47～56 | 49～57 |
| 400～500 | 33～40 | 35～45 | 38～47 | 38～49 |
| 500～600 | 24～33 | 27～35 | 27～38 | 28～38 |

45 钢热处理后的组织与力学性能特点见表 13-7。

**表 13-7　热处理后的组织与力学性能特点**

| 热处理方法 | | 冷却速度 | | 组　　织 | 力学性能特点 |
|---|---|---|---|---|---|
| 退火 | | 炉冷 | 冷速递增 | 铁素体及珠光体 | 强度、硬度随冷却速度增大而递增 |
| 正火 | | 空冷 | | 铁素体及细珠光体 | |
| 淬火 | | 水冷 | | 马氏体及残余奥氏体 | |
| 回火 | 低温 | 空冷 | | 回火马氏体及残余奥氏体 | 保持高硬度，脆性比淬火时稍低 |
| | 中温 | | | 回火屈氏体 | 具有高弹性及较好的韧性 |
| | 高温 | | | 回火索氏体 | 具有良好的综合力学性能 |

### 6. 实验报告要求

(1) 写出实验目的、实验设备(名称、型号)。

(2) 简述实验基本原理。

(3) 简述普通热处理方法及步骤。

(4) 填写实验结果(表 13-8)。

**表 13-8　实验结果**

| 影响因素 | 材料 | 加热温度 | 保温时间 | 冷却介质 | 硬度值 | 平均值 | 组织 | 规律 |
|---|---|---|---|---|---|---|---|---|
| 加热温度的影响 | 45 钢 | 700℃ | | 水 | | | | |
| | 45 钢 | 820℃ | | 水 | | | | |
| | 45 钢 | 860℃ | | 水 | | | | |
| | 45 钢 | 950℃ | | 水 | | | | |
| 冷却介质的影响 | T8 钢 | 820℃ | | 空 | | | | |
| | T8 钢 | 820℃ | | 油 | | | | |
| | T8 钢 | 820℃ | | 水 | | | | |
| 回火温度的影响 | 45 钢 | 820～200℃ | | 水 | | | | |
| | 45 钢 | 820～400℃ | | 水 | | | | |
| | 45 钢 | 820～600℃ | | 水 | | | | |
| 含碳量的影响 | 15 钢 | 950℃ | | 水 | | | | |
| | 45 钢 | 860℃ | | 水 | | | | |
| | T8 钢 | 820℃ | | 水 | | | | |
| | T12 钢 | 820℃ | | 水 | | | | |

**7. 思考题**

(1) 根据实验结果,分析钢的淬火加热温度对显微组织的影响。

(2) 根据实验结果,说明不同的回火温度对钢组织与性能的影响。

## 13.4 综合实验

**1. 实验目的**

(1) 了解典型零件材料的选用原则。

(2) 掌握典型零件的热处理工艺和加工工艺路线。

(3) 制备金相组织,掌握热处理后钢的金相组织分析方法。

(4)巩固课堂教学所学相关知识,探讨材料的成分、工艺、组织、性能之间的关系。

**2. 概述**

1) 轴类零件的选材

(1) 工作条件:

① 工作时主要受交变弯曲和扭转应力的复合作用;

② 轴与轴上零件有相对运动,相互间存在摩擦和磨损;

③ 轴在高速运转过程中会产生振动,使轴承受冲击载荷;

④ 多数轴会承受一定的过载载荷。

(2) 失效方式:

① 长期交变载荷下的疲劳断裂(包括扭转疲劳和弯曲疲劳断裂);

② 大载荷或冲击载荷作用引起的过量变形、断裂;

③ 与其他零件相对运动时产生的表面过度磨损。

(3) 性能要求:足够的强度、塑性和一定的韧性,以防过载断裂、冲击断裂;高疲劳强度,对应力集中敏感性低,以防疲劳断裂;足够的淬透性,热处理后表面要有高硬度、高耐磨性,以防磨损失效;良好的切削加工性能,价格低。

2) 齿轮类零件选材

(1) 工作条件:

① 由于传递扭矩,齿根承受很大的交变弯曲应力;

② 换挡、启动或啮合不均时,齿部承受一定冲击载荷;

③ 齿面相互滚动或滑动接触,承受很大的接触压应力及摩擦力作用。

(2) 失效形式:主要有断齿、麻点剥落、磨损等。

(3) 性能要求:

①高的接触疲劳抗力;②高的弯曲疲劳强度。

3) 弹簧类零件的选材

(1) 工作条件:弹簧主要在动载荷下工作,即在冲击、振动或者长期均匀的周期改变应力的条件下工作,它起到缓和冲击力,使与它配合的零件不致受到冲击力而早期破坏。

(2) 失效形式:常见的是疲劳破断、变形和弹簧失效变形等。

(3) 性能要求:必须具有高的疲劳极限与弹性极限,尤其是要有高的屈强比,高的疲劳极限,要有一定的冲击韧性和塑性。

4）轴承类零件的选材

（1）工作条件：滚动轴承在工作时，承受着集中和反复的载荷。接触应力大，其应力交变次数每分钟可高达数万次左右。

（2）失效形式：过度磨损破坏、接触疲劳破坏等。

（3）性能要求：具有高的抗压强度和接触疲劳强度，高而均匀的硬度，高的耐磨性；要有一定的冲击韧性和弹性；要有一定的尺寸稳定性。所以要求轴承钢具有高的耐磨性及抗接触疲劳的能力。

5）工模具类零件的选材

（1）工作条件：冷冲模具一般做落料冲孔模、修边模、冲头、剪刀等，在工作时刃口部位承受冲击力、剪切力和弯曲力，同时还与坯料发生剧烈摩擦。

（2）失效形式：主要有磨损、变形、崩刃、断裂等。

（3）性能要求：具有高硬度和红硬性、高的强度和耐磨性、足够的韧性和尺寸稳定性。

**3. 实验方法及指导**

1）典型零件的选材

在以下金属材料中选择适合制造机床主轴、机床齿轮、拖拉机齿轮、汽车板簧、轴承滚珠、高速车刀、钻头、冷冲模零件（或工具）的材料，并提出热处理工艺，填入表13-9中。

金属材料：45钢、65钢、40Cr、T10A、HT200、GCr15、W18Cr4V、60Si2Mn、5CrNiMo、20CrMnTi、Cr12MoV、9SiCr。

**表13-9 热处理实验任务表**

| 零件（或工具）名称 | 选用材料 | 热处理工艺 | 热处理设备 | 冷却方式及介质 |
|---|---|---|---|---|
| 机床主轴 | | | | |
| 机床齿轮 | | | | |
| 拖拉机齿轮 | | | | |
| 汽车板簧 | | | | |
| 轴承滚珠 | | | | |
| 高速车刀 | | | | |
| 钻头 | | | | |
| 冷冲模 | | | | |

2）热处理工艺的制定

根据Fe-$Fe_3C$相图、C曲线及回火转变的原理，制定给定材料应获得组织的热处理工艺参数，选择热处理设备、冷却方式及介质，填入表13-9中。

3）综合训练

机床主轴在工作时受到交变扭转、弯曲复合作用力，承受中等载荷，冲击载荷不大，轴颈部位受到摩擦、磨损。要求：此机床主轴整体硬度为25～30HRC。

机床变速箱齿轮担负传递动力、改变运动速度和方向的任务，速度不大，中等载荷，工作平稳无强烈冲击。要求：此机床齿轮整体硬度为200～260HB。

4）实验步骤

（1）查资料。

（2）试从下列材料：45钢、40Cr、T10、20CrMnTi、Cr12MoV中选定一种最适合的材料制造机床主轴或机床齿轮。

(3) 写出加工工艺路线。

(4) 制定预先热处理和最终热处理工艺。

(5) 写出各热处理工艺的目的和获得的组织。

(6) 经指导教师认可后,进实验室操作。

(7) 利用实验室现有设备,将选好的材料,按照自己制定的热处理工艺进行热处理。

(8) 测试热处理后材料的硬度。

(9) 制备金相组织,观察并分析每道热处理工艺后的显微组织。

(10) 探讨热处理时的加热温度、冷却方式等对材料组织和性能的影响。

(11) 验证选材和工艺正确性:通过硬度测试和组织观察,表明材料牌号正确,选用热处理工艺合适,达到设计要求。(如出现不正常原因应分析)

**4. 实验设备**

箱式电炉、硬度计、金相显微镜、抛光机、金相砂纸、供选择的金属材料。

**5. 实验报告要求**

(1) 写出实验目的、实验设备(名称、型号)。

(2) 简述实验过程。

(3) 填写实验结果。

**6. 思考题**

(1) 材料选用的一般原则是什么?

(2) 如何验证本次实验选材和工艺的正确性?

(3) 本次实验的收获和体会是什么?

# 参考文献

[1] 王运炎,朱莉.机械工程材料[M].3版.北京:机械工业出版社,2009.
[2] 朱张校,姚可夫.工程材料[M].5版.北京:清华大学出版社,2011.
[3] 毛松发.机械工程材料[M].2版.北京:清华大学出版社,2021.
[4] 高进,孙志平,曹芳,等.工程材料及其应用[M].北京:电子工业出版社,2015.
[5] 朱张校,姚可夫.工程材料习题与辅导[M].5版.北京:清华大学出版社,2011.
[6] SCHAFFER J P.工程材料科学与设计[M].余永宁,强文江,贾成厂,等译.北京:机械工业出版社,2003.
[7] 束德林.工程材料力学性能[M].3版.北京:机械工业出版社,2016.
[8] 王章忠.机械工程材料[M].3版.北京:机械工业出版社,2019.
[9] 王焕庭,李茅华,徐善国.机械工程材料[M].2版.大连:大连理工大学出版社,1991.
[10] 曾正明.实用工程材料技术手册[M].北京:机械工业出版社,2002.
[11] 刘智恩.材料科学基础[M].5版.西安:西北工业大学出版社,2019.
[12] 王俊勃,屈银虎,贺辛亥.工程材料及应用[M].北京:电子工业出版社,2009.
[13] 文九巴.机械工程材料[M].2版.北京:机械工业出版社,2009.
[14] 顾卓明,顾彩香,金国平.轮机工程材料[M].2版.北京:人民交通出版社,2010.
[15] 王祎才.金属材料与热处理[M].北京:化学工业出版社,2016.
[16] 尹衍升,黄翔,董丽华.海洋工程材料学[M].北京:科学出版社,2008.
[17] 付广艳,郭北涛,宗琳.工程材料[M].北京:中国石化出版社,2007.
[18] 周桂莲,高进.机械制造技术基础:上册[M].北京:电子工业出版社,2011.
[19] 徐晓虹.材料概论[M].北京:高等教育出版社,2006.
[20] 刘新佳,姜银方,姜世航.工程材料[M].2版.北京:化学工业出版社,2013.
[21] 崔占全,孙振国.工程材料[M].3版.北京:机械工业出版社,2017.
[22] 苏子林.工程材料与机械制造基础[M].北京:北京大学出版社,2010.
[23] 耿洪滨,吴宜勇.新编工程材料[M].哈尔滨:哈尔滨工业大学出版社,2000.
[24] 刘万辉,于玉城,高丽敏.复合材料[M].哈尔滨:哈尔滨工业大学出版社,2011.
[25] 谢建新,等.材料加工新技术与新工艺[M].北京:冶金工业出版社,2004.
[26] 戈晓岚,洪琢,钟利萍,等.机械工程材料[M].北京:中国林业出版社,2006.
[27] 丁德全.金属工艺学[M].北京:机械工业出版社,2000.
[28] 周凤云.工程材料及应用[M].2版.武汉:华中科技大学出版社,2002.
[29] 汪传生,刘春廷.工程材料及应用[M].西安:西安电子科技大学出版社,2008.
[30] CHARLES J A, CRANE F A, FURNESS J A F. Selection and use of engineering materials[M]. 3rd edition.北京:世界图书出版公司, 2000.
[31] 孙智,江利,应鹏展.失效分析:基础与应用[M].北京:机械工业出版社,2005.
[32] 高进,方斌,杨芳,等.工程技能训练和创新制作实践[M].北京:清华大学出版社,2011.
[33] 崔占全,邱平善.工程材料[M].哈尔滨:哈尔滨工程大学出版社,2000.
[34] 朱敦伦,周汉民,强颖怀.机械零件失效分析[M].徐州:中国矿业大学出版社,1993.
[35] 雷霆.钛及钛合金[M].北京:冶金工业出版社,2018.
[36] 王正品,李炳,要正宏.工程材料[M].2版.北京:机械工业出版社,2021.